수학 고통

수학 고통

ZERO

확률과 통계

더 블랙에듀 | 이루다학원 | 동탄 상승에듀 | 티오피에듀 | 토나아카데미 | 고수학 | 라플라스수학학원

여준영T수학세상 | 락수학 · 영어 | 영인학원 | 프라임에듀학원 | 더메드교육그룹 | LMC수학

수학 고수의 비법

1) 하나를 알아도 제대로 정확하게 알아라!

⇨ 고등수학은 개념 싸움이다.

2) 문제를 완벽하게 이해하고 문제를 풀어라!

⇨ 문제를 제대로 이해만 해도 문제의 50%는 푼 것이다. (시작이 반이다!)

3) 수학은 미지수 찾기 게임이다. 게임 룰을 배웠으면 본인이 직접 꼭 해봐라!

⇨ 설명만 보고 본인이 직접 풀지 않으면 새된다.

본인이 직접 풀어서... 본인의 답과 정답이 일치하는지 반드시 확인해야 한다.

4) 수학 개념과 공식은 친구 이름 외우듯이 하지 말고 친구 별명처럼 체득하라!

⇨ 몇 년 후 만난 친구... 이름은 가물가물해도 별명은 금방 생각이 난다.

수학 개념과 공식도 별명처럼 특징을 잘 파악하여 이해하면 쉽게 익혀지고

이렇게 체득한 개념과 공식은 절대 잊어버리지 않게 된다.

※ 이 노하우를 책에 담았다.

5) 항상 조건을 철저히 따지는 습관을 가져라!

⇨ 이게 안 되면 문제는 잘 푼 것 같은데 꼭 답이 틀린다.

6) 수학의 풀이과정에서 우연은 없다!

⇨ 풀이과정에서 각각의 단계... 단계...로 넘어갈 때, 반드시 합당한 이유가 있다.

7) 노력보다 더 큰 재능은 없다!

⇨ 여러분들도 수학을 잘 할 수 있다.

인공지능(A.I) 수학 선생님 "캣츠(CATS)" 연계 교재

MPZ 교재로 개념학습 후 "A.I 학습"을 통해 빈틈없는 학습을 완성하세요!

개별 학습 데이터를 인공지능(A.I)이 정밀 분석하여 **"꼭"** 해야되는 학습만!

가장 효과적이고, 가장 효율적인 초개인화수학학습!

인공지능(A.I) 수학 선생님
캣츠 Cats

A.I 학습
문의하기

취약 지점 찾기

약점 찾기 ●○

핵심 원인 찾기 ●
연결 원인 찾기 ○ ●

약점 보완 및 완성하기

보다 **빨리** / 보다 **쉽게** / 보다 **완벽하게**

MPZ

확률과 통계

수고제 확률과 통계

정재우 지음 · 서동범 감수

**수학고통제로 시리즈를 업그레이드 시켜주신
모든 선생님께 깊이 감사드립니다.**

- 강민종(명석학원)
- 강병중(AMPKOR)
- 고성관(티오피에듀학원)
- 고은우(다원수학)
- 고승민(고수학)
- 권선희(프라임에듀학원)
- 김길상(영인학원)
- 김동영(이룸수학학원)
- 김범진(라플라스수학학원)
- 김태훈(하이레벨수학)
- 김호영(미래영재학원)
- 박주현(장훈고등학교)
- 배미나(이루다학원)
- 서경도(보승수학study)
- 서동범(더블랙에듀학원)
- 서평승(신의학원)
- 성명현(수학코칭과외)
- 성준우(광양제철고등학교)
- 손충모(공감수학)
- 여준영(여준영t 수학세상)
- 우성훈(상승에듀동탄수학학원)
- 윤여창(매스원수학학원)
- 이민성(더메드교육그룹)
- 이성근(하이레벨수학)
- 이승연(다빈치영재학원)
- 이하랑(쌤쌔미수학)
- 임태균(LMC수학)
- 조성율(국립인천해사고등학교)
- 최광락(락수학 · 영어)
- 한성필(더프라임학원)
- 한지연(토나아카데미)

저작권등록 제 C-2015-001128호

수 고 제

확률과 통계

● 중위권 학생

오로지 문제만 많이 푸는 무식한 방법이 아니라 한 문제를 풀어도 개념이 잡히고 하면 할수록 쉬워지는 수학 공부 방법으로 다시 시작해 보자!

1) 많은 문제를 푸는 데도 왜 실력은 늘지 않고 제자리이거나 점점 내려갈까?

무조건 많은 양을 풀어야 실력이 는다고 생각하는 것은 착각이다.

⇨ 우리가 배우는 개념이 나오는 문제, 즉 중요한 개념이 포함되어 있는 문제를 잘 해결할 수 있는 능력을 기르는 게 핵심이다.

따라서 반드시 해야 할 문제(중요한 개념이 포함되어 있는 문제)를 확실히 공부해야 한다.

(∵시험에서 묻는 1순위이기 때문)

2) 공부해놓고 점수를 얻지 못하는 억울한 경우 이것도 실력이다!

시간이 5분만 더 있었으면, 아! 이건 빼기를 나누기로 잘못 봤잖아 ㅠㅠ; 등과 같은 실수를 줄이려면 숙달되어야 한다.

숙달은 본인이 눈이 아닌 직접 손으로 정답까지 구해내는 반복된 과정에서 자연스럽게 형성된다.

3) 수학에서 안다는 것은 눈으로 한번 보고 '아! 그렇구나'하는 수준이 아니라 자신의 말로 설명할 수 있어야 하고 중요 공식은 입에서 **술술 나올 정도가 되어야 한다.**

4) 수학은 정의, 정리, 성질, 공식을 이해하고 있지 않으면 시작할 수 없는 과목이다.

왜냐하면 수학은 정의, 정리, 성질, 공식을 알고 있어야 비로소 수학 문제와 의사소통이 가능해지기 때문이다.

5) 각 단원에서 가장 중요한 뼈대(개념)가 무엇인지 알아야 한다.

뼈대 문제만 잘 해도 중위권은 유지된다.

6) 중학과정은 기본 정의나 정리를 적용해서 쉽게 문제가 풀리도록 되어 있기 때문에 이해보다는 외우는 데 초점이 맞춰져 있다.

고등과정은 암기보다 이해에 더 초점이 맞춰져 있다.

하지만 어느 과정이든 개념과 공식을 반드시 내 것으로 만들어야 한다.

7) 개념과 공식을 내 것으로 만든다는 것은 문제와 별개로 이것만을 달달 외우는 것이 아니다.

개념과 공식을 이용하여 문제를 풀면... 시행착오를 겪으면서 개념과 공식이 명확하게 분석되고 정리되어 내 것이 된다.

8) 개념과 공식을 안다면 설명할 수 있어야 한다.

설명이 제대로 된다는 것은 머릿속에 명확하게 정리되어 있다는 것을 뜻하며 문제를 풀 때 쉽게 떠올려서 바로 써먹을 수 있다는 뜻이기도 하다.

9) 수학은 공부하는 당사자가 *직접 문제를 풀면서 실력을 키우는 과목이다.

자신의 힘만으로 문제를 처음부터 끝까지 풀어서 답을 구했을 때 비로소 자신의 실력이 된다.

– 이런 경우 다시 문제를 풀어야 한다 –

i) 직접 풀이 과정을 적지 않고 눈으로만 푼 문제

ii) 풀다가 막혀서 풀이 과정을 보면서 푼 문제

iii) 남에게 도움을 받아서 푼 문제

따라서 스스로 끝까지 풀어내는 것... 이것이 공부했던 문제를 시험에서 다시 만났을 때 막히지

않고 풀 수 있는 비결이다.

10) 문제를 풀면서 생긴 의문을 지나치지 않고 파고드는 것이 수학을 정상으로 이끄는 힘이다.

시간이 많이 걸려 귀찮게 느껴질 때도 있지만 이 의문을 해결하기 위해 질문하고 고민하고 생각

하면서 수학 실력이 향상된다.

11) 문제지 선택 요령

고른 문제지의 30%도 제대로 풀어내지 못하면 쉽게 지치고 재미도 없게 된다.

따라서 본인이 풀 수 있는 문제가 50~70% 정도인 문제지가 난이도로 적당하다.

12) 문제지는 몇 개 정도가 적당한가?

기본서(수학고통제로)와 교과서는 기본으로 깔리게 되므로... 문제지는 2~3권 정도 더 선정한다.

13) 기본서와 문제지를 지그재그 식으로 번갈아 가면서 푸는 게 좋다.

기본서와 문제지를 왔다 갔다 하면서 풀면 중요한 문제(대개 중복되는 문제)를 쉽게 알 수 있

고 재차 반복하는 셈이어서 효과적이다.

14) 틀린 문제는 표시해 두었다가 시험 공부할 때나 학기가 끝났을 때 다시 반복한다.

수학 실력은 그만큼 더 완벽해진다.

15) 본인에게 너무 어려운 문제는 지나칠 수 있는 용기가 필요하다.

해설서를 봐도 모르겠고 선생님이나 친구에게 설명을 들어도 이해가 안 되면 자신의 능력 밖이

므로 그 문제는 포기할 줄도 알아야 한다.

지금은 못 풀지만 좀 더 실력이 쌓이면 그때 쉽게 해결되는 경우가 많다.

16) 고등수학 문제는 풀이 방법이 4~5개까지 되는 것도 많다.

한 가지 방법이 막혀도 당황하지 말고 다른 방법을 시도한다. 이렇게 하면 문제를 푸는 기술도

늘어나고, 어떻게 풀어나갈 것인가를 생각하는 능력도 커진다.

따라서 문제가 풀리지 않는다고 바로 해설서를 보지 말고 최소 3번까지는 생각해 보고 그래도

풀리지 않으면 그때 풀이를 본다.

17) 문제의 지문이 복잡하면 밑줄이나 슬래시(/)를 적절히 그으면서 읽어나간다.

이것이 문제의 지문이 복잡해도 해결할 수 있는 최선의 방법이다.

📑 수학 문제에서 쓸데없이 주는 조건은 없다.

● 상위권 학생

수학에 약점이 없는 학생은 거의 없다. 그런데 그 약점을 그대로 놔두는 학생이 의외로 많다.
자신의 약점을 인정하고 그것에 적극적으로 대처하여 약점을 그대로 놔두지 않아야 한다.
시험을 칠 때, 많은 문제를 새로 보는 것 같지만 그중에는 한 번 정도는 풀었던 문제이거나 그 비슷한 문제가 대부분이다.
그런데 또 틀리는 것은 약점을 고치지 않았기 때문이다.
반드시 약점을 기록해서 해결해야 한다. 이때, 오답노트가 효과적이다.

⌐오답노트를 만드는 요령⌐

1) 오답노트는 풀고 있는 문제지에 만든다.

　　⇨ 다른 공책에 만들면 문제와 그림을 옮겨 적거나 그려야 하므로 많은 시간과 노력이 낭비된다.

2) 문제는 직접 문제지 위에 샤프로 풀이를 적어가며 푼다.

　　⇨ 풀이를 샤프로 적으면 문제지의 종이 전체가 검은색을 띄게 된다.

　　이때, 틀린 문제의 풀이를 지우개로 지우고 파란색 볼펜으로 오답풀이를 정리해 놓으면 틀린
　　문제가 눈에 확 들어오는 장점이 생긴다.

3) 채점은 **빨간색 색연필**로 하되 맞은 문제의 번호에 ○ 표시를 하지 않고, 틀린 문제의 번호에만
　 / 표시를 한다.

　　⇨ 일반적으로 틀린 문제가 또 틀리므로 오답문제만 잘 챙기면 된다.

4) 해답지 풀이를 보고 이해가 되면 틀린 문제의 / 표시를 ☆로 만든 후, 해답지를 덮고 연습장에
　 본인이 직접 풀어 정답을 구한다.

　　⇨ 문제지의 틀린 풀이를 지우개로 지운 후, 연습장에서 바르게 푼 풀이를 파란색 볼펜으로 문제
　　지에 깨끗이 옮겨 적는다.

　　틀린 문제를 다시 풀 때는 파란색 볼펜으로 정리해 놓은 풀이를 4등분으로 접은 A_4용지로
　　가리고 이 용지 위에 풀이를 적어가며 푼다.

5) 계산 실수이거나 단순한 착각으로 틀린 경우는 틀린 문제의 / 표시를 △로 만든다.

　　⇨ 굳이 문제지에 풀이 과정을 정리할 필요는 없다.

6) 해답지를 보고도 이해가 안되면 틀린 문제의 / 표시를 ✕ 로 만든다.

　　⇨ 지금은 풀지 못해 일단 넘어가지만 실력이 쌓여 풀 수 있게 되면 ✕ 표시를 ✡로 만들고
　　4)번과 같은 방법으로 문제지에 오답풀이를 정리한다.

🌟 틀린 문제는 시험 공부할 때와 학기가 끝났을 때 푼다. 수시로 반복하여 풀면 더 좋다.
　　틀리는 문제까지 정복하라.

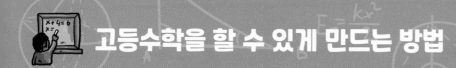

● 하위권 학생

수학은 앞부분, 즉 기초를 모르면 그다음의 내용을 제대로 공부할 수 없게 만들어져 있는 과목이다. 자신이 모르는 내용이면 초등학교 교재라도 다시 들춰봐야 한다.

또한 모르는 것이 이해될 때까지 끊임없이 친구나 선생님에게 질문해야 한다.

한 예로 이차함수를 배울 때, 중학교 때 배우는 이차함수가 전혀 되어 있지 않다면 중학교 이차함수 개념을 잡고 고등학교로 넘어와야 한다.

지금 다시 중학교 교재를 본다면 한번 배웠던 것이고 필요한 것만 공부하기 때문에 분량도 그리 많지 않아 여러분의 생각보다 훨씬 쉽게 목표한 것을 끝낼 수 있다.

저학년 기초 파트는 기본 개념, 공식, 기본 문제만 공부해도 충분하다.

고등학교 때 필요하지 않은 부분은 과감히 건너뛰고 연습 문제, 종합 문제와 같은 부수적인 문제들은 풀 필요도 없다.

수학을 공부하는 자세

1) 무식하다는 것을 솔직히 인정하라!

2) 저학년 교재를 보면서도 당당하라!

3) 모르는 것은 이해될 때까지 집요하게 질문하라!

이런 식으로 공부하면 진도를 나가면 나갈수록 점차 모르는 것이 줄어들게 되고 머지않아 배우는 내용에서 기초적인 것을 모르는 일은 더 이상 생기지 않게 된다.

수학을 공부하는 자세 (재차 강조)

모르는 것, 특히 개념은 알 때까지 질문하여 해결한다.

진도를 나가다가 모르는 부분이 나오면 관련된 저학년 교과서나 참고서로 내려간다.

기초가 많이 부족하면 저학년 과정을 먼저 공부한다. 이때, 현재 공부하는 것과 관련된 것을 중심으로 빠르게 공부한다.

- **집필의도**

  저자의 수학적 능력을 속성으로 전수시켜 줄 목적으로 집필했습니다.

- ***수학 개념과 공식을 친구들의 이름 외우듯이 무작정 외우면 안됩니다.**

  ⇨ 수학 개념과 공식은 친구의 별명처럼 특징을 잘 파악하여 이해하면 쉽게 체득됩니다.

  참고 몇 년 후 만난 친구들… 이름은 가물가물해도 별명은 바로 떠오르죠. 이처럼 수학 개념과 공식도 친구의 별명처럼 특징을 잘 파악하여 이해하면 쉽게 익혀지고 이렇게 체득된 개념과 공식은 절대 잊지 않게 된다.

  ※ 이 노하우를 책에 담았습니다.

- **중요도에 따라 아래와 같이 표시했습니다.**

  ① (*****)=(빨간색 글)=(빨간색 선)=(바탕이 빨간색인 내용)은 완벽히 익혀야 합니다.

  ⇨ 각 단원에서 가장 중요한 부분이며 쉽게 익힐 수 있도록 도와 드립니다.

  ② (*****)=(녹색 글)=(녹색 선)=(바탕이 녹색인 내용)은 주로 이해를 해야 합니다.

  ⇨ 빨간색 다음으로 중요한 부분이며 빨간색만큼 철저히 익힐 필요는 없지만 충분히 이해는 하고 있어야 합니다.

  ③ 바탕이 노란색인 내용은 암기할 필요는 없지만 충분히 이해는 하고 있어야 합니다.

- **기존의 기본서와 차이점** ⇨ 개념과 공식을 쉽게 내 것으로 만드는 노하우를 담았습니다.

  기존의 기본서와 다르게 개념 설명과 공식 유도만으로 끝내지 않고 익히는 방법 이나 핵심, 꿀팁, 주의, 참고 등을 추가하여 개념과 공식을 쉽게 내 것으로 만들 수 있게 했습니다.

- **문제를 풀면서 개념과 공식이 자연스럽게 익혀지도록 했습니다.**

  익히는 방법 이나 핵심, 꿀팁, 주의, 참고 등을 통해 쉽게 체득한 개념과 공식을…

  아주 쉬운 「씨앗 문제」를 통하여 어렴풋이나마 문제에 적용할 수 있게 한 다음 뿌리 및 줄기 문제를 풀면서 어렴풋이 알고 있던 개념과 공식을 명확하게 알게 되게 했습니다.

  즉, 개념과 공식이 문제를 풀면서 자연스럽게 익혀지도록 했습니다.

  따라서 뿌리 문제 나 줄기 문제 는 개념 확립과 공식을 적용하는 능력을 기르기 위해 반드시 풀어야 하는 문제들로 엄선했습니다.

- 기발한 풀이 방법이 많습니다.
  보다 빨리, 보다 쉽게, 보다 완벽하게 문제를 푸는 저자의 노하우가 담겨 있습니다.

- 『씨앗 문제』는 체득한 개념과 공식을 문제에 적용할 수 있도록 돕는 기초 문제입니다.

- 뿌리 문제 는 개념과 공식을 본인의 것으로 만들기 위해 꼭 풀어야 하는 기본 문제입니다.

- [줄기 문제] 는 뿌리 문제에서 한 단계 더 발전하기 위해 풀어야 하는 유제 문제입니다.

- 잎 문제 는 학습한 내용을 마무리하는 연습 문제입니다.
  수능과 교육청·평가원의 모의고사 기출문제를 중심으로 출제 가능성이 높은 대표 유형을 선별하여 다루었습니다.
  궁극적으로 학교시험과 수능에서 변별력이 높은 고난도 문제를 대비할 수 있게 했습니다.

- 첨삭지도 하는 내용 설명

  익히는방법 수학 개념과 공식이 쉽게 익혀지도록 저자가 자의적으로 만든 내용으로 수학적이지 않은 경우도 극히 드물지만 존재합니다.

  따라서 수학적으로 검증하려 하거나 참·거짓을 따지려 하지 말고 그냥 쉽게 익히는 요령 정도로 받아 들여야 합니다.

  유형 공식이 유도되는 과정을 보여줍니다.

  핵심 전반적인 내용을 한 두 단어나 한 두 문장으로 압축한 것입니다.

  참고 반드시 참고해야 할 내용으로 엄선했습니다.

  주의 실수하기 쉬운 부분입니다.

  결론 최종적 결론을 내린 것으로 이것만으로도 충분하다는 의미입니다.

  cf) 서로 비교해보고 꼭 구분해서 익혀야 할 것들입니다.

확률과 통계 목차

Ⅲ 통계

5. 확률분포

6. 통계적 추정

늘 생각하고 되새기며 삶의 지침으로 삼을 만한 문구

踏雪野中去

不須胡亂行

今日我行跡

遂作後人程

(답설야중거 불수호난행 금일아행적 수작후인정)

－白凡 金九－

눈 덮인 들판을 걸을 때

함부로 어지럽게 걷지 말지어다.

오늘 내가 디딘 발자국은

언젠가 뒷사람의 이정표가 되리니

－백범 김구－

※ 백범 선생이 안중근 의사 의거 기념일인 1948년 10월 26일에 쓴 글이다.

1. 순열과 조합 (1)

※ 순열과 조합(특강)

01 원순열

02 중복순열

03 같은 것이 있는 순열

연습문제

특강 순열과 조합

1 **합의 법칙** ※ 수학에서 '동시에'는 'at the same time' 또는 *'연속적으로'의 의미이다.

두 사건 A, B가 *동시에 (연속적으로) 일어나지 않을 때, 사건 A, B가 일어나는 경우의 수가 각각 m, n이면 **사건 A 또는 사건 B가 일어나는** 경우의 수는 $m+n$이다.

◆증명◆
$$n(A \cup B) = n(A) + n(B) - n(A \cap B)$$
$$= n(A) + n(B) \; (\because *A \cap B = \varnothing)$$
$$= m+n$$

팁 합의 법칙은 어느 두 사건도 동시에 일어나지 않는 셋 이상의 사건에 대해서도 성립한다.

익히는 방법
동시에 일어날 수 없는 여러 개의 사건들은 합의 법칙을 이용한다.

씨앗. 1 다음 물음에 답하여라.

1) 한 카페에서 커피 5종류와 주스 3종류를 판매한다. 이곳에서 파는 음료수 중 한 종류를 사 마시는 경우의 수를 구하여라.

2) 서로 다른 두 개의 주사위를 동시에 던질 때, 나오는 눈의 수의 합이 3의 배수가 되는 경우의 수를 구하여라.

풀이 1) 한 종류의 음료수를 사 마실 때,
i) 커피를 사 마시는 경우는 5가지
ii) 주스를 사 마시는 경우는 3가지
i), ii)의 경우는 동시에 일어날 수 없으므로 합의 법칙에 의하여
$5+3=8$

2) 서로 다른 두 개의 주사위를 동시에 던질 때, 나오는 눈의 수의 합이 3의 배수가 되는 경우는 3 또는 6 또는 9 또는 12이므로
i) 눈의 수의 합이 3이 되는 경우는 $(1, 2)$, $(2, 1)$의 2가지
ii) 눈의 수의 합이 6이 되는 경우는 $(1, 5)$, $(2, 4)$, $(3, 3)$, $(4, 2)$, $(5, 1)$의 5가지
iii) 눈의 수의 합이 9가 되는 경우는 $(3, 6)$, $(4, 5)$, $(5, 4)$, $(6, 3)$의 4가지
iv) 눈의 수의 합이 12가 되는 경우는 $(6, 6)$의 1가지
i)~iv)의 경우는 동시에 일어날 수 없으므로 합의 법칙에 의하여
$2+5+4+1=12$

팁 2) 두 개의 주사위를 던졌을 때 나오는 두 눈의 수의 합은 자주 언급되므로 다음의 표를 기억해야 한다. (기억하기 쉽다.^^)

두 눈의 합	2	3	4	5	6	7	8	9	10	11	12
경우의 수	1	2	3	4	5	6	5	4	3	2	1
익히는 방법	(두 눈의 합)−1=경우의 수						(두 눈의 합)+(경우의 수)=13				

2 곱의 법칙

두 사건 A, B가 **동시에 (연속적으로) 일어날 때**, 사건 A, B가 일어나는 경우의 수가 각각 m, n이면 사건 **A와 B가 동시에 (연속적으로) 일어나는** 경우의 수는 $m \times n$이다.

예) a, b, c, d의 4종류의 티셔츠와 p, q, r의 3종류의 바지를 하나씩 골라 입을 수 있는 경우의 수는
i) 4종류의 티셔츠를 골라 입을 수 있는 경우는 4가지
ii) 3종류의 바지를 골라 입을 수 있는 경우는 3가지
i), ii)의 경우는 동시에 일어나므로 곱의 법칙에 의하여
$4 \times 3 = 12$

곱의 법칙은 동시에 일어나는 셋 이상의 사건에 대해서도 성립한다.

(익히는 방법)
동시에 일어나는 여러 개의 사건들은 곱의 법칙을 이용한다.

씨앗. 2 ▪ 오른쪽 그림과 같이 P에서 Q로 가는 경우는
2가지이고, Q에서 R로 가는 경우가 3가지
이다. P를 출발하여 Q를 거쳐 R로 가는
경우의 수를 구하여라.

풀이 i) P에서 Q로 가는 경우는 2가지
ii) Q에서 R로 가는 경우는 3가지
i), ii)의 경우는 연속적으로 일어나므로 곱의 법칙에 의하여 $2 \times 3 = 6$

씨앗. 3 ▪ A, B 두 개의 주사위를 동시에 던질 때, A의 눈의 수는 3의 배수가 나오고 B의 눈의 수가 2의 배수가 나오는 경우의 수를 구하여라.

풀이 i) A의 눈의 수가 3의 배수가 나오는 경우는 3, 6의 2가지
ii) B의 눈의 수가 2의 배수가 나오는 경우는 2, 4, 6의 3가지
i), ii)의 경우는 동시에 일어나므로 곱의 법칙에 의하여 $2 \times 3 = 6$

씨앗. 4 ▪ 108의 약수의 개수를 구하여라.

풀이 108을 소인수분해하면 $2^2 \times 3^3$이므로
2^2의 약수는 1, 2, 2^2의 3개이고,
3^3의 약수는 1, 3, 3^2, 3^3의 4개다.
i) 2^2의 약수에서 각각 하나씩 택하는 경우는 3가지
ii) 3^3의 약수에서 각각 하나씩 택하는 경우는 4가지
i), ii)의 경우는 동시에 일어나므로 곱의 법칙에 의하여
$3 \times 4 = 12$

$\times$	1	3	3^2	3^3
1	1	3	9	27
2	2	6	18	54
2^2	4	12	36	108

특강 1-1 곱의 법칙

다항식 $(a+b-c)(x+y+z)(p-q)$를 전개할 때, 항의 개수를 구하여라.

풀이 i) a, b, $-c$ 중에서 하나를 택하는 경우는 3가지
ii) x, y, z 중에서 하나를 택하는 경우는 3가지
iii) p, $-q$ 중에서 하나를 택하는 경우는 2가지
i), ii), iii)의 경우는 동시에 일어나므로 곱의 법칙에
의하여
$3 \times 3 \times 2 = 18$

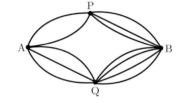

특강 1-2 합의 법칙, 곱의 법칙

A 지점에서 B 지점으로 가기 위해서는 P 또는 Q 지점을 거쳐야한다. 각 지점 사이의 길은 오른쪽 그림과 같을 때, 다음 물음에 답하여라.

1) A 지점에서 B 지점으로 가는 경우의 수를 구하여라.

2) A 지점과 B 지점 사이를 왕복하는데, P 지점을 반드시 그리고 오직 한 번만 거치는 경우의 수를 구하여라.

3) 갑, 을 두 사람이 A 지점에서 출발하여 B 지점까지 갈 때, 한 사람이 통과하는 중간 지점을 다른 사람이 통과하지 않으면서 가는 경우의 수를 구하여라.

풀이 1) i) $A \rightarrow P \rightarrow B$의 경우의 수는 곱의 법칙에 의하여
$2 \times 3 = 6$
ii) $A \rightarrow Q \rightarrow B$의 경우의 수는 곱의 법칙에 의하여
$3 \times 4 = 12$
i), ii)는 동시에 일어날 수 없으므로 구하는 경우의 수는 합의 법칙에 의하여
$6 + 12 = 18$

2) i) $A \rightarrow P \rightarrow B \rightarrow Q \rightarrow A$의 경우의 수는 곱의 법칙에 의하여
$2 \times 3 \times 4 \times 3 = 72$
ii) $A \rightarrow Q \rightarrow B \rightarrow P \rightarrow A$의 경우의 수는 곱의 법칙에 의하여
$3 \times 4 \times 3 \times 2 = 72$
i), ii)는 동시에 일어날 수 없으므로 구하는 경우의 수는 합의 법칙에 의하여
$72 + 72 = 144$

3) i) 갑이 P를 거쳐 B로, 을이 Q를 거쳐 B로 가는 경우의 수는 곱의 법칙에 의하여
$(2 \times 3) \times (3 \times 4) = 72$
ii) 갑이 Q를 거쳐 B로, 을이 P를 거쳐 B로 가는 경우의 수는 곱의 법칙에 의하여
$(3 \times 4) \times (2 \times 3) = 72$
i), ii)는 동시에 일어날 수 없으므로 구하는 경우의 수는 합의 법칙에 의하여
$72 + 72 = 144$

3 순열의 정의(약속)

서로 다른 n개에서 $r\,(0<r\leq n)$개를 택하여 일렬로 배열하는 것을 *서로 다른 n개에서 r개를 택하는 순열이라 하고, 이 순열의 수를 기호로 $_n\mathrm{P}_r$과 같이 나타낸다.

4 순열의 수

1) *서로 다른 n개에서 r개를 택하는 순열의 수는

$$_n\mathrm{P}_r=\underbrace{n(n-1)(n-2)\cdots(n-r+1)}_{r\text{개}}\;(\text{단, }0<r\leq n)$$

2) 순열의 수와 관련된 공식

$$_n\mathrm{P}_n=n(n-1)(n-2)\cdots1=n!$$

$$_n\mathrm{P}_r=\frac{n!}{(n-r)!}\;(\text{단, }0\leq r\leq n)$$

$$0!=1,\;_n\mathrm{P}_0=1$$

특강 1-3 순열의 수

다음 물음에 답하여라.

1) 7명의 학생을 일렬로 세우는 방법의 수를 구하여라.

2) 학생 7명 중 3명을 뽑아 일렬로 세우는 방법의 수를 구하여라.

3) 20개의 터미널이 있는 버스 회사에서 출발지와 종착지를 적은 버스표를 몇 가지 준비해야 하는지 구하여라.

4) 일렬로 놓여진 5개의 의자에 3명이 앉는 방법의 수를 구하여라.

풀이 수학에서 '같다'라는 언급이 없으면 *'다르다'가 전제되어 있다.

1) (서로 다른) 7명의 학생에서 7명을 택한 후, 일렬로 배열하는 방법의 수이므로
$$_7\mathrm{P}_7=7\cdot6\cdot5\cdot4\cdot3\cdot2\cdot1=7!\quad\therefore\mathbf{5040}$$

2) (서로 다른) 7명의 학생에서 3명을 택한 후, 일렬로 배열하는 방법의 수이므로
$$_7\mathrm{P}_3=7\cdot6\cdot5=\mathbf{210}$$

3) (서로 다른) 20개의 터미널에서 2개의 터미널을 뽑은 후, 출발지와 종착지 순으로 배열하는 방법의 수이므로
$$_{20}\mathrm{P}_2=20\cdot19=\mathbf{380}$$

3) 출발지와 종착지가 20개의 터미널을 선택하는 방법의 수이므로

출발지　종착지
$$20\;\times\;19\;=\mathbf{380}$$

4) 첫번째 사람과 두번째 사람과 세번째 사람이 5개의 의자를 선택하는 방법의 수이므로

첫번째 사람　두번째 사람　세번째 사람
$$5\;\times\;4\;\times\;3\;=\mathbf{60}$$

5 **조합의 정의**(약속)

서로 다른 n개에서 $r\,(0<r\le n)$개를 택하여 **순서를 생각하지 않는 모임**을 만드는 것을 *서로 다른 n개에서 r개를 택하는 조합**이라 하고, 이 조합의 수를 기호로 $_n\mathrm{C}_r$과 같이 나타낸다.

6 **조합의 수**

1) *서로 다른 n개에서 r개를 택하는 조합의 수는

$$_n\mathrm{C}_r = \frac{_n\mathrm{P}_r}{r!} = \frac{n!}{(n-r)!\,r!} \;(\text{단},\ 0\le r\le n)$$

2) 조합의 수와 관련된 공식

$$_n\mathrm{C}_r = {}_n\mathrm{C}_{n-r} \;(\text{단},\ 0\le r\le n)$$

$$_n\mathrm{C}_0 = 1,\ _n\mathrm{C}_n = 1,\ _n\mathrm{C}_1 = n$$

특강 1-4 **조합의 수**

남자 6명과 여자 4명 중에서 대표를 뽑으려고 할 때, 다음 물음에 답하여라.

1) 남자 2명과 여자 3명을 대표로 뽑는 방법의 수를 구하여라.

2) 4명을 대표로 뽑을 때, 적어도 남녀 1명씩 포함되는 방법의 수를 구하여라.

3) 5명을 대표로 뽑을 때, 특정된 3명이 제외되는 방법의 수를 구하여라.

풀이 수학에서 '같다'라는 언급이 없으면 *'다르다'가 전제되어 있다.

1) 남자 6명 중에서 2명을 뽑는 방법의 수는 $_6\mathrm{C}_2 = 15$

　여자 4명 중에서 3명을 뽑는 방법의 수는 $_4\mathrm{C}_3 = {}_4\mathrm{C}_1 = 4\ (\because {}_n\mathrm{C}_r = {}_n\mathrm{C}_{n-r})$

　따라서 구하는 방법의 수는 $15 \times 4 = \mathbf{60}$

2) '적어도…'가 있으면 ⇨ 제일 먼저 '여사건 (여집합)'을 이용해 본다.

　전체 10명 중에서 4명을 뽑는 방법의 수는 $_{10}\mathrm{C}_4 = 210 \rightarrow n(U) = 210$

　남자만 4명을 뽑는 방법의 수는 $_6\mathrm{C}_4 = {}_6\mathrm{C}_2 = 15$

　여자만 4명을 뽑는 방법의 수는 $_4\mathrm{C}_4 = {}_4\mathrm{C}_0 = 1$

　따라서 구하는 방법의 수는 $210 - (15+1) = \mathbf{194}$

3) 특정한 3명을 이미 제외했다고 생각하고 나머지 7명 중에서 5명을 뽑으면 되므로

　구하는 방법의 수는 $_7\mathrm{C}_5 = {}_7\mathrm{C}_2 = \mathbf{21}$

(당부의 말씀)

일반적으로 시험에 나오는 경우의 수의 문제는 복잡하게 출제된다.

따라서 복잡하게 주어진 경우의 수의 문제는 **겹치지 않는 여러 개의 사건으로 빠짐없이 쪼개어 각각의 경우의 수를 구한 다음 합의 법칙 또는 곱의 법칙을 이용하여** 푼다. 예) p.17 씨앗.1의 3)번

01 원순열

1 직순열

서로 다른 것을 일렬로 배열하는 순열을 **직순열**이라 하고, 서로 다른 n개에서 r개를 택하는 직순열의 수를 기호로 $_n\mathrm{P}_r$로 나타낸다.

> **참고** 직순열과 순열은 같은 말이다.

2 원순열

서로 다른 것을 원형으로 배열하는 순열을 **원순열**이라 하고, 회전하여 일치하는 배열은 모두 같은 것으로 본다.

⇨ **원순열은 *한 원소를 고정하고 나머지 원소들을 일렬로 배열하는 직순열로 생각한다.**

> **증명** 4개의 문자 A, B, C, D를 원형으로 배열하는 순열의 수를 알아보자.
> 먼저 4개의 문자 A, B, C, D를 일렬로 배열하는 순열의 수는 4!이다.
> 그런데 A, B, C, D를 일렬로 배열할 때에는 ABCD, DABC, CDAB, BCDA가 서로 다른 배열이지만 원형으로 배열하는 순열에서는 이 4가지 배열이 모두 같은 배열이다.
> 따라서 A를 고정하고 나머지 3개를 일렬로 배열하는 직순열로 생각할 수 있으므로 원순열의 수는 $1 \cdot 3!$
> 이때, 원순열에서 고정하는 기준은 어떤 것을 잡아도 같은 결과를 얻는다. 즉, A, B, C, D를 원형으로 배열하는 원순열에서 A를 고정하든 B를 고정하든 C를 고정하든 D를 고정하든 그 결과는 같다.

씨앗. 1 ▮ 다음을 구하여라.

> 1) 5명을 일렬로 배열하는 경우의 수
> 2) 5명을 원형으로 배열하는 경우의 수
> 3) 5명 중 3명을 택하여 원탁에 앉히는 경우의 수

풀이
1) $5! = 120$
2) 원순열은 어느 하나를 고정하고 나머지를 일렬로 배열하는 직순열로 생각하므로
   $1 \cdot 4! = 24$
3) i) 5명 중 3명을 택하는 경우의 수는 $_5\mathrm{C}_3 = {}_5\mathrm{C}_2 = 10$
   ii) 3명을 원탁에 앉히는 경우의 수는 $1 \cdot 2! = 2$
   따라서 구하는 경우의 수는 $10 \times 2 = 20$

> **참고** $3! = 6$, $\underline{4! = 24}$, $5! = 120$은 너무 자주 이용되므로 반드시 기억해야 한다.

뿌리 1-1 원탁에 둘러앉는 경우의 수

여성 3명과 남성 5명으로 구성된 방송부 회원들이 원탁에 둘러앉을 때, 다음을 구하여라.

1) 여성끼리 이웃하여 앉는 경우의 수
2) 여성끼리 이웃하지 않게 앉는 경우의 수

(핵심) 원순열은 ★한 원소를 고정하고 나머지 원소들을 일렬로 배열하는 직순열로 생각한다.

(풀이) 1) 이웃하도록 ⇨ 이웃하는 것을 하나로 묶어서 생각한다.

우측 그림과 같이 여성 3명을 한 묶음으로 생각하여 고정하고
나머지 5명을 일렬로 배열하는 직순열의 수와 같으므로
$1 \cdot 5! = 120$
여성끼리 자리를 바꾸는 경우의 수는
$3! = 6$
따라서 구하는 경우의 수는
$120 \times 6 = \mathbf{720}$

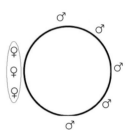

2) 이웃하지 않도록 ⇨ 이웃해도 좋은 것을 먼저 배열한다.

(방법 I) 남성 5명이 원탁에 둘러앉는 경우의 수는 1명을 고정하고
나머지 4명을 일렬로 배열하는 직순열의 수와 같으므로
$1 \cdot 4! = 24$
남성들 사이사이의 5개의 자리에 여성 3명이 앉는 경우의
수는
$_5\mathrm{P}_3 = 5 \cdot 4 \cdot 3 = 60$
따라서 구하는 경우의 수는
$24 \times 60 = \mathbf{1440}$

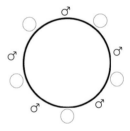

2) 셋 이상끼리 이웃하지 않는 경우의 수는 여사건을 이용하여 구할 수 없다.

(오류 방법 II) (8명이 원탁에 둘러앉는 경우의 수)−(여성 셋끼리 이웃하여 원탁에 둘러앉는 경우의 수)
$= 1 \cdot 7! - 720$
$= 4320 \ (\times)$

(주의) ★둘끼리 이웃하지 않는 경우의 수는 여사건을 이용하여 구할 수 있다.
(전체의 경우의 수)−(둘끼리 이웃하는 경우의 수)
예) 줄기 1-1)의 3)번

[줄기1-1] 부모와 자녀 3명이 원탁에 둘러앉을 때, 다음을 구하여라.

1) 부모가 이웃하여 앉는 경우의 수
2) 부모가 마주 보고 앉는 경우의 수
3) 부모가 이웃하지 않게 앉는 경우의 수
4) 부모 사이에 한 아이가 앉는 경우의 수

3 여러 가지 모양의 탁자에 둘러앉는 경우의 수

1) 정사각형 모양의 탁자에 8명을 앉히는 경우의 수

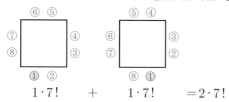 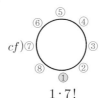

$$1 \cdot 7! \quad + \quad 1 \cdot 7! \quad = 2 \cdot 7! \qquad\qquad 1 \cdot 7!$$

2) 정삼각형 모양의 탁자에 6명을 앉히는 경우의 수

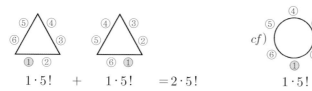

$$1 \cdot 5! \quad + \quad 1 \cdot 5! \quad = 2 \cdot 5! \qquad\qquad 1 \cdot 5!$$

3) 정삼각형 모양의 탁자에 9명을 앉히는 경우의 수

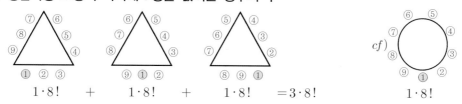

$$1 \cdot 8! \quad + \quad 1 \cdot 8! \quad + \quad 1 \cdot 8! \quad = 3 \cdot 8! \qquad\qquad 1 \cdot 8!$$

4) 직사각형 모양의 탁자에 6명을 앉히는 경우의 수

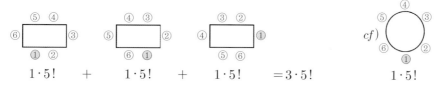

$$1 \cdot 5! \quad + \quad 1 \cdot 5! \quad + \quad 1 \cdot 5! \quad = 3 \cdot 5! \qquad\qquad 1 \cdot 5!$$

5) 직사각형 모양의 탁자에 10명을 앉히는 경우의 수

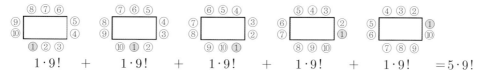

$$1 \cdot 9! \quad + \quad 1 \cdot 9! \quad + \quad 1 \cdot 9! \quad + \quad 1 \cdot 9! \quad + \quad 1 \cdot 9! \quad = 5 \cdot 9!$$

6) 반원 모양의 탁자에 5명을 앉히는 경우의 수

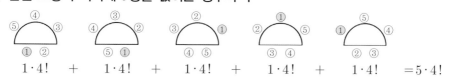

$$1 \cdot 4! \quad + \quad 1 \cdot 4! \quad + \quad 1 \cdot 4! \quad + \quad 1 \cdot 4! \quad + \quad 1 \cdot 4! \quad = 5 \cdot 4!$$

> 참고 원형으로 배열할 때에는 고정하는 기준을 어떤 것으로 잡아도 같은 결과이지만 다각형의 모양으로 배열할 때에는 고정하는 기준에 따라 서로 다른 경우가 될 수 있다.

뿌리 1-2 여러 가지 모양의 탁자에 둘러앉는 경우의 수

다음 물음에 답하여라.

1) 오른쪽 그림과 같이 정오각형 모양의 탁자에 15명이 둘러앉는 경우의 수를 구하여라. (단, 회전하여 일치하는 것은 같은 것으로 본다.)

2) 오른쪽 그림과 같이 정사각형 모양의 탁자에 5명이 둘러앉는 경우의 수를 구하여라. (단, 회전하여 일치하는 것은 같은 것으로 본다.)

3) 남자 2명과 여자 4명이 회의를 하기 위해 오른쪽 그림과 같이 정사각형 모양의 탁자에 둘러앉을 때, 남자 2명이 탁자의 서로 다른 모서리에 앉는 경우의 수를 구하여라. (단, 회전하여 일치하는 것은 같은 것으로 본다.)

풀이 1) 정오각형 모양의 탁자에 15명 중 1명을 고정하는 경우가 3가지이고 나머지 14명을 일렬로 배열하는 경우의 수가 14!
따라서 구하는 경우의 수는
3·14!

2) 정사각형 모양의 탁자에 5명 중 1명을 고정하는 경우가 5가지이고 나머지 4명을 일렬로 배열하는 경우의 수가 4!
따라서 구하는 경우의 수는
$5 \cdot 4! = \mathbf{120}$

3) 정삼각형 모양의 탁자에 남자 2명 중 1명을 고정하는 경우가 2가지이고 나머지 남자 1명을 앉히는 경우는 ①의 모서리를 제외한 자리에 앉히면 되므로 4가지이고 나머지 여자 4명을 일렬로 배열하는 경우의 수가 4!
따라서 구하는 경우의 수는 $2 \cdot 4 \cdot 4! = \mathbf{192}$

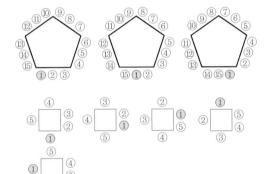

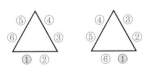

줄기1-2 4쌍의 부부가 원탁에 둘러앉을 때, 부부끼리 이웃하게 앉는 경우의 수를 구하여라.

줄기1-3 남자 3명과 여자 3명이 오른쪽 그림과 같은 정삼각형 모양의 탁자에 앉아 회의를 하려고 한다. 붙어있는 의자에 반드시 남녀가 앉도록 할 때, 6명이 앉는 경우의 수를 구하여라.
(단, 회전하여 일치하는 것은 같은 것으로 본다.)

뿌리 1-3 색칠하는 경우의 수(원순열)

다음 물음에 답하여라.

1) 오른쪽 그림과 같이 원을 4등분한 영역을 서로 다른 4가지 색을 모두 사용하여 칠하는 경우의 수를 구하여라. (단, 회전하여 일치하는 것은 같은 것으로 본다.)

2) 오른쪽 그림과 같이 사각형 안의 5개로 구분된 영역에서 서로 다른 5가지 색을 모두 사용하여 칠하는 경우의 수를 구하여라. (단, 가운데 사각형을 제외한 나머지 4개의 영역은 모양과 크기가 서로 같고, 회전하여 일치하는 것은 같은 것으로 본다.)

풀이 1) 4등분한 영역중 하나를 고정하면 나머지 3등분한 영역을 일렬로 배열하는 직순열의 수와 같으므로 구하는 경우의 수는

$1 \cdot 3! = 6$

2) 오른쪽 그림의 가운데 영역 ①을 칠하는 경우의 수는

5

나머지 4등분한 영역 중 하나를 고정하면 나머지 3등분한 영역을 일렬로 배열하는 직순열의 수와 같으므로

$1 \cdot 3! = 6$

따라서 구하는 경우의 수는

$5 \times 6 = 30$

줄기1-4 다음 물음에 답하여라.

1) 오른쪽 그림과 같이 밑면은 정사각형이고 옆면은 모두 이등변삼각형인 사각뿔의 각 면을 서로 다른 5가지 색을 모두 사용하여 칠하는 경우의 수를 구하여라.

2) 오른쪽 그림과 같이 옆면이 모두 합동인 사각뿔대의 각 면을 서로 다른 6가지 색을 모두 사용하여 칠하는 경우의 수를 구하여라.

3) 오른쪽 그림과 같은 정육면체의 각 면을 서로 다른 6가지 색을 모두 사용하여 칠하는 경우의 수를 구하여라. [직육면체는 정답 및 풀이 [p.3]를 참고한다.]

4) 오른쪽 그림과 같은 정사면체의 각 면을 서로 다른 4가지 색을 모두 사용하여 칠하는 경우의 수를 구하여라.

⑫ 중복순열

1 중복순열

1) **중복순열**

서로 다른 n개에서 중복을 허용하여 r개를 택하는 순열을 **중복순열**이라 하고, 이 중복순열을 기호로 $_n\Pi_r = n^r$ 로 나타낸다.

$$_n\Pi_r$$

서로 다른 것의 개수 ↵   ↳ 택하는 것의 개수

2) **중복순열의 수**

서로 다른 n개에서 중복을 허용하여 r개를 택하여 일렬로 배열할 때, 첫 번째, 두 번째, $\cdots$, n번째에 올 수 있는 경우의 수는 각각 n가지씩이므로 다음이 성립한다.

$$_n\Pi_r = n \times n \times n \times \cdots \times n = n^r$$

예) 1, 2, 3, 4, 5에서 중복을 허락하여 만들 수 있는 세 자리 정수의 개수를 구하여라.

각 자리에 올 수 있는 숫자는
각각 5가지씩이므로
$5 \times 5 \times 5 = {}_5\Pi_3 = 5^3$

백의 자리	십의 자리	일의 자리
5가지	5가지	5가지

※ $_n\Pi_r$에서 Π는 그리스문자 π의 대문자이며 '파이'로 읽는다.

씨앗. 1 ⌐ $_5\Pi_2$의 값을 구하여라. [교육청 기출]

[풀이] $_5\Pi_2 = 5 \times 5 = \mathbf{25}$

cf) $_5P_2 = 5 \times 4 = 20$

씨앗. 2 ⌐ 다음 물음에 답하여라.

1) 세 문자 a, b, c를 중복을 허용하여 5번 사용할 때, 만들 수 있는 다섯 자리의 기호의 개수를 구하여라.

2) 세 통의 편지 a, b, c를 네 우체통 A, B, C, D에 넣는 경우의 수를 구하여라.

(단, 편지를 넣지 않는 우체통이 있을 수도 있다.)

[풀이] 1) 각 자리에 올 수 있는 문자는
각각 3가지이므로
$3 \times 3 \times 3 \times 3 \times 3 = 3^5 = \mathbf{243}$

첫째 자리	둘째 자리	세째 자리	네째 자리	다섯째 자리
3가지	3가지	3가지	3가지	3가지

2) 각 편지를 넣을 수 있는 우체통은 각각 4가지이므로
$4 \times 4 \times 4 = 4^3 = \mathbf{64}$

a의 편지	b의 편지	c의 편지
4가지	4가지	4가지

뿌리 2-1 **중복순열의 수 (1)**

3명의 여행자가 4곳의 호텔에 투숙하는 경우의 수를 구하여라.

(단, 여행자가 투숙하지 않는 호텔이 있을 수도 있다.)

(핵심) 여행자 $\xrightarrow{\text{투숙}}$ 호텔 ⇨ 여행자가 선택권을 갖는다.

(풀이) 여행자를 a, b, c라 하고 호텔을 A, B, C, D라
하자.
각 여행자가 투숙할 수 있는 호텔은 각각 4가지
이므로
$4 \times 4 \times 4 = 64$

여행자 a	여행자 b	여행자 c
4가지	4가지	4가지

뿌리 2-2 **중복순열의 수 (2)**

3명의 후보가 출마한 선거에서 7명의 유권자가 한 명의 후보에게 각각 투표할 때,
기명으로 투표하는 경우의 수를 구하여라. (단, 기권이나 무효표는 없다.)

(핵심) 유권자 $\xrightarrow{\text{투표}}$ 후보 ⇨ 유권자가 선택권을 갖는다.

(풀이) 유권자를 a, b, c, d, e, f, g라 하고 후보를
A, B, C라 하자.
각 유권자가 투표할 수 있는 후보가 각각 3
가지이므로
$3 \times 3 \times 3 \times 3 \times 3 \times 3 \times 3 = 2187$

유권자 a	유권자 b	…	유권자 g
3가지	3가지	…	3가지

[줄기2-1] 다음 물음에 답하여라.

1) 3명의 학생이 방송반, 독서반, 축구반, 음악반, 미술반의 5곳의 동아리에 가입하
는 경우의 수를 구하여라. (단, 학생이 가입하지 않는 동아리가 있을 수도 있다.)

2) 어느 야구장에는 ㉮, ㉯, ㉰, ㉱, ㉲ 5개의 입구가 있다. A, B, C 세 사람이
이 야구장에 들어갈 때, A는 ㉮ 또는 ㉰ 입구로 들어가는 경우의 수를 구하여라.

(단, 야구장에 들어가는 순서는 고려하지 않는다.)

3) 두 개의 박스 A, B에 서로 다른 사탕 5개를 넣는 경우의 수를 구하여라.

(단, 빈 박스가 있어도 상관없다.)

[줄기2-2] 다음 물음에 답하여라.

1) 4명의 여행자가 3곳의 호텔에 투숙하는 경우의 수를 구하여라.

(단, 각 호텔에 적어도 1명의 여행자가 투숙한다.) [풀이에 있는 '주의'를 꼭 참고하자!]

2) 세 명의 학생이 가위바위보 게임을 할 때, 승자가 결정되는 경우의 수를 구하여라.

(단, 승자가 반드시 한 명일 필요는 없다.)

뿌리 2-3 신호 만들기 (1)

모스 부호 ·와 ─를 사용하여 신호를 만들 때, 이 부호를 1개 이상 3개 이하로 사용하여 만들 수 있는 서로 다른 신호의 개수를 구하여라.

풀이 두 기호를 1개 사용하여 만들 수 있는 신호의 개수는 2

두 기호를 2개 사용하여 만들 수 있는 신호의 개수는 $2 \times 2 = 4$

두 기호를 3개 사용하여 만들 수 있는 신호의 개수는 $2 \times 2 \times 2 = 8$

따라서 구하는 신호의 개수는 $2 + 4 + 8 = \mathbf{14}$

뿌리 2-4 신호 만들기 (2)

다음 물음에 답하여라.

1) 모스 부호 ·와 ─를 나열하여 200개 이상의 서로 다른 신호를 만들고자 한다. 이 기호를 몇 개까지 나열해야 하는지 구하여라.

2) 빨간색, 파란색, 노란색 깃발이 각각 한 개씩 있다. 200개 이상의 서로 다른 신호를 만들려면 이 깃발을 최소한 몇 번 들어야 하는지 구하여라. (단, 깃발은 1번 이상 들어 올려야 하고, 두 개 이상의 깃발을 동시에 들어 올리지 않는다.)

풀이 1) 두 기호를 1개 나열하여 만들 수 있는 신호의 개수는 2

두 기호를 2개 나열하여 만들 수 있는 신호의 개수는 $2 \times 2 = 2^2$

두 기호를 3개 나열하여 만들 수 있는 신호의 개수는 $2 \times 2 \times 2 = 2^3$

같은 방법으로 기호를 4개, 5개, $\cdots$, n개 나열하여 만들 수 있는 신호의 개수는 각각

$2^4, 2^5, \cdots, 2^n$이므로 n개 이하로 나열하여 만들 수 있는 신호의 개수는

$$2 + 2^2 + 2^3 + \cdots + 2^n = \frac{2(2^n - 1)}{2 - 1} = 2^{n+1} - 2$$

만들려고 하는 신호의 개수가 200 이상이므로 $2^{n+1} - 2 \geq 200$ $\quad \therefore 2^n \geq 101 \cdots \bigcirc$

이때, $2^6 = 64$, $2^7 = 128$이므로 $\bigcirc$을 만족시키는 최소의 자연수 n은 7이다.

따라서 기호를 **7개**까지 나열해야 한다.

2) 세 깃발을 1번 들어 올려서 만들 수 있는 신호의 개수는 3

세 깃발을 2번 들어 올려서 만들 수 있는 신호의 개수는 $3 \times 3 = 3^2$

세 깃발을 3번 들어 올려서 만들 수 있는 신호의 개수는 $3 \times 3 \times 3 = 3^3$

같은 방법으로 깃발을 4번, 5번, $\cdots$, n번 들어 올려서 만들 수 있는 신호의 개수는 각각

$3^4, 3^5, \cdots, 3^n$이므로 n번 이하로 들어 올려서 만들 수 있는 신호의 개수는

$$3 + 3^2 + 3^3 + \cdots + 3^n = \frac{3(3^n - 1)}{3 - 1} = \frac{3^{n+1} - 3}{2}$$

만들려고 하는 신호의 개수가 200 이상이므로 $\dfrac{3^{n+1} - 3}{2} \geq 200$ $\quad \therefore 3^n \geq \dfrac{403}{3} \cdots \bigcirc$

이때, $3^4 = 81$, $3^5 = 243$이므로 $\bigcirc$을 만족시키는 최소의 자연수 n은 5이다.

따라서 깃발을 최소한 **5번**은 들어야 한다.

[줄기2-3] 다음 물음에 답하여라.

1) 깃발을 들어 올리거나 내려서 400개 이상의 서로 다른 신호를 만들려고 한다. 이때 필요한 깃발의 개수는 최소 몇 개인지 구하여라.

2) n개의 깃발을 들어 올리거나 내려서 400개 이상의 서로 다른 신호를 만들려고 한다. 자연수 n의 최솟값을 구하여라.

뿌리 2-5 자연수의 개수 (1)

다음 물음에 답하여라.

1) 5개의 숫자 0, 1, 2, 3, 4에서 중복을 허용하여 만들 수 있는 세 자리 자연수의 개수를 구하여라.

2) 6개의 숫자 0, 1, 2, 3, 4, 5에서 중복을 허용하여 만들 수 있는 네 자리 자연수 중 5의 배수의 개수를 구하여라.

핵심 몇 자리 자연수의 개수 문제 ⇨ 자리가 선택권을 갖는다.

풀이 1) 백의 자리에 0이 올 수 없으므로 백의 자리에 올 수 있는 숫자는 4가지
십의 자리, 일의 자리에 올 수 있는 숫자는 각각 5가지
따라서 구하는 자연수의 개수는
$4 \times 5 \times 5 = 100$

백의 자리	십의 자리	일의 자리
4가지	5가지	5가지

2) 천의 자리에 0이 올 수 없으므로 천의 자리에 올 수 있는 숫자는 5가지
백의 자리, 십의 자리에 올 수 있는 숫자는 각각 6가지
일의 자리에 올 수 있는 숫자는 0 또는 5의 2가지
따라서 구하는 5의 배수의 개수는
$5 \times 6 \times 6 \times 2 = 360$

천의 자리	백의 자리	십의 자리	일의 자리
5가지	6가지	6가지	2가지

뿌리 2-6 자연수의 개수 (2)

중복을 허용하여 4개의 숫자 1, 2, 3, 4로 네 자리의 자연수를 만들 때, 3200보다 큰 자연수의 개수를 구하여라.

풀이 3200보다 큰 수는 32□□, 33□□, 34□□, 4□□□의 꼴이다.

i) 32□□, 33□□, 34□□ 꼴의 십의 자리, 일의 자리에 올 수 있는 숫자는 각각 4가지이므로
$3 \times (4 \cdot 4) = 48$

ii) 4□□□ 꼴의 백의 자리, 십의 자리, 일의 자리에 올 수 있는 숫자는 각각 4가지이므로
$4 \cdot 4 \cdot 4 = 64$

따라서 구하는 자연수의 개수는
$48 + 64 = 112$

[줄기2-4] 중복을 허용하여 4개의 숫자 0, 1, 2, 3으로 네 자리의 자연수를 만들 때, 2000보다 큰 자연수의 개수를 구하여라.

[줄기2-5] 4개의 숫자 0, 1, 2, 3에서 중복을 허용하여 만들 수 있는 세 자리의 자연수 중 2가 포함되어 있는 자연수의 개수를 구하여라.

뿌리 2-7 **함수의 개수 (1)**

두 집합 $X = \{a, b, c\}$, $Y = \{1, 2, 3, 4, 5\}$에 대하여 다음을 구하여라.

1) X에서 Y로의 함수의 개수
2) X에서 Y로의 함수 중 $f(a) = 2$인 함수의 개수

핵심 함수의 개수 문제 ⇨ 정의역의 원소가 선택권을 갖는다.

풀이 1) 집합 X의 각 원소가 대응할 수 있는 집합 Y
의 원소가 각각 5가지이므로 함수의 개수는
$5 \times 5 \times 5 = \mathbf{125}$

원소 a	원소 b	원소 c
5가지	5가지	5가지

2) $f(a) = 2$이므로 집합 X의 원소 중 a가 대응
할 수 있는 집합 Y의 원소는 1가지
집합 X의 원소 중 b, c가 대응할 수 있는 집합
Y의 원소는 각각 5가지이므로 함수의 개수는
$1 \times 5 \times 5 = \mathbf{25}$

원소 a	원소 b	원소 c
1가지	5가지	5가지

뿌리 2-8 **함수의 개수 (2)**

두 집합 $X = \{1, 2, 3\}$, $Y = \{1, 2, 3, 4, 5\}$에 대하여 함수 $f : X \to Y$ 중
$f(2) \neq 2$인 함수의 개수를 구하여라.

풀이 X에서 Y로의 함수의 개수는 $5 \times 5 \times 5 = 125$
X에서 Y로의 함수 중 $f(2) = 2$인 함수의 개수는 $5 \times 1 \times 5 = 25$
따라서 구하는 함수의 개수는 $125 - 25 = \mathbf{100}$

[줄기2-6] 두 집합 $X = \{a, b, c, d\}$, $Y = \{1, 2, 3, 4, 5\}$에 대하여 함수 $f : X \to Y$ 중
$f(a)$, $f(c)$의 값은 홀수, $f(b)$, $f(d)$의 값은 짝수인 함수 f의 개수를 구하여라.

[줄기2-7] 두 집합 $X = \{1, 2, 3, 4\}$, $Y = \{a, b, c\}$에 대하여 치역과 공역이 일치하는
X에서 Y로의 함수의 개수를 구하여라.

⑩ 같은 것이 있는 순열

1 같은 것이 있는 순열

n개 중에서 같은 것이 각각 p개, q개, $\cdots$, r개씩 있을 때, n개를 모두 일렬로 나열하는 순열의 수는

$$\frac{n!}{p!q!\cdots r!} \ \ (\text{단}, \ p+q+\cdots+r=n)$$

설명 세 개의 문자 a, a, b를 일렬로 나열하는 순열의 수를 생각해 보자.

a, a, b에서 두 개의 a를 a_1, a_2로 구별하여 a_1, a_2, b로
일렬로 나열하면 오른쪽 그림과 같고, 그 순열의 수는
$3!$
이 순열 가운데 a_1a_2b와 a_2a_1b에서 두 개의 a를 구별하지
않으면 모두 aab가 된다.
마찬가지로 a_1ba_2와 a_2ba_1은 aba가 되고, ba_1a_2와 ba_2a_1은
baa가 된다.
따라서 세 개의 문자 a, a, b를 일렬로 나열하는 순열의 수는
$$\frac{3!}{2!}=3$$
일반적으로 n개 중에서 $\underbrace{a, a, \cdots, a}_{p개}, \underbrace{b, b, \cdots, b}_{q개}$가 있을 때,

$$\begin{array}{l} a_1a_2b \\ a_2a_1b \end{array} \Big\rangle aab$$

$$\begin{array}{l} a_1ba_2 \\ a_2ba_1 \end{array} \Big\rangle aba$$

$$\begin{array}{l} ba_1a_2 \\ ba_2a_1 \end{array} \Big\rangle baa$$

n개를 일렬로 나열하는 순열의 수는
$$\frac{n!}{p!q!} \ \ (\text{단}, \ p+q=n)$$

씨앗. 1 ┛ 다음 문자 또는 숫자를 모두 일렬로 배열하는 경우의 수를 구하여라.

1) a, a, a, b　　　　　　　2) a, a, a, b, b

3) 2, 2, 2, 3, 3, 4, 4, 4　　　4) 1, 1, 2, 2, 2, 2, 2, 2, 3, 4

풀이 1) 4개의 문자 중 a가 3개, b가 1개 있으므로 $\dfrac{4!}{3!1!}=4$

2) 5개의 문자 중 a가 3개, b가 2개 있으므로 $\dfrac{5!}{3!2!}=10$

3) 8개의 숫자 중 2가 3개, 3이 2개, 4가 3개 있으므로 $\dfrac{8!}{3!2!3!}=560$

4) 10개의 숫자 중 1이 2개, 2가 6개, 3이 1개, 4가 1개 있으므로 $\dfrac{10!}{2!6!1!1!}=2520$

참고 $1!=1$이므로 앞으로 $1!$은 풀이에 넣지 않는다.

뿌리 3-1 같은 것이 있는 순열 (1)

다음을 구하여라.

1) 5개의 숫자 1, 2, 2, 2, 3을 사용하여 만들 수 있는 다섯 자리 자연수의 개수

2) 6개의 숫자 0, 1, 1, 1, 2, 3을 사용하여 만들 수 있는 여섯 자리 자연수의 개수

3) 6개의 숫자 0, 1, 1, 1, 2, 2를 사용하여 만들 수 있는 여섯 자리 자연수 중 짝수의 개수

4) 8개의 숫자 1, 2, 2, 3, 3, 4, 4, 5를 일렬로 나열할 때, 홀수는 홀수 번째 자리에 오도록 나열하는 경우의 수

풀이 1) 1, 2, 2, 2, 3의 5개의 숫자 중 2가 3개 있으므로 구하는 자연수의 개수는 $\dfrac{5!}{3!} = \mathbf{20}$

2) 0, 1, 1, 1, 2, 3의 6개의 숫자를 일렬로 나열하는 경우의 수는 $\dfrac{6!}{3!} = 120$

이때, 맨 앞자리에 0이 오도록 나열하는 경우의 수는 $\dfrac{5!}{3!} = 20$

따라서 구하는 자연수의 개수는 $120 - 20 = \mathbf{100}$

3) 일의 자리의 숫자가 0 또는 2일 때 짝수가 된다.

  i) 일의 자리의 숫자가 0인 경우

   1, 1, 1, 2, 2를 일렬로 나열하는 경우의 수는 $\dfrac{5!}{3!2!} = 10$

  ii) 일의 자리의 숫자가 2인 경우

   0, 1, 1, 1, 2를 일렬로 나열하는 경우의 수는 $\dfrac{5!}{3!} = 20$

   이고 맨 앞자리에 0이 오는 경우의 수는 $\dfrac{4!}{3!} = 4$

   이므로 일의 자리의 숫자가 2인 짝수의 개수는 $20 - 4 = 16$

  따라서 구하는 짝수의 개수는 $10 + 16 = \mathbf{26}$

4) 홀수 1, 3, 3, 5는 아래 그림에서 □에 놓여야 하므로 짝수 2, 2, 4, 4는 ○에 놓이게 된다.

  □○□○□○□○

  따라서 구하는 경우의 수는

  $\dfrac{4!}{2!} \cdot \dfrac{4!}{2!2!} = 12 \cdot 6 = \mathbf{72}$

[줄기3-1] 다음 물음에 답하여라.

1) 6개의 숫자 1, 1, 1, 2, 2, 3 중에서 4개를 택하여 만들 수 있는 네 자리 자연수의 개수를 구하여라.

2) 6개의 숫자 0, 1, 1, 1, 2, 2 중에서 5개를 택하여 만들 수 있는 다섯 자리 자연수 중 5의 배수의 개수를 구하여라.

3) 7개의 숫자 1, 1, 2, 2, 2, 3, 3 중에서 4개를 택하여 만들 수 있는 네 자리 자연수 중 3의 배수의 개수를 구하여라.

뿌리 3-2 같은 것이 있는 순열 (2)

tomorrow의 8개의 문자를 일렬로 배열할 때, 다음을 구하여라.

1) 일렬로 배열하는 경우의 수
2) 양 끝에 모음이 오는 경우의 수
3) 같은 문자끼리 모두 이웃하는 경우의 수

풀이 1) 8개의 문자 t, o, m, o, r, r, o, w를 일렬로 배열하는 경우의 수는

$$\frac{8!}{3!2!} = 3360$$

2) o□□□□□□o와 같이 양 끝에 모음 o를 나열하고 중간에 6개의 문자

t, m, r, r, o, w를 일렬로 나열하면 되므로

$$\frac{6!}{2!} = 360$$

3) 3개의 o를 하나의 문자 A, 2개의 r을 하나의 문자 B로 생각하고

A, B, t, m, w를 일렬로 나열하면 되므로

$$5! = 120$$

[줄기3-2] internet에 있는 8개의 문자를 일렬로 나열할 때, 모음끼리 이웃하도록 나열하는 경우의 수를 구하여라.

뿌리 3-3 같은 것이 있는 순열 (3)

8개의 문자 a, a, a, b, b, c, d, e를 일렬로 나열할 때, c와 d와 e가 이웃하지 않도록 나열하는 경우의 수를 구하여라.

풀이 c, d, e를 제외한 5개의 문자 a, a, a, b, b를 일렬로 나열하는 경우의 수는

$$\frac{5!}{3!2!} = 10$$

이때, a, a, a, b, b의 사이사이와 양 끝의 6개의 자리에 c, d, e를 나열하는 경우의 수는

$$_6P_3 = 120$$

따라서 구하는 경우의 수는

$$10 \times 120 = 1200$$

주의 ★둘끼리 이웃하지 않는 경우의 수는 여사건을 이용하여 구할 수 있다. [p.18]
(전체의 경우의 수) − (둘끼리 이웃하는 경우의 수)
예) 줄기 3-3)

[줄기3-3] 7개의 문자 a, a, a, b, b, c, d를 일렬로 나열할 때, c와 d가 이웃하지 않도록 나열하는 경우의 수를 구하여라.

뿌리 3-4 순서가 정해진 순열의 수

다음 물음에 답하여라.

1) evening에 있는 7개의 문자를 일렬로 나열할 때, v, i, g는 이 순서대로 나열하는 경우의 수를 구하여라.

2) engineer에 있는 8개의 문자를 일렬로 나열할 때, 모음이 자음보다 앞에 오도록 나열하는 경우의 수를 구하여라.

핵심 서로 다른 n개를 일렬로 나열할 때, 특정한 r개의 순서가 정해졌을 때의 순열의 수
⇨ 순서가 정해진 r개를 같은 것으로 생각하여 구한 순열의 수와 같다.
⇨ $\dfrac{n!}{r!}$

풀이 1) v, i, g의 순서가 정해져 있으므로 v, i, g를 모두 A로 생각하여
A, A, A, e, e, n, n을 일렬로 나열한 후 첫 번째 A는 v, 두 번째 A는 i, 세 번째 A는 g로 바꾸면 된다.
따라서 구하는 경우의 수는

$$\dfrac{7!}{3!2!2!}=210$$

2) 모음 e, i, e, e를 한 문자로 생각하고, 자음 n, g, n, r을 다른 한 문자로 생각할 때, 모음이 자음보다 앞에 오도록 나열하는 경우의 수는 1

이때, 모음끼리 자리를 바꾸는 경우의 수는 $\dfrac{4!}{3!}=4$

또, 자음끼리 자리를 바꾸는 경우의 수는 $\dfrac{4!}{2!}=12$

따라서 구하는 경우의 수는 $1\times4\times12=\mathbf{48}$

[줄기3-4] 6개의 문자 a, b, c, d, e, f를 일렬로 나열할 때, b는 c보다 앞에 오고, e는 f보다 앞에 오도록 나열하는 경우의 수를 구하여라.

[줄기3-5] 8개의 숫자 1, 1, 2, 2, 2, 3, 4, 5를 일렬로 나열할 때, 3, 4, 5는 크기가 큰 것부터 순서대로 나열하는 경우의 수를 구하여라.

[줄기3-6] 1에서 6까지의 숫자를 한 번씩만 사용하여 만들 수 있는 여섯 자리의 자연수를 $a_1a_2a_3a_4a_5a_6$으로 나타날 때, $a_1<a_3<a_5$, $a_2<a_4<a_6$을 만족시키는 자연수의 개수를 구하여라.

뿌리 3-5 최단 거리로 가는 경우의 수 (1)

오른쪽 그림과 같은 도로망이 있다. 다음 물음에
답하여라.

1) A에서 C까지 최단 거리로 가는 경우의 수를
   구하여라.

2) A에서 B를 거쳐 C까지 최단 거리로 가는 경
   우의 수를 구하여라.

3) A에서 B를 거치지 않고 C로 가는 최단 거리
   로 가는 경우의 수를 구하여라.

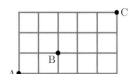

풀이 오른쪽으로 한 칸 가는 것을 a, 위쪽으로 한 칸 가는
것을 b라 하면

1) a가 5개, b가 3개 포함된 8개의 문자를 일렬로
   나열하는 경우의 수와 같으므로

   $$\frac{8!}{5!3!} = \mathbf{56}$$

2) A에서 B까지 최단 거리로 가는 경우의 수는 a가 2개, b가 1개 포함된 3개의 문자를
   일렬로 나열하는 경우의 수와 같으므로

   $$\frac{3!}{2!} = 3$$

   B에서 C까지 최단 거리로 가는 경우의 수는 a가 3개, b가 2개 포함된 5개의 문자를
   일렬로 나열하는 경우의 수와 같으므로

   $$\frac{5!}{3!2!} = 10$$

   따라서 A에서 B를 거쳐 C까지 최단 거리로 가는 경우의 수는

   $3 \times 10 = \mathbf{30}$

3) A에서 출발하여 B를 거치지 않고 C까지 최단 거리로 가는 경우의 수는
   (A에서 C까지 최단 거리로 가는 경우의 수)
   $-$(A에서 B를 거쳐 C까지 최단 거리로 가는 경우의 수)
   이므로

   $56 - 30 = \mathbf{26}$

[줄기3-7] 우측 그림과 같은 도로망이 있다. A에서 B까지
최단 거리로 갈 때, P는 거치고, Q는 거치지
않고 가는 경우의 수를 구하여라.

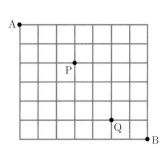

뿌리 3-6 **최단 거리로 가는 경우의 수 (2)**

다음 그림과 같은 도로망이 있다. A에서 B까지 최단 거리로 가는 경우의 수를 구하여라.

1)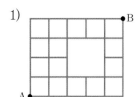

2)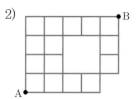

핵심 장애물이 있을 때, 최단 거리로 가는 경우의 수
⇨ 출발점에서 도착점까지 가는 가상의 직선을 가로지르는 방향으로 반드시 거쳐야 하는 지점을 잡아 최단 거리로 가는 경우의 수를 구한다.

풀이 1) 오른쪽 그림과 같이 네 지점 P, Q, R, S를 잡으면
A에서 B까지 최단 거리로 가는 경우는
A → P → B, A → Q → B
A → R → B, A → S → B

i) A → P → B로 가는 경우의 수는 $\dfrac{5!}{4!} \cdot 1 = 5$

ii) A → Q → B로 가는 경우의 수는 $\dfrac{5!}{2!3!} \cdot \dfrac{4!}{3!} = 40$

iii) A → R → B로 가는 경우의 수는 $\dfrac{5!}{4!} \cdot \dfrac{4!}{3!} = 20$

iv) A → S → B로 가는 경우의 수는 1
따라서 구하는 경우의 수는
$5 + 40 + 20 + 1 = \mathbf{66}$

2) 오른쪽 그림과 같이 가장 바깥 테두리의 한쪽 귀퉁이가
훼손된 경우이므로 1)에서 A → S → B로 가는 1가지
를 제외하면
$66 - 1 = \mathbf{65}$

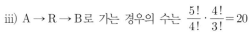

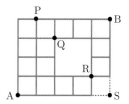

줄기3-8 다음 그림과 같은 도로망이 있다. A에서 B까지 최단 거리로 가는 경우의 수를 구하여라.

1)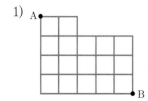

2)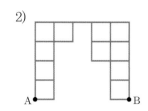

● 잎 1-1

세 숫자 1, 2, 3을 중복 사용하여 네 자리의 자연수를 만들 때, 1과 2가 모두 포함되어 있는 자연수의 개수는? [수능 기출]

① 58 　　　② 56 　　　③ 54 　　　④ 52 　　　⑤ 50

● 잎 1-2

문자 a, b, c에서 중복을 허용하여 세 개를 택하여 만든 단어를 전송하려고 한다. 단, 전송되는 단어에 a가 연속되면 수신이 불가능하다고 하자. 예를 들면 aab, aaa 등은 수신이 불가능하고, bba, aba 등은 수신이 가능하다. 수신 가능한 단어의 개수를 구하여라. [수능 기출]

● 잎 1-3

두 문자 a, b를 중복을 허락하여 만든 6자리 문자열 중에서 다음 조건을 만족하는 문자열의 개수는?

[평가원 기출]

(가) 첫 문자는 a이다.
(나) a끼리는 이웃하지 않는다.

● 잎 1-4

집합 $X=\{1, 2, 3, 4, 5, 6\}$에 대하여 함수 $f:X \to X$는 다음 조건을 만족시킨다.

(가) $f(3)$은 짝수이다.
(나) $x<3$이면 $f(x)<f(3)$이다.
(다) $x>3$이면 $f(x)>f(3)$이다.

함수 f의 개수를 구하여라. [교육청 기출]

● 잎 1-5

1, 2, 2, 4, 5, 5를 일렬로 배열하여 여섯 자리 자연수를 만들 때, 300000보다 큰 자연수의 개수를 구하여라. [수능 기출]

● 잎 1-6

7개의 문자 a, a, b, b, c, d, e를 일렬로 나열할 때, a끼리 또는 b끼리 이웃하게 되는 경우의 수를 구하여라. [평가원 기출]

● 잎 1-7

0을 한 개 이하 사용하여 만든 세 자리 자연수 중에서 각 자리의 수의 합이 3인 자연수는 111, 120, 210, 102, 201이다. 0을 한 개 이하 사용하여 만든 다섯 자리 자연수 중에서 각 자리의 수의 합이 5인 자연수의 개수를 구하여라. [평가원 기출]

● 잎 1-8

흰색 깃발 5개, 파란색 깃발 5개를 일렬로 모두 나열할 때, 양 끝에 흰색 깃발이 놓이는 경우의 수는? (단, 같은 색 깃발끼리는 서로 구별하지 않는다.) [수능 기출]

① 56   ② 63   ③ 70   ④ 77   ⑤ 84

● 잎 1-9

어느 행사장에는 현수막을 1개씩 설치할 수 있는 장소가 5곳이 있다. 현수막은 A, B, C 세 종류가 있고, A는 1개, B는 4개, C는 2개가 있다. 다음 조건을 만족시키도록 현수막 5개를 택하여 5곳에 설치할 때, 그 결과로 나타날 수 있는 경우의 수는? (단, 같은 종류의 현수막끼리는 구분하지 않는다.) [수능 기출]

(가) A는 반드시 설치한다.
(나) B는 2곳 이상 설치한다.

① 55   ② 65   ③ 75   ④ 85   ⑤ 95

● 잎 1-10

$\frac{4}{4}$ 박자는 4분음을 한 박으로 하여 한 마디가 네 박으로 구성된다. 예를 들어, $\frac{4}{4}$ 박자 한 마디는 4분 음표(♩) 또는 8분 음표(♪)만을 사용하여 ♩♩♩♩ 또는 ♪♪♩♩와 같이 구성할 수 있다. 4분 음표 또는 8분 음표만 사용하여 $\frac{4}{4}$ 박자의 한 마디를 구성하는 경우의 수를 구하여라. [평가원 기출]

● 잎 **1-11**

서로 다른 세 종류의 과일이 각각 2개씩 모두 6개가 들어 있는 바구니가 있다. 이 바구니에서 4개의 과일을 선택하여 4명의 학생에게 각각 한 개씩 나누어 주는 방법의 수는? (단, 같은 종류의 과일은 서로 구별하지 않는다.) [교육청 기출]

① 48　　　② 54　　　③ 60　　　④ 66　　　⑤ 72

● 잎 **1-12**

1개의 본사와 5개의 지사로 이루어진 어느 회사의 본사로부터 각 지사까지의 거리가 표와 같다.

지사	가	나	다	라	마
거리(km)	50	50	100	150	200

본사에서 각 지사에 A, B, C, D, E를 지사장으로 각각 발령할 때, A 보다 B가 본사로부터 거리가 먼 지사의 지사장이 되도록 5명을 발령하는 경우의 수는? [평가원 기출]

① 50　　　② 52　　　③ 54　　　④ 56　　　⑤ 58

● 잎 **1-13**

다음 표와 같이 3개 과목에 각각 2개의 수준으로 구성된 6개의 과제가 있다. 각 과목의 과제는 수준 I의 과제를 제출 한 후에만 수준 II의 과제를 제출할 수 있다.
예로 '국어 A → 수학 A → 국어 B → 영어 A → 영어 B → 수학 B' 순서로 과제를 제출할 수 있다.

수준＼과목	국어	수학	영어
I	국어 A	수학 A	영어 A
II	국어 B	수학 B	영어 B

6개의 과제를 모두 제출할 때, 제출 순서를 정하는 경우의 수를 구하여라. [평가원 기출]

● 잎 **1-14**

갑, 을 두 사람이 어떤 게임에서 다음과 같은 규칙에 따라 사탕을 갖는다고 한다.

> (가) 이긴 사람은 3개, 진 사람은 1개의 사탕을 갖는다.
> (나) 비기면 두 사람이 각각 2개씩 사탕을 갖는다.

갑, 을 두 사람이 이 게임을 다섯 번 해서 20개의 사탕을 10개씩 나누어 갖는 경우의 수를 구하여라.
(단, 사탕은 서로 구별되지 않는다.) [교육청 기출]

● 잎 1-15

오른쪽 그림과 같이 연결된 도로망이 있다. 이 도로망을 따라 A 지점에서 출발하여 B 지점까지 최단 거리로 가는 경우의 수는? [평가원 기출]

① 24   ② 28   ③ 32   ④ 36   ⑤ 40

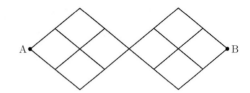

● 잎 1-16

오른쪽 그림과 같이 마름모 모양으로 연결된 도로망이 있다. 이 도로망을 따라 A 지점에서 출발하여 C 지점을 지나지 않고, D 지점도 지나지 않으면서 B 지점까지 최단 거리로 가는 경우의 수는? [수능 기출]

① 26   ② 24   ③ 22   ④ 20   ⑤ 18

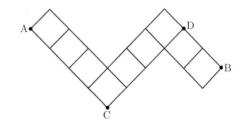

● 잎 1-17

좌표평면 위에서 상하 또는 좌우방향으로 한 번에 1만큼씩 움직이는 점 P가 있다. 이때, 원점을 출발한 점 P가 6번 움직여서 최종 위치가 점 $A(1, 3)$이 되는 경우의 수를 구하여라. [교육청 기출]

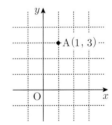

● 잎 1-18

좌표평면 위의 점들의 집합 $S = \{(x, y) \mid x$와 y는 정수$\}$가 있다. 집합 S에 속하는 한 점에서 S에 속하는 다른 점으로 이동하는 '점프'는 다음 규칙을 만족시킨다.

> 점 P에서 한 번의 '점프'로 점 Q로 이동할 때,
> 선분 PQ의 길이는 1 또는 $\sqrt{2}$ 이다.

점 $A(-2, 0)$에서 점 $B(2, 0)$까지 4번만 '점프'하여 이동하는 경우의 수를 구하여라.
(단, 이동하는 과정에서 지나는 점이 다르면 다른 경우이다.) [평가원 기출]

● 잎 1-19

오른쪽 그림과 같은 모양의 도로망이 있다. 지점 A에서 지점 B까지 도로를 따라 최단 거리로 가는 경우의 수는? [평가원 기출]
(단, 가로 방향 도로와 세로 방향 도로는 각각 서로 평행하다.)

① 14 　　② 16 　　③ 18 　　④ 20 　　⑤ 22

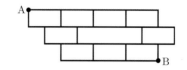

● 잎 1-20

빨간색과 파란색을 포함한 서로 다른 6가지의 색을 모두 사용하여, 날개가 6개인 바람개비의 각 날개를 색칠하려고 한다. 빨간색과 파란색을 서로 맞은편의 날개에 칠하는 경우의 수는? (단, 각 날개에는 한 가지 색만 칠하고, 회전하여 일치하는 것은 같은 것으로 본다.) [평가원 기출]

① 12 　　② 18 　　③ 24 　　④ 30 　　⑤ 36

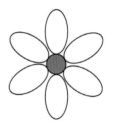

● 잎 1-21

오른쪽 그림과 같이 최대 6개의 용기를 넣을 수 있는 원형의 실험 기구가 있다. 서로 다른 6개의 용기 A, B, C, D, E, F를 이 실험 기구에 모두 넣을 때, A와 B가 이웃하게 되는 경우의 수는? (단, 회전하여 일치하는 것은 같은 것으로 본다.) [평가원 기출]

① 36 　　② 48 　　③ 60 　　④ 72 　　⑤ 84

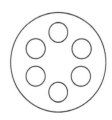

• 잎 1-22

오른쪽 그림과 같이 서로 접하고 크기가 같은 원 3개와
이 세 원의 중심을 꼭짓점으로 하는 정삼각형이 있다.
원의 내부 또는 정삼각형의 내부에 만들어지는 7개의
영역에 서로 다른 7가지 색을 모두 사용하여 칠하려고
한다. 한 영역에 한 가지 색만을 칠할 때, 색칠한 결과로
나올 수 있는 경우의 수는? (단, 회전하여 일치하는 것은
같은 것으로 본다.) [평가원 기출]

① 1260   ② 1680   ③ 2520

④ 3760   ⑤ 5040

• 잎 1-23

오른쪽 그림과 같이 합동인 정삼각형 2개와 합동인 등변
사다리꼴 6개로 이루어진 팔면체가 있다. 팔면체의 각 면
에는 한 가지의 색을 칠한다고 할 때, 서로 다른 8개의
색을 모두 사용하여 팔면체의 각 면을 칠하는 경우의 수는?
(단, 팔면체를 회전시켰을 때 색의 배열이 일치하면 같은
경우로 생각한다.) [교육청 기출]

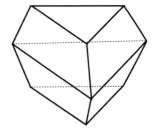

① 6520   ② 6620   ③ 6720

④ 6820   ⑤ 6920

• 잎 1-24

오른쪽 그림과 같은 정팔면체가 있다. 정팔면체의 각 면
에는 한 가지의 색을 칠한다고 할 때, 서로 다른 8개의
색을 모두 사용하여 팔면체의 각 면을 칠하는 경우의 수는?
(단, 정팔면체를 회전시켰을 때 색의 배열이 일치하면 같은
경우로 생각한다.)

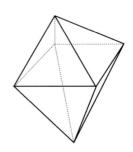

1. 순열과 조합(2)

04 중복조합

① 중복조합

※ 교란순열, 즉 완전순열(특강)

연습문제

04 중복조합

1 중복조합

1) **중복조합**

   밑줄친 서로 다른 n개에서 중복을 허용하여 r개를 택하는 조합을 **중복조합**이라 하고, 이 중복조합을 기호로 $_n\mathrm{H}_r$로 나타낸다.

$$_n\mathrm{H}_r$$

서로 다른 것의 개수 ↙   ↘ 택하는 것의 개수

2) **중복조합의 수**

   서로 다른 n개에서 r개를 택하는 중복조합의 수는

   $$_n\mathrm{H}_r = {}_{n+r-1}\mathrm{C}_r$$

설명 2개의 문자 a, b에서 중복을 허용하여 3개의 문자를 택하는 조합은 오른쪽 그림과 같이 4가지이다.

이 4가지의 경우는 기호 '|'를 경계로 앞쪽에는 a를, 뒤쪽에는 b를 배열하는 형태로 생각할 수 있다.

○, ○, ○, |를 일렬로 배열한 후 기호 '|'의 앞에 ○가 있으면 그 자리에 문자 a를 넣고 기호 '|'의 뒤에 ○가 있으면 그 자리에 문자 b를 넣는 경우와 같다.

$$a\,a\,a \Rightarrow ○○○|$$
$$a\,a\,b \Rightarrow ○○|○$$
$$a\,b\,b \Rightarrow ○|○○$$
$$b\,b\,b \Rightarrow |○○○$$

따라서 문자 a, b에서 중복을 허락하여 3개의 문자를 택하는 조합의 수 $_2\mathrm{H}_3$은 ○, ○, ○, |를 일렬로 배열하는 순열의 수 $\dfrac{4!}{3!}$와 같으므로

$$_2\mathrm{H}_3 = \frac{4!}{3!} = \frac{\{3+(2-1)\}!}{3! \cdot (2-1)!} = {}_{3+2-1}\mathrm{C}_3$$

이와 같은 방법으로 서로 다른 n개에서 중복을 허용하여 r개를 택하는 중복조합의 수는 r개의 ○와 $(n-1)$개의 |로 이루어진 같은 것이 있는 순열의 수와 같으므로

$$_n\mathrm{H}_r = \frac{\{r+(n-1)\}!}{r! \cdot (n-1)!} = {}_{r+(n-1)}\mathrm{C}_r = {}_{n+r-1}\mathrm{C}_r$$

익히는 방법
$_n\mathrm{H}_r$의 H는 $+$와 -1이 결합된 ┼이므로 $_n\mathrm{H}_r = {}_{n+r-1}\mathrm{C}_r$

※ ChoHab (조합)과 관련 있는 문자는 C와 H이다.

씨앗. 1 ┚ 다음 중복조합의 수를 구하여라.

    1) $_5\mathrm{H}_3$ 2) $_2\mathrm{H}_4$ 3) $_3\mathrm{H}_0$ 4) $_2\mathrm{H}_2$

풀이 1) $_5\mathrm{H}_3 = {}_{5+3-1}\mathrm{C}_3 = {}_7\mathrm{C}_3 = \mathbf{35}$

    2) $_2\mathrm{H}_4 = {}_{2+4-1}\mathrm{C}_4 = {}_5\mathrm{C}_4 = {}_5\mathrm{C}_1 = \mathbf{5}$

    3) $_3\mathrm{H}_0 = {}_{3+0-1}\mathrm{C}_0 = {}_2\mathrm{C}_0 = \mathbf{1}$

    4) $_2\mathrm{H}_2 = {}_{2+2-1}\mathrm{C}_2 = {}_3\mathrm{C}_2 = {}_3\mathrm{C}_1 = \mathbf{3}$

씨앗. 2 ▗ 서로 다른 3종류의 피자 중에서 중복을 허용하여 5개를 구입하는 경우의 수를 구하여라. (단, 같은 종류의 피자는 서로 구별하지 않는다.)

(핵심) 중복조합의 수에서는 서로 다른 것의 개수를 제일 먼저 찾는다. 이것이 key이다.

(풀이) 서로 다른 3개에서 중복을 허용하여 5개를 택하는 중복조합의 수와 같으므로 구하는 경우의 수는
$$_3H_5 = {_{3+5-1}}C_5 = {_7}C_5 = {_7}C_2 = 21$$

뿌리 4-1 중복조합의 수

다음 물음에 답하여라.

1) 서로 다른 4개의 상자에 7개의 같은 물건을 넣는 경우의 수를 구하여라.
   (단, 물건을 넣지 않는 상자가 있을 수도 있다.)

2) 3명의 후보가 출마한 선거에서 7명의 유권자가 한 명의 후보에게 각각 투표할 때, 무기명으로 투표하는 경우의 수를 구하여라. (단, 기권이나 무효표는 없다.)

3) 3명의 후보가 출마한 선거에서 7명의 유권자가 한 명의 후보에게 각각 투표할 때, 기명으로 투표하는 경우의 수를 구하여라. (단, 기권이나 무효표는 없다.)

(핵심) 중복조합의 수에서는 서로 다른 것의 개수를 제일 먼저 찾는다. 이것이 key이다.

(풀이) 1) 서로 다른 4개에서 중복을 허용하여 7개를 택하는 중복조합의 수와 같으므로 구하는 경우의 수는
$$_4H_7 = {_{10}}C_7 = {_{10}}C_3 = 120$$

2) 3명의 후보를 A, B, C라 하면 무기명 투표는 어느 유권자가 어느 후보를 뽑았는지 알 수 없으므로 서로 다른 3개에서 중복을 허용하여 7개를 택하는 중복조합의 수와 같다.
따라서 구하는 경우의 수는
$$_3H_7 = {_9}C_7 = {_9}C_2 = 36$$

3) 유권자를 a, b, c, d, e, f, g라 하고 후보를 A, B, C라 하자.
각 유권자가 투표할 수 있는 후보가 각각 3가지이므로
$$3 \times 3 \times 3 \times 3 \times 3 \times 3 \times 3 = 2187$$

유권자 a	유권자 b	…	유권자 g
3가지	3가지	…	3가지

[줄기4-1] 다음 물음에 답하여라.

1) 5명의 후보가 출마한 선거에서 20명의 유권자가 한 명의 후보에게 각각 투표할 때, 무기명으로 투표하는 경우의 수를 구하여라. (단, 기권이나 무효표는 없다.)

2) 동일한 편지 9개를 서로 다른 4개의 우체통 A, B, C, D에 넣는 경우의 수를 구하여라. (단, 편지를 넣지 않는 우체통이 있을 수도 있다.)

3) 세 통의 편지 a, b, c를 서로 다른 4개의 우체통 A, B, C, D에 넣는 경우의 수를 구하여라. (단, 편지를 넣지 않는 우체통이 있을 수도 있다.)

[줄기4-2] 다음 물음에 답하여라.

1) 두 종류의 사탕과 세 종류의 쿠키 중에서 중복을 허용하여 사탕 3개와 쿠키 4개를 구입하는 경우의 수를 구하여라. (단, 각 종류의 사탕은 3개 이상씩 있고, 각 종류의 쿠키도 4개 이상씩 있고, 같은 종류의 사탕과 쿠키는 서로 구별하지 않는다.)

2) 장미 5송이와 튤립 4송이를 3명에게 남김없이 나누어 주는 경우의 수를 구하여라. (단, 꽃을 못 받는 사람이 있을 수도 있고, 같은 종류의 꽃은 서로 구별하지 않는다.)

3) 야구공 7개, 축구공 4개, 농구공 7개 중에서 7개의 공을 택하는 경우의 수를 구하여라. (단, 같은 종류의 공은 서로 구별하지 않는다.)

뿌리 4-2 조건이 있는 중복조합의 수(1)

빨간 꽃, 노란 꽃, 파란 꽃이 각각 6송이씩 꽂혀있는 꽃병에서 8송이의 꽃을 꺼낼 때, 각 색깔의 꽃이 적어도 한 송이씩 포함되도록 꺼내는 경우의 수를 구하여라.
(단, 같은 색의 꽃은 서로 구별하지 않는다.)

핵심 중복조합의 수에서는 서로 다른 것의 개수를 제일 먼저 찾는다. 이것이 key이다.

풀이 빨간 꽃, 노란 꽃, 파란 꽃을 각각 먼저 1송이씩 꺼내어 놓고, 나머지 빨간 꽃, 노란 꽃, 파란 꽃 각각 5송이에서 중복을 허용하여 5송이의 꽃을 꺼내면 된다.
따라서 서로 다른 3개에서 중복을 허용하여 5개를 택하는 중복조합의 수와 같으므로 구하는 경우의 수는
$$_3H_5 = {_7}C_5 = {_7}C_2 = 21$$

[줄기4-3] 다음 물음에 답하여라.

1) 3명의 아이들에게 10개의 똑같은 초콜릿을 모두 나누어 줄 때, 각각의 아이들에게 적어도 1개의 초콜릿을 나누어 주는 경우의 수를 구하여라.

2) 똑같은 구슬 11개를 4개의 주머니 A, B, C, D에 넣으려고 한다. A 주머니에 1개 이상, C 주머니에 2개 이상의 구슬을 넣는 경우의 수를 구하여라.
(단, 빈 주머니가 있을 수도 있다.)

3) 같은 종류의 연필 5개와 볼펜 8개가 있다. 연필을 4명의 학생에게 각각 1개 이상씩 나누어 준 후, 연필을 1개 받은 학생에게만 볼펜을 각각 1개 이상씩 나누어주려고 한다. 연필과 볼펜을 남김없이 나누어 주는 경우의 수를 구하여라.
(단, 같은 종류의 연필과 볼펜은 서로 구별하지 않는다.)

뿌리 4-3 조건이 있는 중복조합의 수(2)

문자 a, b, c, d 중에서 중복을 허용하여 5개를 뽑을 때, 문자 a가 적어도 한 개 포함되는 경우의 수를 구하여라.

핵심 중복조합의 수에서는 서로 다른 것의 개수를 제일 먼저 찾는다. 이것이 key이다.

풀이 문자 a, b, c, d 중에서 중복을 허용하여 5개의 문자를 뽑는 경우의 수는 서로 다른 4개에서 중복을 허용하여 5개를 택하는 중복조합의 수와 같으므로
$$_4H_5={_8C_5}={_8C_3}=56$$
문자 b, c, d 중에서 중복을 허용하여 5개의 문자를 뽑는 경우의 수는 서로 다른 3개에서 중복을 허용하여 5개를 택하는 중복조합의 수와 같으므로
$$_3H_5={_7C_5}={_7C_2}=21$$
따라서 구하는 경우의 수는
$$56-21=\mathbf{35}$$

줄기4-4 같은 종류의 공책 7권을 4명의 학생에게 나누어 줄 때, 한 권도 받지 못하는 학생이 생기는 경우의 수를 구하여라. (단, 같은 종류의 공책은 서로 구별하지 않는다.)

뿌리 4-4 방정식의 해의 개수

방정식 $x+y+z=8$에 대하여 다음을 구하여라.

1) 음이 아닌 정수해 (x, y, z)의 개수
2) 양의 정수해 (x, y, z)의 개수

핵심 중복조합의 수에서는 서로 다른 것의 개수를 제일 먼저 찾는다. 이것이 key이다.

풀이 1) 음이 아닌 정수해 중에서 $x=5$, $y=2$, $z=1$은 x를 5개, y를 2개, z를 1개 택하는 것으로 생각할 수 있고, $x=2$, $y=6$, $z=0$은 x를 2개, y를 6개, z를 0개 택하는 것으로 생각할 수 있다.
따라서 음이 아닌 정수해의 개수는 서로 다른 3개의 문자 x, y, z에서 중복을 허용하여 8개를 택하는 중복조합의 수와 같으므로
$$_3H_8={_{10}C_8}={_{10}C_2}=\mathbf{45}$$
2) $x=a+1$, $y=b+1$, $z=c+1$이라 하면
$$(a+1)+(b+1)+(c+1)=8$$
$$\therefore a+b+c=5 \ (a, b, c\text{는 음이 아닌 정수})$$
따라서 구하는 양의 정수해의 개수는 $a+b+c=5$의 음이 아닌 정수해의 개수와 같으므로
$$_3H_5={_7C_5}={_7C_2}=\mathbf{21}$$

[줄기4-5] 방정식 $x+y+z+u=10$에 대하여 다음을 구하여라.

1) 음이 아닌 정수해 $(x,\ y,\ z,\ u)$의 개수　　 2) 양의 정수해 $(x,\ y,\ z,\ u)$의 개수

[줄기4-6] 방정식 $x+y+z=10$에 대하여 $x\geq1$, $y\geq2$, $z\geq3$을 만족시키는 정수해 $(x,\ y,\ z)$의 개수를 구하여라.

[줄기4-7] 방정식 $|x|+|y|+|z|=7$을 만족시키는 0이 아닌 정수 $x,\ y,\ z$의 순서쌍 $(x,\ y,\ z)$의 개수를 구하여라.

뿌리 4-5　부등식의 해의 개수

부등식 $a+b+c+d+e\leq2$를 만족시키는 음이 아닌 정수 $a,\ b,\ c,\ d,\ e$의 순서쌍 $(a,\ b,\ c,\ d,\ e)$의 개수를 구하여라.

풀이　a,b,c,d,e가 음이 아닌 정수이므로

$a+b+c+d+e=0$ 또는 $a+b+c+d+e=1$ 또는 $a+b+c+d+e=2$

i) 방정식 $a+b+c+d+e=0$의 음이 아닌 정수해의 개수는

　$_5\mathrm{H}_0={}_4\mathrm{C}_0=1$

ii) 방정식 $a+b+c+d+e=1$의 음이 아닌 정수해의 개수는

　$_5\mathrm{H}_1={}_5\mathrm{C}_1=5$

iii) 방정식 $a+b+c+d+e=2$의 음이 아닌 정수해의 개수는

　$_5\mathrm{H}_2={}_6\mathrm{C}_2=15$

따라서 구하는 순서쌍 (a,b,c,d,e)의 개수는

$1+5+15=\mathbf{21}$

뿌리 4-6　항의 개수

다음 식을 전개할 때 생기는 서로 다른 항의 개수를 구하여라.

1) $(x+y+z)^4$　　　　　　　　　2) $(a-b+c)^6$

풀이　1) $(x+y+z)^4$을 전개할 때 생기는 항은 $x^py^qz^r$ 꼴이다.

이때 $p,\ q,\ r$은 $p+q+r=4$ $(p,\ q,\ r$은 음이 아닌 정수$)$ … ㉠를 만족한다.

따라서 서로 다른 항의 개수는 방정식 ㉠의 음이 아닌 정수해의 개수와 같으므로

　$_3\mathrm{H}_4={}_6\mathrm{C}_4={}_6\mathrm{C}_2=\mathbf{15}$

2) $(a-b+c)^6$을 전개할 때 생기는 항은 $a^pb^qc^r$ 꼴이다.

이때 $p,\ q,\ r$은 $p+q+r=6$ $(p,\ q,\ r$은 음이 아닌 정수$)$ … ㉠을 만족한다.

따라서 서로 다른 항의 개수는 방정식 ㉠의 음이 아닌 정수해의 개수와 같으므로

　$_3\mathrm{H}_6={}_8\mathrm{C}_6={}_8\mathrm{C}_2=\mathbf{28}$

[줄기4-8] $(a+b+c+d)^5$을 전개할 때 생기는 서로 다른 항의 개수를 구하여라.

[줄기4-9] $(a+b-c)^5(x-y)^4$을 전개할 때 생기는 서로 다른 항의 개수를 구하여라.

[줄기4-10] $(a+b)^2(x+y+z)^3(p-q-r+s)$을 전개할 때 생기는 서로 다른 항의 개수를 구하여라.

뿌리 4-7 **함수의 개수**

두 집합 $X=\{1,\ 2,\ 3\}$, $Y=\{1,\ 2,\ 3,\ 4\}$에 대하여 함수 $f:X \to Y$가 다음 조건을 만족시킬 때, 함수 f의 개수를 구하여라. (단, $a\in X$, $b\in X$)

1) $a<b$일 때, $f(a)<f(b)$ 2) $a<b$일 때, $f(a)\leq f(b)$

핵심 대소 관계가 존재하는 경우 ⇨ i) 뽑은 후, ii) 대소 관계에 맞게 배열한다.
이때 등호가 없는 대소 관계($f(☆)<f(◇)$, $f(☆)>f(◇)$)는 조합을 이용하여 뽑고, 등호가 있는 대소 관계($f(☆)\leq f(◇)$, $f(☆)\geq f(◇)$)는 중복조합을 이용하여 뽑는다.

풀이 1) 주어진 조건에 의하여 $f(1)<f(2)<f(3)$
  i) 공역의 원소 4개에서 서로 다른 3개를 뽑는 경우의 수는 $_4C_3=_4C_1=4$
  ii) 이 뽑은 원소 3개가 $f(1)$, $f(2)$, $f(3)$이 되고 $f(1)<f(2)<f(3)$을 만족시키는 경우의 수는 1
  i), ii)에서 구하는 함수의 개수는 $4\times1=$**4**
2) 주어진 조건에 의하여 $f(1)\leq f(2)\leq f(3)$
  i) 공역의 원소 4개에서 중복을 허용하여 3개를 뽑는 경우의 수는 $_4H_3=_6C_3=20$
  ii) 이 뽑은 원소 3개가 $f(1)$, $f(2)$, $f(3)$이 되고 $f(1)\leq f(2)\leq f(3)$을 만족시키는 경우의 수는 1
  i), ii)에서 구하는 함수의 개수는 $20\times1=$**20**

[줄기4-11] 두 집합 $X=\{1,\ 2,\ 3,\ 4,\ 5\}$, $Y=\{1,\ 2,\ 3\}$에 대하여 함수 $f:X \to Y$ 중에서 $x_1<x_2$이면 $f(x_1)\geq f(x_2)$를 만족시키는 함수 f의 개수를 구하여라.

$$\text{(단, } x_1\in X,\ x_2\in X)$$

[줄기4-12] 집합 $X=\{1,\ 2,\ 3,\ 4\}$에서 집합 $Y=\{5,\ 6,\ 7,\ 8,\ 9\}$로의 함수 f 중 다음 조건을 만족하는 함수의 개수를 구하여라.

(가) $f(3)=7$
(나) 집합 X의 임의의 두 원소 i, j에 대하여 $i<j$이면 $f(i)\leq f(j)$이다.

특강 교란순열 (완전순열)

1 교란순열 (완전순열)

교란순열(완전순열)은 모든 원소의 위치를 바꾸는 순열이다.

예) 모자 바꿔 쓰기, 답안지 바꿔 채점하기, 우산 바꿔 가져가기, 가방 바꿔 메고 가기 등

n명의 사람이 모자를 벗었다가 다시 썼을 때, 모든 사람이 자기 것이 아닌 다른 사람의 모자를 쓰는 가짓수를 a_n이라 하면

$a_1 = 0$, $a_2 = 1$, $a_3 = 2$, $a_4 = 9$, $a_5 = 44$, $a_6 = 265$, $\cdots$

1) 1명(A)이 자신의 모자 a를 벗었다가 다시 썼을 때, 자기 것이 아닌 다른 사람의 모자를 쓸 경우의 수는

0 ∴ $a_1 = 0$

```
A
×
```

2) 2명(A, B)이 자신의 모자 a, b를 벗었다가 다시 썼을 때, 자기 것이 아닌 다른 사람의 모자를 쓸 경우의 수는

1 ∴ $a_2 = 1$

```
A B
b a
```

3) 3명(A, B, C)이 자신의 모자 a, b, c를 벗었다가 다시 썼을 때, 자기 것이 아닌 다른 사람의 모자를 쓸 경우의 수는

3 ∴ $a_3 = 2$

```
A B C
b c a
c a b
```

4) 4명(A, B, C, D)이 자신의 모자 a, b, c, d를 벗었다가 다시 썼을 때, 자기 것이 아닌 다른 사람의 모자를 쓸 경우의 수는

9 ∴ $a_4 = 9$

5) 5명(A, B, C, D, E)이 자신의 모자 a, b, c, d, e를 벗었다가 다시 썼을 때, 자기 것이 아닌 다른 사람의 모자를 쓸 경우의 수는 같은 방법으로 수형도를 그리면

44 ∴ $a_5 = 44$

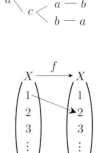

> **익히는 방법**
> $a_1 = 0$, $a_2 = 1$, $a_3 = 2$는 생각하면 알 수 있고 $a_4 = 9$, $a_5 = 44$는 바꿔 쓰기 할 모자를 **사구** 싶은데, **오시**(옷이) **싸** 정말 **싸**로 기억한다.

또, 집합 $X = \{1, 2, 3, \cdots, n\}$일 때, $f : X \to X$인 함수에서 $f(x) \neq x$, $x \in X$를 만족하는 일대일함수의 개수를 a_n이라 하면

$a_1 = 0$, $a_2 = 1$, $a_n = (n-1) \cdot (a_{n-2} + a_{n-1})$ $(n \geq 3)$이므로

$a_3 = 2(a_1 + a_2) = 2$, $a_4 = 3(a_2 + a_3) = 9$, $a_5 = 4(a_3 + a_4) = 44$,

$a_6 = 5(a_4 + a_5) = 265$, $\cdots$

집합 $X = \{1, 2, 3, \cdots, n\}$일 때, $f : X \to X$인 함수에서 $f(x) \neq x$, $x \in X$를 만족하는 일대일함수의 개수 a_n은 i) 정의역의 1이 대응할 수 있는 경우의 수가 $(n-1)$이고, ii) a_{n-2}는 <u>정의역의 1이 공역의 2에 대응하고</u> 정의역의 2가 공역의 1에 대응할 때의 $f(x) \neq x$를 만족하는 일대일함수의 개수이고, iii) a_{n-1}은 정의역의 1이 공역의 2에 대응하고 정의역의 2가 공역의 1에 대응하지 않을 때의 $f(x) \neq x$를 만족하는 일대일함수의 개수이므로

$a_n = (n-1)(a_{n-2} + a_{n-1})$

씨앗. 1 다음 물음에 답하여라.

1) A, B, C, D 네 명의 학생이 각자 선물을 하나씩 준비하여 상자에 넣고 임의로 하나씩 집었을 때, 네 명 모두가 다른 학생이 준비한 선물을 잡는 방법의 수를 구하여라.

2) 1, 2, 3, 4, 5를 일렬로 나열하여 다섯 자리 자연수 $A_1A_2A_3A_4A_5$를 만들 때, $A_i \neq i$를 만족시키는 자연수의 개수를 구하여라. (단, $i = 1, 2, 3, 4, 5$)

핵심 $a_4 = 9$, $a_5 = 44$는 바꿔 쓰기 할 모자를 **사구** 싶은데, **오시**(옷이) **싸** 정말 **싸**로 기억한다.

풀이 1) 교란순열이므로 A, B, C, D의 4개에서 일어나는 교란순열의 수는 **9**

2) 교란순열이므로 1, 2, 3, 4, 5의 5개에서 일어나는 교란순열의 수는 **44**

특강 1-1 **교란순열 (1)**

다음 조건을 만족하는 집합 $X = \{1, 2, 3, 4, 5\}$에서 X로의 함수 f의 개수를 구하여라.

> (가) 함수 f는 일대일대응이다.
> (나) $f(x) = x$를 만족하는 x의 개수는 2이고,
> $f(x) \neq x$를 만족하는 x의 개수는 3이다.

풀이 $f(x) = x$를 만족하는 x의 개수가 2이므로 이 x의 값을 2개 정하는 경우의 수는

$_5C_2 = 10 \cdots \bigcirc$

$f(1) = 1$, $f(2) = 2$일 때, $f(3) \neq 3$, $f(4) \neq 4$, $f(5) \neq 5$라 하면

$f(3) \neq 3$, $f(4) \neq 4$, $f(5) \neq 5$를 만족하는 개수는 3, 4, 5의 3개에서 일어나는 교란순열의 수이므로

$2 \cdots \bigcirc$

$\bigcirc$, $\bigcirc$에서 구하는 함수 f의 개수는

$10 \times 2 = $ **20**

특강 1-2 **교란순열 (2)**

다음 조건을 만족하는 집합 $X = \{1, 2, 3, 4\}$에서 X로의 함수 f의 개수를 구하여라.

> (가) 함수 f는 역함수를 가진다.
> (나) 집합 X의 어떤 원소 x에 대하여 $f(x) = x$이다.

풀이 (가)에서 함수 f는 역함수를 가지므로 함수 f는 일대일대응이다.

(나)에서 $f(x) = x$를 만족하는 원소가 적어도 하나는 존재하므로 $f(x) \neq x$인 일대일대응의 개수를 일대일대응의 개수에서 빼면 된다.

일대일대응의 개수는 $4 \times 3 \times 2 \times 1 = 24$

$f(x) \neq x$인 일대일대응의 개수는 1, 2, 3, 4의 4개에서 일어나는 교란순열의 수이므로 9

따라서 구하는 함수의 개수는 $24 - 9 = $ **15**

1 순열과 조합(2)

잎 1-1

자연수 r에 대하여 $_3\mathrm{H}_r = {}_7\mathrm{C}_2$일 때, $_5\mathrm{H}_r$의 값을 구하여라. [수능 기출]

잎 1-2

축구공, 농구공, 배구공 중에서 4개의 공을 선택하는 방법의 수를 구하여라.
      (단, 각 종류의 공은 4개 이상씩 있고, 같은 종류의 공은 서로 구별하지 않는다.) [교육청 기출]

잎 1-3

1부터 10까지의 숫자가 각각 하나씩 적힌 10개의 상자가 있다. 똑같은 구슬 3개를 상자에 넣는 방법의 수를 구하여라. (단, 각 상자에 들어가는 구슬의 개수에는 제한이 없다.) [교육청 기출]

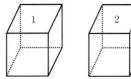 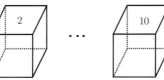

잎 1-4

방정식 $x + y + z + w = 4$를 만족시키는 음이 아닌 정수해의 순서쌍 (x, y, z, w)의 개수를 구하여라. [평가원 기출]

잎 1-5

방정식 $x + y + z = 17$을 만족시키는 음이 아닌 정수 x, y, z에 대하여 순서쌍 (x, y, z)의 개수를 구하여라. [평가원 기출]

잎 1-6

사과 주스, 포도 주스, 감귤 주스 중에서 8병을 선택하려고 한다. 사과 주스, 포도 주스, 감귤 주스를 각각 적어도 1병 이상씩 선택하는 경우의 수를 구하여라. (단, 각 종류의 주스는 8병 이상씩 있다.)

[평가원 기출]

● 잎 1-7

같은 종류의 주스 4병, 같은 종류의 생수 2병, 우유 1병을 3명에게 남김없이 나누어 주는 경우의 수를 구하여라. (단, 1병도 받지 못하는 사람이 있을 수 있다.) [수능 기출]

● 잎 1-8

$\{1,\ 2,\ 3,\ 4\}$에서 $\{1,\ 2,\ 3,\ 4,\ 5,\ 6,\ 7\}$로의 함수 중에서 $x_1 < x_2$일 때, $f(x_1) \geq f(x_2)$를 만족시키는 함수 f의 개수를 구하여라. [평가원 기출]

● 잎 1-9

집합 $X = \{1,\ 2,\ 3,\ 4\}$에서 집합 $Y = \{4,\ 5,\ 6,\ 7\}$로의 함수 f 중 다음 조건을 만족하는 함수의 개수를 구하여라. [교육청 기출]

> (가) $f(2) = 5$
> (나) 집합 X의 임의의 두 원소 $i,\ j$에 대하여 $i < j$이면
> $\quad f(i) \leq f(j)$

● 잎 1-10

같은 종류의 사탕 5개를 3명의 아이에게 1개 이상씩 나누어 주고, 같은 종류의 초콜릿 5개를 1개의 사탕을 받은 아이에게만 1개 이상씩 나누어 주려고 한다. 사탕과 초콜릿을 남김없이 나누어주는 경우의 수는? [수능 기출]

① 27   ② 24   ③ 21   ④ 18   ⑤ 15

● 잎 1-11

4명의 학생에게 8자루의 연필 모두를 나누어 주는 방법 중에서 연필을 한 자루도 받지 못하는 학생이 생기는 경우의 수를 구하여라. (단, 연필을 서로 구별하지 않는다.) [교육청 기출]

● 잎 1-12

빨간색, 파란색, 노란색 색연필이 있다. 각 색의 색연필을 적어도 하나씩 포함하여 15개 이하의 색연필을 선택하는 방법의 수를 구하여라. (단, 각 색의 색연필은 15개 이상씩 있고, 같은 색의 색연필은 서로 구별되지 않는다.) [평가원 기출]

● 잎 1-13

어느 상담 교사는 월요일, 화요일, 수요일 3일 동안 학생 9명과 상담하기 위하여 상담 계획표를 작성하려고 한다.

[상담 계획표]

요일	월요일	화요일	수요일
학생 수(명)	a	b	c

상담 교사는 각 학생과 한 번만 상담하고, 요일별로 적어도 한 명의 학생과 상담한다. 상담 계획표에 학생 수만을 기록할 때, 작성할 수 있는 상담 계획표의 가짓수를 구하여라. [평가원 기출]

(단, a, b, c는 자연수이다.)

● 잎 1-14

크기와 모양이 같은 검은 구슬 5개와 흰 구슬 2개를 서로 다른 세 상자에 모두 넣는 방법의 가짓수는? (단, 비어 있는 상자가 있을 수 있다.) [교육청 기출]

① 125   ② 126   ③ 127   ④ 128   ⑤ 129

● 잎 1-15

점수가 표시된 그림과 같은 과녁에 6개의 화살을 쏘아 점수를 얻는 경기가 있다. 6개의 화살이 모두 과녁에 맞혔을 때, 점수의 합계가 51점 이상이 되는 경우의 수는?
(단, 화살이 과녁의 경계에 맞는 경우는 없다.) [평가원 기출]

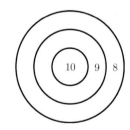

① 15   ② 18   ③ 21   ④ 24   ⑤ 27

● 잎 1-16

다음 물음에 답하여라.

1) $(a+b+c)^4(x+y)^3$의 전개식에서 서로 다른 항의 개수를 구하여라. [평가원 기출]

2) $(x+y+z)^{11}$의 전개식에서 x, y, z의 차수가 모두 홀수인 서로 다른 항의 개수를 구하여라.

3) $(x+y)^n$의 전개식에서 서로 다른 항의 개수가 8이 되도록 하는 자연수 n의 값을 구하여라.

2. 이항정리

01 이항정리

02 이항정리의 활용

연습문제

01 이항정리

1 이항정리 ※ 이(二): 둘 이, 항(項): 항 항

자연수 n에 대하여 두 개의 항의 거듭제곱 $(a+b)^n$을 전개하는 방법을 정리한 것을 **이항정리**라 하고, 다음과 같다.

$$(a+b)^n = {}_nC_0 a^n + {}_nC_1 a^{n-1}b^1 + {}_nC_2 a^{n-2}b^2 + \cdots + {}_nC_r a^{n-r}b^r + \cdots + {}_nC_n b^n$$

이때, ${}_nC_r a^{n-r}b^r$을 $(a+b)^n$의 전개식의 일반항이라 한다.

※ 일반항 ${}_nC_r a^{n-r}b^r$은 r번째 항이 아니고 $(r+1)$번째 항이다.

예) $(a+b)^3$을 전개하면

$$(a+b)^3 = (a+b)(a+b)(a+b) = (aa+ab+ba+bb)(a+b)$$
$$= aaa + \underline{aab} + \underline{aba} + abb + \underline{baa} + bab + bba + bbb$$
$$= a^3 + \underline{a^2b} + \underline{a^2b} + ab^2 + \underline{a^2b} + ab^2 + ab^2 + b^3 = a^3 + \underline{3a^2b} + 3ab^2 + b^3$$

이때 a^2b의 계수 3은 3개의 인수 $(a+b)$, $(a+b)$, $(a+b)$ 중 2개에서 a를 택하고, 남은 1개에서 b를 택하여 곱한 경우, 즉 aab, aba, baa를 합하여 3이 된 것이다.

따라서 a^2b의 계수는 3개의 인수 중 b를 택한 인수 1개를 뽑는 조합의 수와 같으므로 ${}_3C_1 = 3$

같은 방법으로 a^3, ab^2, b^3의 계수를 각각 구하면 ${}_3C_0 = 1$, ${}_3C_2 = 3$, ${}_3C_3 = 1$

따라서 $(a+b)^3$의 전개식을 조합을 이용하여 나타내면

$$(a+b)^3 = {}_3C_0 a^3 + {}_3C_1 a^2 b^1 + {}_3C_2 a^1 b^2 + {}_3C_3 b^3$$

증명 $(a+b)^n = \underbrace{(a+b)(a+b)(a+b) \cdots (a+b)}_{n개}$

이므로 $(a+b)^n$의 전개식은 n개의 인수 $(a+b)$의 각각에서 a 또는 b를 하나씩 택하여 만든 곱을 모두 합한 것이다.

이때 $(a+b)^n$의 전개식에서 $a^{n-r}b^r$은 n개의 인수 $(a+b)$ 중 r개에서 b를 택하고, 나머지 $(n-r)$개에서 a를 택하여 곱한 것이므로 $a^{n-r}b^r$의 계수는 ${}_nC_r \cdot {}_{n-r}C_{n-r}$, 즉 ${}_nC_r$이다.

따라서 $r = 0, 1, 2, \cdots, r, \cdots, n$에 대하여 각 항의 계수는

$${}_nC_0, {}_nC_1, {}_nC_2, \cdots, {}_nC_r, \cdots, {}_nC_n$$

이므로 $(a+b)^n$의 전개식을 조합을 이용하여 나타내면

$$(a+b)^n = {}_nC_0 a^n + {}_nC_1 a^{n-1}b^1 + {}_nC_2 a^{n-2}b^2 + \cdots + {}_nC_r a^{n-r}b^r + \cdots + {}_nC_n b^n$$

씨앗. 1 ◢ 다음 식을 이항정리를 이용하여 전개하여라.

    1) $(a+b)^4$ 2) $(2a-3b)^4$

풀이 1) $(a+b)^4 = {}_4C_0 a^4 + {}_4C_1 a^3 b^1 + {}_4C_2 a^2 b^2 + {}_4C_3 a^1 b^3 + {}_4C_4 b^4$

             $= a^4 + 4a^3 b + 6a^2 b^2 + 4ab^3 + b^4$

    2) $(2a-3b)^4 = {}_4C_0 (2a)^4 + {}_4C_1 (2a)^3 (-3b)^1 + {}_4C_2 (2a)^2 (-3b)^2 + {}_4C_3 (2a)^1 (-3b)^3 + {}_4C_4 (-3b)^4$

                $= 16a^4 - 96a^3 b + 216a^2 b^2 - 216ab^3 + 81b^4$

※ ${}_nC_r = {}_nC_{n-r}$이므로 $(a+b)^n$의 전개식에서 $a^{n-r}b^r$과 $a^r b^{n-r}$의 계수는 서로 같다.

    따라서 $(a+b)^n$의 전개식에서 이항계수는 가운데를 중심으로 좌우 대칭이다.

2　다항정리

세 개 이상의 항의 거듭제곱을 전개하는 방법을 정리하는 것을 **다항정리**라 한다.

자연수 n에 대하여 $(a+b+c)^n$의 전개식의 일반항은 다음과 같다.

$$\frac{n!}{p!q!r!}\,a^p b^q c^r \ (\text{단}, \ p+q+r=n, \ p\geq0, \ q\geq0, \ r\geq0)$$

◆ 증명　$(a+b+c)^n$을 $\{a+(b+c)\}^n$의 꼴로 바꾸어 이항정리를 이용한다.

$\{a+(b+c)\}^n$의 전개식에서 a^p을 포함한 항은 $_nC_p a^p(b+c)^{n-p}$이고, $(b+c)^{n-p}$의 전개식에서 b^q를 포함하는 항은 $_{n-p}C_q b^q c^{n-p-q}$이다.

따라서 $p+q+r=n$, 즉 $r=n-p-q$라 하면 $(a+b+c)^n$의 전개식에서 $a^p b^q c^r$의 계수는

$$_nC_p\cdot_{n-p}C_q=\frac{n!}{(n-p)!p!}\cdot\frac{(n-p)!}{(n-p-q)!q!}=\frac{n!}{p!q!r!}$$

또, 같은 방법으로 다항정리는 $(a+b+c+d)^n$과 같이 항이 4개 이상인 식뿐만 아니라 $(a+b)^n$과 같이 항이 2개인 식에서도 성립함을 증명할 수 있다.

따라서 자연수 n에 대하여 $(a+b)^n$의 전개식의 일반항은 다음과 같다.

$$\frac{n!}{p!q!}\,a^p b^q \ (\text{단}, \ p+q=n, \ p\geq0, \ q\geq0)$$

씨앗. 2 ┛ 다음을 구하여라.

　　1) $(a+b+c)^5$의 전개식에서 ab^2c^2의 계수

　　2) $(a+2b+c)^5$의 전개식에서 ab^2c^2의 계수

　　3) $(a-2b-3c)^5$의 전개식에서 a^2bc^2의 계수

　　4) $(2a-3b)^5$의 전개식에서 a^3b^2의 계수

풀이　1) $(a+b+c)^5$에서 $(a)+(b)+(c)^5$이므로
$\quad\quad\quad\quad\ \ 1\ \ \ 2\ \ \ 2$

$$\frac{5!}{1!2!2!}\,a^1b^2c^2=30ab^2c^2 \quad \therefore\, \mathbf{30}$$

2) $(a+2b+c)^5$에서 $(a)+(2b)+(c)^5$이므로
$\quad\quad\quad\quad\quad\ \ 1\ \ \ \ 2\ \ \ \ 2$

$$\frac{5!}{1!2!2!}\,a^1(2b)^2c^2=120ab^2c^2 \quad \therefore\, \mathbf{120}$$

3) $(a-2b-3c)^5$에서 $(a)(-2b)(-3c)^5$이므로
$\quad\quad\quad\quad\quad\ \ 2\ \ \ \ 1\ \ \ \ \ 2$

$$\frac{5!}{2!1!2!}\,a^2(-2b)^1(-3c)^2=-540a^2bc^2 \quad \therefore\, \mathbf{-540}$$

4) $(2a-3b)^5$에서 $(2a)(-3b)^5$이므로
$\quad\quad\quad\quad\quad\ \ 3\ \ \ \ 2$

$$\frac{5!}{3!2!}\,(2a)^3(-3b)^2=720a^3b^2 \quad \therefore\, \mathbf{720}$$

뿌리 1-1 $(a+b)^n$의 전개식

다음을 구하여라.

1) $(2x+3y)^5$의 전개식에서 x^3y^2의 계수

2) $\left(x^2+\dfrac{1}{x}\right)^6$의 전개식에서 x^3의 계수

3) $\left(x^2-\dfrac{1}{x}\right)^6$의 전개식에서 상수항

4) $\left(x-\dfrac{2}{y}\right)^6$의 전개식에서 $\dfrac{x^4}{y^2}$의 계수

풀이 1) $(2x+3y)^5$의 전개식의 일반항은

방법 I $_5\mathrm{C}_r(2x)^{5-r}(3y)^r = {}_5\mathrm{C}_r\cdot2^{5-r}\cdot3^r\cdot x^{5-r}\cdot y^r$

x^3y^2항은 $5-r=3$일 때이므로 $r=2$

따라서 x^3y^2의 계수는 $_5\mathrm{C}_2\cdot2^3\cdot3^2=\mathbf{720}$

1) $(2x+3y)^5$에서 $(\underset{3}{2x}+\underset{2}{3y})^5$이므로

강추 방법 II $\dfrac{5!}{3!2!}(2x)^3(3y)^2=720x^3y^2$ $\therefore \mathbf{720}$

2) $\left(x^2+\dfrac{1}{x}\right)^6$에서 $\left(\underset{3}{x^2}+\underset{3}{\dfrac{1}{x}}\right)^6$이므로

$\dfrac{6!}{3!3!}(x^2)^3\left(\dfrac{1}{x}\right)^3=20x^3$ $\therefore \mathbf{20}$

3) $\left(x^2-\dfrac{1}{x}\right)^6$에서 $\left(\underset{2}{x^2}-\underset{4}{\dfrac{1}{x}}\right)^6$이므로

$\dfrac{6!}{2!4!}(x^2)^2\left(-\dfrac{1}{x}\right)^4=15\dfrac{x^4}{x^4}=15$ $\therefore \mathbf{15}$

4) $\left(x-\dfrac{2}{y}\right)^6$에서 $\left(\underset{4}{x}-\underset{2}{\dfrac{2}{y}}\right)^6$이므로

$\dfrac{6!}{4!2!}x^4\left(-\dfrac{2}{y}\right)^2=60\dfrac{x^4}{y^2}$ $\therefore \mathbf{60}$

[줄기1-1] $\left(kx^3-\dfrac{2}{x}\right)^4$의 전개식에서 상수항이 8일 때, 상수 k의 값을 구하여라.

[줄기1-2] $(\sqrt{3}\,x-\sqrt[3]{2}\,y)^{10}$의 전개식에서 계수가 유리수인 항을 모두 구하여라.

뿌리 1-2 $(a+b)(c+d)^n$의 전개식

$(2+x-x^2)\left(x+\dfrac{1}{x}\right)^{12}$ 의 전개식에서 x^2항을 구하여라.

핵심 x^2의 계수는 (상수항)×(x^2의 계수), (x의 계수)×(x의 계수), (x^2의 계수)×(상수항)의 합으로 나타낼 수 있다.

풀이 $(2+x-x^2)\left(x+\dfrac{1}{x}\right)^{12}$ 의 전개식에서 x^2항은

$\left(x+\dfrac{1}{x}\right)^{12} \cdots \bigcirc$일 때,

$2\times(\bigcirc$의 x^2항$)$, $x\times(\bigcirc$의 x항$)$, $-x^2\times(\bigcirc$의 상수항$)$일 때 나타난다.

i) $\bigcirc$의 x^2항은 $\left(\underset{7}{\widehat{x}}+\underset{5}{\widehat{\dfrac{1}{x}}}\right)^{12}$이므로

$\quad \dfrac{12!}{7!5!}x^7\left(\dfrac{1}{x}\right)^5 = 792x^2$

ii) $\bigcirc$의 x항은 존재하지 않는다.

iii) $\bigcirc$의 상수항은 $\left(\underset{6}{\widehat{x}}+\underset{6}{\widehat{\dfrac{1}{x}}}\right)^{12}$이므로

$\quad \dfrac{12!}{6!6!}x^6\left(\dfrac{1}{x}\right)^6 = 924$

i), ii), iii)에서 구하는 x^2항은

$2\times(792x^2)+(-x^2)\times924 = 1584x^2-924x^2 = \mathbf{660}x^2$

[줄기1-3] $(x^2+2)\left(x-\dfrac{1}{x}\right)^8$ 의 전개식에서 상수항을 구하여라.

[줄기1-4] $x(x-1)\left(x+\dfrac{a}{x}\right)^5$ 의 전개식에서 상수항이 -80일 때, 실수 a의 값을 구하여라.

[줄기1-5] $\dfrac{(4+3x)(3+2x^2)^3-5}{x}$ 의 전개식에서 x의 계수를 구하여라.

뿌리 1-3 $(a+b)^m(c+d)^n$의 전개식

다음을 구하여라.

1) $(x-1)^3(2x+1)^4$의 전개식에서 x^2의 계수

2) $(x-2)^3(2x+1)^4$의 전개식에서 x^2의 계수

3) $(x+2)^8(x-1)^4$의 전개식에서 x^{10}의 계수

풀이 1) $(x-1)^3(2x+1)^4$

i) 2　1　│　0　4　$\Rightarrow$　$\dfrac{3!}{2!1!}\cdot\dfrac{4!}{0!4!}\,x^2(-1)^1(2x)^0\cdot1^4=-3x^2$

ii) 1　2　│　1　3　$\Rightarrow$　$\dfrac{3!}{1!2!}\cdot\dfrac{4!}{1!3!}\,x^1(-1)^2(2x)^1\cdot1^3=24x^2$

iii) 0　3　│　2　2　$\Rightarrow$　$\dfrac{3!}{0!3!}\cdot\dfrac{4!}{2!2!}\,x^0(-1)^3(2x)^2\cdot1^2=-24x^2$

i), ii), iii)에서 구하는 x^2항은 $-3x^2+24x^2-24x^2=-3x^2$

∴ -3

2) $(x-2)^3(2x+1)^4$

i) 2　1　│　0　4　$\Rightarrow$　$\dfrac{3!}{2!1!}\cdot\dfrac{4!}{0!4!}\,x^2(-2)^1(2x)^0\cdot1^4=-6x^2$

ii) 1　2　│　1　3　$\Rightarrow$　$\dfrac{3!}{1!2!}\cdot\dfrac{4!}{1!3!}\,x^1(-2)^2(2x)^1\cdot1^3=96x^2$

iii) 0　3　│　2　2　$\Rightarrow$　$\dfrac{3!}{0!3!}\cdot\dfrac{4!}{2!2!}\,x^0(-2)^3(2x)^2\cdot1^2=-192x^2$

i), ii), iii)에서 구하는 x^2항은 $-6x^2+96x^2-192x^2=-102x^2$

∴ -102

3) $(x+2)^8(x-1)^4$

i) 8　0　│　2　2　$\Rightarrow$　$\dfrac{8!}{8!0!}\cdot\dfrac{4!}{2!2!}\,x^8\cdot2^0\cdot x^2\cdot(-1)^2=6x^{10}$

ii) 7　1　│　3　1　$\Rightarrow$　$\dfrac{8!}{7!1!}\cdot\dfrac{4!}{3!1!}\,x^7\cdot2^1\cdot x^3\cdot(-1)^1=-64x^{10}$

iii) 6　2　│　4　0　$\Rightarrow$　$\dfrac{8!}{6!2!}\cdot\dfrac{4!}{4!0!}\,x^6\cdot2^2\cdot x^4\cdot(-1)^0=112x^{10}$

i), ii), iii)에서 구하는 x^{10}항은 $6x^{10}-64x^{10}+112x^{10}=54x^{10}$

∴ 54

[줄기1-6] $(1-x)^m(2+x)^5$의 전개식에서 x^2의 계수가 -48일 때, 자연수 m의 값을 구하여라.

1 이항계수의 성질(I)

이항정리를 이용하여 $(1+x)^n$을 전개하면

$$(1+x)^n = {}_nC_0 + {}_nC_1 x^1 + {}_nC_2 x^2 + {}_nC_3 x^3 + \cdots + {}_nC_n x^n \cdots ㉠$$

이다. 이를 이용하면 다음과 같은 이항계수의 성질을 얻을 수 있다.

1) ${}_nC_0 + {}_nC_1 + {}_nC_2 + {}_nC_3 + \cdots + {}_nC_n = 2^n \cdots ㉡$ ($\because$ ㉠의 양변에 $x=1$을 대입)

2) ${}_nC_0 - {}_nC_1 + {}_nC_2 - {}_nC_3 + \cdots + (-1)^n \cdot {}_nC_n = 0 \cdots ㉢$ ($\because$ ㉠의 양변에 $x=-1$을 대입)

3) $2({}_nC_0 + {}_nC_2 + {}_nC_4 + \cdots) = 2^n$ ($\because$ ㉡+㉢)

   $\therefore {}_nC_0 + {}_nC_2 + {}_nC_4 + \cdots = 2^{n-1} \cdots ㉣$

4) $2({}_nC_1 + {}_nC_3 + {}_nC_5 + \cdots) = 2^n$ ($\because$ ㉡−㉢)

   $\therefore {}_nC_1 + {}_nC_3 + {}_nC_5 + \cdots = 2^{n-1} \cdots ㉤$

5) ${}_nC_0 + {}_nC_2 + {}_nC_4 + \cdots = {}_nC_1 + {}_nC_3 + {}_nC_5 + \cdots = 2^{n-1}$ ($\because$ ㉣=㉤)

(익히는 방법)

1) ${}_nC_0 + {}_nC_1 + {}_nC_2 + {}_nC_3 + \cdots + {}_nC_n = 2^n$, 즉 $1 + {}_nC_1 + {}_nC_2 + {}_nC_3 + \cdots + 1 = 2^n$

2) ${}_nC_0 - {}_nC_1 + {}_nC_2 - {}_nC_3 + \cdots + (-1)^n {}_nC_n = 0$, 즉 $1 - {}_nC_1 + {}_nC_2 - {}_nC_3 + \cdots + (-1)^n \cdot 1 = 0$

3) ${}_nC_0 + {}_nC_2 + {}_nC_4 + \cdots + {}_nC_{짝수 이빠이} = 2^{n-1}$ 예) 씨앗.2) [p.58]

4) ${}_nC_1 + {}_nC_3 + {}_nC_5 + \cdots + {}_nC_{홀수 이빠이} = 2^{n-1}$ 예) 씨앗.2) [p.58]

5) ${}_nC_0 + {}_nC_2 + {}_nC_4 + \cdots + {}_nC_{짝수 이빠이} = {}_nC_1 + {}_nC_3 + {}_nC_5 + \cdots + {}_nC_{홀수 이빠이} = 2^{n-1}$

씨앗. 1 ▗ 다음 식의 값을 구하여라.

1) ${}_5C_0 + {}_5C_1 + {}_5C_2 + {}_5C_3 + {}_5C_4 + {}_5C_5$

2) ${}_{10}C_0 + {}_{10}C_1 + {}_{10}C_2 + {}_{10}C_3 + \cdots + {}_{10}C_{10}$

3) ${}_5C_0 - {}_5C_1 + {}_5C_2 - {}_5C_3 + {}_5C_4 - {}_5C_5$

4) ${}_{100}C_0 - {}_{100}C_1 + {}_{100}C_2 - {}_{100}C_3 + \cdots + {}_{100}C_{100}$

핵심 (익히는 방법)을 풀이에 적용했다.

풀이 1) $1 + {}_5C_1 + {}_5C_2 + {}_5C_3 + {}_5C_4 + 1 = 2^5 = 32$

2) $1 + {}_{10}C_1 + {}_{10}C_2 + {}_{10}C_3 + \cdots + 1 = 2^{10} = 1024$

3) $1 - {}_5C_1 + {}_5C_2 - {}_5C_3 + {}_5C_4 + (-1)^5 \cdot 1 = 0$

4) $1 - {}_{100}C_1 + {}_{100}C_2 - {}_{100}C_3 + \cdots + (-1)^{100} \cdot 1 = 0$

씨앗. 2 다음 식의 값을 구하여라.

1) $_{51}C_0 + {}_{51}C_2 + {}_{51}C_4 + {}_{51}C_6 + \cdots + {}_{51}C_{50}$

2) $_8C_0 + {}_8C_2 + {}_8C_4 + {}_8C_6 + {}_8C_8$

3) $_{11}C_1 + {}_{11}C_3 + {}_{11}C_5 + {}_{11}C_7 + \cdots + {}_{11}C_{11}$

4) $_{98}C_1 + {}_{98}C_3 + {}_{98}C_5 + {}_{98}C_7 + \cdots + {}_{98}C_{97}$

핵심 (익히는 방법)을 풀이에 적용했다. [p.57]

풀이
1) $_{51}C_0 + {}_{51}C_2 + {}_{51}C_4 + {}_{51}C_6 + \cdots + {}_{51}C_{\text{짝수 이빼이}} = 2^{51-1} = 2^{50}$

2) $_8C_0 + {}_8C_2 + {}_8C_4 + {}_8C_6 + {}_8C_{\text{짝수 이빼이}} = 2^{8-1} = 2^7$

3) $_{11}C_1 + {}_{11}C_3 + {}_{11}C_5 + {}_{11}C_7 + \cdots + {}_{11}C_{\text{홀수 이빼이}} = 2^{11-1} = 2^{10}$

4) $_{98}C_1 + {}_{98}C_3 + {}_{98}C_5 + {}_{98}C_7 + \cdots + {}_{98}C_{\text{홀수 이빼이}} = 2^{98-1} = 2^{97}$

뿌리 2-1 **이항계수의 성질(1)**

다음 물음에 답하여라.

1) $_nC_1 + {}_nC_2 + {}_nC_3 + \cdots + {}_nC_n = 255$를 만족시키는 자연수 n의 값을 구하여라.

2) $_{2n}C_1 + {}_{2n}C_3 + {}_{2n}C_5 + \cdots + {}_{2n}C_{2n-1} = 128$을 만족시키는 자연수 n의 값을 구하여라.

풀이
1) $_nC_0 + {}_nC_1 + {}_nC_2 + {}_nC_3 + \cdots + {}_nC_n = 2^n$이므로

$_nC_1 + {}_nC_2 + {}_nC_3 + \cdots + {}_nC_n = 2^n - 1$

$\therefore 2^n - 1 = 255 \quad \therefore 2^n = 256 = 2^8 \quad \therefore n = 8$

2) $_{2n}C_1 + {}_{2n}C_3 + {}_{2n}C_5 + \cdots + {}_{2n}C_{2n-1} = 2^{2n-1}$이므로

$2^{2n-1} = 128 = 2^7 \quad \therefore 2n - 1 = 7 \quad \therefore n = 4$

뿌리 2-2 **이항계수의 성질(2)**

다음 식의 값을 구하여라.

1) $_{100}C_1 - {}_{100}C_2 + {}_{100}C_3 - {}_{100}C_4 + \cdots + {}_{100}C_{99} - {}_{100}C_{100}$

2) $_{21}C_1 + {}_{21}C_3 + {}_{21}C_5 + \cdots + {}_{21}C_{19}$

풀이
1) $_{100}C_0 - {}_{100}C_1 + {}_{100}C_2 - {}_{100}C_3 + {}_{100}C_4 + \cdots - {}_{100}C_{99} + (-1)^{100} \cdot {}_{100}C_{100} = 0$

$\therefore {}_{100}C_1 - {}_{100}C_2 + {}_{100}C_3 - {}_{100}C_4 + \cdots + {}_{100}C_{99} - {}_{100}C_{100} = {}_{100}C_0 = 1$

2) $_{21}C_1 + {}_{21}C_3 + {}_{21}C_5 + \cdots + {}_{21}C_{19} + {}_{21}C_{21} = 2^{21-1} = 2^{20}$

$\therefore {}_{21}C_1 + {}_{21}C_3 + {}_{21}C_5 + \cdots + {}_{21}C_{19} = 2^{20} - 1$

[줄기2-1] $_{17}C_9 + _{17}C_{10} + _{17}C_{11} + \cdots + _{17}C_{17}$의 값을 구하여라.

[줄기2-2] $1000 < _nC_1 + _nC_2 + _nC_3 + \cdots + _nC_n < 2000$을 만족시키는 자연수 n의 값을 구하여라.

2 이항계수의 성질(Ⅱ)

1) $_nC_0 + _nC_1 x + _nC_2 x^2 + _nC_3 x^3 + \cdots + _nC_n x^n = (1+x)^n$에서 x 대신 상수 a를 대입하면
   ※★$_nC_k$는 $(1+x)^n$의 전개식에서 x^k항의 계수이다.

$$_nC_0 + _nC_1 a + _nC_2 a^2 + _nC_3 a^3 + \cdots + _nC_n a^n = (1+a)^n$$

2) $(1+x)^{2n} = (1+x)^n (1+x)^n$이므로 $(1+x)^{2n}$의 전개식에서 x^n의 계수는

$$_nC_0 \cdot _nC_n + _nC_1 \cdot _nC_{n-1} + _nC_2 \cdot _nC_{n-2} + \cdots + _nC_n \cdot _nC_0$$

※★$_nC_k$는 $(1+x)^n$의 전개식에서 x^k항의 계수이다.

$$= _nC_0 \cdot _nC_0 + _nC_1 \cdot _nC_1 + _nC_2 \cdot _nC_2 + \cdots + _nC_n \cdot _nC_n \;(\because \, _nC_r = _nC_{n-r})$$
$$= (_nC_0)^2 + (_nC_1)^2 + (_nC_2)^2 + \cdots + (_nC_n)^2$$
$$= _{2n}C_n \;(\because (1+x)^{2n}의 \; 전개식에서 \; x^n의 \; 계수)$$

익히는 방법
$(_nC_0)^2 + (_nC_1)^2 + (_nC_2)^2 + \cdots + (_nC_n)^2 = _{2n}C_n$ 즉 $1^2 + (_nC_1)^2 + (_nC_2)^2 + \cdots + (_nC_n)^2 = _{2n}C_n$

뿌리 2-3 이항계수의 성질(3)

다음 물음에 답하여라.

1) $_{10}C_0 + _{10}C_1 2 + _{10}C_2 2^2 + _{10}C_3 2^3 + \cdots + _{10}C_{10} 2^{10}$의 값을 구하여라.

2) $(_9C_0)^2 + (_9C_1)^2 + (_9C_2)^2 + \cdots + (_9C_9)^2 = _nC_r$ 일 때, n, r의 값을 구하여라.

[풀이] 1) $(1+x)^n = _nC_0 + _nC_1 x + _nC_2 x^2 + _nC_3 x^3 + \cdots + _nC_n x^n$이므로

$x = 2$, $n = 10$을 대입하면

$_{10}C_0 + _{10}C_1 2 + _{10}C_2 2^2 + _{10}C_3 2^3 + \cdots + _{10}C_{10} 2^{10} = (1+2)^{10} = \mathbf{3^{10}}$

2) $(_pC_0)^2 + (_pC_1)^2 + (_pC_2)^2 + \cdots + (_pC_p)^2 = _{2p}C_p$ 이므로

방법 Ⅰ

$(_9C_0)^2 + (_9C_1)^2 + (_9C_2)^2 + \cdots + (_9C_9)^2 = _{18}C_9$ $\therefore \mathbf{n = 18, \, r = 9}$

2) $(_9C_0)^2 + (_9C_1)^2 + (_9C_2)^2 + \cdots + (_9C_9)^2$

방법 Ⅱ

$= _9C_0 \cdot _9C_0 + _9C_1 \cdot _9C_1 + _9C_2 \cdot _9C_2 + \cdots + _9C_9 \cdot _9C_9$
$= _9C_0 \cdot _9C_9 + _9C_1 \cdot _9C_8 + _9C_2 \cdot _9C_7 + \cdots + _9C_9 \cdot _9C_0 \;(\because \, _nC_r = _nC_{n-r})$

이므로 주어진 식의 좌변은 $(1+x)^9 (1+x)^9$의 전개식에서 x^9의 계수와 같다.

$\therefore$ (주어진 식의 좌변) $= _{18}C_9 \;(\because (1+x)^{18}의 \; 전개식에서 \; x^9의 \; 계수)$ $\therefore \mathbf{n = 18, \, r = 9}$

뿌리 2-4 이항계수의 성질 (4)

다음 중 $_9C_9 \times {}_{10}C_7 + {}_9C_8 \times {}_{10}C_6 + {}_9C_7 \times {}_{10}C_5 + \cdots + {}_9C_2 \times {}_{10}C_0$ 의 값과 같은 것은?

① $_{19}C_{17}$ ② $_{19}C_7$ ③ $_{20}C_{18}$ ④ $_{20}C_8$ ⑤ $_{20}C_9$

풀이 $_9C_9 \cdot {}_{10}C_7 + {}_9C_8 \cdot {}_{10}C_6 + {}_9C_7 \cdot {}_{10}C_5 + \cdots + {}_9C_2 \cdot {}_{10}C_0$

$= {}_9C_0 \cdot {}_{10}C_7 + {}_9C_1 \cdot {}_{10}C_6 + {}_9C_2 \cdot {}_{10}C_5 + \cdots + {}_9C_7 \cdot {}_{10}C_0$ $(\because {}_nC_r = {}_nC_{n-r})$

이므로 $(1+x)^9 (1+x)^{10}$, 즉 $(1+x)^{19}$ 의 전개식에서 x^7 의 계수와 같다.

따라서 (주어진 식) $= {}_{19}C_7$ $(\because (1+x)^{19}$ 의 전개식에서 x^7 의 계수)

정답 ②

[줄기2-3] 다음 물음에 답하여라.

1) $_{20}C_1 4 + {}_{20}C_2 4^2 + {}_{20}C_3 4^3 + \cdots + {}_{20}C_{20} 4^{20}$ 의 값을 구하여라.

2) $(_{11}C_0)^2 + ({}_{11}C_1)^2 + ({}_{11}C_2)^2 + \cdots + ({}_{11}C_{11})^2 = {}_nC_{11}$ 일 때, n 의 값을 구하여라.

뿌리 2-5 $(1+x)^n$ 의 전개식의 활용

다음 물음에 답하여라.

1) 11^{16} 을 100 으로 나누었을 때의 나머지를 구하여라.

2) 21^{10} 을 200 으로 나누었을 때의 나머지를 구하여라.

3) 9^9 을 100 으로 나누었을 때의 나머지를 구하여라.

풀이 1) $(1+10)^{16} = {}_{16}C_0 + {}_{16}C_1 \cdot 10 + {}_{16}C_2 \cdot 10^2 + {}_{16}C_3 \cdot 10^3 + \cdots + {}_{16}C_{16} \cdot 10^{16}$

$\qquad = 1 + 16 \cdot 10 + 10^2 ({}_{16}C_2 + {}_{16}C_3 \cdot 10 + \cdots + {}_{16}C_{16} \cdot 10^{14})$

이때, $10^2 ({}_{16}C_2 + {}_{16}C_3 \cdot 10 + \cdots + {}_{16}C_{16} \cdot 10^{14})$ 은 100 으로 나누어떨어지므로 11^{16} 을 100 으로 나누었을 때의 나머지는 161 을 100 으로 나누었을 때의 나머지 **61** 이다.

2) $(1+20)^{10} = {}_{10}C_0 + {}_{10}C_1 \cdot 20 + {}_{10}C_2 \cdot 20^2 + {}_{10}C_3 \cdot 20^3 + \cdots + {}_{10}C_{10} \cdot 20^{10}$

$\qquad = 1 + 10 \cdot 20 + 20^2 ({}_{10}C_2 + {}_{10}C_3 \cdot 20 + \cdots + {}_{10}C_{10} \cdot 20^8)$

이때, $20^2 ({}_{10}C_2 + {}_{10}C_3 \cdot 20 + \cdots + {}_{10}C_{10} \cdot 20^8)$ 은 200 으로 나누어떨어지므로 21^{10} 을 200 으로 나누었을 때의 나머지는 201 을 200 으로 나누었을 때의 나머지 **1** 이다.

3) $(-1+10)^9 = {}_9C_0 (-1)^9 + {}_9C_1 (-1)^8 \cdot 10 + {}_9C_2 (-1)^7 \cdot 10^2 + {}_9C_3 (-1)^6 \cdot 10^3 + \cdots + {}_9C_9 \cdot 10^9$

$\qquad = -1 + 9 \cdot 10 + 10^2 \{ {}_9C_2 (-1)^7 + {}_9C_3 (-1)^6 \cdot 10 + \cdots + {}_9C_9 \cdot 10^7 \}$

이때, $10^2 \{ {}_9C_2 (-1)^7 + {}_9C_3 (-1)^6 \cdot 10 + \cdots + {}_9C_9 \cdot 10^7 \}$ 은 100 으로 나누어떨어지므로 9^9 을 100 으로 나누었을 때의 나머지는 89 를 100 으로 나누었을 때의 나머지 **89** 이다.

[줄기2-4] 11^{10}의 백의 자리의 숫자를 a, 일의 자리의 숫자를 b라 할 때, a, b의 값을 각각 구하여라.

[줄기2-5] 어느 월요일부터 8^{11}일이 지난 날은 무슨 요일인지 구하여라.

[줄기2-6] $(x^2-2x+2)^{20}$을 $(x-1)^4$으로 나누었을 때의 나머지를 구하여라.

---

3 파스칼의 삼각형

$n=1,\ 2,\ 3,\ 4,\cdots$일 때, $(a+b)^n$의 전개식에서 이항계수를 차례로 나열하면

$n=1$	$_1C_0\quad _1C_1$	$1\quad 1$	$(a+b)^1$의 계수
$n=2$	$_2C_0\quad _2C_1\quad _2C_2$	$1\quad 2\quad 1$	$(a+b)^2$의 계수
$n=3$	$_3C_0\quad _3C_1\quad _3C_2\quad _3C_3$	$1\quad 3\quad 3\quad 1$	$(a+b)^3$의 계수
$n=4$	$_4C_0\ _4C_1\ _4C_2\ _4C_3\ _4C_4$	$1\quad 4\quad 6\quad 4\quad 1$	$(a+b)^4$의 계수
$\vdots$	$\vdots$	$\vdots$	$\vdots$

이와 같이 이항계수를 배열한 것을 **파스칼의 삼각형**이라 한다.
따라서 파스칼의 삼각형에서 다음과 같은 사실을 알 수 있다.
1) 이웃하는 두 이항계수의 합은 그 두 수의 아래쪽 중앙에 있는 이항계수와 같으므로

$$_{n-1}C_{r-1}+_{n-1}C_r=_nC_r$$

> 익히는 방법
>
> $(n-1)$단계에서 이웃하는 두 이항계수의 합은 그 두 수 아래쪽(n단계) 중앙에 있는 이항계수와 같다.
>
> $_{n-1}C_{r-1}\quad _{n-1}C_{\textcircled{r}}$ 즉, $_{n-1}C_{r-1}+_{n-1}C_{\textcircled{r}}$
> $\qquad\qquad _nC_{\textcircled{r}}\qquad\qquad\qquad =_nC_{\textcircled{r}}$
>
> ex) $_3C_1+_3C_{\textcircled{2}},\quad _1C_0+_1C_{\textcircled{1}},\quad _2C_1+_2C_{\textcircled{2}}$
> $\quad =_4C_{\textcircled{2}}\qquad\ \ =_2C_{\textcircled{1}}\qquad\ \ =_3C_{\textcircled{2}}$

2) 각 단계의 이항계수의 배열이 좌우대칭이므로

$$_nC_r=_nC_{n-r}$$

ex) $_1C_0=_1C_1,\ _2C_0=_2C_2,\ _3C_0=_3C_3,\ _3C_1=_3C_2,\ _4C_0=_4C_4,\ _4C_1=_4C_3$

씨앗. 3 ▙ 다음을 $_nC_r$ 꼴로 나타내어라.

  1) $_6C_3 + _6C_4$ 2) $_5C_1 + _5C_2 + _6C_3$ 3) $_8C_2 + _8C_1 + _9C_1 + _{10}C_1$

풀이 1) $_6C_3 + _6C_④$

  $= _7C_④$

  $\therefore _7C_4$

2) $_5C_1 + _5C_②$

  $= _6C_②$

  $_6C_2 + _6C_③$

  $= _7C_③$

  $\therefore _7C_3$

3) $_8C_② + _8C_1$

  $= _9C_②$

  $_9C_② + _9C_1$

  $= _{10}C_②$

  $_{10}C_② + _{10}C_1$

  $= _{11}C_②$ $\therefore _{11}C_2$

씨앗. 4 ▙ 파스칼의 삼각형을 이용하여 $(2a - b)^5$을 전개하여라.

풀이 오른쪽 그림의 파스칼의 삼각형에 의하여

$(x+y)^5$의 전개식의 이항계수는

1, 5, 10, 10, 5, 1이므로

$(2a-b)^5 = (2a)^5 + 5(2a)^4(-b) + 10(2a)^3(-b)^2$

$\qquad\qquad + 10(2a)^2(-b)^3 + 5(2a)(-b)^4 + (-b)^5$

$\quad = 32a^5 - 80a^4b + 80a^3b^2 - 40a^2b^3 + 10ab^4 - b^5$

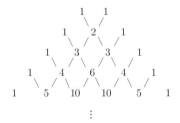

---

4 하키 스틱 패턴

$_1C_1 + _2C_1 + _3C_1 = _4C_2$, $_2C_2 + _3C_2 = _4C_3$, $_2C_0 + _3C_1 = _4C_1$, $_1C_0 + _2C_1 + _3C_2 = _4C_2$

주의 $_1C_0 + _2C_0 + _3C_0 = 3 \neq _4C_1$, $_1C_1 + _2C_2 + _3C_3 = 3 \neq _4C_3$

모서리 바깥쪽의 1에서 대각선으로 더해나간 값은 아래 행의 안쪽 하키 스틱 모양에 있는 수와 같다.

$\qquad \overset{\star 1}{\ulcorner}$

$_nC_0 + _{n+1}C_1 + _{n+2}C_2 + \cdots + _{n+k}C_k = _{n+k+1}C_k$ $\Rightarrow$ (고C고 꼴의 합)$=$고C스톱

$_nC_n + _{n+1}C_n + _{n+2}C_n + \cdots + _{n+k}C_n = _{n+k+1}C_{n+1}$ $\Rightarrow$ (고C스톱 꼴의 합)$=$고C고

$\qquad \underset{\star 1}{\llcorner}$

익히는 방법

뿌리 2-6 파스칼의 삼각형 (1)

다음을 $_nC_r$ 꼴로 나타내어라.

1) $_4C_4 + _5C_4 + _6C_4 + _7C_4 + \cdots + _{11}C_4$

2) $_3C_0 + _4C_1 + _5C_2 + _6C_3 + _7C_4$

3) $(_3C_0 + _3C_3) + (_4C_1 + _4C_3) + (_5C_2 + _5C_3) + 2 \cdot _6C_3$

핵심 $_nC_□ + _{n+1}C_□ + _{n+2}C_□ + _{n+3}C_□ + \cdots$, 즉 $_고C_□$ 꼴의 합 ⇨ 파스칼의 삼각형을 이용한다.

cf) $_nC_□ + _nC_□ + _nC_□ + _nC_□ + \cdots$, 즉 $_스톱C_□$ 꼴의 합 ⇨ 이항계수의 성질을 이용한다.

풀이 1) $_4C_4 + _5C_4 + _6C_4 + _7C_4 + \cdots + _{11}C_4$

$= (_5C_5 + _5C_4) + _6C_4 + _7C_4 + \cdots + _{11}C_4 \; (\because _4C_4 = _5C_5)$

$= (_6C_5 + _6C_4) + _7C_4 + \cdots + _{11}C_4$

$= (_7C_5 + _7C_4) + \cdots + _{11}C_4$

$\vdots$

$= _{11}C_5 + _{11}C_4$

$= _{12}C_5$

⟨하키 스틱 패턴⟩

$\overset{\star 1}{\ulcorner}$
$_4C_4 + _5C_4 + _6C_4 + _7C_4 + \cdots + _{11}C_4$
$= (_고C_스톱 \text{ 꼴의 합}) = _고C_고 = _{12}C_5$

2) $_3C_0 + _4C_1 + _5C_2 + _6C_3 + _7C_4$

$= (_4C_0 + _4C_1) + _5C_2 + _6C_3 + _7C_4 \; (\because _3C_0 = _4C_0)$

$= (_5C_1 + _5C_2) + _6C_3 + _7C_4$

$= (_6C_2 + _6C_3) + _7C_4$

$= _7C_3 + _7C_4$

$= _8C_4$

⟨하키 스틱 패턴⟩

$\overset{\star 1}{\ulcorner}$
$_3C_0 + _4C_1 + _5C_2 + _6C_3 + _7C_4$
$= (_고C_고 \text{ 꼴의 합}) = _고C_스톱 = _8C_4$

3) $(_3C_0 + _3C_3) + (_4C_1 + _4C_3) + (_5C_2 + _5C_3) + 2 \cdot _6C_3$

$= (_3C_0 + _4C_1 + _5C_2 + _6C_3) + (_3C_3 + _4C_3 + _5C_3 + _6C_3) \Rightarrow _7C_3 + _7C_4 = _8C_4 \; (\because \text{하키 스틱 패턴})$

$= \{(_4C_0 + _4C_1) + _5C_2 + _6C_3\} + \{(_4C_4 + _4C_3) + _5C_3 + _6C_3\} \; (\because _3C_0 = _4C_0, \, _3C_3 = _4C_4)$

$= \{(_5C_1 + _5C_2) + _6C_3\} + \{(_5C_4 + _5C_3) + _6C_3\}$

$= (_6C_2 + _6C_3) + (_6C_4 + _6C_3)$

$= _7C_3 + _7C_4 = _8C_4$

[줄기2-7] $_{200}C_{100} + _{199}C_{99} + _{198}C_{98} + _{197}C_{97} + _{196}C_{96} + _{196}C_{95}$ 를 $_nC_r$ 꼴로 나타내어라.

[줄기2-8] 다음 물음에 답하여라.

1) 다음 중 $_6C_1 + _7C_2 + _8C_3 + _9C_4 + _{10}C_5$의 값과 같은 것은?

① $_{11}C_5 - 1$ ② $_{11}C_5 - 6$ ③ $_{11}C_5$ ④ $_{11}C_5 + 1$ ⑤ $_{11}C_5 + 6$

2) 다음 중 $_{10}C_6 + _{11}C_7 + _{12}C_8 + _{13}C_9 + _{14}C_{10} + _{15}C_{11}$의 값과 같은 것은?

① $_{16}C_{10}$ ② $_{16}C_{10} - _{10}C_5$ ③ $_{16}C_{11}$ ④ $_{16}C_{11} - _{10}C_5$ ⑤ $_{17}C_{10}$

뿌리 2-7 파스칼의 삼각형 (2)

$(1+x)+(1+x)^2+(1+x)^3+\cdots+(1+x)^{10}$ 의 전개식에서 x^3 의 계수를 구하여라.

방법 Ⅰ $1+x$에서 x^3의 계수는 없고, $(1+x)^2$의 전개식에서도 x^3의 계수는 없다.

$(1+x)^3$의 전개식에서 x^3의 계수는 $_3\mathrm{C}_3$

$(1+x)^4$의 전개식에서 x^3의 계수는 $_4\mathrm{C}_3$

$$\vdots$$

$(1+x)^{10}$의 전개식에서 x^3의 계수는 $_{10}\mathrm{C}_3$

따라서 x^3의 계수는

$_3\mathrm{C}_3+_4\mathrm{C}_3+_5\mathrm{C}_3+_6\mathrm{C}_3+\cdots+_9\mathrm{C}_3+_{10}\mathrm{C}_3 \Rightarrow {}_{11}\mathrm{C}_4=330\,(\because\text{하키 스틱 패턴})$

$=(_4\mathrm{C}_4+_4\mathrm{C}_3)+_5\mathrm{C}_3+_6\mathrm{C}_3+\cdots+_9\mathrm{C}_3+_{10}\mathrm{C}_3\,(\because\, _3\mathrm{C}_3=_4\mathrm{C}_4)$

$=(_5\mathrm{C}_4+_5\mathrm{C}_3)+_6\mathrm{C}_3+\cdots+_9\mathrm{C}_3+_{10}\mathrm{C}_3$

$=(_6\mathrm{C}_4+_6\mathrm{C}_3)+\cdots+_9\mathrm{C}_3+_{10}\mathrm{C}_3$

$$\vdots$$

$=(_9\mathrm{C}_4+_9\mathrm{C}_3)+_{10}\mathrm{C}_3$

$=_{10}\mathrm{C}_4+_{10}\mathrm{C}_3$

$=_{11}\mathrm{C}_4$

$=\mathbf{330}$

방법 Ⅱ
「강추」 $(1+x)+(1+x)^2+(1+x)^3+\cdots+(1+x)^{10}\cdots\text{㉠}$

㉠은 첫째항이 $1+x$, 공비가 $1+x$, 항수가 10인 등비수열의 합이므로

$$\frac{(1+x)\{(1+x)^{10}-1\}}{(1+x)-1}=\frac{(1+x)^{11}-(1+x)}{x}\cdots\text{㉡}$$

㉠의 전개식에서 x^3의 계수는 ㉡의 분자에 있는 $(1+x)^{11}$의 전개식에서 x^4의 계수와 같으므로

$_{11}\mathrm{C}_4 x^4=330 x^4$

따라서 ㉠의 전개식에서 x^3의 계수는 **330**

[줄기2-9] $x(1+x^2)+x(1+x^2)^2+x(1+x^2)^3+\cdots+x(1+x^2)^7$ 의 전개식에서 x^7 의 계수를 구하여라.

[줄기2-10] $(1+x^2)+(1+x^2)^2+(1+x^2)^3+\cdots+(1+x^2)^n$ 의 전개식에서 x^4 의 계수가 165일 때, 자연수 n의 값을 구하여라.

2 이항정리

정답 및 풀이 ➡ 25p

● 잎 2-1

다항식 $(1+ax)^7$의 전개식에서 x의 계수가 14일 때, x^2의 계수를 구하여라. (단, a는 상수이다.) [평가원 기출]

● 잎 2-2

다항식 $(x-1)^n$의 전개식에서 x의 계수가 -12일 때, n의 값을 구하여라. [평가원 기출]

● 잎 2-3

$\left(x+\dfrac{1}{x^n}\right)^{10}$의 전개식에서 상수항이 존재하도록 하는 모든 자연수 n의 값의 합은? [교육청 기출]

① 10   ② 11   ③ 12   ④ 13   ⑤ 14

● 잎 2-4

다항식 $(1-x)^4(2-x)^3$의 전개식에서 x^2의 계수를 구하여라. [평가원 기출]

● 잎 2-5

다항식 $(1+2x)^6(1-x)$의 전개식에서 x^4의 계수는? [평가원 기출]

① 40   ② 50   ③ 60   ④ 70   ⑤ 80

● 잎 2-6

$\left(x+\dfrac{1}{x}\right)^2+\left(x+\dfrac{1}{x}\right)^3+\left(x+\dfrac{1}{x}\right)^4+\left(x+\dfrac{1}{x}\right)^5+\left(x+\dfrac{1}{x}\right)^6$을 전개한 식에서 x^2항의 계수는?

[교육청 기출]

① 16   ② 20   ③ 24   ④ 28   ⑤ 32

● 잎 2-7

자연수 n에 대하여

$$f(n) = {}_2C_1 + ({}_4C_1 + {}_4C_3) + ({}_6C_1 + {}_6C_3 + {}_6C_5) + \cdots + ({}_{2n}C_1 + {}_{2n}C_3 + {}_{2n}C_5 + \cdots + {}_{2n}C_{2n-1})$$

일 때, $f(5)$의 값을 구하여라. [평가원 기출]

● 잎 2-8

다음 식의 값을 구하여라.

1) ${}_5C_0 + {}_5C_1 + {}_5C_2 + {}_5C_3 + {}_5C_4 + {}_5C_5$ [교육청 기출]

2) ${}_{100}C_0 - {}_{100}C_1 + {}_{100}C_2 - {}_{100}C_3 + \cdots + {}_{100}C_{100}$

3) ${}_{51}C_0 + {}_{51}C_2 + {}_{51}C_4 + {}_{51}C_6 + \cdots + {}_{51}C_{50}$

4) ${}_{11}C_1 + {}_{11}C_3 + {}_{11}C_5 + {}_{11}C_7 + \cdots + {}_{11}C_{11}$

● 잎 2-9

${}_{n+1}C_5 = {}_nC_6 + {}_nC_7$을 만족시키는 n의 값을 구하여라.

● 잎 2-10

$2({}_3C_3 + {}_4C_3 + {}_5C_3 + {}_6C_3)$을 간단히 하면?

① ${}_7C_4$ ② ${}_7C_5$ ③ ${}_7C_6$ ④ ${}_8C_4$ ⑤ ${}_8C_5$

● 잎 2-11

빨간색, 파란색, 노란색 색연필이 있다. 각 색의 색연필을 적어도 하나씩 포함하여 15개 이하의 색연필을 선택하는 방법의 수를 구하여라. (단, 각 색의 색연필은 15개 이상씩 있고, 같은 색의 색연필은 서로 구별되지 않는다.) [평가원 기출]

3. 확률의 뜻과 활용

⑴ 시행과 사건

1 시행과 사건

1) **시행** : 같은 조건에서 반복할 수 있고 그 결과가 우연에 의하여 결정되는 실험이나 관찰

2) **표본공간** : 어떤 시행에서 일어날 수 있는 모든 결과의 집합

   ※ 표본공간 Sample space의 첫 글자인 S 로 나타내고 공집합이 아닌 경우만 생각한다.

3) **사건** : 시행의 결과, 즉 표본공간의 부분집합

4) **근원사건** : 표본공간의 부분집합 중에서 한 개의 원소로 이루어진 집합

5) **전사건** : 반드시 일어나는 사건이며 이것은 표본공간 S 와 같다.

6) **공사건** : 절대로 일어나지 않는 사건이며 이것은 공집합 $\varnothing$ 로 나타낸다.

예) 한 개의 주사위를 던질 때, 짝수의 눈이 나오는 사건을 A 라 하면

   1) 시행 ⇨ 한 개의 주사위를 던지는 것
   2) 표본공간 ⇨ $S = \{1, 2, 3, 4, 5, 6\}$
   3) 사건 ⇨ $A = \{2, 4, 6\}$
   4) 근원사건 ⇨ $\{1\}, \{2\}, \{3\}, \{4\}, \{5\}, \{6\}$
   5) 전사건(6 이하의 눈이 나오는 사건) ⇨ $S = \{1, 2, 3, 4, 5, 6\}$
   6) 공사건(7 이상의 눈이 나오는 사건) ⇨ $\varnothing$

🌱 사건은 집합으로 나타낸다.

씨앗. 1 ▗ 한 개의 주사위를 던지는 시행에서 다음을 구하여라.

   1) 소수의 눈이 나오는 사건
   2) 4의 약수의 눈이 나오는 사건

[풀이] 1) $\{2, 3, 5\}$
   2) $\{1, 2, 4\}$

씨앗. 2 ▗ 동전의 앞면을 H, 뒷면을 T로 나타날 때, 서로 다른 두 개의 동전을 한 번 던지는 시행에서 다음을 구하여라.

   1) 표본공간
   2) 서로 다른 면이 나오는 사건
   3) 근원사건

[풀이] 1) $\{HH, HT, TH, TT\}$
   2) $\{HT, TH\}$
   3) $\{HH\}, \{HT\}, \{TH\}, \{TT\}$

2 배반사건과 여사건

표본공간 S의 두 사건 A, B에 대하여

1) **합사건** : A 또는 B가 일어나는 사건을 A와 B의 합사건이라 하고 $A \cup B$로 나타낸다.

2) **곱사건** : A와 B가 동시에 일어나는 사건을 A와 B의 곱사건이라 하고 $A \cap B$로 나타낸다.

3) **배반사건** : A와 B가 동시에 일어나는 않을 때, 즉 $A \cap B = \varnothing$ 일 때, A와 B는 서로 배반사건이라 한다.

4) **여사건** : A가 일어나지 않는 사건을 A의 여사건이라 하고 A^C로 나타낸다.

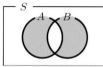 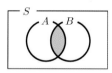 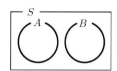 

| 1) 합사건 | 2) 곱사건 | 3) 배반사건 | 4) 여사건 |

씨앗. 3 ▪ 한 개의 주사위를 던지는 시행에서 짝수의 눈이 나오는 사건을 A, 3의 배수의 눈이 나오는 사건을 B라 할 때, 다음 사건을 구하여라.

1) $A \cup B$　　　　　　2) $A \cap B$　　　　　　3) A^C

[풀이] 표본공간을 S라 하면 $S = \{1,\ 2,\ 3,\ 4,\ 5,\ 6\}$이고, $A = \{2,\ 4,\ 6\}$, $B = \{3,\ 6\}$이므로

1) $A \cup B = \{2,\ 3,\ 4,\ 6\}$　　2) $A \cap B = \{6\}$　　　　3) $A^C = \{1,\ 3,\ 5\}$

뿌리 1-1 배반사건과 여사건

동전의 앞면을 H, 뒷면을 T로 나타날 때, 서로 다른 두 개의 동전을 한 번 던지는 시행에서 서로 다른 면이 나오는 사건을 A, 모두 뒷면이 나오는 사건을 B, 앞면이 적어도 한 개 나오는 사건을 C라 하자. 다음 물음에 답하여라.

1) 세 사건 A, B, C 중에서 서로 배반인 두 사건을 모두 구하여라.

2) $A \cup B$의 여사건을 구하여라.

[풀이] 표본공간을 S라 하면 $S = \{HH,\ HT,\ TH,\ TT\}$

$A = \{HT,\ TH\}$, $B = \{TT\}$, $C = \{HH,\ HT,\ TH\}$

1) $A \cap B = \varnothing$, $B \cap C = \varnothing$, $C \cap A = \{HT,\ TH\}$

따라서 서로 다른 배반인 두 사건은 **A와 B, B와 C**이다.

2) $A \cup B = \{HT,\ TH,\ TT\}$이므로

$(A \cup B)^C = \{\mathbf{HH}\}$

뿌리 1-2 배반사건의 개수 (1)

> 1부터 9까지의 자연수가 각각 하나씩 적힌 9장의 카드에서 임의로 한 장의 카드를 뽑는 시행에서 8의 약수가 적힌 카드를 뽑은 사건을 A라 할 때, 사건 A와 서로 배반인 사건의 개수를 구하여라.

핵심 사건 X와 서로 배반인 사건은 X^C의 부분집합이다.
$\Rightarrow X \cap (X^C$의 부분집합$) = \varnothing$

풀이 표본공간을 S라 하면 $S = \{1, 2, 3, 4, 5, 6, 7, 8, 9\}$이고, $A = \{1, 2, 4, 8\}$이므로
사건 A와 서로 배반인 사건은 $A^C = \{3, 5, 6, 7, 9\}$의 부분집합이다.
따라서 구하는 사건의 개수는 $2^5 = \mathbf{32}$

뿌리 1-3 배반사건의 개수 (2)

> 표본공간 $S = \{1, 2, 3, 4, 5, 6, 7, 8\}$에 대하여 두 사건 A, B가
> $A = \{2, 3, 4\}$, $B = \{2, 4, 6, 7\}$일 때, 두 사건 A, B와 모두 배반인 사건 C의 개수를 구하여라.

풀이 사건 A와 서로 배반인 사건은 $A^C = \{1, 5, 6, 7, 8\}$의 부분집합이고, 사건 B와 서로 배반인 사건은 $B^C = \{1, 3, 5, 8\}$의 부분집합이므로 두 사건 A, B와 모두 배반인 사건은 $A^C \cap B^C$의 부분집합이다.
따라서 $A^C \cap B^C = \{1, 5, 6, 7, 8\} \cap \{1, 3, 5, 8\} = \{1, 5, 8\}$이므로
구하는 사건 C의 개수는 $2^3 = \mathbf{8}$

[줄기1-1] 서로 다른 세 개의 동전을 던지는 시행에서 세 동전이 모두 같은 면이 나오는 사건을 A라 할 때, 사건 A와 서로 배반인 사건의 개수를 구하여라.

[줄기1-2] 표본공간 $S = \{1, 2, 3, 4, 5, 6\}$에 대하여 두 사건 A, B가
$A = \{1, 2, 3\}$, $B = \{2, 3, 4\}$일 때, A와도 배반이고 B와도 배반인 사건 C의 개수를 구하여라.

⑫ 확률의 뜻

1 │ 확률

어떤 시행에서 사건 A가 일어날 가능성을 수로 나타낸 것을 사건 A의 **확률**이라 하고, 기호로 $P(A)$와 같이 나타낸다.

※ $P(A)$의 P는 확률을 뜻하는 Probability의 첫 글자이다.

2 │ 수학적 확률

어떤 시행에서 표본공간 S가 유한집합이고 각 근원사건이 일어날 가능성이 모두 같은 정도로 기대될 때, 사건 A가 일어날 확률 $P(A)$를

$$P(A) = \frac{n(A)}{n(S)} = \frac{(\text{사건 } A \text{가 일어나는 경우의 수})}{(\text{일어날 수 있는 모든 경우의 수})}$$

로 정의하고, 이것을 사건 A가 일어날 **수학적 확률**이라 한다.

씨앗. 1 ┛ 한 개의 주사위를 두 번 던질 때, 나오는 눈의 수의 합이 4 이하일 확률을 구하여라.

풀이 한 개의 주사위를 두 번 던질 때 나오는 두 눈의 모든 경우의 수는 $6 \cdot 6 = 36$

　i) 두 눈의 수의 합이 4인 경우 : $(1, 3)$, $(2, 2)$, $(3, 1)$의 3가지

　ii) 두 눈의 수의 합이 3인 경우 : $(1, 1)$, $(2, 1)$의 2가지

　iii) 두 눈의 수의 합이 2인 경우 : $(1, 1)$의 1가지

　이상에서 두 눈의 수의 합이 4 이하인 경우의 수는 $3 + 2 + 1 = 6$

　따라서 구하는 확률은 $\dfrac{6}{36} = \dfrac{1}{6}$

---

3 │ 통계적 확률

같은 시행을 n번 반복하였을 때, 사건 A가 일어나는 횟수를 r_n이라 하자. 이때, n이 충분히 커짐에 따라 상대도수 $\dfrac{r_n}{n}$이 일정한 값 p에 가까워지면 이 값 p를 사건 A가 일어날 **통계적 확률**이라 한다.

> 수학적 확률은 각 근원사건이 일어날 가능성이 모두 같은 정도로 기대된다는 전제에서 정의한다. 그런데 자연 현상이나 사회 현상 중에는 어떤 근원사건이 일어날 가능성이 서로 같은 정도로 기대되지 않는 경우가 많다. 이런 경우에는 확률을 수학적 확률로 정의할 수 없으므로 시행을 충분히 반복함으로써 어떤 사건이 일어날 가능성을 짐작할 수 있다.
> 예) 어떤 야구 선수가 타석에 400번 들어서서 안타를 100개 치면 이 야구 선수가 안타 칠 통계적 확률은 $\dfrac{100}{400} = \dfrac{1}{4}$이다.

4 기하적 확률

연속적인 변량을 크기로 갖는 표본공간의 영역 S 안에서 각각의 점을 잡을 가능성이 같은 정도로 기대될 때, 영역 S에 포함되어 있는 영역 A에 대하여 영역 S에서 임의로 잡은 점이 영역 A에 포함될 확률 $P(A)$는

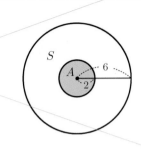

$$P(A) = \frac{(\text{영역 } A \text{의 크기})}{(\text{영역 } S \text{의 크기})} = \frac{(\text{원 } A \text{의 넓이})}{(\text{원 } S \text{의 넓이})} = \frac{\pi \cdot 2^2}{\pi \cdot 6^2} = \frac{1}{9}$$

이고, 이와 같은 확률을 **기하적 확률**이라 한다.

⇨ ×표시를 한 기하적 확률은 새 교육과정에서 빠졌다. (쉬운데 아쉽다. ^^)

5 확률의 기본 성질

표본공간 S의 임의의 사건 A에 대하여 $\varnothing \subset A \subset S$이므로 사건 A가 일어날 확률 $P(A)$는

1) $0 \le P(A) \le 1$ ⇨ 사건 A가 일어날 확률

2) $A = S$이면 $P(A) = 1$ ⇨ 사건 A가 **전사건**이면 사건 A가 일어날 확률은 1이다.

3) $A = \varnothing$이면 $P(A) = 0$ ⇨ 사건 A가 **공사건**이면 사건 A가 일어날 확률은 0이다.

증명 표본공간 S의 임의의 사건 A에 대하여 $\varnothing \subset A \subset S$이므로
$$0 \le n(A) \le n(S)$$
위의 부등식의 각 변을 $n(S)$로 나누면
$$0 \le \frac{n(A)}{n(S)} \le 1 \quad \therefore 0 \le P(A) \le 1$$
특히, 반드시 일어나는 사건 S와 절대로 일어나지 않는 사건 $\varnothing$에 대하여
$$P(S) = \frac{n(S)}{n(S)} = 1, \; P(\varnothing) = \frac{n(\varnothing)}{n(S)} = 0$$
※ 표본공간은 공집합이 아니므로 $n(S) \neq 0$이다. [p.68]

씨앗. 2 ◾ 빨간 구슬 5개와 파란 구슬 2개가 들어있는 상자에서 임의로 한 개의 구슬을 꺼낼 때, 다음을 구하여라.

1) 빨간 구슬이 나올 확률

2) 빨간 구슬 또는 파란 구슬이 나올 확률

3) 하얀 구슬이 나올 확률

풀이 1) 빨간 구슬이 나올 확률은 $\dfrac{5}{7}$

2) 빨간 구슬 또는 파란 구슬이 나오는 사건은 반드시 일어나는 사건, 즉 전사건이므로 구하는 확률은 1

3) 하얀 구슬이 나오는 사건은 절대로 일어나지 않는 사건, 즉 공사건이므로 구하는 확률은 0

뿌리 2-1 수학적 확률

> 서로 다른 두 개의 주사위를 동시에 던질 때, 다음을 구하여라.
>
> 1) 두 눈의 수의 차가 2일 확률
> 2) 두 눈의 수의 곱이 6일 확률
> 3) 두 눈의 수가 모두 6의 약수일 확률

풀이 두 개의 주사위를 던질 때 나오는 두 눈의 모든 경우의 수는 $6 \cdot 6 = 36$

1) 두 눈의 수의 차가 2인 경우
$(1, 3), (2, 4), (3, 5), (4, 6),$
$(3, 1), (4, 2), (5, 3), (6, 4)$의 8가지
따라서 구하는 확률은 $\dfrac{8}{36} = \dfrac{2}{9}$

2) 두 눈의 수의 곱이 6인 경우
$(1, 6), (2, 3), (3, 2), (6, 1)$의 4가지
따라서 구하는 확률은 $\dfrac{4}{36} = \dfrac{1}{9}$

3) 두 눈의 수가 모두 6의 약수인 경우
$(1, 1), (1, 2), (1, 3), (1, 6),$
$(2, 1), (2, 2), (2, 3), (2, 6),$
$(3, 1), (3, 2), (3, 3), (3, 6),$
$(6, 1), (6, 2), (6, 3), (6, 6)$의 16가지
따라서 구하는 확률은 $\dfrac{16}{36} = \dfrac{4}{9}$

[줄기2-1] 한 개의 주사위를 두 번 던질 때, 두 눈의 차가 2 이상일 확률을 구하여라.

[줄기2-2] 한 개의 주사위를 두 번 던질 때, 첫 번째에 나오는 눈의 수를 a, 두 번째에 나오는 눈의 수를 b라 하자. 이때 이차방정식 $x^2 + ax + b = 0$이 허근을 가질 확률을 구하여라.

[줄기2-3] 600의 모든 양의 약수가 하나씩 적힌 카드가 들어있는 주머니에서 임의로 한 장의 카드를 꺼낼 때, 카드에 적힌 수가 40의 약수일 확률을 구하여라.

뿌리 2-2 순열을 이용하는 확률

다음을 구하여라.

1) A, B, C, D, E, F의 6명을 일렬로 세울 때, A, B, C를 이웃하도록 세울 확률

2) 7개의 문자 g, i, r, l, b, o, y를 일렬로 나열할 때, r과 o 사이에 2개의 문자가 있을 확률

풀이 1) 6명을 일렬로 세우는 경우의 수는 6!

A, B, C를 한 사람으로 생각하여 4명을 일렬로 세우는 경우의 수는 4!

A, B, C 3명의 자리를 바꾸는 경우의 수는 3!

즉, A, B, C를 이웃하도록 세우는 경우의 수는 4!×3!

따라서 구하는 확률은 $\dfrac{4! \times 3!}{6!} = \dfrac{1}{5}$

2) 7개의 문자를 일렬로 나열하는 경우의 수는 7!

r과 o 사이에 들어가는 2개의 문자를 택하여 일렬로 나열하는 경우의 수는 $_5P_2$

r과 o를 포함한 4개의 문자를 한 문자로 생각하여 4개의 문자를 일렬로 나열하는 경우의 수는 4!

r과 o가 자리를 바꾸는 경우의 수는 2!

즉, r과 o 사이에 2개의 문자가 있도록 나열하는 경우의 수는 $_5P_2 \times 4! \times 2!$

따라서 구하는 확률은 $\dfrac{_5P_2 \times 4! \times 2!}{7!} = \dfrac{4}{21}$

[줄기2-4] A, B, C, D, E의 5명 중에서 3명이 일렬로 앉을 때, C가 가운데 앉을 확률을 구하여라.

[줄기2-5] 소설 책, 역사 책, 지리 책, 음악 책, 미술 책 한 권씩을 책꽂이에 일렬로 꽂을 때, 소설 책과 역사 책을 양 끝에 꽂을 확률을 구하여라.

[줄기2-6] 0, 1, 2, 3, 4의 5개의 숫자를 한 번씩 이용하여 세 자리의 자연수를 만들 때, 그 수가 320보다 클 확률을 구하여라.

뿌리 2-3 원순열을 이용하는 확률

여성 3명과 남성 5명이 원탁에 둘러앉을 때, 다음을 구하여라.

1) 여성끼리 이웃하여 앉을 확률

2) 여성끼리 이웃하지 않게 앉을 확률

핵심 원순열은 *한 원소를 고정하고 나머지 원소들을 일렬로 배열하는 직순열로 생각한다. [p.18]

풀이 8명이 원탁에 둘러앉는 경우의 수는 $1 \cdot 7! = 7!$

1) 여성 3명을 한 사람으로 생각하여 6명이 원탁에 둘러앉는 경우의 수는 $1 \cdot 5! = 5!$

여성 3명이 자리를 바꾸는 경우의 수는 $3!$

즉, 여성끼리 이웃하게 앉는 경우의 수는 $5! \times 3!$

따라서 구하는 확률은 $\dfrac{5! \times 3!}{7!} = \dfrac{1}{7}$

2) 남성 5명이 원탁에 둘러앉는 경우의 수는 $1 \cdot 4! = 4!$

남성 사이사이의 5개의 자리에 여성 3명이 앉는 경우의 수는 $_5\mathrm{P}_3$

즉, 여성끼리 이웃하지 않게 앉는 경우의 수는 $4! \times _5\mathrm{P}_3$

따라서 구하는 확률은 $\dfrac{4! \times _5\mathrm{P}_3}{7!} = \dfrac{2}{7}$

[줄기2-7] 여성 3명과 남성 3명이 원탁에 둘러앉을 때, 남녀가 교대로 앉을 확률을 구하여라.

[줄기2-8] 부모와 자녀 3명이 원탁에 둘러앉을 때, 다음을 구하여라.

1) 부모가 이웃하여 앉을 확률

2) 부모가 마주 보고 앉을 확률

[줄기2-9] 오른쪽 그림과 같이 8등분 한 원판의 각 영역을 빨간색과 파란색을 포함한 서로 다른 8가지 색을 모두 사용하여 칠할 때, 빨간색의 맞은편에 파란색을 칠할 확률을 구하여라. (단, 각 영역에는 한 가지 색만 칠하고, 회전하여 일치하는 것을 같은 것으로 본다.)

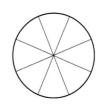

[줄기2-10] 오른쪽 그림과 같이 6개의 의자가 같은 간격으로 놓여 있는 원탁에 미국인 3명과 일본인 2명이 둘러앉을 때, 미국인은 미국인끼리, 일본인은 일본인끼리 이웃하게 앉을 확률을 구하여라.

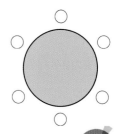

뿌리 2-4 **중복순열을 이용하는 확률**

다음 물음에 답하여라.

1) 0, 1, 2, 3, 4, 5의 여섯 개의 숫자 중에서 중복을 허용하여 네 자리 자연수를 만들 때, 5의 배수일 확률을 구하여라.

2) 1, 2, 3, 4의 네 개의 숫자 중에서 중복을 허용하여 네 자리 자연수를 만들 때, 3200보다 큰 자연수일 확률을 구하여라.

풀이 1) 천의 자리에는 0이 올 수 없으므로 0, 1, 2, 3, 4, 5의 여섯 개의 숫자 중에서 중복을 허용하여 만들 수 있는 네 자리 자연수의 개수는

$5 \cdot 6 \cdot 6 \cdot 6$

이때, 5의 배수이려면 일의 자리의 숫자가 0 또는 5이므로 5의 배수의 개수는

$5 \cdot 6 \cdot 6 \cdot 2$

따라서 구하는 확률은

$$\frac{5 \cdot 6 \cdot 6 \cdot 2}{5 \cdot 6 \cdot 6 \cdot 6} = \frac{1}{3}$$

2) 1, 2, 3, 4의 네 개의 숫자 중에서 중복을 허용하여 만들 수 있는 네 자리 자연수의 개수는

$4 \cdot 4 \cdot 4 \cdot 4$

이때, 3200보다 크려면 32□□, 33□□, 34□□, 4□□□의 꼴이다.

i) 32□□, 33□□, 34□□ 꼴의 자연수의 개수는

　$3 \times (4 \cdot 4)$

ii) 4□□□ 꼴의 자연수의 개수는

　$4 \cdot 4 \cdot 4$

즉, 3200보다 큰 자연수의 개수는

$3 \times (4 \cdot 4) + 4 \cdot 4 \cdot 4$

따라서 구하는 확률은

$$\frac{3 \times (4 \cdot 4) + 4 \cdot 4 \cdot 4}{4 \cdot 4 \cdot 4 \cdot 4} = \frac{7}{16}$$

줄기2-11 두 집합 $X = \{1, 2, 3, 4\}$, $Y = \{a, b, c, d\}$에 대하여 X에서 Y로의 함수 f를 만들 때, f가 일대일대응일 확률을 구하여라.

줄기2-12 세 명이 다섯 종류의 음료수 중에서 임의로 각각 한 종류를 고를 때, 세 명이 서로 다른 종류의 음료수를 고를 확률을 구하여라.

줄기2-13 세 사람이 가위바위보를 한 번 할 때, 두 명이 이길 확률을 구하여라.

뿌리 2-5 같은 것이 있는 순열을 이용하는 확률

8개의 문자 I, N, T, E, R, N, E, T를 일렬로 나열할 때, 모음끼리 이웃할 확률을 구하여라.

풀이 8개의 문자 I, N, T, E, R, N, E, T를 일렬로 나열하는 경우의 수는

$$\frac{8!}{2!2!2!} = 5040$$

모음 I, E, E를 한 문자로 생각하여 6개의 문자를 일렬로 나열하는 경우의 수는

$$\frac{6!}{2!2!} = 180$$

모음 I, E, E끼리 자리를 바꾸는 경우의 수는

$$\frac{3!}{2!} = 3$$

즉, 모음끼리 이웃하도록 나열하는 경우의 수는

$$180 \times 3 = 540$$

따라서 구하는 확률은

$$\frac{540}{5040} = \frac{3}{28}$$

줄기2-14 일곱 개의 숫자 1, 2, 2, 2, 2, 3, 3을 일렬로 나열할 때, 맨 앞에 2가 올 확률을 구하여라.

줄기2-15 8개의 문자 T, O, M, O, R, R, O, W를 일렬로 나열할 때, 모음은 모음끼리, 자음은 자음끼리 이웃할 확률을 구하여라.

줄기2-16 두 집합 $A = \{a, b, c\}$, $B = \{1, 2, 3\}$에 대하여 A에서 B로의 함수 f를 만들 때, 이 함수가 $f(a) + f(b) + f(c) = 7$을 만족시킬 확률을 구하여라.

줄기2-17 9개의 문자 $a, b, b, c, c, d, e, e, f$를 일렬로 나열할 때, c는 b보다 앞에 오고, f는 e보다 앞에 올 확률을 구하여라.

뿌리 2-6 조합을 이용하는 확률

빨간 공 3개, 노란 공 2개, 파란 공 5가가 들어있는 주머니에서 3개의 공을 꺼낼 때, 다음을 구하여라. (단, 공의 크기와 모양이 같다.)

1) 3개 모두 파란 공이 나올 확률

2) 빨간 공 2개, 노란 공 1개가 나올 확률

3) 파란 공이 2개 나올 확률

[핵심] 같은 숫자나 같은 문자를 제외하면 현실에서 100% 같은 것, 즉 원자와 전자의 배열까지 같은 것은 존재할 수 없다. 따라서 같은 숫자나 문자를 제외한 '같다는 언급이 없는 모든 개체'는 다른 것으로 본다. [*p.91]

[풀이] 10개의 공 중에서 3개의 공을 꺼내는 경우의 수는 $_{10}C_3 = 120$

1) 5개의 파란 공 중에서 3개의 공을 꺼내는 경우의 수는 $_5C_3 = _5C_2 = 10$

따라서 구하는 확률은 $\dfrac{10}{120} = \dfrac{1}{12}$

2) 3개의 빨간 공 중에서 2개, 2개의 노란 공 중에서 1개를 꺼내는 경우의 수는 $_3C_2 \cdot _2C_1 = 6$

따라서 구하는 확률은 $\dfrac{6}{120} = \dfrac{1}{20}$

3) 5개의 파란 공 중에서 2개를 꺼내고 나머지 5개의 공 중에서 1개를 꺼내는 경우의 수는 $_5C_2 \cdot _5C_1 = 50$

따라서 구하는 확률은 $\dfrac{50}{120} = \dfrac{5}{12}$

[줄기2-18] 1, 2, 3, 4, 5, 6, 7의 숫자가 각각 하나씩 적힌 7장의 카드가 들어있는 상자에서 임의로 3장의 카드를 동시에 꺼낼 때, 카드에 적힌 숫자의 합이 홀수일 확률을 구하여라.

[줄기2-19] 책상 위에 8개의 동전이 3개는 앞면, 5개는 뒷면이 보이도록 놓여있다. 임으로 2개의 동전을 택하여 뒤집을 때, 앞면과 뒷면의 개수가 처음과 같을 확률을 구하여라.

[줄기2-20] 7개의 제품 중에 불량품과 정상품이 섞여있다. 이 중에서 3개의 제품을 꺼낼 때, 불량품 2개, 정상품 1개일 확률이 $\dfrac{18}{35}$이다. 7개의 제품 중에 섞여있는 불량품의 개수를 구하여라.

[줄기2-21] 오른쪽 그림과 같이 원 위에 같은 간격으로 놓인 8개의 점 중에서 임의로 3개의 점을 택하여 삼각형을 만들 때, 이 삼각형이 직각삼각형이 될 확률을 구하여라.

뿌리 2-7 중복조합을 이용하는 확률

다음 물음에 답하여라.

1) 빨간 꽃, 노란 꽃, 파란 꽃이 각각 6송이씩 꽂혀있는 꽃병에서 중복을 허용하여 6송이의 꽃을 꺼낼 때, 빨간 꽃이 2송이 포함될 확률을 구하여라.

(단, 같은 색의 꽃은 서로 구별하지 않는다.)

2) 서로 다른 4개의 상자에 7개의 같은 물건을 넣을 때, 각 상자에 적어도 1개의 물건을 넣을 확률을 구하여라.

핵심 중복조합의 수에서는 서로 다른 것의 개수를 제일 먼저 찾는다. 이것이 key이다.

풀이 1) 빨간 꽃, 노란 꽃, 파란 꽃 중에서 중복을 허용하여 6송이를 꺼내는 경우의 수는 서로 다른 3개에서 중복을 허용하여 6개를 택하는 중복조합의 수와 같으므로

$$_3H_6 = {_8}C_6 = {_8}C_2 = 28$$

빨간 꽃이 2송이 포함될 경우의 수는 빨간 꽃, 노란 꽃, 파란 꽃 중에서 4송이를 택하는 중복조합의 수와 같으므로

$$_3H_4 = {_6}C_4 = {_6}C_2 = 15$$

따라서 구하는 확률은 $\dfrac{15}{28}$

2) 서로 다른 4개의 상자에 7개의 같은 물건을 넣는 경우의 수는 서로 다른 4개에서 중복을 허용하여 7개를 택하는 중복조합의 수와 같으므로

$$_4H_7 = {_{10}}C_7 = {_{10}}C_3 = 120$$

각 상자에 적어도 1개의 물건을 넣으려면 모든 상자에 물건을 1개씩 넣는 다음, 남은 3개의 물건을 넣으면 된다.

즉, 각 상자에 적어도 1개의 물건을 넣는 경우의 수는 서로 다른 4개에서 중복을 허용하여 3개를 택하는 중복조합의 수와 같으므로

$$_4H_3 = {_6}C_3 = 20$$

따라서 구하는 확률은 $\dfrac{20}{120} = \dfrac{1}{6}$

줄기2-22 동일한 편지 아홉 통을 서로 다른 4개의 우체통 A, B, C, D에 넣을 때, B 우체통에 편지가 한 통도 없을 확률을 구하여라.

줄기2-23 방정식 $x+y+z=8$의 음이 아닌 정수해 중에서 임의로 하나를 택할 때, x의 값이 5일 확률을 구하여라.

줄기2-24 한 개의 주사위를 세 번 던질 때 나온 눈의 수를 차례로 a, b, c라 할 때, 다음을 만족시킬 확률을 구하여라.

1) $a < b < c$　　　　　2) $a \le b \le c$　　　　　3) $ac \le c^2 \le bc$

뿌리 2-8 **통계적 확률**

> 흰 돌과 검은 돌이 모두 합하여 10개 들어 있는 주머니에서 2개의 돌을 동시에 꺼내어 확인하고 다시 넣는 시행을 여러 번 반복하였더니 5번에 4번 꼴로 2개가 모두 흰 돌이 나왔다. 이 주머니 속에는 몇 개의 흰 돌이 들어있다고 볼 수 있는지 구하여라.

핵심   같은 시행을 반복하여 사건 A가 n번에 r번 꼴로 일어날 때, 사건 A가 일어날 통계적 확률은 $\dfrac{r}{n}$ 이고, 시행 횟수가 충분히 크면 통계적 확률은 수학적 확률에 가까워진다.

풀이   주머니 속의 흰 돌의 개수를 n이라 하자.

10개의 돌 중에서 2개를 꺼낼 때, 2개가 모두 흰 돌일 수학적 확률은 $\dfrac{_n\mathrm{C}_2}{_{10}\mathrm{C}_2} = \dfrac{n(n-1)}{90}$

여러 번의 시행에서 5번에 4번 꼴로 2개 모두 흰 돌을 꺼냈으므로 통계적 확률은 $\dfrac{4}{5}$이다. 즉,

$\dfrac{n(n-1)}{90} = \dfrac{4}{5}$ 이므로 $n^2 - n - 72 = 0$

$(n-9)(n+8) = 0$ $\therefore n = 9 \ (\because n > 0)$

따라서 주머니 속에 **9개**의 흰 돌이 들어있다고 볼 수 있다.

줄기 2-25 다음 물음에 답하여라.

1) 주머니 속 10개의 구슬 중에 양품과 불량품이 섞여 있다. 이 주머니 속에서 2개를 꺼내고 다시 넣는 시행을 여러 번 반복했더니 3번에 1번 꼴로 2개가 모두 불량품 구슬이었다. 주머니 속에 양품 구슬이 몇 개 있다고 볼 수 있는지 구하여라.

2) 빨간 구슬 3개, 노란 구슬 n개, 파란 구슬 2개가 들어 있는 주머니에 임의로 한 개의 구슬을 꺼내어 색을 확인하고 다시 넣는 시행을 여러 번 반복하였더니 9번에 4번 꼴로 노란 구슬이 나왔다. 이때 n의 값을 구하여라.

줄기 2-26 우측 표는 6단계 전형으로 진행되는 어느 대기업의 입사시험에서 각 단계별 합격자 수를 나타낸 것이다. 남녀 각각 10만 명이 지원했을 때, 다음 물음에 답하여라.

1) 지원한 남자가 5단계까지 합격할 확률

2) 2단계까지 합격한 여자가 6단계까지 최종합격할 확률

3) 3단계까지 합격한 남자가 앞으로 두 단계만 합격할 확률

단계	합격자 (명)	
	남	여
지원자	100000	100000
1단계	99305	99406
2단계	89206	89247
3단계	78438	78908
4단계	67352	68348
5단계	34307	37202
6단계	27632	24748

뿌리 2-9 **기하적 확률**

오른쪽 그림과 같이 한 변의 길이가 8인 정사각형 ABCD가 있다. 다음을 구하여라.

1) 정사각형 ABCD의 내부에 임의로 점 P를 잡을 때, 삼각형 PAB가 예각삼각형이 될 확률

2) 지름의 길이가 2인 원의 중심이 정사각형 ABCD 안에 놓을 때, 이 원이 정사각형 ABCD에 완전히 포함될 확률

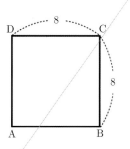

풀이 1) 오른쪽 그림과 같이 점 P가 $\overline{AB}$를 지름으로 하는 반원 위에 있을 때 △PAB는 직각삼각형이 되므로, 이 반원의 외부에 점 P를 잡으면 △PAB는 예각삼각형이 된다.

따라서 구하는 확률은

$$\frac{(색칠한 \ 부분의 \ 넓이)}{(□ABCD의 \ 넓이)} = \frac{64 - \dfrac{1}{2} \cdot \pi \cdot 4^2}{64} = 1 - \frac{\pi}{8}$$

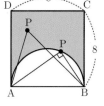

2) 오른쪽 그림의 색칠한 부분에 원의 중심이 놓이면, 이 원이 정사각형 ABCD의 테두리 안쪽에 놓인다.

따라서 구하는 확률은

$$\frac{(색칠한 \ 부분의 \ 넓이)}{(□ABCD의 \ 넓이)} = \frac{6^2}{64} = \frac{9}{16}$$

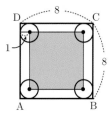

줄기2-27 $-2 \le a \le 4$인 실수 a에 대하여 이차방정식 $x^2 - 2ax + 3a = 0$이 실근을 가질 확률을 구하여라.

줄기2-28 길이가 2인 선분 AB 위에 임의로 두 점 C, D를 잡을 때, 선분 CD의 길이가 1 이하가 될 확률을 구하여라.

▷ ×표시를 한 기하적 확률은 새 교육과정에서 빠졌다. (쉬운데 아쉽다. ^^)

03 확률의 덧셈정리

1 확률의 덧셈정리

표본공간 S의 임의의 두 사건 A, B에 대하여

1) 사건 A 또는 B가 일어날 확률은

$$P(A \cup B) = P(A) + P(B) - P(A \cap B)$$

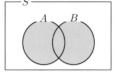

증명 표본공간 S의 임의의 두 사건 A, B에 대하여

$$n(A \cup B) = n(A) + n(B) - n(A \cap B)$$

이때, 양변을 $n(S)$로 나누면

※ 표본공간은 공집합이 아니므로 $n(S) \neq 0$ [p.68]

$$\frac{n(A \cup B)}{n(S)} = \frac{n(A)}{n(S)} + \frac{n(B)}{n(S)} - \frac{n(A \cap B)}{n(S)}$$

$$\therefore P(A \cup B) = P(A) + P(B) - P(A \cap B)$$

2) 두 사건 A, B가 서로 배반사건, 즉 $A \cap B = \varnothing$이면

$$P(A \cup B) = P(A) + P(B) \ (\because A \cap B = \varnothing)$$

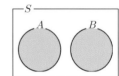

참고 n개의 사건 $A_1, A_2, A_3, \cdots, A_n$이 서로 배반사건이면

$$P(A_1 \cup A_2 \cup A_3 \cup \cdots \cup A_n) = P(A_1) + P(A_2) + P(A_3) + \cdots + P(A_n)$$

익히는 방법

$P(A \cup B) = P(A) + P(B) - P(A \cap B)$이므로 $P(A \cap B) = P(A) + P(B) - P(A \cup B)$

$P(A) + P(B) = P(A \cup B) + P(A \cap B)$이므로 i) $P(A) = P(A \cup B) + P(A \cap B) - P(B)$

ⅱ) $P(B) = P(A \cup B) + P(A \cap B) - P(A)$

씨앗. 1 ▪ 1부터 50까지의 자연수가 각각 하나씩 적힌 50장의 카드 중에서 한 장을 뽑을 때, 다음을 구하여라.

1) 2의 배수 또는 3의 배수가 적힌 카드가 나올 확률

2) 7의 배수 또는 8의 배수가 적힌 카드가 나올 확률

풀이 1) 카드에 적힌 수가 2의 배수인 사건을 A, 3의 배수인 사건을 B라 하면

$n(A) = 25$, $n(B) = 16$, $n(A \cap B) = 8$

$$\therefore P(A) = \frac{25}{50}, \ P(B) = \frac{16}{50}, \ P(A \cap B) = \frac{8}{50}$$

따라서 구하는 확률은

$$P(A \cup B) = P(A) + P(B) - P(A \cap B) = \frac{25}{50} + \frac{16}{50} - \frac{8}{50} = \frac{33}{50}$$

2) 카드에 적힌 수가 7의 배수인 사건을 A, 8의 배수인 사건을 B라 하면

$n(A) = 7$, $n(B) = 6$, $n(A \cap B) = 0$ ($\because A \cap B$는 56의 배수인 사건)

$$\therefore P(A) = \frac{7}{50}, \ P(B) = \frac{6}{50}, \ P(A \cap B) = \frac{0}{50} = 0$$

따라서 구하는 확률은

$$P(A \cup B) = P(A) + P(B) = \frac{7}{50} + \frac{6}{50} = \frac{13}{50}$$

2 여사건의 확률

표본공간 S의 임의의 사건 A와 A^C에 대하여

$$P(A^C) = 1 - P(A) \Leftrightarrow P(A) + P(A^C) = 1$$

◆ 표본공간 S의 임의의 사건 A와 그 여사건 A^C에 대하여
두 사건 A와 A^C는 서로 배반사건, 즉 $A \cap B = \varnothing$이므로
확률의 덧셈정리에 의하여
$$P(A \cup A^C) = P(A) + P(A^C)$$
이때, $A \cup A^C = S$이므로 $P(A \cup A^C) = P(S) = 1$
$$\therefore P(A) + P(A^C) = 1$$
$$\therefore P(A^C) = 1 - P(A)$$

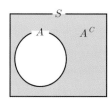

익히는 방법
'적어도 ~인 사건', '~ 이상인 사건', '~ 이하인 사건' 등의 확률을 구할 때, 여사건의 확률을 이용한다.

씨앗. 2 ▪ 한 개의 동전을 세 번 던질 때, 적어도 한 번은 뒷면이 나올 확률을 구하여라.

풀이 한 개의 동전을 3번 던질 때 나오는 모든 경우의 수는
$$2 \times 2 \times 2 = 8$$
세 번 중 적어도 한 번은 뒷면이 나올 사건을 A라 하면 A^C는 세 번 모두 앞면이 나올 사건
이므로
$$P(A^C) = \frac{1}{8}$$
$$\therefore P(A) = 1 - P(A^C) = 1 - \frac{1}{8} = \frac{7}{8}$$

씨앗. 3 ▪ 빨간 꽃 5송이, 노란 꽃 3송이가 꽂혀있는 꽃병에서 3송이의 꽃을 뽑을 때, 적어도
한 송이는 노란 꽃을 뽑을 확률을 구하여라.

풀이 8송이의 꽃 중에서 3송이의 꽃을 뽑는 경우의 수는
$${}_8C_3 = 56$$
3송이 중 적어도 한 송이는 노란 꽃을 뽑는 사건을 A라 하면 A^C는 3송이 모두 빨간 꽃을
뽑는 사건이므로
$$P(A^C) = \frac{{}_5C_3}{{}_8C_3} = \frac{5}{28}$$
$$\therefore P(A) = 1 - P(A^C) = 1 - \frac{5}{28} = \frac{23}{28}$$

뿌리 3-1 확률의 덧셈정리 – 배반사건이 아닌 경우

어느 고등학교 독서부 회원의 구성은
오른쪽 표와 같다.
20명의 회원 중에서 대표 2명을 임의
로 뽑을 때, 모두 남학생이거나 모두
2학년일 확률을 구하여라.

성별\학년	남	여	합계
1학년	7	6	13
2학년	4	3	7
합계	11	9	20

풀이 20명의 회원 중에서 대표 2명을 뽑는 경우의 수는 $_{20}C_2 = 190$

i) 2명 모두 남학생인 사건을 A라 하면

$$n(A) = {}_{11}C_2 = 55 \quad \therefore P(A) = \frac{55}{190}$$

ii) 2명 모두 2학년인 사건을 B라 하면

$$n(B) = {}_7C_2 = 21 \quad \therefore P(B) = \frac{21}{190}$$

iii) $n(A \cap B) = {}_4C_2 = 6 \quad \therefore P(A \cap B) = \frac{6}{190}$

따라서 구하는 확률은

$$P(A \cup B) = P(A) + P(B) - P(A \cap B)$$
$$= \frac{55}{190} + \frac{21}{190} - \frac{6}{190} = \frac{70}{190} = \frac{7}{19}$$

[줄기3-1] 민지네 반 학생 30명을 대상으로 좋아하는 간식을 조사하였더니 치킨을 좋아하는 학생이
20명, 피자를 좋아하는 학생이 15명, 치킨 또는 피자를 좋아하는 학생이 27명이었다.
민지네 반 학생 중 한 명을 임의로 선택할 때, 이 학생이 치킨과 피자를 모두 좋아하는
학생일 확률을 구하여라.

[줄기3-2] 영희네 반 학생 중에서 수학을 좋아하는 학생이 50%, 수학과 영어를 모두 좋아하는 학
생이 10%이고, 수학 또는 영어를 좋아하는 학생이 60%이다. 영희네 반 학생 중 임의
로 한 명을 택할 때 영어를 좋아하는 학생일 확률을 구하여라.

[줄기3-3] 두 사건 A, B에 대하여 $P(A) = \frac{1}{2}$, $P(B) = \frac{3}{5}$일 때, $P(A \cap B)$의 최댓값을 M,
최솟값을 m이라 하자. Mm의 값을 구하여라.

뿌리 3-2 확률의 덧셈정리 – 배반사건인 경우

다음 물음에 답하여라.

1) 서로 다른 두 개의 주사위를 동시에 던질 때, 나오는 두 눈의 수의 합이 3 또는 5일 확률을 구하여라.

2) 서로 다른 세 개의 주사위를 동시에 던질 때, 나오는 세 눈의 수의 합이 4 또는 11일 확률을 구하여라.

핵심 두 개의 주사위를 던졌을 때 나오는 두 눈의 수의 합은 자주 언급되므로 다음의 표를 기억해야 한다. [p.12]

두 눈의 합	2	3	4	5	6	7	8	9	10	11	12
경우의 수	1	2	3	4	5	6	5	4	3	2	1
익히는 방법	(두 눈의 합)−1=경우의 수					(두 눈의 합)+(경우의 수)=13					

풀이 1) 서로 다른 두 개의 주사위를 동시에 던질 때 일어날 수 있는 모든 경우의 수는 $6 \cdot 6 = 36$

두 눈의 수의 합이 3인 사건을 A, 5인 사건을 B라 하면 $n(A) = 2$, $n(B) = 4$

$$\therefore P(A) = \frac{2}{36}, \ P(B) = \frac{4}{36}$$

이때 A, B는 서로 배반사건이므로 구하는 확률은

$$P(A \cup B) = P(A) + P(B) = \frac{2}{36} + \frac{4}{36} = \frac{6}{36} = \frac{1}{6}$$

2) 서로 다른 세 개의 주사위를 동시에 던질 때 일어날 수 있는 모든 경우의 수는 $6 \cdot 6 \cdot 6 = 216$

i) 세 눈의 수의 합이 4인 사건을 A라 하면

한 눈이 1이고, 두 눈의 합이 3인 경우의 수는 2

한 눈이 2이고, 두 눈의 합이 2인 경우의 수는 1

$$\therefore n(A) = 2 + 1 = 3 \quad \therefore P(A) = \frac{3}{216}$$

ii) 세 눈의 수의 합이 11인 사건을 B라 하면

한 눈이 1이고, 두 눈의 합이 10인 경우의 수는 3

한 눈이 2이고, 두 눈의 합이 9인 경우의 수는 4

한 눈이 3이고, 두 눈의 합이 8인 경우의 수는 5

한 눈이 4이고, 두 눈의 합이 7인 경우의 수는 6

한 눈이 5이고, 두 눈의 합이 6인 경우의 수는 5

한 눈이 6이고, 두 눈의 합이 5인 경우의 수는 4

$$\therefore n(B) = 3 + 4 + 5 + 6 + 5 + 4 = 27 \quad \therefore P(B) = \frac{27}{216}$$

이때 A, B는 서로 배반사건이므로 구하는 확률은

$$P(A \cup B) = P(A) + P(B) = \frac{3}{216} + \frac{27}{216} = \frac{30}{216} = \frac{5}{36}$$

[줄기3-4] 서로 다른 두 개의 주사위를 동시에 던질 때, 나오는 두 눈의 합이 4이거나 차가 4일 확률을 구하여라.

[줄기3-5] 남학생 5명, 여학생 4명 중에서 임의로 대표 2명을 뽑을 때, 뽑힌 2명의 대표의 성별이 같을 확률을 구하여라.

[줄기3-6] 한 개의 동전을 다섯 번 던질 때, 앞면이 뒷면보다 많이 나올 확률을 구하여라.

뿌리 3-3 확률의 덧셈정리와 여사건의 확률

표본공간 S의 두 사건 A, B에 대하여

1) $P(A) = \dfrac{1}{5}$, $P(B) = \dfrac{1}{2}$, $P(A^C \cap B^C) = \dfrac{2}{3}$일 때, $P(A \cap B)$를 구하여라.

2) $S = A \cup B$, $P(B) = \dfrac{6}{7}$, $A \cap B = \varnothing$일 때, $P(A^C)$를 구하여라.

[풀이] 1) $P(A^C \cap B^C) = P((A \cup B)^C) = 1 - P(A \cup B) = \dfrac{2}{3}$ ∴ $P(A \cup B) = \dfrac{1}{3}$

$P(A \cap B) = P(A) + P(B) - P(A \cup B)$ (∵ p.82)

$\qquad = \dfrac{1}{5} + \dfrac{1}{2} - \dfrac{1}{3} = \dfrac{11}{30}$

2) $S = A \cup B$이므로 $P(A \cup B) = 1$

$P(A \cup B) = P(A) + P(B)$ (∵ $A \cap B = \varnothing$)에서

$1 = P(A) + \dfrac{6}{7}$ ∴ $P(A) = \dfrac{1}{7}$

∴ $P(A^C) = 1 - P(A) = 1 - \dfrac{1}{7} = \dfrac{6}{7}$

[줄기3-7] 표본공간 S의 두 사건 A, B에 대하여 $P(A^C \cap B^C) = \dfrac{1}{4}$, $P(A) - P(B) = \dfrac{1}{2}$, $P(A^C \cup B^C) = 1$일 때, $P(A \cap B^C)$를 구하여라.

뿌리 3-4 여사건의 확률 – '~도 아니고 ~도 아닐' 조건이 있는 경우

1부터 40까지의 자연수가 하나씩 적힌 40장의 카드 중에서 임의로 한 장의 카드를 뽑을 때, 카드에 적힌 수가 3의 배수도 4의 배수도 아닐 확률을 구하여라.

[풀이] 카드에 적힌 수가 3의 배수인 카드를 뽑는 사건을 A, 4의 배수인 카드를 뽑는 사건을 B라 하면 뽑힌 카드에 적힌 수가 3의 배수도 4의 배수도 아닌 사건은 $A^C \cap B^C = (A \cup B)^C$이다.

이때, $P(A) = \dfrac{13}{40}$, $P(B) = \dfrac{10}{40}$, $P(A \cap B) = \dfrac{3}{40}$이므로

$P(A \cup B) = P(A) + P(B) + P(A \cap B) = \dfrac{13}{40} + \dfrac{10}{40} - \dfrac{3}{40} = \dfrac{1}{2}$

∴ $P(A^C \cap B^C) = P((A \cup B)^C) = 1 - P(A \cup B) = 1 - \dfrac{1}{2} = \dfrac{1}{2}$

[줄기3-8] 1, 2, 3, 4, 5를 일렬로 나열하여 다섯 자리 자연수 $A_1A_2A_3A_4A_5$를 만들 때, $A_1 \neq 1$, $A_2 \neq 2$일 확률을 구하여라.

뿌리 3-5 여사건의 확률 – '적어도'의 조건이 있는 경우

다음 물음에 답하여라.

1) 주머니 속에 6개의 흰 공과 4개의 검은 공이 들어있다. 이 주머니에서 임의로 3개의 공을 동시에 꺼낼 때, 적어도 1개가 검은 공일 확률을 구하여라.

2) 10개의 제비 중에 당첨 제비가 3개 들어 있다. 이 중에서 임의로 2개의 제비를 동시에 뽑을 때, 적어도 1개가 당첨 제비일 확률을 구하여라.

3) 1에서 9까지의 숫자가 하나씩 적힌 9장의 카드가 있다. 이 중에서 3장의 카드를 뽑을 때, 적어도 한 장의 카드에 적힌 숫자가 소수일 확률을 구하여라.

풀이 1) 10개의 공 중에서 3개의 공을 꺼내는 경우의 수는 $_{10}C_3$

적어도 1개가 검은 공인 사건을 A라 하면 A^C는 모두 흰 공인 사건이므로

$$P(A^C) = \frac{_6C_3}{_{10}C_3} = \frac{1}{6} \quad \therefore P(A) = 1 - P(A^C) = 1 - \frac{1}{6} = \frac{5}{6}$$

2) 10개의 제비 중에서 2개의 제비을 뽑는 경우의 수는 $_{10}C_2$

적어도 1개가 당첨 제비인 사건을 A라 하면 A^C는 당첨 제비가 없는 사건이므로

$$P(A^C) = \frac{_7C_2}{_{10}C_2} = \frac{7}{15} \quad \therefore P(A) = 1 - P(A^C) = 1 - \frac{7}{15} = \frac{8}{15}$$

3) 9장의 카드 중에서 3장의 카드를 뽑는 경우의 수는 $_9C_3$

적어도 1장의 카드에 적힌 숫자가 소수인 사건을 A라 하면 A^C는 모두 소수가 아닌 사건이므로

$$P(A^C) = \frac{_5C_3}{_9C_3} = \frac{5}{42} \quad \therefore P(A) = 1 - P(A^C) = 1 - \frac{5}{42} = \frac{37}{42}$$

[줄기3-9] 남자 2명과 여자 5명을 일렬로 세울 때, 적어도 한쪽 끝에 남자를 세울 확률을 구하여라.

[줄기3-10] A, B를 포함한 5명의 학생을 일렬로 세울 때, A와 B 사이에 적어도 한 명의 학생을 세울 확률을 구하여라.

[줄기3-11] n개의 불량품이 포함된 20개의 제품 중에서 임의로 2개의 제품을 동시에 고를 때, 적어도 1개의 불량품을 고를 확률은 $\frac{7}{19}$이다. 이때, n의 값을 구하여라.

뿌리 3-6 확률의 덧셈정리 (배반사건이 아닌 경우)와 여사건의 확률

서로 다른 세 개의 주사위를 동시에 던져서 나오는 눈의 수를 a, b, c라 할 때, 다음을 구하여라.

1) $(a-b)(b-c)=0$일 확률   2) $(a-b)(b-c)(c-a)=0$일 확률

풀이 3개의 주사위를 던져서 나오는 눈의 경우의 수는 $6 \cdot 6 \cdot 6 = 216$

1) $(a-b)(b-c)=0$에서 $a=b$ 또는 $b=c$

방법 I

i) $a=b$인 사건을 A라 하면

$(1, 1, 1)$, $(1, 1, 2)$, $\cdots$, $(1, 1, 6)$
$(2, 2, 1)$, $(2, 2, 2)$, $\cdots$, $(2, 2, 6)$
$\vdots$
$(6, 6, 1)$, $(6, 6, 2)$, $\cdots$, $(6, 6, 6)$

에서 $n(A)=36$ $\therefore \mathrm{P}(A)=\dfrac{36}{216}$

ii) $b=c$인 사건을 B라 하면

$(1, 1, 1)$, $(2, 1, 1)$, $\cdots$, $(6, 1, 1)$
$(1, 2, 2)$, $(2, 2, 2)$, $\cdots$, $(6, 2, 2)$
$\vdots$
$(1, 6, 6)$, $(2, 6, 6)$, $\cdots$, $(6, 6, 6)$

에서 $n(B)=36$ $\therefore \mathrm{P}(B)=\dfrac{36}{216}$

iii) $n(A \cap B)=6$ $\therefore \mathrm{P}(A \cap B)=\dfrac{6}{216}$

따라서 구하는 확률은

$$\mathrm{P}(A \cup B)=\mathrm{P}(A)+\mathrm{P}(B)-\mathrm{P}(A \cap B)=\frac{36}{216}+\frac{36}{216}-\frac{6}{216}=\frac{11}{36}$$

1) $(a-b)(b-c)=0$, 즉 $a=b$ 또는 $b=c$인 사건을 A라 하면

강추 방법 II

A^C는 $a \neq b$이고 $b \neq c$인 사건이므로

$$\mathrm{P}(A^C)=\frac{6 \cdot 5 \cdot 5}{216}=\frac{25}{36} \qquad \therefore \mathrm{P}(A)=1-\mathrm{P}(A^C)=1-\frac{25}{36}=\frac{11}{36}$$

2) $(a-b)(b-c)(c-a)=0$에서 $a=b$ 또는 $b=c$ 또는 $c=a$

방법 I

$a=b$인 사건을 A, $b=c$인 사건을 B, $c=a$인 사건을 C라 하면

$\mathrm{P}(A \cup B \cup C)=\mathrm{P}(A)+\mathrm{P}(B)+\mathrm{P}(C)+\mathrm{P}(A \cap B)+\mathrm{P}(B \cap C)+\mathrm{P}(C \cap A)-\mathrm{P}(A \cap B \cap C)$

를 구하기가 너무 힘들다. ㅠㅠ

2) $(a-b)(b-c)=0$, 즉 $a=b$ 또는 $b=c$ 또는 $c=a$인 사건을 A라 하면

강추 방법 II

A^C는 $a \neq b$이고 $b \neq c$이고 $c \neq a$인 사건이므로

$$\mathrm{P}(A^C)=\frac{6 \cdot 5 \cdot 4}{216}=\frac{5}{9} \qquad \therefore \mathrm{P}(A)=1-\mathrm{P}(A^C)=1-\frac{5}{9}=\frac{4}{9}$$

줄기3-12 서로 다른 세 개의 주사위를 동시에 던져서 나오는 눈의 수를 a, b, c라 할 때, 세 수의 곱 abc가 짝수일 확률을 구하여라.

줄기3-13 집합 $X=\{5, 6, 7\}$에 대하여 X에서 X로의 함수 중 임의로 하나를 택할 때, 이 함수가 치역의 모든 원소의 곱이 짝수인 함수일 확률을 구하여라.

뿌리 3-7 확률의 덧셈정리 (배반사건인 경우)와 여사건의 확률

흰 공 3개, 붉은 공 4개, 검은 공 5개가 들어있는 주머니에서 임의로 2개의 공을 동시에 꺼낼 때, 2개가 서로 다른 색의 공일 확률을 구하여라.

방법 I
「강추」

12개의 공 중에서 2개의 공을 꺼내는 경우의 수는

$_{12}C_2 = 66$

i) 흰 공 1개, 붉은 공 1개를 꺼내는 사건은 A라 하면

$$P(A) = \frac{_3C_1 \cdot _4C_1}{_{12}C_2} = \frac{12}{66}$$

ii) 흰 공 1개, 검은 공 1개를 꺼내는 사건은 B라 하면

$$P(B) = \frac{_3C_1 \cdot _5C_1}{_{12}C_2} = \frac{15}{66}$$

iii) 붉은 공 1개, 검은 공 1개를 꺼내는 사건은 C라 하면

$$P(C) = \frac{_4C_1 \cdot _5C_1}{_{12}C_2} = \frac{20}{66}$$

이때 A, B, C는 서로 배반사건이므로 구하는 확률은

$P(A \cup B \cup C) = P(A) + P(B) + P(C)$

$$= \frac{12}{66} + \frac{15}{66} + \frac{20}{66} = \frac{\mathbf{47}}{\mathbf{66}}$$

방법 II

2개 공이 서로 다른 색인 사건을 A라 하면 A^C는 2개 공이 서로 같은 색인 사건이므로

$$P(A^C) = \frac{_3C_2 + _4C_2 + _5C_2}{_{12}C_2} = \frac{3+6+10}{66} = \frac{19}{66}$$

$$\therefore P(A) = 1 - P(A^C) = 1 - \frac{19}{66} = \frac{\mathbf{47}}{\mathbf{66}}$$

줄기3-14 흰 공 2개, 붉은 공 3개, 검은 공 4개, 파란 공 5개가 들어있는 주머니에서 임의로 2개의 공을 동시에 꺼낼 때, 2개가 서로 다른 색의 공일 확률을 구하여라.

뿌리 3-8 여사건의 확률 – '~ 아닌', '~ 이상', '~ 이하'의 조건이 있는 경우

서로 다른 두 개의 주사위를 동시에 던질 때, 다음을 구하여라.

1) 나오는 두 눈의 수의 곱이 소수가 아닐 확률

2) 나오는 두 눈의 수의 차가 4 이하일 확률

풀이 2개의 주사위를 던져서 나오는 두 눈의 경우의 수는 $6 \cdot 6 = 36$

1) 두 눈의 수의 곱이 소수가 아닌 사건을 A라 하면 A^C는 두 눈의 수의 곱이 소수인 사건이므로

$A^C = \{(1, 2), (1, 3), (1, 5), (2, 1), (3, 1), (5, 1)\}$

$P(A^C) = \dfrac{6}{36}$

$\therefore P(A) = 1 - P(A^C) = 1 - \dfrac{6}{36} = \dfrac{30}{36} = \dfrac{5}{6}$

2) 두 눈의 수의 차가 4 이하인 사건을 A라 하면 A^C는 두 눈의 수의 차가 5인 사건이므로

$A^C = \{(1, 6), (6, 1)\}$

$P(A^C) = \dfrac{2}{36}$

$\therefore P(A) = 1 - P(A^C) = 1 - \dfrac{2}{36} = \dfrac{34}{36} = \dfrac{17}{18}$

> **Tip** 두 개의 주사위를 동시에 던질 때
> (두 눈의 수의 차가 4 이하)^C
> = (두 눈의 수의 차가 5 이상)
> = (두 눈의 수의 차가 5)

줄기3-15 서로 다른 두 개의 주사위를 동시에 던질 때, 나오는 두 눈의 수의 합이 4 이상일 확률을 구하여라.

줄기3-16 흰 공 3개, 붉은 공 4개, 검은 공 5개가 들어있는 주머니에서 임의로 3개의 공을 동시에 꺼낼 때, 다른 색의 공이 2개 이상일 확률을 구하여라.

줄기3-17 6개의 숫자 1, 2, 3, 4, 5, 6에서 서로 다른 3개의 숫자를 사용하여 세 자리 자연수를 만들 때, 540 이하일 확률을 구하여라.

학생들이 가장 헷갈려 하는 개념 (1)

다음 물음에 답하여라.

1) 4명을 일렬로 배열하는 방법의 수를 구하여라.

2) 공 4개를 일렬로 배열하는 방법의 수를 구하여라.

3) 같은 공 4개를 일렬로 배열하는 방법의 수를 구하여라.

4) 3, 3, 3, 3을 일렬로 배열하는 방법의 수를 구하여라.

5) a, a, a, a를 일렬로 배열하는 방법의 수를 구하여라.

6) 여자 2명, 남자 3명을 일렬로 배열하는 방법의 수를 구하여라.

7) 흰 공 2개, 노란 공 3개를 일렬로 배열하는 방법의 수를 구하여라.

8) 흰 공 2개, 노란 공 3개를 일렬로 배열하는 방법의 수를 구하여라.

   (단, 같은 색의 공은 구별하지 않는다.)

9) 흰 공 2개, 노란 공 3개를 일렬로 배열하는 방법의 수를 구하여라.

   (단, 모든 공의 크기와 모양이 같다.)

10) a, a, b, b, b를 일렬로 배열하는 방법의 수를 구하여라.

11) 1, 1, 2, 2, 3, 3을 일렬로 배열하는 방법의 수를 구하여라.

12) 1부터 3까지의 자연수가 각각 하나씩 적힌 공이 2개씩 모두 6개가 있다. 이 6개의 공을 일렬로 배열하는 방법의 수를 구하여라.

13) 1부터 3까지의 자연수가 각각 하나씩 적힌 공이 2개씩 모두 6개가 있다. 이 6개의 공을 일렬로 배열하는 방법의 수를 구하여라.

   (단, 같은 숫자가 적힌 공은 구별하지 않는다.)

핵심 같은 숫자나 같은 문자를 제외하면 현실에서 100 % 같은 것, 즉 원자와 전자의 배열까지 같은 것은 존재할 수 없다. 따라서 같은 숫자나 문자를 제외한 '같다는 언급이 없는 모든 개체'는 다른 것으로 본다.

풀이 1) $4! = 24$ 2) $4! = 24$ 3) $\dfrac{4!}{4!} = 1$ 4) $\dfrac{4!}{4!} = 1$ 5) $\dfrac{4!}{4!} = 1$

6) $5! = 120$ 7) $5! = 120$

8) $\dfrac{5!}{2!3!} = 10$

> 같은 색의 공은 구별하지 않는다고 했으므로 같은 색의 공을 원자와 전자의 배열까지 같은 즉, 100 % 같은 공으로 본다.

9) $5! = 120$

> 공의 색과 모양과 크기가 같더라도 원자와 전자의 배열까지 100 % 같을 수 없으므로 색과 모양과 크기가 같은 공이라도 다른 공으로 본다.

10) $\dfrac{5!}{2!3!} = 10$

11) $\dfrac{6!}{2!2!2!} = 90$ 12) $6! = 720$ 13) $\dfrac{6!}{2!2!2!} = 90$

열매 3-2 **학생들이 가장 헷갈려 하는 개념 (2)**

다음 물음에 답하여라.

1) 1, 2, 2, 2, 3, 4의 숫자가 하나씩 적혀 있는 구슬 6개가 들어있는 상자가 있다. 이 상자에서 임의로 1개의 구슬을 꺼낼 때, 2가 적힌 구슬이 나오게 될 확률을 구하여라.

2) 1, 2, 2, 2, 3, 4의 숫자 6개가 들어있는 상자가 있다. 이 상자에서 임의로 1개의 숫자를 꺼낼 때, 2가 나오게 될 확률을 구하여라.

핵심 같은 숫자나 같은 문자를 제외하면 현실에서 100% 같은 것, 즉 원자와 전자의 배열까지 같은 것은 존재할 수 없다. 따라서 같은 숫자나 문자를 제외한 '같다는 언급이 없는 모든 개체'는 다른 것으로 본다.

풀이 1) 구별이 힘든 원소는 오른쪽 아래에 첨자를 붙이면 구별할 수 있다.

$\{1\}$, $\{2_a\}$, $\{2_b\}$, $\{2_c\}$, $\{3\}$, $\{4\}$ ⇨ 근원사건

표본공간을 S라 하면 $S = \{1, 2_a, 2_b, 2_c, 3, 4\}$　∴ $n(S) = 6$

2가 적힌 구슬이 나오는 사건을 A라 하면 $A = \{2_a, 2_b, 2_c\}$　∴ $n(A) = 3$

따라서 구하는 확률은 $P(A) = \dfrac{n(A)}{n(S)} = \dfrac{3}{6} = \dfrac{1}{2}$

2) $\{1\}$, $\{2\}$, $\{3\}$, $\{4\}$ ⇨ 근원사건

따라서 **확률이 정의되지 않는다.**

(∵ 각 근원사건이 일어날 가능성이 모두 같은 정도로 기대될 때, 확률이 정의된다. p.71)

※ 확률에서는 각 근원사건이 일어날 가능성이 모두 같은 경우를 문제로 제시하므로 *2)번과 같은 문제는 출제되지 않는다. ⇨ 개념 이해를 위해 만든 문제이다.

● 잎 3-1

다음 물음에 답하여라.

1) 흰 공 2개, 노란 공 2개, 파란 공 2개가 들어있는 주머니가 있다. 이 주머니에서 임의로 3개의 공을 동시에 꺼낼 때, 공의 색깔이 모두 다를 확률은? (단, 모든 공의 크기와 모양은 같다.) [평가원 기출]

① $\dfrac{2}{5}$　　② $\dfrac{1}{2}$　　③ $\dfrac{3}{5}$　　④ $\dfrac{7}{10}$　　⑤ $\dfrac{4}{5}$

2) 흰 공 4개, 검은 공과 파란공이 각각 2개씩, 빨간 공과 노란 공이 각각 1개씩 총 10개의 공이 들어있는 주머니가 있다. 이 주머니에서 5개의 공을 꺼낼 때, 꺼낸 공의 색깔이 3종류인 경우의 수를 구하여라. (단, 같은 색의 공은 구별하지 않는다.) [교육청 기출]

3) 주머니 속에 1부터 4까지의 자연수가 각각 하나씩 적힌 공이 2개씩 모두 8개가 들어있다. 이 주머니에서 임의로 3개의 공을 동시에 꺼낼 때, 공에 적힌 수 중 가장 큰 수가 3일 확률을 구하여라.

● 잎 3-2

다음 물음에 답하여라.

1) 그림과 같이 1, 2, 3, 4의 숫자가 하나씩 적혀 있는 카드가 각각 3장씩 12장이 있다. 이 12장의 카드 중에서 임의로 3장의 카드를 선택할 때, 선택한 카드 중에 같은 숫자가 적혀 있는 카드가 2장 이상일 확률은? [평가원 기출]

$$\boxed{1}\boxed{1}\boxed{1}\boxed{2}\boxed{2}\boxed{2}\boxed{3}\boxed{3}\boxed{3}\boxed{4}\boxed{4}\boxed{4}$$

① $\dfrac{12}{55}$ ② $\dfrac{16}{55}$ ③ $\dfrac{4}{11}$ ④ $\dfrac{24}{55}$ ⑤ $\dfrac{28}{55}$

2) BANANA의 6개의 문자 B, A, N, A, N, A를 일렬로 나열할 때, 두 개의 N이 서로 이웃할 확률은? [교육청 기출]

① $\dfrac{1}{8}$ ② $\dfrac{1}{6}$ ③ $\dfrac{1}{5}$ ④ $\dfrac{1}{4}$ ⑤ $\dfrac{1}{3}$

3) A, A, A, B, B, C의 문자가 하나씩 적혀있는 6장의 카드가 있다. 이 카드를 모두 한 번씩 사용하여 일렬로 나열할 때, 양 끝 모두에 A가 적힌 카드가 나오게 될 확률은? [평가원 기출]

① $\dfrac{3}{20}$ ② $\dfrac{1}{5}$ ③ $\dfrac{1}{4}$ ④ $\dfrac{3}{10}$ ⑤ $\dfrac{7}{20}$

● 잎 3-3

학생 9명의 혈액형을 조사하였더니 A형, B형, O형인 학생이 각각 2명, 3명, 4명이었다. 이 9명의 학생 중에서 임의로 2명을 뽑을 때, 혈액형이 같을 확률은? [평가원 기출]

① $\dfrac{13}{36}$ ② $\dfrac{1}{3}$ ③ $\dfrac{11}{36}$ ④ $\dfrac{5}{18}$ ⑤ $\dfrac{1}{4}$

● 잎 3-4

주머니 속에 n개의 흰 바둑돌과 3개의 검은 바둑돌이 있다. 이 주머니에서 임의로 2개의 바둑돌을 동시에 꺼낼 때, 2개 모두 검은 바둑돌일 확률은 $\dfrac{1}{12}$ 이다. 이때, 자연수 n의 값은? [교육청 기출]

① 4   ② 5   ③ 6   ④ 7   ⑤ 8

● 잎 3-5

1부터 9까지의 자연수 중에서 임의로 서로 다른 4개의 수를 선택하여 네 자리의 자연수를 만들 때,
백의 자리의 수와 십의 자리의 수의 합이 짝수가 될 확률은? [평가원 기출]

① $\dfrac{4}{9}$　　② $\dfrac{1}{2}$　　③ $\dfrac{5}{9}$　　④ $\dfrac{11}{18}$　　⑤ $\dfrac{3}{18}$

● 잎 3-6

6명의 학생 A, B, C, D, E, F를 임의로 2명씩 짝을 지어 3개의 조로 편성하려고 한다. A와 B는
같은 조에 편성되고, C와 D는 서로 다른 조에 편성될 확률은? [수능 기출]

① $\dfrac{1}{15}$　　② $\dfrac{1}{10}$　　③ $\dfrac{2}{15}$　　④ $\dfrac{1}{6}$　　⑤ $\dfrac{1}{5}$

● 잎 3-7

남자 탁구 선수 4명과 여자 탁구 선수 4명이 참가한 탁구 시합에서 임의로 2명씩 4개의 조를 만들 때,
남자 1명과 여자 1명으로 이루어진 조가 2개일 확률은? [수능 기출]

① $\dfrac{3}{7}$　　② $\dfrac{18}{35}$　　③ $\dfrac{3}{5}$　　④ $\dfrac{24}{35}$　　⑤ $\dfrac{27}{35}$

● 잎 3-8

다음 물음에 답하여라.

1) 오른쪽 그림과 같이 원 위에 같은 간격으로 놓여있는 10개의 점에서
   3개의 점을 택하여 삼각형을 만들 때, 이 삼각형이 직각삼각형이 될
   확률을 구하여라.

2) 오른쪽 그림과 같이 반지름의 길이가 2인 반 원 또는 그 내부에 임
   의의 점 P를 잡을 때, 삼각형 APB의 넓이가 2 이하일 확률을 구
   하여라.

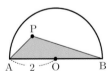

● 잎 3-9

어느 여객선의 좌석이 A구역에 2개, B구역에 1개, C구역에 1개 남아 있다. 남아 있는 좌석을 남자 승객 2명과 여자 승객 2명에게 임의로 배정할 때, 남자 승객 2명이 모두 A구역에 배정될 확률을 p라 하자. $120p$를 구하여라. [평가원 기출]

● 잎 3-10

○표가 있는 4개의 제비와 ×표가 있는 4개의 제비가 있다. 이 8개의 제비 중에서 4개를 뽑았을 때, ○표가 있는 제비가 3개 이상 나오거나 4개 모두 ×표인 제비가 나올 확률을 $\dfrac{q}{p}$라 하자. $p+q$의 값을 구하여라. (단, p와 q는 서로소인 자연수이다.) [평가원 기출]

● 잎 3-11

서로 다른 두 개의 주사위를 동시에 던져서 나온 두 눈의 수의 곱이 짝수일 때, 나온 두 눈의 수의 합이 6 또는 8일 확률은? [교육청 기출]

① $\dfrac{2}{27}$ ② $\dfrac{5}{27}$ ③ $\dfrac{8}{27}$ ④ $\dfrac{11}{27}$ ⑤ $\dfrac{14}{27}$

● 잎 3-12

주사위를 두 번 던질 때, 나오는 눈의 수를 차례로 m, n이라 하자. $i^{m} \cdot (-i)^{n}$의 값이 1이 될 확률이 $\dfrac{q}{p}$일 때, $p+q$의 값을 구하여라. (단, $i = \sqrt{-1}$이고 p, q는 서로소인 자연수이다.) [수능 기출]

● 잎 3-13

A, B, C 세 명이 이 순서대로 주사위를 한 번씩 던져 가장 큰 눈의 수가 나온 사람이 우승하는 규칙
으로 게임을 한다. 이때, 가장 큰 눈의 수가 나온 사람이 두 명 이상이면 그 사람들끼리 다시 주사위를
던지는 방식으로 게임을 계속하여 우승자를 가린다. A가 처음 던진 주사위의 눈의 수가 3일 때, C가
한 번만 주사위를 던지고 우승할 확률은? [평가원 기출]

① $\dfrac{2}{9}$ ② $\dfrac{5}{18}$ ③ $\dfrac{1}{3}$ ④ $\dfrac{7}{18}$ ⑤ $\dfrac{4}{9}$

● 잎 3-14

1부터 9까지의 자연수가 하나씩 적혀 있는 9개의 공이 들어 있는 주머니가 있다. 이 주머니에서 임의
로 3개의 공을 동시에 꺼낼 때, 꺼낸 공에 적혀 있는 세 수의 합이 짝수일 확률은? [교육청 기출]

① $\dfrac{5}{14}$ ② $\dfrac{8}{21}$ ③ $\dfrac{3}{7}$ ④ $\dfrac{10}{21}$ ⑤ $\dfrac{11}{21}$

● 잎 3-15

주머니 안에 1, 2, 3, 4의 숫자가 하나씩 적혀 있는 4장의 카드가 있다. 주머니에서 갑이 2장의 카드
를 임의로 뽑고, 을이 남은 2장의 카드 중에서 1장의 카드를 임의로 뽑을 때, 갑이 뽑은 2장의 카드
에 적힌 수의 곱이 을이 뽑은 카드에 적힌 수보다 작을 확률은? [평가원 기출]

① $\dfrac{1}{12}$ ② $\dfrac{1}{6}$ ③ $\dfrac{1}{4}$ ④ $\dfrac{1}{3}$ ⑤ $\dfrac{5}{12}$

● 잎 3-16

숫자 1이 적힌 카드가 1장, 2가 적힌 카드가 2장, 3이 적힌 카드가 3장, 4가 적힌 카드가 4장 있다.
이 10장의 카드를 모두 섞은 후 두 장의 카드를 임의로 뽑을 때, 두 장의 카드에 적힌 수가 같을 확률
은? [교육청 기출]

① $\dfrac{1}{9}$ ② $\dfrac{2}{9}$ ③ $\dfrac{1}{3}$ ④ $\dfrac{4}{9}$ ⑤ $\dfrac{5}{9}$

● 잎 **3-17**

친구에게 전화를 걸려고 하는데 친구 전화번호의 뒤의 세 자리 숫자가 생각나지 않는다. 그 세 자리 숫자는 차례로 그림과 같은 전화기 숫자판의 첫째 열에서 하나, 둘째 열에서 하나, 셋째 열에서 하나이고 모두 홀수라는 것만 생각난다. 이 조건을 만족시키는 숫자를 임의로 선택할 때, 친구 전화번호의 뒤의 세 자리가 될 확률은? [평가원 기출]

1	2	3
4	5	6
7	8	9
*	0	#

① $\dfrac{1}{2}$ ② $\dfrac{1}{3}$ ③ $\dfrac{1}{4}$ ④ $\dfrac{1}{5}$ ⑤ $\dfrac{1}{6}$

● 잎 **3-18**

키가 서로 다른 네 사람이 있다. 이들을 일렬로 세울 때, 앞에서 세 번째 사람이 자신과 이웃한 두 사람보다 키가 작을 확률은? [수능 기출]

① $\dfrac{1}{3}$ ② $\dfrac{1}{2}$ ③ $\dfrac{3}{5}$ ④ $\dfrac{2}{3}$ ⑤ $\dfrac{3}{4}$

● 잎 **3-19**

어느 근로자는 일주일 단위로 주간 근무만 하거나 야간 근무만 하는데, 앞으로 10주 동안 3주는 야간 근무, 7주는 주간 근무를 한다. 회사에서 주간 근무하는 주와 야간 근무하는 주를 임의의 순서로 배정할 때, 그 근로자가 2주 이상 연속하여 야간근무를 하지 않을 확률은? [평가원 기출]

① $\dfrac{19}{45}$ ② $\dfrac{7}{15}$ ③ $\dfrac{23}{45}$ ④ $\dfrac{5}{9}$ ⑤ $\dfrac{3}{5}$

● 잎 **3-20**

상훈이를 포함한 5명의 학생이 쪽지시험을 본 후, 5장의 답안지를 섞은 다음에 임의로 하나씩 뽑는다. 상훈이만 자신의 답안지를 뽑고 나머지 4명은 다른 학생의 답안지를 뽑을 확률을 기약분수 $\dfrac{q}{p}$ 로 나타낼 때, $p+q$의 값을 구하여라. [평가원 기출]

● 잎 3-21

어느 학급은 35명으로 이루어져있다. 이 학급의 모든 학생 중 대학수학능력시험 사회탐구 영역에서 경제를 선택한 학생은 22명이고 세계사를 선택한 학생은 17명이다. 경제와 세계사 중 어느 것도 선택하지 않은 학생은 4명이다. 이 학급에서 한 명의 학생을 뽑을 때, 이 학생이 경제와 세계사를 모두 선택하였을 확률은? [평가원 기출]

① $\dfrac{6}{35}$ ② $\dfrac{1}{5}$ ③ $\dfrac{8}{35}$ ④ $\dfrac{9}{35}$ ⑤ $\dfrac{2}{7}$

● 잎 3-22

2개의 당첨 제비가 포함되어 있는 10개의 제비 중에서 임의로 3개의 제비를 동시에 뽑을 때, 적어도 한 개가 당첨 제비일 확률은? [평가원 기출]

① $\dfrac{2}{15}$ ② $\dfrac{4}{15}$ ③ $\dfrac{2}{5}$ ④ $\dfrac{8}{15}$ ⑤ $\dfrac{2}{3}$

● 잎 3-23

두 사건 A와 B는 서로 배반사건이고

$P(A)=P(B)$, $P(A)P(B)=\dfrac{1}{9}$일 때, $P(A \cup B)$의 값은? [수능 기출]

① $\dfrac{1}{6}$ ② $\dfrac{1}{3}$ ③ $\dfrac{1}{2}$ ④ $\dfrac{2}{3}$ ⑤ $\dfrac{5}{6}$

4. 조건부확률

01 확률의 곱셈정리

1 조건부확률 ※ 조건(條件), 부(附): 붙을 부, 확률(確率)

확률이 0이 아닌 두 사건 A, B에 대하여 **사건 A가 일어났다고 가정할 때 사건 B가 일어날 확률**을 사건 A가 일어났을 때의 사건 B의 **조건부확률**이라 하고, 기호로 $P(B|A)$와 같이 나타낸다.

$$P(B|A) = \frac{P(A \cap B)}{P(A)} \quad (\text{단}, \ P(A) > 0)$$

※ $P(B|A)$는 '피비 **기븐**(given) 에이' 또는 '피비 **바**(bar) 에이'라 읽는다.

증명 표본공간 S에서의 두 사건 A, B에 대하여
$n(S) = m$, $n(A) = a \ (a \neq 0)$, $n(A \cap B) = c$일 때

$$P(A \cap B) = \frac{n(A \cap B)}{n(S)} = \frac{c}{m}$$

$P(B|A)$는 A를 새로운 표본공간으로 생각하였을 때,
A에서 $A \cap B$가 일어날 확률이므로

$$P(B|A) = \frac{n(A \cap B)}{n(A)} = \frac{c}{a} = \frac{\dfrac{c}{m}}{\dfrac{a}{m}} = \frac{P(A \cap B)}{P(A)}$$

$$\therefore P(B|A) = \frac{P(A \cap B)}{P(A)}$$

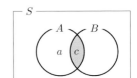

익히는 방법
1) $P(B)$: 표본공간 S에서 B가 일어날 확률
2) $P(B|A)$: 표본공간 A에서 $A \cap B$가 일어날 확률
3) $P(A \cap B)$: 표본공간 S에서 $A \cap B$가 일어날 확률

씨앗. 1 한 개의 주사위를 던져서 홀수의 눈이 나올 때, 그것이 소수일 확률을 구하여라.

풀이 홀수의 눈이 나오는 사건을 A, 소수의 눈이 나오는 사건을 B라 하면
$A = \{1, 3, 5\}$, $B = \{2, 3, 5\}$, $A \cap B = \{3, 5\}$에서

방법 I $P(A) = \dfrac{3}{6} = \dfrac{1}{2}$, $P(B) = \dfrac{3}{6} = \dfrac{1}{2}$, $P(A \cap B) = \dfrac{2}{6} = \dfrac{1}{3}$

따라서 구하는 확률은 사건 A가 일어났을 때의 사건 B의 조건부확률이므로

$$P(B|A) = \frac{P(A \cap B)}{P(A)} = \frac{\dfrac{1}{3}}{\dfrac{1}{2}} = \frac{2}{3}$$

강추 방법 II $n(A) = 3$, $n(B) = 3$, $n(A \cap B) = 2$

따라서 구하는 확률은 사건 A가 일어났을 때의 사건 B의 조건부확률이므로

$$P(B|A) = \frac{n(A \cap B)}{n(A)} = \frac{2}{3}$$

※ 경우의 수를 알 수 있을 때는 *경우의 수를 이용하면 조건부확률을 더 쉽게 구할 수 있다.

씨앗. 2 ┛ 4회에 1회의 비율로 안경을 친구 집에 놓아두는 경규가 X, Y, Z라는 세 친구 집을 차례로 들러서 집에 왔다. 안경을 친구 집에 놓아두고 온 것을 알았을 때, 안경을 Y의 집에 놓아두었을 확률을 구하여라.

풀이 안경을 친구 집에 놓아둔 사건을 A, 안경을 X의 집, Y의 집, Z의 집에 놓아둔 사건을 각각 X, Y, Z라 하면

$$P(X) = \frac{1}{4}, \ P(Y) = \frac{3}{4} \cdot \frac{1}{4} = \frac{3}{16}, \ P(Z) = \frac{3}{4} \cdot \frac{3}{4} \cdot \frac{1}{4} = \frac{9}{64}$$

$$\therefore P(A) = P(X) + P(Y) + P(Z) = \frac{1}{4} + \frac{3}{16} + \frac{9}{64} = \frac{37}{64}$$

따라서 구하는 확률은 사건 A가 일어났을 때의 사건 Y의 조건부확률이므로

$$P(Y|A) = \frac{P(A \cap Y)}{P(A)} = \frac{P(Y)}{P(A)} = \frac{\dfrac{3}{16}}{\dfrac{37}{64}} = \mathbf{\frac{12}{37}}$$

2 확률의 곱셈정리

$P(A) > 0$, $P(B) > 0$일 때, 두 사건 A, B가 동시에 일어날 확률은

① $P(A \cap B) = P(A)P(B|A)$

② $P(A \cap B) = P(B)P(A|B)$

$\therefore \mathbf{P(A \cap B) = P(A)P(B|A) = P(B)P(A|B)}$

증명 ① $P(B|A) = \dfrac{P(A \cap B)}{P(A)}$이므로 $P(A \cap B) = P(A)P(B|A)$

② $P(A|B) = \dfrac{P(A \cap B)}{P(B)}$이므로 $P(A \cap B) = P(B)P(A|B)$

$\therefore P(A \cap B) = P(A)P(B|A) = P(B)P(A|B)$

이와 같이 사건 $A \cap B$의 확률을 구하는 방법을 확률의 곱셈정리라 한다.

익히는 방법
두 사건 A, B가 동시에 일어날 확률 ⇨ 확률의 **곱셈정리**를 이용한다.
$P(A \cap B) = \mathbf{P(A)P(B|A) = P(B)P(A|B)}$

씨앗. 3 ┛ 두 사건 A, B에 대하여 $P(A) = 0.2$, $P(B) = 0.4$, $P(A|B) = 0.3$일 때, $P(B|A)$를 구하여라.

풀이 $P(A)P(B|A) = P(B)P(A|B)$이므로
$0.2 \times P(B|A) = 0.4 \times 0.3$
$\therefore P(B|A) = \mathbf{0.6}$

뿌리 1-1 **조건부확률의 계산**

두 사건 A, B에 대하여 다음을 구하여라.

1) $P(B) = \dfrac{2}{5}$, $P(A \cap B) = \dfrac{1}{3}$일 때, $P(A|B)$

2) $P(A) = \dfrac{2}{3}$, $P(B) = \dfrac{1}{2}$, $P(A^C \cap B^C) = \dfrac{1}{6}$일 때, $P(B|A)$

3) $P(A) = 0.3$, $P(B) = 0.6$, $P(A^C \cap B) = 0.4$일 때, $P(A|B^C)$

풀이

1) $P(A|B) = \dfrac{P(A \cap B)}{P(B)} = \dfrac{\frac{1}{3}}{\frac{2}{5}} = \dfrac{5}{6}$

2) $P(A^C \cap B^C) = P((A \cup B)^C) = 1 - P(A \cup B) = \dfrac{1}{6}$이므로 $P(A \cup B) = \dfrac{5}{6}$

   $P(A \cap B) = P(A) + P(B) - P(A \cup B) = \dfrac{2}{3} + \dfrac{1}{2} - \dfrac{5}{6} = \dfrac{1}{3}$

   $\therefore P(B|A) = \dfrac{P(A \cap B)}{P(A)} = \dfrac{\frac{1}{3}}{\frac{2}{3}} = \dfrac{1}{2}$

3) $P(A^C \cap B) = P(B) - P(A \cap B)$이므로 $0.4 = 0.6 - P(A \cap B)$

   $\therefore P(A \cap B) = 0.2$

   $P(A \cap B^C) = P(A) - P(A \cap B) = 0.3 - 0.2 = 0.1$

   $P(B^C) = 1 - P(B) = 1 - 0.6 = 0.4$

   $\therefore P(A|B^C) = \dfrac{P(A \cap B^C)}{P(B^C)} = \dfrac{0.1}{0.4} = \dfrac{1}{4}$

[줄기1-1] 두 사건 A, B에 대하여 $P(A) = \dfrac{1}{4}$, $P(B) = \dfrac{1}{6}$, $P(A \cup B^C) = \dfrac{2}{3}$일 때,
$P(B|A^C)$를 구하여라.

[줄기1-2] 두 사건 A, B에 대하여 $P(A|B) = \dfrac{1}{3}$, $P(B|A) = \dfrac{1}{4}$, $P(A \cup B) = \dfrac{6}{7}$일 때,
$P(A \cap B)$를 구하여라.

[줄기1-3] 두 사건 A, B에 대하여 $P(A) = 0.2$, $P(B|A^C) = 0.5$, $P(A^C|B) = 0.8$일 때,
$P(B^C)$를 구하여라.

조건부확률 (1)

오른쪽 표는 어느 고등학교 학생 100명을
대상으로 안경 착용 여부를 조사한 결과이다.
이들 중에서 임의의 한 명의 학생을 뽑을 때,
다음 물음에 답하여라.

	남학생	여학생	합계
안경 착용	23	47	70
안경 미착용	17	13	30
합계	40	60	100

1) 이 학생이 안경을 쓰고 남학생일 확률을 구하여라.

2) 이 학생이 안경을 쓴 학생일 때, 그 학생이 남학생일 확률을 구하여라.

핵심 시행 vs 사건 [p.68]
1) 시행 : 같은 조건에서 반복할 수 있고 그 결과가 우연에 의하여 결정되는 실험이나 관찰
2) 사건 : 시행의 결과

풀이 1) 이들 중에서 임의의 한 명의 학생을 뽑을 때 ⇨ 시행
　　↳ 시행이지 사건이 아니므로 조건부확률을 구하는 문제가 아니다.

안경을 쓴 학생인 사건을 A, 남학생인 사건을 B라 하면

$$P(A \cap B) = \frac{23}{100}$$

2) 이들 중에서 임의의 한 명의 학생을 뽑을 때 ⇨ 시행
이 학생이 안경을 쓴 학생일 때 ⇨ 사건
　　↳ 사건이므로 이것을 표본공간으로 하는 조건부확률을 구하는 문제이다.

안경을 쓴 학생인 사건을 A, 남학생인 사건을 B라 하면
$n(A) = 23 + 47 = 70$, $n(A \cap B) = 23$
따라서 구하는 확률은 사건 A가 일어났을 때의 사건 B의 조건부확률이므로

$$P(B|A) = \frac{n(A \cap B)}{n(A)} = \frac{23}{70}$$

참고 1)은 확률문제이고, 2)는 조건부확률문제이다.

조건부확률 (2)

어느 고등학교 학생 전체의 15 %가 왼손잡이이고, 왼손잡이인 여학생은 전체의 10 %
라고 한다. 이 학교에서 임의로 한 명을 뽑을 때 왼손잡이인 학생이 뽑혔다면 그 학생이
여학생일 확률을 구하여라.

풀이 이 학교에서 임의로 한 명을 뽑을 때 ⇨ 시행
왼손잡이인 학생이 뽑혔다면 ⇨ 사건
　　↳ 사건이므로 이것을 표본공간으로 하는 조건부확률을 구하는 문제이다.

왼손잡이 학생인 사건을 A, 여학생인 사건을 B라 하면
$P(A) = 0.15$, $P(A \cap B) = 0.1$
따라서 구하는 확률은 사건 A가 일어났을 때의 사건 B의 조건부확률이므로

$$P(B|A) = \frac{P(A \cap B)}{P(A)} = \frac{0.1}{0.15} = \frac{10}{15} = \frac{2}{3}$$

[줄기1-4] 어느 고등학교에서 학생들의 혈액형을 조사하였더니 A형인 학생이 30%이었고, A형인 남학생은 전체의 20%이었다. 이 고등학교 학생 중에서 임의로 뽑은 한 명이 A형이었을 때, 그 학생이 남학생일 확률을 구하여라.

[줄기1-5] 흰 찐빵과 녹색 찐빵을 만들 때, 찐빵 속에 콩 또는 팥을 넣는다. 흰 찐빵이 전체의 $\dfrac{1}{3}$ 이고, 콩을 넣는 찐빵이 전체의 $\dfrac{3}{4}$이며, 팥을 넣는 녹색 찐빵이 전체의 $\dfrac{1}{6}$이다. 이 찐 빵 중에서 임의로 고른 한 개가 흰 찐빵일 때, 그 찐빵의 속이 콩일 확률을 구하여라.
[정답 및 풀이에 있는 '표를 이용하는 방법'을 꼭 익히자!]

뿌리 1-4 **확률의 곱셈정리 (1)**

> 흰색 탁구공 7개, 주황색 탁구공 3개가 들어 있는 상자에서 임의로 한 개씩 두 번 탁구공을 꺼낼 때, 꺼낸 탁구공 2개가 모두 흰색 탁구공일 확률을 구하여라.
> (단, 꺼낸 탁구공을 다시 넣지 않는다.)

핵심 두 사건 A, B가 동시에 일어날 확률 ⇨ 확률의 **곱셈정리**를 이용한다.
$P(A \cap B) = P(A)P(B|A) = P(B)P(A|B)$

풀이 ~ 상자에서 임의로 한 개씩 두 번 탁구공을 꺼낼 때 ⇨ 시행
  ↳ 시행이지 사건이 아니므로 조건부확률을 구하는 문제가 아니다.

첫 번째에 흰색 탁구공이 나오는 사건을 A, 두 번째에 흰색 탁구공이 나오는 사건을 B라 하면 첫 번째에 흰색 탁구공이 나올 확률은

$P(A) = \dfrac{7}{10}$

첫 번째에 흰색 탁구공이 나왔을 때, 두 번째에도 흰색 탁구공이 나올 확률은

$P(B|A) = \dfrac{6}{9}$

따라서 구하는 확률은

$P(A \cap B) = P(A)P(B|A) = \dfrac{7}{10} \times \dfrac{6}{9} = \dfrac{7}{15}$

[줄기1-6] 4개의 불량품을 포함하여 15개의 제품이 들어 있는 상자에서 갑, 을의 순서로 임의로 하나씩 뽑을 때, 갑은 불량품을 뽑고 을은 양품을 뽑는 확률을 구하여라.
(단, 꺼낸 제품은 다시 넣지 않는다.)

[줄기1-7] 주머니 A에는 흰 공 5개와 검은 공 3개가 들어 있고, 주머니 B에는 흰 공 4개와 검은 공 2개가 들어 있다. 한 주머니를 임의로 택하여 공 한 개를 꺼낼 때, 그 공이 주머니 B에 들어있는 검은 공일 확률을 구하여라.

뿌리 1-5 확률의 곱셈정리 (2)

10개의 제비 중 3개의 당첨 제비가 들어 있는 상자에서 갑, 을의 순서로 임의로 하나씩 뽑을 때, 을이 당첨 제비를 뽑을 확률을 구하여라.

(단, 뽑은 제비는 다시 넣지 않는다.)

핵심 두 사건 A, B가 동시에 일어날 확률 ⇨ 확률의 **곱셈정리**를 이용한다.
$\mathrm{P}(A \cap B) = \mathrm{P}(A)\,\mathrm{P}(B \mid A) = \mathrm{P}(B)\,\mathrm{P}(A \mid B)$

풀이
~ 상자에서 갑, 을의 순서로 임의로 하나씩 뽑을 때 ⇨ 시행
↳ 시행이지 사건이 아니므로 조건부확률을 구하는 문제가 아니다.

갑이 당첨 제비를 뽑는 사건을 A, 을이 당첨 제비를 뽑는 사건을 B라 하면

i) 갑이 당첨 제비를 뽑고 을도 당첨 제비를 뽑을 확률

$\mathrm{P}(A) = \dfrac{3}{10}$, $\mathrm{P}(B \mid A) = \dfrac{2}{9}$ 이므로

$\mathrm{P}(A \cap B) = \mathrm{P}(A)\,\mathrm{P}(B \mid A) = \dfrac{3}{10} \times \dfrac{2}{9} = \dfrac{1}{15}$

ii) 갑이 당첨 제비를 뽑지 않고 을이 당첨 제비를 뽑을 확률

$\mathrm{P}(A^C) = \dfrac{7}{10}$, $\mathrm{P}(B \mid A^C) = \dfrac{3}{9}$ 이므로

$\mathrm{P}(A^C \cap B) = \mathrm{P}(A^C)\,\mathrm{P}(B \mid A^C) = \dfrac{7}{10} \times \dfrac{3}{9} = \dfrac{7}{30}$

사건 $A \cap B$와 $A^C \cap B$는 서로 배반사건이므로 을이 당첨 제비를 뽑는 확률은

$\mathrm{P}(B) = \mathrm{P}(A \cap B) + \mathrm{P}(A^C \cap B) = \dfrac{1}{15} + \dfrac{7}{30} = \dfrac{3}{10}$

TIP n개의 제비 중 m개가 당첨 제비이고 n명이 순서대로 뽑을 때, 각 인원이 당첨 제비를 뽑을 확률은 $\dfrac{m}{n}$으로 모두 같다.

증명 'n개의 제비 중 1개가 당첨 제비이고 n명이 순서대로 뽑을 때, 각 인원이 당첨 제비를 뽑을 확률은 $\dfrac{1}{n}$로 모두 같다.'를 증명하는 것으로 갈음한다.

첫 번째 인원이 당첨 제비를 뽑을 확률은 $\dfrac{1}{n}$이며, k번째 인원이 당첨 제비를 뽑을 확률은 첫 번째부터 $(k-1)$번째의 인원까지 모두 낙첨되고 k번째 인원이 남아있는 $(n-k+1)$개 중 당첨 제비를 뽑아서 당첨되어야 하므로

$\dfrac{n-1}{n} \cdot \dfrac{n-2}{n-1} \cdot \dfrac{n-3}{n-2} \cdot \cdots \cdot \dfrac{n-k+1}{n-k+2} \cdot \dfrac{1}{n-k+1} = \dfrac{1}{n}$

[줄기1-8] 어떤 야구팀은 비가 내릴 때 시합에서 이길 확률이 0.6이고 비가 내리지 않을 때 시합에서 이길 확률이 0.4이다. 내일 비가 내릴 확률이 0.3일 때, 이 팀이 내일 시합에서 이길 확률을 구하여라.

[줄기1-9] 주머니 A에는 흰 공 5개, 검은 공 3개가 들어 있고, 주머니 B에는 흰 공 4개, 검은 공 2개가 들어 있다. A, B 두 주머니 중에서 한 주머니를 임의로 택하여 2개의 공을 동시에 꺼낼 때, 모두 흰 공일 확률을 구하여라.

뿌리 1-6 확률의 곱셈정리와 조건부확률

주머니 A에는 흰 공 5개, 검은 공 3개가 들어 있고, 주머니 B에는 흰 공 4개, 검은 공 2개가 들어 있다. A, B 두 주머니 중에서 한 주머니를 임의로 택하여 2개의 공을 동시에 꺼냈더니 모두 흰 공이었을 때, 그 공이 주머니 A에서 나왔을 확률을 구하여라.

풀이 A, B 두 주머니 중에서 한 주머니를 임의로 택하여 2개의 공을 동시에 꺼냈더니 ➡ 시행 모두 흰 공이었을 때 ➡ 사건

> ↳ 사건이므로 이것을 표본공간으로 하는 조건부확률을 구하는 문제이다.

주머니 A를 택하는 사건을 A, 주머니 B를 택하는 사건을 B, 2개 모두 흰 공을 꺼내는 사건을 E라 하면

i) 주머니는 A이고 2개 모두 흰 공일 확률은

$$P(A) = \frac{1}{2},\ P(E|A) = \frac{{}_5C_2}{{}_8C_2} = \frac{5}{14}\text{이므로}$$

$$P(A \cap E) = P(A)P(E|A) = \frac{1}{2} \times \frac{5}{14} = \frac{5}{28}$$

ii) 주머니는 B이고 2개 모두 흰 공일 확률은

$$P(B) = \frac{1}{2},\ P(E|B) = \frac{{}_4C_2}{{}_6C_2} = \frac{2}{5}\text{이므로}$$

$$P(B \cap E) = P(B)P(E|B) = \frac{1}{2} \times \frac{2}{5} = \frac{1}{5}$$

사건 $A \cap E$와 $B \cap E$는 서로 배반사건이므로

$$P(E) = P(A \cap E) + P(B \cap E) = \frac{5}{28} + \frac{1}{5} = \frac{53}{140}$$

따라서 구하는 확률은

$$P(A|E) = \frac{P(A \cap E)}{P(E)} = \frac{\frac{5}{28}}{\frac{53}{140}} = \frac{140 \cdot 5}{28 \cdot 53} = \mathbf{\frac{25}{53}}$$

줄기1-10 어느 회사가 A공장과 B공장 두 곳에서 제품을 생산하는 데 각 공장에서 생산되는 제품의 비율은 2 : 3이고 A공장과 B공장에서 생산한 제품 중 각각 3%, 5%가 불량품이다. 생산된 제품 중에 한 개를 뽑았더니 불량품이었을 때, 그 제품이 B공장에서 생산되었을 확률을 구하여라.

줄기1-11 어느 학교 전체 학생의 60%는 버스로, 나머지 40%는 걸어서 등교하였다. 버스로 등교한 학생의 $\frac{1}{20}$이 지각하였고, 걸어서 등교한 $\frac{1}{15}$이 지각하였다. 이 학교 전체 학생 중 임의로 선택한 1명의 학생이 지각하였을 때, 이 학생이 버스로 등교하였을 확률은?

① $\frac{3}{7}$　　② $\frac{9}{20}$　　③ $\frac{9}{19}$　　④ $\frac{1}{2}$　　⑤ $\frac{9}{17}$

[수능 기출]

② 사건의 독립과 종속

1 사건의 독립과 종속

1) 독립

두 사건 A, B에 대하여 한 사건이 일어나거나 일어나지 않는 것이 다른 사건이 일어날 확률에 영향을 주지 않을 때, 즉

$$\mathrm{P}(B|A) = \mathrm{P}(B|A^C) = \mathrm{P}(B) \text{ 또는 } \mathrm{P}(A|B) = \mathrm{P}(A|B^C) = \mathrm{P}(A)$$

일 때, 두 사건 A, B는 서로 **독립**이라 한다.

> (익히는 방법)
> 두 사건 A, B가 서로 독립이면
> $$\mathrm{P}(B|A) = \mathrm{P}(B|A^C) = \mathrm{P}(B) \text{ 또는 } \mathrm{P}(A|B) = \mathrm{P}(A|B^C) = \mathrm{P}(A)$$

2) 종속

두 사건 A, B가 서로 독립이 아닐 때, 즉 $\mathrm{P}(B|A) \neq \mathrm{P}(B)$ $(\mathrm{P}(B|A) \neq \mathrm{P}(B|A^C))$ 또는 $\mathrm{P}(A|B) \neq \mathrm{P}(A)$ $(\mathrm{P}(A|B) \neq \mathrm{P}(A|B^C))$일 때, 두 사건 A, B는 서로 **종속**이라 한다.

☆ 두 사건의 관계는 독립과 종속 중에 하나다. 따라서 **독립이 아니면 종속이다.**

흰 공 3개, 검은 공 2개가 들어 있는 주머니에서 공을 한 개씩 두 번 꺼낼 때, 첫 번째 꺼낸 공이 흰 공인 사건을 A, 두 번째 꺼낸 공이 흰 공인 사건을 B라 하자.

1) 첫 번째 꺼낸 공을 다시 넣고 두 번째 공을 꺼낼 경우 (복원추출)

　두 번째 흰 공을 꺼낼 확률은 첫 번째 공을 꺼내는 사건에 영향을 받지 않으므로

$$\mathrm{P}(B|A) = \frac{3}{5}, \ \mathrm{P}(B|A^C) = \frac{3}{5}, \text{ 즉 } \mathrm{P}(B|A) = \mathrm{P}(B|A^C) = \mathrm{P}(B)$$

　이와 같이 두 사건 A, B에 대하여 사건 A가 일어나거나 일어나지 않는 것이 사건 B가 일어날 확률에 아무런 영향을 미치지 않을 때, 사건 A와 사건 B는 서로 **독립**이라 한다.

2) 첫 번째 꺼낸 공을 다시 넣지 않고 두 번째 공을 꺼낼 경우 (비복원추출)

　두 번째 흰 공을 꺼낼 확률은 첫 번째 공을 꺼내는 사건에 영향을 받으므로

$$\mathrm{P}(B|A) = \frac{2}{4}, \ \mathrm{P}(B|A^C) = \frac{3}{4}, \text{ 즉 } \mathrm{P}(B|A) \neq \mathrm{P}(B|A^C)$$

　이와 같이 두 사건 A, B에 대하여 사건 A가 일어나거나 일어나지 않는 것이 사건 B가 일어날 확률에 영향을 미칠 때, 사건 A와 사건 B는 서로 **종속**이라 한다.

2 두 사건이 서로 독립일 조건

두 사건 A, B가 서로 독립이기 위한 필요충분조건은

$$\mathrm{P}(A \cap B) = \mathrm{P}(A)\mathrm{P}(B) \text{ (단, } \mathrm{P}(A) > 0, \ \mathrm{P}(B) > 0)$$

사건 A와 사건 B가 서로 독립이면 $\mathrm{P}(B|A) = \mathrm{P}(B)$이므로

$$\mathrm{P}(A \cap B) = \mathrm{P}(A)\mathrm{P}(B|A) = \mathrm{P}(A)\mathrm{P}(B) \quad \therefore \mathrm{P}(A \cap B) = \mathrm{P}(A)\mathrm{P}(B)$$

> 두 사건 A, B가 서로 종속이기 위한 필요충분조건은 $\mathrm{P}(A \cap B) \neq \mathrm{P}(A)\mathrm{P}(B)$
> ($\because$ 두 사건의 관계는 독립과 종속 중에 하나다. 따라서 **독립이 아니면 종속이다.**)

※ 사건 A와 사건 B가 서로 독립임을 보이기 위해서는

$$\mathrm{P}(B|A) = \mathrm{P}(B|A^C), \ \mathrm{P}(B|A) = \mathrm{P}(B), \ \mathrm{P}(A \cap B) = \mathrm{P}(A)\mathrm{P}(B) \text{ 중 하나가 성립함을 보이면 된다.}$$

3 두 사건 A, B가 서로 독립이면 A와 B^C, A^C와 B, A^C와 B^C도 각각 서로 독립이다.

1) 두 사건 A, B가 서로 독립이면 두 사건 A와 B^C도 서로 독립이다.

증명
$$\mathrm{P}(A \cap B) = \mathrm{P}(A)\mathrm{P}(B) \cdots \text{㉠}$$
$$\begin{aligned}
\mathrm{P}(A \cap B^C) &= \mathrm{P}(A - B) \\
&= \mathrm{P}(A) - \mathrm{P}(A \cap B) \\
&= \mathrm{P}(A) - \mathrm{P}(A)\mathrm{P}(B) \ (\because \text{㉠}) \\
&= \mathrm{P}(A)\{1 - \mathrm{P}(B)\} \\
&= \mathrm{P}(A)\mathrm{P}(B^C)
\end{aligned}$$

즉, $\mathrm{P}(A \cap B^C) = \mathrm{P}(A)\mathrm{P}(B^C)$이므로 두 사건 A와 B^C는 서로 독립이다.

2) 두 사건 A, B가 서로 독립이면 두 사건 A^C와 B도 서로 독립이다.

증명
$$\mathrm{P}(A \cap B) = \mathrm{P}(A)\mathrm{P}(B) \cdots \text{㉠}$$
$$\begin{aligned}
\mathrm{P}(A^C \cap B) &= \mathrm{P}(B - A) \\
&= \mathrm{P}(B) - \mathrm{P}(A \cap B) \\
&= \mathrm{P}(B) - \mathrm{P}(A)\mathrm{P}(B) \ (\because \text{㉠}) \\
&= \mathrm{P}(B)\{1 - \mathrm{P}(A)\} \\
&= \mathrm{P}(B)\mathrm{P}(A^C)
\end{aligned}$$

즉, $\mathrm{P}(A^C \cap B) = \mathrm{P}(A^C)\mathrm{P}(B)$이므로 두 사건 A^C와 B는 서로 독립이다.

3) 두 사건 A, B가 서로 독립이면 두 사건 A^C와 B^C도 서로 독립이다.

증명
$$\mathrm{P}(A \cap B) = \mathrm{P}(A)\mathrm{P}(B) \cdots \text{㉠}$$
$$\begin{aligned}
\mathrm{P}(A^C \cap B^C) &= \mathrm{P}((A \cup B)^C) \\
&= 1 - \mathrm{P}(A \cup B) \\
&= 1 - \{\mathrm{P}(A) + \mathrm{P}(B) - \mathrm{P}(A \cap B)\} \\
&= 1 - \mathrm{P}(A) - \mathrm{P}(B) + \mathrm{P}(A)\mathrm{P}(B) \ (\because \text{㉠}) \\
&= \{1 - \mathrm{P}(A)\}\{1 - \mathrm{P}(B)\} \\
&= \mathrm{P}(A^C)\mathrm{P}(B^C)
\end{aligned}$$

즉, $\mathrm{P}(A^C \cap B^C) = \mathrm{P}(A^C)\mathrm{P}(B^C)$이므로 두 사건 A^C와 B^C는 서로 독립이다.

익히는 방법

내가 번데기 요리를 먹는 사건 A와 미국대통령이 달팽이 요리를 먹는 사건 B에 대하여 한 사건이 일어나거나 일어나지 않는 것이 다른 사건이 일어날 확률에 영향을 주지 않으므로 두 사건 A, B는 서로 독립이다.

따라서 A, B가 서로 독립이면 A와 B^C, A^C와 B, A^C와 B^C도 각각 서로 독립이다.

📝 1), 2), 3)의 증명은 내신의 서술형 문제로 잘 출제된다.

씨앗. 1 ■ 한 개의 주사위를 한 번 던지는 시행에서 2의 배수의 눈이 나오는 사건을 A, 3의 배수의 눈이 나오는 사건을 B라 할 때, 두 사건 A, B가 서로 독립임을 보여라.

풀이 $A = \{2, 4, 6\}$, $B = \{3, 6\}$, $A \cap B = \{6\}$이므로 $\mathrm{P}(A) = \dfrac{1}{2}$, $\mathrm{P}(B) = \dfrac{1}{3}$, $\mathrm{P}(A \cap B) = \dfrac{1}{6}$

$$\mathrm{P}(A)\mathrm{P}(B) = \frac{1}{2} \times \frac{1}{3} = \frac{1}{6}$$

따라서 $\mathrm{P}(A \cap B) = \mathrm{P}(A)\mathrm{P}(B)$이므로 두 사건 A, B는 서로 독립이다.

씨앗. 2 ▗ 두 사건 A, B가 서로 독립이고 $P(A)=0.6$, $P(B)=0.3$일 때, 다음을 구하여라.

1) $P(A \cap B)$ 2) $P(A \cap B^C)$ 3) $P(A^C|B)$ 4) $P(B^C|A^C)$

풀이 1) $P(A \cap B) = P(A)P(B) = 0.6 \times 0.3 =$ **0.18**

2) $P(A \cap B^C) = P(A)P(B^C) = 0.6 \times (1-0.3) = 0.6 \times 0.7 =$ **0.42**

3) $P(A^C|B) = P(A^C) = 1-0.6 =$ **0.4**

4) $P(B^C|A^C) = P(B^C) = 1-0.3 =$ **0.7**

---

4 배반사건과 독립사건의 비교

	배반사건	독립사건
정의	$A \cap B = \varnothing$	$P(B|A) = P(B|A^C) = P(B)$ 또는 $P(A|B) = P(A|B^C) = P(A)$
의미	두 사건 A, B 중 어느 한 사건이 일어나면 다른 사건은 일어나지 않는다.	두 사건 A, B에 대하여 한 사건이 일어나거나 일어나지 않는 것이 다른 사건이 일어날 확률에 영향을 주지 않는다.
확률의 곱셈정리	$P(A \cap B) = 0$	$P(A \cap B) = P(A)P(B)$
확률의 덧셈정리	$P(A \cup B) = P(A) + P(B)$	$P(A \cup B) = P(A) + P(B) - P(A \cap B)$ $= P(A) + P(B) - P(A)P(B)$
판단 방법	$A \cap B = \varnothing$이면 두 사건 A, B는 서로 배반사건이다.	$P(A \cap B) = P(A)P(B)$이면 두 사건 A, B는 서로 독립사건이다

1) A와 B가 배반 $\overset{\bigcirc}{\underset{\times}{\rightleftharpoons}}$ A와 B가 종속 ※*배반사건과 종속사건은 관련이 있다.

2) A와 B가 배반 $\overset{\times}{\underset{\times}{\rightleftharpoons}}$ A와 B가 독립 ※*배반사건과 독립사건은 관련이 없다.

3) A와 B가 배반 $\overset{\bigcirc}{\underset{\bigcirc}{\rightleftharpoons}}$ $P(B|A)=0$

중요 $P(A \cap B) = 0$이면 $\dfrac{P(A \cap B)}{P(A)} = 0$이고, $\dfrac{P(A \cap B)}{P(A)} = 0$이면 $P(A \cap B) = 0$이다.

4) A와 B가 배반 $\overset{\bigcirc}{\underset{\times}{\rightleftharpoons}}$ $P(A) + P(B) \le 1$

중요 $P(A \cap B) = 0$이면 $P(A \cup B) = P(A) + P(B) - P(A \cap B) = P(A) + P(B) \le 1$이지만 $P(A) + P(B) \le 1$이라고 해서 반드시 $P(A \cap B) = 0$인 것은 아니다.

① 세 사건 A, B, C가 서로 독립이면

$P(A \cap B \cap C) = P(A)P(B)P(C)$ (단, $P(A)>0$, $P(B)>0$, $P(C)>0$)

② A와 B가 독립이고 B와 C가 독립이면 A와 C가 독립이다. ($\times$)

[반례] $P(A) = \dfrac{1}{3}$, $P(B) = \dfrac{1}{2}$, $P(C) = \dfrac{1}{3}$,

$P(A \cap B) = \dfrac{1}{6}$, $P(B \cap C) = \dfrac{1}{6}$일 때,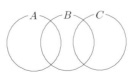

$P(A \cap B) = P(A)P(B)$,

$P(B \cap C) = P(B)P(C)$이다.

이때 우측 그림과 같이 $P(A \cap C) = 0$

이므로 $P(A \cap C) \ne P(A)P(C)$이다.

뿌리 2-1 사건의 독립과 종속의 판정

한 개의 주사위를 던질 때, 홀수의 눈이 나오는 사건을 A, 소수의 눈이 나오는 사건을 B, 4 초과의 눈이 나오는 사건을 C라고 하자. 이때 다음 두 사건이 서로 독립인지 종속인지 말하여라.

> ㄱ. A와 B ㄴ. B와 C ㄷ. A와 C

핵심 두 사건의 관계는 독립과 종속 중에 하나다. 따라서 *독립이 아니면 종속이다.
두 사건 A, B가 서로 독립 $\Leftrightarrow P(A \cap B) = P(A) P(B)$
두 사건 A, B가 서로 종속 $\Leftrightarrow P(A \cap B) \neq P(A) P(B)$

풀이 $A = \{1, 3, 5\}$, $B = \{2, 3, 5\}$, $C = \{5, 6\}$이므로
$A \cap B = \{3, 5\}$, $B \cap C = \{5\}$, $A \cap C = \{5\}$

ㄱ. $P(A) = \dfrac{1}{2}$, $P(B) = \dfrac{1}{2}$, $P(A \cap B) = \dfrac{1}{3}$이므로

$P(A \cap B) \neq P(A) P(B)$

따라서 두 사건 A, B는 **서로 종속이다.**

ㄴ. $P(B) = \dfrac{1}{2}$, $P(C) = \dfrac{1}{3}$, $P(B \cap C) = \dfrac{1}{6}$이므로

$P(B \cap C) = P(B) P(C)$

따라서 두 사건 B, C는 **서로 독립이다.**

ㄷ. $P(A) = \dfrac{1}{2}$, $P(C) = \dfrac{1}{3}$, $P(A \cap C) = \dfrac{1}{6}$이므로

$P(A \cap C) = P(A) P(C)$

따라서 두 사건 A, C는 **서로 독립이다.**

[줄기2-1] 1부터 10까지의 자연수가 하나씩 적혀 있는 10개의 공이 있다. 이 중에서 임의로 한 개의 공을 꺼낼 때, 꺼낸 공에 적힌 수가 2의 배수인 사건을 A, 6의 약수인 사건을 B라 하자. 이때 두 사건 A와 B는 서로 독립인지 종속인지 말하여라.

[줄기2-2] 한 개의 동전을 3회 던질 때, 첫 번째에 앞면이 나오는 사건을 A, 두 번째에 뒷면이 나오는 사건을 B, 3회 중 2회만 연속해서 앞면이 나오는 사건을 C라 할 때, 다음에서 참, 거짓을 말하여라.

1) A와 B는 서로 독립이다. ( )

2) B와 C는 서로 배반사건이다. ( )

3) B와 C는 서로 종속이다. ( )

뿌리 2-2 **독립사건의 확률의 계산(1)**

다음 물음에 답하여라.

1) 두 사건 A, B가 서로 독립이고 $P(A \cap B^C) = \dfrac{1}{3}$, $P(A^C \cap B^C) = \dfrac{1}{6}$일 때, $P(A)$의 값을 구하여라.

2) 두 사건 A, B가 서로 독립이고 $P(A) = \dfrac{1}{3}$, $P(B) = \dfrac{1}{4}$일 때, $P((A-B) \cup (B-A))$의 값을 구하여라.

3) 두 사건 A, B가 서로 독립이고 $P(A \cup B) = \dfrac{3}{4}$, $P(A|B) = \dfrac{5}{8}$일 때, $P(A \cap B^C)$의 값을 구하여라.

핵심 두 사건 A, B가 서로 독립 $\Leftrightarrow$ $P(A \cap B) = P(A)P(B)$

풀이 1) 두 사건 A, B가 서로 독립이면 A와 B^C, A^C와 B^C도 각각 서로 독립이므로

$$P(A \cap B^C) = P(A)P(B^C) = P(A)\{1 - P(B)\} = \frac{1}{3} \cdots \text{㉠}$$

$$P(A^C \cap B^C) = P(A^C)P(B^C) = \{1 - P(A)\}\{1 - P(B)\} = \frac{1}{6} \cdots \text{㉡}$$

㉠÷㉡을 하면

$$\frac{P(A)}{1 - P(A)} = 2, \ P(A) = 2 - 2P(A) \qquad \therefore P(A) = \frac{2}{3}$$

2) $P((A-B) \cup (B-A)) = P(A-B) + P(B-A)$ $(\because A-B$와 $B-A$는 서로 배반사건$)$
$$= P(A \cap B^C) + P(B \cap A^C)$$

※ 두 사건 A, B가 서로 독립이면 A와 B^C, A^C와 B도 각각 서로 독립이다.

$$= P(A)P(B^C) + P(B)P(A^C)$$
$$= \frac{1}{3} \times \left(1 - \frac{1}{4}\right) + \frac{1}{4} \times \left(1 - \frac{1}{3}\right) = \frac{1}{4} + \frac{1}{6} = \frac{5}{12}$$

3) 두 사건 A, B가 서로 독립이면 $\mathbf{P}(A|B) = \mathbf{P}(A|B^C) = \mathbf{P}(A)$에서 $P(A|B) = P(A) = \dfrac{5}{8}$

$P(A \cup B) = P(A) + P(B) - P(A \cap B)$에서 $\dfrac{3}{4} = \dfrac{5}{8} + P(B) - \dfrac{5}{8}P(B)$ $\therefore P(B) = \dfrac{1}{3}$

두 사건 A, B가 서로 독립이면 A와 B^C도 서로 독립이므로

$$P(A \cap B^C) = P(A)P(B^C)$$
$$= P(A)\{1 - P(B)\}$$
$$= \frac{5}{8} \times \left(1 - \frac{1}{3}\right) = \frac{5}{12}$$

[줄기2-3] 두 사건 A, B가 서로 독립이고 $P(A^C) = \dfrac{3}{4}$, $P(A \cup B^C) = \dfrac{3}{10}$일 때, $P(B)$의 값은? (단, A^C는 A의 여사건이다.) [평가원 기출]

① $\dfrac{2}{3}$　　② $\dfrac{11}{15}$　　③ $\dfrac{4}{5}$　　④ $\dfrac{13}{15}$　　⑤ $\dfrac{14}{15}$

뿌리 2-3 **독립사건의 확률의 계산(2)**

> 명중률이 각각 0.6, 0.4, 0.5인 세 선수 A, B, C가 화살을 각각 한 발씩 쏘았을 때, 다음을 구하여라.
>
> 1) 세 발 모두 표적에 명중할 확률
> 2) 두 발만 표적에 명중할 확률
> 3) 적어도 한 발이 표적에 명중할 확률

핵심 세 사건 A, B, C가 서로 독립 $\Leftrightarrow$ $P(A \cap B \cap C) = P(A)P(B)P(C)$

풀이 세 선수 A, B, C가 표적을 명중시킬 사건을 A, B, C라 하면 세 사건은 서로 독립이므로

1) 세 발이 모두 표적에 명중할 확률은
$$P(A \cap B \cap C) = P(A)P(B)P(C)$$
$$= 0.6 \times 0.4 \times 0.5 = \mathbf{0.12}$$

2) 두 발만 표적에 명중할 확률은
$$P(A \cap B \cap C^C) + P(A \cap B^C \cap C) + P(A^C \cap B \cap C)$$
$$= P(A)P(B)P(C^C) + P(A)P(B^C)P(C) + P(A^C)P(B)P(C)$$
$$= 0.6 \times 0.4 \times (1-0.5) + 0.6 \times (1-0.4) \times 0.5 + (1-0.6) \times 0.4 \times 0.5$$
$$= 0.12 + 0.18 + 0.08 = \mathbf{0.38}$$

3) $P(A^C \cap B^C \cap C^C) = P(A^C)P(B^C)P(C^C)$
$$= (1-0.6)(1-0.4)(1-0.5)$$
$$= 0.4 \times 0.6 \times 0.5 = 0.12$$
따라서 적어도 한 발이 표적에 명중할 확률은
$$1 - P(A^C \cap B^C \cap C^C) = 1 - 0.12 = \mathbf{0.88}$$

[줄기2-4] 어떤 수학 문제를 갑과 을 중 적어도 한 명이 맞힐 확률이 $\dfrac{3}{5}$이고 갑이 맞힐 확률이 $\dfrac{1}{5}$일 때, 을이 맞힐 확률을 구하여라.

[줄기2-5] 오른쪽 그림과 같은 회로에서 세 개의 스위치 A, B, C는 독립적으로 작동되며 스위치가 닫혀 있을 확률이 각각 0.2, 0.7, 0.5일 때, p에서 q로 전류가 흐를 확률을 구하여라.

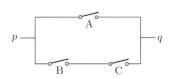

⑬ 독립시행의 확률

1 독립시행의 확률

1) 독립시행

동전이나 주사위를 여러 번 던지는 경우와 같이 동일한 시행을 반복할 때, 각 시행의 결과 (사건)가 서로 독립인 경우 이러한 시행을 **독립시행**이라 한다.

2) 독립시행의 확률

한 번의 시행에서 사건 A가 일어날 확률이 $p\,(0<p<1)$일 때, 이 시행을 n**회 반복한 독립시행에서 사건 A가 r회 일어날 확률**은

$${}_n\mathrm{C}_r\,p^r(1-p)^{n-r}\ (\text{단},\ r=0,\ 1,\ 2,\cdots,\ n)$$

$\llcorner$ 사건 A가 n번 중 r번 일어나는 경우의 수

한 개의 주사위를 네 번 던질 때, 1의 눈이 세 번 나올 확률을 구하여 보자.

주사위를 던져 1의 눈이 나오면 ○, 1의 눈이 나오지 않으면 ×로 나타내면 오른쪽 표와 같이 네 번 중 1의 눈이 세 번 나오는 경우의 수는 ${}_4\mathrm{C}_3=4$이며 그 각각의 경우의 확률은 $\left(\dfrac{1}{6}\right)^3\left(\dfrac{5}{6}\right)^1$이다.

시 행	확 률
○○○×	$\dfrac{1}{6}\times\dfrac{1}{6}\times\dfrac{1}{6}\times\dfrac{5}{6}=\left(\dfrac{1}{6}\right)^3\left(\dfrac{5}{6}\right)^1$
○○×○	$\dfrac{1}{6}\times\dfrac{1}{6}\times\dfrac{5}{6}\times\dfrac{1}{6}=\left(\dfrac{1}{6}\right)^3\left(\dfrac{5}{6}\right)^1$
○×○○	$\dfrac{1}{6}\times\dfrac{5}{6}\times\dfrac{1}{6}\times\dfrac{1}{6}=\left(\dfrac{1}{6}\right)^3\left(\dfrac{5}{6}\right)^1$
×○○○	$\dfrac{5}{6}\times\dfrac{1}{6}\times\dfrac{1}{6}\times\dfrac{1}{6}=\left(\dfrac{1}{6}\right)^3\left(\dfrac{5}{6}\right)^1$

그런데 ${}_4\mathrm{C}_3$가지의 사건은 서로 배반사건이므로 네 번 중 1의 눈이 세 번 나올 확률은 확률의 덧셈 정리에 의하여

$$\left(\dfrac{1}{6}\right)^3\left(\dfrac{5}{6}\right)^1+\left(\dfrac{1}{6}\right)^3\left(\dfrac{5}{6}\right)^1+\left(\dfrac{1}{6}\right)^3\left(\dfrac{5}{6}\right)^1+\left(\dfrac{1}{6}\right)^3\left(\dfrac{5}{6}\right)^1$$

$$={}_4\mathrm{C}_3\left(\dfrac{1}{6}\right)^3\left(\dfrac{5}{6}\right)^1$$

따라서 한 개의 주사위를 n번 던져 1의 눈이 r번 나올 확률은

$${}_n\mathrm{C}_r\left(\dfrac{1}{6}\right)^r\left(\dfrac{5}{6}\right)^{n-r}$$

씨앗. 1 ◢ 다음 물음에 답하여라.

 1) 어떤 야구 선수가 안타를 칠 확률이 0.3이라고 할 때, 이 선수가 3번 타석에 들어서 2번 안타를 칠 확률을 구하여라.

 2) 어떤 야구 선수의 타율이 3할이라고 할 때, 이 선수가 3번 타석에 들어서 2번 이상 안타를 칠 확률을 구하여라.

[풀이] 1) 타석에 설 때 안타를 칠 확률은 0.3, 안타를 못 칠 확률은 0.7이므로 구하는 확률은

$${}_3\mathrm{C}_2(0.3)^2(0.7)^1=\textbf{0.189}$$

 2) 타석에 설 때 안타를 칠 확률은 0.3, 안타를 못 칠 확률은 0.7이므로 구하는 확률은

$${}_3\mathrm{C}_2(0.3)^2(0.7)^1+{}_3\mathrm{C}_3(0.3)^3(0.7)^0=0.189+0.027=\textbf{0.216}$$

뿌리 3-1 **독립시행의 확률 (1)**

한 개의 주사위를 5번 던질 때, 다음을 구하여라.

1) 홀수의 눈이 3번 나올 확률
2) 홀수의 눈이 4번 이상 나올 확률
3) 홀수의 눈이 적어도 2번 나올 확률

풀이 한 개의 주사위를 던질 때 홀수의 눈이 나올 확률은 $\dfrac{1}{2}$, 홀수의 눈이 나오지 않을 확률은 $\dfrac{1}{2}$ 이다.

1) $_5C_3\left(\dfrac{1}{2}\right)^3\left(\dfrac{1}{2}\right)^2 = \dfrac{5}{16}$

2) i) 홀수의 눈이 4번 나올 확률은 $_5C_4\left(\dfrac{1}{2}\right)^4\left(\dfrac{1}{2}\right)^1 = \dfrac{5}{32}$

　ii) 홀수의 눈이 5번 나올 확률은 $_5C_5\left(\dfrac{1}{2}\right)^5\left(\dfrac{1}{2}\right)^0 = \dfrac{1}{32}$

　i), ii)에서 구하는 확률은 $\dfrac{5}{32}+\dfrac{1}{32} = \dfrac{3}{16}$

3) i) 홀수의 눈이 0번 나올 확률은 $_5C_0\left(\dfrac{1}{2}\right)^0\left(\dfrac{1}{2}\right)^5 = \dfrac{1}{32}$

　ii) 홀수의 눈이 1번 나올 확률은 $_5C_1\left(\dfrac{1}{2}\right)^1\left(\dfrac{1}{2}\right)^4 = \dfrac{5}{32}$

　i), ii)에서 구하는 확률은 $1-\left(\dfrac{5}{32}+\dfrac{1}{32}\right) = \dfrac{13}{16}$

[줄기3-1] 명중률이 80% 인 어떤 양궁선수가 6번 화살을 쏠 때, 다음을 구하여라.

1) 2번 명중할 확률
2) 5번 이상 명중할 확률
3) 적어도 2번 명중할 확률

[줄기3-2] 어느 야구 대회에서 결승에 진출한 두 팀 A, B가 7번의 경기를 하여 4번을 먼저 이기면 우승한다고 한다. A팀이 B팀을 이길 확률이 $\dfrac{2}{3}$ 일 때, 6번째 경기에서 우승팀이 A팀으로 결정될 확률을 구하여라. (단, 비기는 경우는 없다.)

뿌리 3-2 독립시행의 확률 (2)

어느 야구 대회에서 결승에 진출한 두 팀 A, B가 7번의 경기를 하여 4번을 먼저 이기면 우승한다고 한다. A팀이 B팀을 이길 확률이 $\dfrac{2}{3}$일 때, 6번째 경기에서 우승팀이 결정될 확률을 구하여라. (단, 비기는 경우는 없다.)

풀이 A팀이 B팀을 이길 확률은 $\dfrac{2}{3}$, B팀이 A팀을 이길 확률은 $\dfrac{1}{3}$이다.

6번째 경기에서 우승팀이 결정되려면 우승팀은 5번의 경기에서 3번 이기고 마지막 6번째 경기에서도 이겨야 한다.

i) A팀이 우승할 확률은 $_5C_3\left(\dfrac{2}{3}\right)^3\left(\dfrac{1}{3}\right)^2 \times \dfrac{2}{3} = \dfrac{160}{729}$

ii) B팀이 우승할 확률은 $_5C_3\left(\dfrac{1}{3}\right)^3\left(\dfrac{2}{3}\right)^2 \times \dfrac{1}{3} = \dfrac{40}{729}$

i), ii)에서 구하는 확률은 $\dfrac{160}{729} + \dfrac{40}{729} = \mathbf{\dfrac{200}{729}}$

뿌리 3-3 독립시행의 확률 (3)

자유투 성공률이 60%인 농구선수가 있다. 주사위를 던져서 3의 배수의 눈이 나오면 자유투를 3번 던지고 4의 배수의 눈이 나오면 자유투를 4번 던질 때, 오직 2번만 성공할 확률을 구하여라.

풀이 i) 주사위를 던져 3의 배수의 눈이 나오고, 자유투를 3번 던져서 2번만 성공할 확률은

$\dfrac{2}{6} \times {_3C_2}\left(\dfrac{6}{10}\right)^2\left(\dfrac{4}{10}\right)^1 = \dfrac{18}{125}$

ii) 주사위를 던져 4의 배수의 눈이 나오고, 자유투를 4번 던져서 2번만 성공할 확률은

$\dfrac{1}{6} \times {_4C_2}\left(\dfrac{6}{10}\right)^2\left(\dfrac{4}{10}\right)^2 = \dfrac{36}{625}$

i), ii)에서 구하는 확률은 $\dfrac{18}{125} + \dfrac{36}{625} = \mathbf{\dfrac{126}{625}}$

[줄기3-3] 흰 공 3개, 검은 공 1개가 들어 있는 주머니에서 임의로 1개의 공을 꺼내어 그것이 흰 공이면 한 개의 동전을 2회 던지고 검은 공이면 한 개의 동전을 3회 던질 때, 동전의 앞면이 2회 나올 확률을 구하여라.

뿌리 3-4　독립시행의 확률(4)

수직선 위의 원점에 점 P가 있다. 한 개의 주사위를 던져서 1 또는 2의 눈이 나오면 점 P를 2만큼, 그 외의 눈이 나오면 -1만큼 옮긴다. 한 개의 주사위를 6번 던질 때, 다음을 구하여라.

1) 점 P가 원점에 있을 확률
2) 점 P와 원점 사이의 거리가 3 이하일 확률

풀이 　한 개의 주사위를 던질 때 1 또는 2의 눈이 나올 확률은 $\dfrac{1}{3}$, 그 외의 눈이 나올 확률은 $\dfrac{2}{3}$이다.

1 또는 2의 눈이 나오는 횟수를 x, 그 외의 눈이 나오는 횟수를 y라 하면

1) $x+y=6$ … ㉠, $2x-y=0$ … ㉡

　　㉠, ㉡을 연립하여 풀면

　　$x=2,\ y=4$

　　따라서 구하는 확률은

　　$${}_6\mathrm{C}_2\left(\dfrac{1}{3}\right)^2\left(\dfrac{2}{3}\right)^4=\dfrac{80}{243}$$

2) $x+y=6$ … ㉠, $|2x-y|\le 3$ … ㉡

　　㉠, ㉡을 연립하여 풀면

　　$\cancel{(0,\,6)},\ (1,\,5),\ (2,\,4),\ (3,\,3),\ \cancel{(4,\,2)},\ \cancel{(5,\,1)},\ \cancel{(6,\,0)}$

　　$x=1,\ y=5$ 또는 $x=2,\ y=4$ 또는 $x=3,\ y=3$

　　따라서 구하는 확률은

　　$${}_6\mathrm{C}_1\left(\dfrac{1}{3}\right)^1\left(\dfrac{2}{3}\right)^5+{}_6\mathrm{C}_2\left(\dfrac{1}{3}\right)^2\left(\dfrac{2}{3}\right)^4+{}_6\mathrm{C}_3\left(\dfrac{1}{3}\right)^3\left(\dfrac{2}{3}\right)^3=\dfrac{64}{243}+\dfrac{80}{243}+\dfrac{160}{729}=\dfrac{592}{729}$$

[줄기3-4] 다음 물음에 답하여라.

1) 갑과 을이 가위바위보 게임을 하면서 계단을 오른다. 이기면 2계단을 오르고, 이기지 못하면 1계단을 내려올 때, 5번의 게임에서 갑이 4계단을 올라갈 확률을 구하여라.
2) 갑과 을이 가위바위보 게임을 하면서 계단을 오른다. 이기면 2계단을 오르고, 지면 1계단을 내려올 때, 5번의 게임에서 갑이 4계단을 올라갈 확률을 구하여라.

[줄기3-5] 오른쪽 그림과 같이 좌표평면 위의 원점에 점 P가 있다. 주사위를 한 번 던져서 4 이하의 눈이 나오면 x축의 양의 방향으로 1만큼, 그 외의 눈이 나오면 y축의 양의 방향으로 1만큼 점 P를 움직인다. 주사위를 5번 던질 때, 점 P가 색칠한 원 내부에 있을 확률을 구하여라.

4 조건부확률

정답 및 풀이 ➡ 52p

● 잎 4-1

두 사건 A, B에 대하여 $P(A) = \dfrac{1}{3}$, $P(B) = \dfrac{1}{4}$이며 $P(A|B) = \dfrac{1}{3}$일 때, $P(A^C \cap B^C)$의 값은?

(단, A^C는 A의 여사건이다.) [평가원 기출]

① $\dfrac{1}{6}$ ② $\dfrac{1}{4}$ ③ $\dfrac{1}{3}$ ④ $\dfrac{1}{2}$ ⑤ $\dfrac{2}{3}$

● 잎 4-2

두 사건 A, B에 대하여 $P(A) = \dfrac{1}{2}$, $P(B^C) = \dfrac{2}{3}$이며 $P(B|A) = \dfrac{1}{6}$일 때, $P(A^C|B)$의 값은?

(단, A^C는 A의 여사건이다.) [수능 기출]

① $\dfrac{1}{2}$ ② $\dfrac{7}{12}$ ③ $\dfrac{2}{3}$ ④ $\dfrac{3}{4}$ ⑤ $\dfrac{5}{6}$

● 잎 4-3

두 사건 A, B에 대하여 $P(A \cap B) = \dfrac{1}{8}$, $P(B^C|A) = 2P(B|A)$일 때, $P(A)$의 값은?

(단, B^C는 B의 여사건이다.) [수능 기출]

① $\dfrac{5}{12}$ ② $\dfrac{3}{8}$ ③ $\dfrac{1}{3}$ ④ $\dfrac{7}{24}$ ⑤ $\dfrac{1}{4}$

● 잎 4-4

5명의 학생 A, B, C, D, E가 김밥, 만두, 쫄면 중에서 서로 다른 2종류의 음식을 표와 같이 선택하였다. 이 5명 중에서 임의로 뽑힌 한 학생이 만두를 선택한 학생일 때, 이 학생이 쫄면도 선택하였을 확률은? [평가원 기출]

	A	B	C	D	E
김밥	○	○		○	
만두	○	○	○		○
쫄면			○	○	○

① $\dfrac{1}{4}$ ② $\dfrac{1}{3}$ ③ $\dfrac{1}{2}$ ④ $\dfrac{2}{3}$ ⑤ $\dfrac{3}{4}$

● 잎 4-5

어느 반에서 후보로 추천된 A, B, C, D 네 학생 중에서 반장과 부반장을 각각 한 명씩 임의로 뽑으려고 한다. A 또는 B가 반장으로 뽑혔을 때, C가 부반장이 될 확률은? [평가원 기출]

① $\dfrac{1}{2}$　　② $\dfrac{1}{3}$　　③ $\dfrac{1}{4}$　　④ $\dfrac{1}{5}$　　⑤ $\dfrac{1}{6}$

● 잎 4-6

다음 표는 어느 회사 전체 직원 229명의 주요 통근 수단과 통근 거리 조사이다.

통근 수단 / 통근 거리	대중교통	자가용	계
15 km 미만	45	52	97
15 km 이상	83	49	132
계	128	101	229

이 회사에서 임의로 선택된 직원의 통근 거리가 15 km 이상일 때, 그 직원의 주요 통근 수단이 대중교통일 확률은? [평가원 기출]

① $\dfrac{83}{229}$　　② $\dfrac{128}{229}$　　③ $\dfrac{132}{229}$　　④ $\dfrac{83}{128}$　　⑤ $\dfrac{83}{132}$

● 잎 4-7

어느 학급은 남학생 18명, 여학생 16명으로 이루어져 있다. 이 학급의 모든 학생은 중국어와 일본어 중 한 과목만 수업을 받는다고 한다. 남학생 중에서 중국어 수업을 받는 학생은 12명이고, 여학생 중에서 일본어 수업을 받는 학생은 7명이다. 이 학급에서 선택된 한 학생이 중국어 수업을 받는다고 할 때, 이 학생이 여학생일 확률은? [수능 기출]

① $\dfrac{1}{7}$　　② $\dfrac{2}{7}$　　③ $\dfrac{3}{7}$　　④ $\dfrac{4}{7}$　　⑤ $\dfrac{5}{7}$

● 잎 4-8

주머니 A에는 1, 2, 3, 4, 5의 숫자가 하나씩 적혀 있는 5장의 카드가 들어 있고, 주머니 B에는 6, 7, 8, 9, 10의 숫자가 하나씩 적혀 있는 5장의 카드가 들어 있다. 두 주머니 A, B에서 각각 카드를 임의로 한 장씩 꺼냈다. 꺼낸 2장의 카드에 적혀 있는 두 수의 합이 홀수일 때, 주머니 A에서 꺼낸 카드에 적혀 있는 수가 짝수일 확률은? [수능 기출]

① $\dfrac{5}{13}$　　② $\dfrac{4}{13}$　　③ $\dfrac{3}{13}$　　④ $\dfrac{2}{13}$　　⑤ $\dfrac{1}{13}$

● 잎 4-9

1부터 10까지의 자연수가 하나씩 적혀 있는 10개의 공이 주머니에 들어있다. 이 주머니에서 철수, 영희, 은지 순서로 공을 임의로 한 개씩 꺼내기로 하였다. 철수가 꺼낸 공에 적혀 있는 수가 6일 때, 남은 두 사람이 꺼낸 공에 적혀 있는 수가 하나는 6보다 크고 다른 하나는 6보다 작을 확률은?

(단, 꺼낸 공은 다시 넣지 않는다.) [평가원 기출]

① $\dfrac{1}{9}$ ② $\dfrac{2}{9}$ ③ $\dfrac{1}{3}$ ④ $\dfrac{4}{9}$ ⑤ $\dfrac{5}{9}$

● 잎 4-10

철수가 받은 전자우편의 10%는 '여행'이라는 단어를 포함한다. '여행'을 포함한 전자 우편의 50%가 광고이고, '여행'을 포함하지 않는 전자우편의 20%가 광고이다. 철수가 받은 한 전자우편이 광고일 때, 이 전자우편이 '여행'을 포함할 확률은? [수능 기출]

① $\dfrac{5}{23}$ ② $\dfrac{6}{23}$ ③ $\dfrac{7}{23}$ ④ $\dfrac{8}{23}$ ⑤ $\dfrac{9}{23}$

● 잎 4-11

14명의 학생이 음악 시간에 연주할 악기를 다음과 같이 하나씩 선택하였다.

피아노	바이올린	첼로
3명	5명	6명

14명의 학생 중에서 임의로 뽑은 3명이 선택한 악기가 모두 같을 때, 그 악기가 피아노이거나 첼로일 확률은? [평가원 기출]

① $\dfrac{13}{31}$ ② $\dfrac{15}{31}$ ③ $\dfrac{17}{31}$ ④ $\dfrac{19}{31}$ ⑤ $\dfrac{21}{31}$

● 잎 4-12

A가 동전을 2개 던져서 나온 앞면의 개수만큼 B가 동전을 던진다. B가 던져서 나온 앞면의 개수가 1일 때, A가 던져서 나온 앞면의 개수가 2일 확률은? [평가원 기출]

① $\dfrac{1}{6}$ ② $\dfrac{1}{5}$ ③ $\dfrac{1}{4}$ ④ $\dfrac{1}{3}$ ⑤ $\dfrac{1}{2}$

잎 4-13

두 사건 A, B가 서로 독립이고, $P(A)=\dfrac{1}{2}$, $P(A\cup B)=\dfrac{4}{5}$일 때, $P(A\cap B)$의 값은? [평가원 기출]

① $\dfrac{1}{10}$　　② $\dfrac{3}{20}$　　③ $\dfrac{1}{5}$　　④ $\dfrac{1}{4}$　　⑤ $\dfrac{3}{10}$

잎 4-14

서로 독립인 두 사건 A, B에 대하여 $P(A\cap B)=2P(A\cap B^C)$, $P(A^C\cap B)=\dfrac{1}{12}$일 때, $P(A)$의 값은? (단, $P(A)\neq 0$이다.) [수능 기출]

① $\dfrac{1}{2}$　　② $\dfrac{5}{8}$　　③ $\dfrac{3}{4}$　　④ $\dfrac{7}{8}$　　⑤ $\dfrac{15}{16}$

잎 4-15

두 사건 A와 B가 서로 독립이고 $P(A)=\dfrac{1}{4}$, $P(A\cup B)=\dfrac{1}{2}$일 때, $P(B^C|A)$의 값은?

(단, B^C는 B의 여사건이다.) [평가원 기출]

① $\dfrac{1}{6}$　　② $\dfrac{1}{3}$　　③ $\dfrac{1}{2}$　　④ $\dfrac{2}{3}$　　⑤ $\dfrac{5}{6}$

잎 4-16

세 사건 A, B, C가 다음 조건을 만족시킨다.

> (가) $P(A)=\dfrac{1}{2}$, $P(B)=\dfrac{1}{3}$, $P(C)=\dfrac{1}{12}$
>
> (나) 두 사건 A, B는 서로 독립이다.
>
> (다) 사건 $A\cup B$와 사건 C는 서로 배반이다.

이때, 확률 $P(A\cup B\cup C)$의 값은? [교육청 기출]

① $\dfrac{7}{12}$　　② $\dfrac{2}{3}$　　③ $\dfrac{3}{4}$　　④ $\dfrac{5}{6}$　　⑤ $\dfrac{11}{12}$

잎 4-17

사건 전체의 집합 S의 두 사건 A와 B는 서로 배반사건이고, $A\cup B=S$, $P(A)=2P(B)$일 때, $P(A)$의 값은? [수능 기출]

① $\dfrac{2}{3}$　　② $\dfrac{1}{2}$　　③ $\dfrac{2}{5}$　　④ $\dfrac{1}{3}$　　⑤ $\dfrac{1}{4}$

● 잎 4-18

3개의 동전을 동시에 던질 때, 앞면이 나오는 동전이 1개 이하인 사건을 A, 동전 3개가 모두 같은 면이 나오는 사건을 B라 할 때, 참, 거짓을 말하여라. [수능 기출]

ㄱ. $P(A) = \dfrac{1}{2}$ ㄴ. $P(A \cap B) = \dfrac{1}{8}$ ㄷ. 사건 A와 사건 B는 서로 독립이다.

● 잎 4-19

표본공간 S의 공사건이 아닌 세 사건 A, B, C에 대하여 아래에서 참, 거짓을 말하여라. [교육청 기출]

ㄱ. A, B가 서로 배반사건이고 B, C가 서로 배반사건이면 A, C도 서로 배반사건이다. (   )

ㄴ. A, B가 서로 독립이고 B, C가 서로 독립이면 A, C도 서로 독립이다. (   )

ㄷ. A, B가 서로 배반사건이고 B^C, C가 서로 배반사건이면 A, C는 서로 종속이다. (   )

● 잎 4-20

두 사건 A, B는 서로 배반사건이고 $P(A \cap B^C) = \dfrac{1}{5}$, $P(A^C \cap B) = \dfrac{1}{4}$일 때, $P(A \cup B)$의 값은?

(단, A^C는 A의 여사건이다.) [평가원 기출]

① $\dfrac{9}{20}$ ② $\dfrac{11}{20}$ ③ $\dfrac{13}{20}$ ④ $\dfrac{17}{20}$ ⑤ $\dfrac{19}{20}$

● 잎 4-21

표본공간 S의 부분집합으로 $P(A) \neq 0$, $P(B) \neq 0$인 임의의 두 사건 A, B에 대하여 아래에서 참, 거짓을 말하여라. [수능 기출]

ㄱ. A, B가 독립사건이면, 조건부확률 $P(A|B)$와 $P(B|A)$는 같다. (   )

ㄴ. A, B가 배반사건이면 $P(A) + P(B) \leq 1$이다. (   )

ㄷ. $P(A \cup B) = 1$이면, B는 A의 여사건이다. (   )

● 잎 4-22

근원사건 전체의 집합 S의 두 부분집합 A, B에 대하여 아래에서 참, 거짓을 말하여라.

(단, $P(A) \neq 0$, $P(B) \neq 0$) [교육청 기출]

ㄱ. $A \subset B$이면 $P(B|A) = 1$이다. (   )

ㄴ. A, B가 배반사건이면 $P(B|A) = 0$이다. (   )

ㄷ. A, B가 독립사건이면 A, B는 배반사건이다. (   )

● 잎 4-23

흰 공 2개, 검은 공 2개가 들어 있는 상자에서 1개의 공을 꺼내어 그것이 흰 공이면 동전을 3회 던지고 검은 공이면 동전을 4회 던질 때, 앞면이 3회 나올 확률은?

(단, 동전의 앞면과 뒷면이 나올 확률은 같다.) [수능 기출]

① $\dfrac{3}{16}$ ② $\dfrac{5}{16}$ ③ $\dfrac{7}{16}$ ④ $\dfrac{9}{16}$ ⑤ $\dfrac{11}{16}$

● 잎 4-24

A와 B 두 팀이 축구 경기에서 연장전까지 0 : 0으로 승부를 가리지 못하여 승부차기를 하였다. 각 팀당 5명의 선수가 A팀부터 시작하여 1명씩 교대로 승부차기를 할 때, B팀이 5 : 4로 이길 확률은?

(단, 각 선수의 승부차기는 독립시행이고 성공할 확률은 0.8이다.) [수능 기출]

① 0.2×0.8^8 ② 0.8^8 ③ 0.2×0.8^9 ④ 0.8^9 ⑤ 0.8^{10}

● 잎 4-25

어느 인터넷 사이트에서 회원을 대상으로 행운권 추첨 행사를 하고 있다. 행운권이 당첨될 확률은 $\dfrac{1}{3}$ 이고, 당첨되는 경우에는 회원 점수가 5점, 당첨되지 않는 경우에는 1점 올라간다. 행운권 추첨에 4회 참여하여 회원 점수가 16점 올라갈 확률은? (단, 행운권을 추첨하는 시행은 서로 독립이다.) [평가원 기출]

① $\dfrac{8}{81}$ ② $\dfrac{10}{81}$ ③ $\dfrac{4}{27}$ ④ $\dfrac{14}{81}$ ⑤ $\dfrac{16}{81}$

● 잎 4-26

주사위를 1개 던져서 나오는 눈의 수가 6의 약수이면 동전을 3개 동시에 던지고, 6의 약수가 아니면 동전을 2개 동시에 던진다. 1개의 주사위를 1번 던진 후 그 결과에 따라 동전을 던질 때, 앞면이 나오는 동전의 개수가 1일 확률은? [평가원 기출]

① $\dfrac{1}{3}$ ② $\dfrac{3}{8}$ ③ $\dfrac{5}{12}$ ④ $\dfrac{11}{24}$ ⑤ $\dfrac{1}{2}$

● 잎 4-27

흰 공 4개, 검은 공 3개가 들어 있는 주머니가 있다. 이 주머니에서 임의로 2개의 공을 동시에 꺼내어, 꺼낸 2개의 공의 색이 서로 다르면 1개의 동전을 3번 던지고, 꺼낸 2개의 공의 색이 서로 같으면 1개의 동전을 2번 던진다. 이 시행에서 동전의 앞면이 2번 나올 확률은? [교육청 기출]

① $\dfrac{9}{28}$ ② $\dfrac{19}{56}$ ③ $\dfrac{5}{14}$ ④ $\dfrac{3}{8}$ ⑤ $\dfrac{11}{28}$

5. 확률분포(1)

01 확률변수와 확률분포

02 이산확률변수의 기댓값과 표준편차

03 이항분포

연습문제

⑪ 확률변수와 확률분포

1 확률변수

한 개의 동전을 2번 던지는 시행에서 앞면을 H, 뒷면을 T라 하면 표본공간 S는
$S = \{(H, H), (H, T), (T, H), (T, T)\}$
이 시행에서 앞면이 나오는 횟수를 X라 하면
$X = 0$인 경우 (T, T)
$X = 1$인 경우 $(H, T), (T, H)$
$X = 2$인 경우 (H, H)

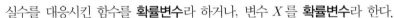

따라서 **X는** 0, 1, 2 중 하나의 값을 취하는 **변수**이다.
오른쪽 그림과 같이 표본공간 S의 각 원소에 하나의
실수를 대응시킨 함수를 **확률변수**라 하거나, 변수 X를 **확률변수**라 한다.
이때 확률변수 X가 어떤 값 x를 가질 확률을 기호로 $P(X = x)$와 같이 나타낸다.
따라서 X가 0, 1, 2의 값을 가질 확률을 각각 $P(X = 0)$, $P(X = 1)$, $P(X = 2)$로 나타내면
$P(X = 0) = \dfrac{1}{4}$, $P(X = 1) = \dfrac{1}{2}$, $P(X = 2) = \dfrac{1}{4}$이다.

> ① 확률변수는 표본공간을 정의역으로 하고, 실수 전체의 집합을 공역으로 하는 함수이면서 여러 가지 값을 갖는 변수의 역할도 한다.
> ② 확률변수는 보통 $X, Y, Z, \cdots$로 나타내고, 확률변수가 가질 수 있는 값은 $x, y, z, \cdots$로 나타낸다.

2 이산확률변수와 확률질량함수

확률변수 X가 가지는 값이 유한개이거나 자연수와 같이 셀 수 있을 때, X를 **이산확률변수**라 한다. ※ 이산 (離散): 헤어져 흩어짐 ex) 이산가족   *cf*) 연속확률변수 [p.148]

ex) 한 개의 주사위를 3번 던지는 시행에서 1의 눈이 나오는 횟수를 X라 하면 X는 확률변수이고, X가 가질 수 있는 값은 0, 1, 2, 3이므로 확률변수 X는 이산확률변수이다.

이산확률변수 X가 가지는 값이 $x_1, x_2, x_3, \cdots, x_n$이고, X가 이들 값을 가질 확률이 각각 $p_1, p_2, p_3, \cdots, p_n$일 때, 이들 사이의 대응 관계를 이산확률변수 X의 **확률분포**라 한다.
이때 이산확률변수 X의 확률분포를 **표**와 그래프로 나타내면 다음과 같다.

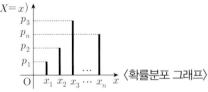

X	x_1	x_2	x_3	$\cdots$	x_n	합계
$P(X = x)$	p_1	p_2	p_3	$\cdots$	p_n	1

〈확률분포표〉   〈확률분포 그래프〉

이 확률분포를 나타내는 함수 $P(X = x_i) = p_i \, (i = 1, 2, 3, \cdots, n)$를 이산확률변수 X의 **확률질량함수**라 하고, 다음과 같은 성질을 갖는다.

i) $0 \le p_i \le 1$ ii) $p_1 + p_2 + p_3 + \cdots + p_n = 1$

iii) $P(x_i \le X \le x_j) = p_i + p_{i+1} + p_{i+2} + \cdots + p_j$ (단, $j = 1, 2, 3, \cdots, n$이고, $i \le j$)

※ $P(X = x_i$ 또는 $X = x_j) = P(X = x_i) + P(X = x_j) = p_i + p_j$ (단, $i \ne j$)

뿌리 1-1   **확률질량함수의 성질(1)** $p_1+p_2+p_3+\cdots+p_n=1$

확률변수 X의 확률질량함수가

$$P(X=x)=\begin{cases}\dfrac{1}{8}\ (x=0,\ 1,\ 4,\ 5)\\[3mm]\dfrac{k}{4}\ (x=2,\ 3)\end{cases}$$ 일 때, 상수 k의 값을 구하여라.

풀이   확률변수 X의 확률분포를 표로 나타내면

X	0	1	2	3	4	5	합계
$P(X=x)$	$\dfrac{1}{8}$	$\dfrac{1}{8}$	$\dfrac{k}{4}$	$\dfrac{k}{4}$	$\dfrac{1}{8}$	$\dfrac{1}{8}$	1

확률의 총합은 1이므로

$$\dfrac{1}{8}+\dfrac{1}{8}+\dfrac{k}{4}+\dfrac{k}{4}+\dfrac{1}{8}+\dfrac{1}{8}=1,\quad \dfrac{k}{2}=\dfrac{1}{2}\quad \therefore k=1$$

뿌리 1-2   **확률질량함수의 성질(2)** $p_1+p_2+p_3+\cdots+p_n=1$

확률변수 X의 확률분포를 표로 나타내면 다음과 같을 때, 다음을 구하여라.

X	1	2	3	합계
$P(X=x)$	a^2	$\dfrac{2}{3}$	$\dfrac{2}{3}a$	1

1) 상수 a의 값   2) 확률 $P(X=2$ 또는 $X=3)$

풀이   1) 확률의 총합은 1이므로

$$a^2+\dfrac{2}{3}+\dfrac{2}{3}a=1,\quad 3a^2+2+2a=3,\quad 3a^2+2a-1=0$$

$$(a+1)(3a-1)=0\quad \therefore a=-1 \ \text{또는} \ a=\dfrac{1}{3}$$

이때 $0\le P(X=x)\le 1$이므로 $a=\dfrac{1}{3}$

2) $P(X=2$ 또는 $X=3)=P(X=2)+P(X=3)$

$$=\dfrac{2}{3}+\dfrac{2}{9}=\dfrac{8}{9}$$

[줄기1-1] 다음 물음에 답하여라.

1) 확률변수 X의 확률질량함수가

$P(X=x)=\dfrac{k}{x(x+1)}\ (x=1,\ 2,\ 3,\cdots,\ 10)$일 때, 상수 k의 값을 구하여라.

2) 확률변수 X의 확률분포가 다음과 같을 때, $P(X^2-3X=0)$을 구하여라.

X	0	1	2	3	합계
$P(X=x)$	$\dfrac{1}{6}$	$\dfrac{a}{3}$	$\dfrac{1}{3}$	$\dfrac{a}{6}$	1

뿌리 1-3 확률질량함수의 성질 $P(x_i \leq X \leq x_j) = p_i + p_{i+1} + p_{i+2} + \cdots + p_j$

확률변수 X의 확률분포를 표로 나타내면 다음과 같을 때, $P(X \geq 2a)$을 구하여라.
(단, a는 상수이다.)

X	0	1	2	3	합계
$P(X=x)$	a	$5a^2$	a	$3a^2$	1

풀이 확률의 총합은 1이므로

$a + 5a^2 + a + 3a^2 = 1$, $8a^2 + 2a - 1 = 0$, $(2a+1)(4a-1) = 0$

$\therefore a = -\dfrac{1}{2}$ 또는 $a = \dfrac{1}{4}$

이때 $0 \leq P(X=x) \leq 1$이므로 $a = \dfrac{1}{4}$

$\therefore P(X \geq 2a) = P\left(X \geq \dfrac{1}{2}\right)$

$= P(X=1) + P(X=2) + P(X=3)$

$= \dfrac{5}{16} + \dfrac{1}{4} + \dfrac{3}{16} = \dfrac{3}{4}$

[줄기1-2] 확률변수 X의 확률분포를 표로 나타내면 다음과 같고 $P(1 < X \leq 3) = \dfrac{1}{2}$일 때, 상수 a, b의 값을 구하여라.

X	0	1	2	3	합계
$P(X=x)$	a	$\dfrac{3}{8}$	b	$\dfrac{1}{8}$	1

[줄기1-3] 확률변수 X의 확률질량함수가

$P(X=x) = k(x-5)$ $(x=0, 1, 2, 3)$일 때, $P(X \leq 2)$를 구하여라.
(단, k는 상수이다.)

뿌리 1-4 이산확률변수의 확률

10개의 제비 중에 4개의 당첨 제비가 들어 있다. 임의로 2개의 제비를 뽑을 때 나오는 당첨 제비의 개수를 확률변수 X 라 한다. 다음 물음에 답하여라.

1) X의 확률질량함수를 구하여라.

2) X의 확률분포를 표와 그래프로 나타내어라.

3) 당첨 제비가 1개 이상 나올 확률을 구하여라.

풀이 1) 확률변수 X가 가질 수 있는 값은 0, 1, 2이다.

10개의 제비 중에서 임의로 2개의 제비를 뽑는 경우의 수는 $_{10}C_2$이고, 뽑은 제비 중에서 당첨 제비가 x개인 경우의 수는 $_4C_x \cdot _6C_{2-x}$이므로 X의 확률질량함수는

$$P(X=x) = \frac{_4C_x \cdot _6C_{2-x}}{_{10}C_2} \ (x=0, \ 1, \ 2)$$

2) $P(X=0) = \dfrac{_4C_0 \cdot _6C_2}{_{10}C_2} = \dfrac{15}{45}$

$P(X=1) = \dfrac{_4C_1 \cdot _6C_1}{_{10}C_2} = \dfrac{24}{45}$

$P(X=2) = \dfrac{_4C_2 \cdot _6C_0}{_{10}C_2} = \dfrac{6}{45}$

확률변수 X의 확률분포를 표와 그래프로 나타내면

X	0	1	2	합계
$P(X=x)$	$\dfrac{15}{45}$	$\dfrac{24}{45}$	$\dfrac{6}{45}$	1

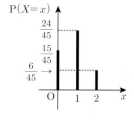

3) 당첨 제비가 1개 이상 나올 확률은 $P(X \geq 1)$이므로

$P(X \geq 1) = P(X=1) + P(X=2)$

$= \dfrac{24}{45} + \dfrac{6}{45} = \dfrac{2}{3}$

줄기1-4 5개의 제품 중에 3개의 불량품이 있다. 이 중에서 3개의 제품을 임의로 택할 때, 나오는 불량품의 개수를 확률변수 X 라 한다. 다음 물음에 답하여라.

1) X의 확률질량함수를 구하여라.

2) X의 확률분포를 표로 나타내어라.

3) $P(X^2 - 4X + 3 \geq 0)$을 구하여라.

줄기1-5 1, 2, 3, 4, 5의 숫자가 각각 하나씩 적힌 5장의 카드 중에서 임의로 2장의 카드를 동시에 뽑을 때, 카드에 적힌 두 수의 차를 확률변수 X 라 하자.

이때 $P(X^2 - 5X + 4 < 0)$을 구하여라.

02 이산확률변수의 기댓값과 표준편차

1 이산확률변수의 기댓값(평균)

이산확률변수 X의 확률분포가 우측 표와 같을 때,

$x_1p_1+x_2p_2+\cdots+x_np_n$

을 이산확률변수 X의 **기댓값** 또는 **평균**이라 하고, 이것을 기호로 $\mathbf{E}(X)$ 또는 m과 같이 나타낸다.

X	x_1	x_2	$\cdots$	x_n	합계
$\mathrm{P}(X=x_i)$	p_1	p_2	$\cdots$	p_n	1

$$\mathrm{E}(X)=x_1p_1+x_2p_2+\cdots+x_np_n$$

※ $\mathrm{E}(X)$의 E는 Expectation(기댓값)의 첫글자이고, m은 $m$ean(평균)의 첫글자이다.

증명 우측 표와 같이 상금이 걸린 10장의 복권이 있을 때, 복권 1장의 상금을 확률변수 X라 하면 X가 가질 수 있는 값은

0, 100, 500, 1000

이고, 이들 값을 가질 확률은 각각

$\frac{4}{10}$, $\frac{3}{10}$, $\frac{2}{10}$, $\frac{1}{10}$

이므로 X의 확률분포를 표로 나타내면 다음과 같다.

X	0	100	500	1000	합계
$\mathrm{P}(X=x)$	$\frac{4}{10}$	$\frac{3}{10}$	$\frac{2}{10}$	$\frac{1}{10}$	1

순위	상금(원)	매수(장)	확률
1등	1000	1	$\frac{1}{10}$
2등	500	2	$\frac{2}{10}$
3등	100	3	$\frac{3}{10}$
등외	0	4	$\frac{4}{10}$
합계		10	1

이때 복권 1장당 받을 수 있는 평균 금액, 즉 복권 1장을 살 때 기대할 수 있는 금액은

$$\frac{0\times4+100\times3+500\times2+1000\times1}{10}=0\times\frac{4}{10}+100\times\frac{3}{10}+500\times\frac{2}{10}+1000\times\frac{1}{10}=230\text{ (원)}$$

따라서 상금의 평균은 확률변수 X의 각 값과 그에 대응하는 확률을 곱하여 더한 것과 같다.

(익히는 방법)
E(☆)는 확률변수 ☆의 각 값과 그에 대응하는 확률을 곱하여 더한 것과 같다.

씨앗. 1 확률변수 X의 확률분포를 표로 나타내면 다음과 같을 때, 다음을 구하여라.

X	1	2	3	합계
$\mathrm{P}(X=x)$	$\frac{1}{9}$	$\frac{2}{3}$	$\frac{2}{9}$	1

1) $\mathrm{E}(X)$　　2) $\mathrm{E}(X^2)$　　3) $\mathrm{E}(2X+1)$

풀이 1) $\mathrm{E}(X)=1\times\frac{1}{9}+2\times\frac{2}{3}+3\times\frac{2}{9}=\mathbf{\frac{19}{9}}$

2) $\mathrm{E}(X^2)=1^2\times\frac{1}{9}+2^2\times\frac{2}{3}+3^2\times\frac{2}{9}=\mathbf{\frac{43}{9}}$

3) $\mathrm{E}(2X+1)=3\times\frac{1}{9}+5\times\frac{2}{3}+7\times\frac{2}{9}=\mathbf{\frac{47}{9}}$

이산확률변수 X의 확률질량함수가 $P(X=x_i)=p_i \, (i=1, 2, 3, \cdots, n)$이고 X의 기댓값 $E(X)$를 m이라 할 때

1) 분산

$(X-m)^2$의 기댓값을 확률변수 X의 **분산**이라 하고, 기호로 $\mathbf{V}(\boldsymbol{X})$와 같이 나타낸다.

$$\mathbf{V}(\boldsymbol{X})=\mathbf{E}((\boldsymbol{X}-\boldsymbol{m})^2)=\mathbf{E}(\boldsymbol{X}^2)-\{\mathbf{E}(\boldsymbol{X})\}^2$$

증명
$$\begin{aligned}
V(X) &= E((X-m)^2) \\
&= (x_1-m)^2 p_1 + (x_2-m)^2 p_2 + \cdots + (x_n-m)^2 p_n \\
&= (x_1^2 p_1 + x_2^2 p_2 + \cdots + x_n^2 p_n) - 2m(x_1 p_1 + x_2 p_2 + \cdots + x_n p_n) + m^2(p_1+p_2+\cdots+p_n) \\
&= (x_1^2 p_1 + x_2^2 p_2 + \cdots + x_n^2 p_n) - 2m \times m + m^2 \times 1 \\
&= (x_1^2 p_1 + x_2^2 p_2 + \cdots + x_n^2 p_n) - m^2 \\
&= E(X^2) - \{E(X)\}^2
\end{aligned}$$

2) 표준편차

분산 $V(X)$의 양의 제곱근 $\sqrt{V(X)}$를 확률변수 X의 **표준편차**라 하고, 이것을 기호로 $\sigma(\boldsymbol{X})$와 같이 나타낸다.

$$\sigma(\boldsymbol{X})=\sqrt{\mathbf{V}(\boldsymbol{X})}$$

참고
i) $V(X)$에서 V는 *Variance* (분산)의 첫 글자이다.
ii) $\sigma(X)$에서 σ는 Standard deviation (표준편차)의 첫 글자 s에 해당하는 그리스 문자이고 '시그마'라 읽는다.
iii) 1)에서 $X-m$은 '편차'를 의미하므로 '분산'은 *(편차)^{2}의 기댓값 (평균)이다.
iv) $E(X^2)$은 X^2의 기댓값 (평균)이므로 확률변수 X^2의 각 값과 그에 대응하는 확률을 곱하여 더한 것과 같다.

씨앗. 2 확률변수 X의 확률분포를 표로 나타내면 다음과 같을 때, 다음을 구하여라.

X	0	1	2	합계
$P(X=x)$	$\dfrac{1}{10}$	$\dfrac{6}{10}$	$\dfrac{3}{10}$	1

1) $E(X)$ 2) $V(X)$ 3) $\sigma(X)$

풀이
1) $E(X) = 0 \times \dfrac{1}{10} + 1 \times \dfrac{6}{10} + 2 \times \dfrac{3}{10} = \dfrac{6}{5}$

2) $V(X) = E(X^2) - \{E(X)\}^2$
$$= 0^2 \times \dfrac{1}{10} + 1^2 \times \dfrac{6}{10} + 2^2 \times \dfrac{3}{10} - \left(\dfrac{6}{5}\right)^2 = \dfrac{9}{25}$$

3) $\sigma(X) = \sqrt{V(X)} = \sqrt{\dfrac{9}{25}} = \dfrac{3}{5}$

3 이산확률변수 $aX+b$의 평균, 분산, 표준편차

이산확률변수 X와 두 상수 $a\,(a\neq0)$, b에 대하여

1) **평균**: $E(aX+b)=aE(X)+b$

2) **분산**: $V(aX+b)=a^2V(X)$

3) **표준편차**: $\sigma(aX+b)=|a|\sigma(X)$

🔷 이산확률변수 X의 확률질량함수 $P(X=x_i)=p_i\,(i=1,\ 2,\cdots,\ n)$이면

 1) $E(aX+b)=(ax_1+b)p_1+(ax_2+b)p_2+\cdots+(ax_n+b)p_n$
 $\qquad\qquad =a(x_1p_1+x_2p_2+\cdots+x_np_n)+b(p_1+p_2+\cdots+p_n)$
 $\qquad\qquad =aE(X)+b\ (\because p_1+p_2+\cdots+p_n=1)$

 2) $V(aX+b)=\{(ax_1+b)-(am+b)\}^2p_1+\{(ax_2+b)-(am+b)\}^2p_2+\cdots$
 $\qquad\qquad\qquad\qquad\qquad\qquad\qquad +\{(ax_n+b)-(am+b)\}^2p_n$
 $\qquad\qquad =a^2\{(x_1-m)^2p_1+(x_2-m)^2p_2+\cdots+(x_n-m)^2p_n\}$
 $\qquad\qquad =a^2V(X)\ (\because 분산은 \star(편차)^2의\ 기댓값\ p.129)$

 3) $\sigma(aX+b)=\sqrt{V(aX+b)}=\sqrt{a^2V(X)}=|a|\sigma(X)$

씨앗. 3 🔖 확률변수 X의 확률분포를 표로 나타내면 다음과 같을 때, 다음을 구하여라.

X	-1	0	1	2	합계
$P(X=x)$	$\dfrac{1}{3}$	$\dfrac{1}{6}$	$\dfrac{1}{6}$	$\dfrac{1}{3}$	1

1) $E(2X-3)$ 　　　 2) $V(-6X+8)$ 　　　 3) $\sigma(-12X-5)$

풀이 　$E(X)=-1\times\dfrac{1}{3}+0\times\dfrac{1}{6}+1\times\dfrac{1}{6}+2\times\dfrac{1}{3}=\dfrac{1}{2}$

$E(X^2)=(-1)^2\times\dfrac{1}{3}+0^2\times\dfrac{1}{6}+1^2\times\dfrac{1}{6}+2^2\times\dfrac{1}{3}=\dfrac{11}{6}$

$V(X)=E(X^2)-\{E(X)\}^2=\dfrac{11}{6}-\left(\dfrac{1}{2}\right)^2=\dfrac{19}{12}$

$\sigma(X)=\sqrt{V(X)}=\sqrt{\dfrac{19}{12}}=\dfrac{\sqrt{57}}{6}$

1) $E(2X-3)=2E(X)-3=2\times\dfrac{1}{2}-3=\mathbf{-2}$

2) $V(-6X+8)=(-6)^2V(X)=36\times\dfrac{19}{12}=\mathbf{57}$

3) $\sigma(-12X-5)=|-12|\sigma(X)=12\times\dfrac{\sqrt{57}}{6}=\mathbf{2\sqrt{57}}$

뿌리 2-1 | 확률변수의 평균, 분산, 표준편차 – 확률분포가 주어진 경우

확률변수 X의 확률변수가 우측 표
와 같을 때, X의 평균과 표준편차
를 구하여라. (단, a는 상수이다.)

X	0	1	2	3	4	합계
$P(X=x)$	$\frac{1}{8}$	$\frac{1}{4}$	a	$\frac{1}{4}$	$\frac{1}{8}$	1

풀이 확률의 총합은 1이므로

$$\frac{1}{8}+\frac{1}{4}+a+\frac{1}{4}+\frac{1}{8}=1 \quad \therefore a=\frac{1}{4}$$

$$\therefore \mathrm{E}(X)=0\times\frac{1}{8}+1\times\frac{1}{4}+2\times\frac{1}{4}+3\times\frac{1}{4}+4\times\frac{1}{8}=2$$

$$\mathrm{E}(X^2)=0^2\times\frac{1}{8}+1^2\times\frac{1}{4}+2^2\times\frac{1}{4}+3^2\times\frac{1}{4}+4^2\times\frac{1}{8}=\frac{11}{2}$$

$$\mathrm{V}(X)=\mathrm{E}(X^2)-\{\mathrm{E}(X)\}^2=\frac{11}{2}-2^2=\frac{3}{2}$$

$$\therefore \sigma(X)=\sqrt{\mathrm{V}(X)}=\sqrt{\frac{3}{2}}=\frac{\sqrt{6}}{2}$$

[줄기2-1] 확률변수 X의 확률분포를 표로 나타내면 다음과 같고 X의 평균이 8일 때, X의
표준편차를 구하여라. (단, a, b는 상수이다.)

X	7	8	9	합계
$P(X=x)$	$\frac{1}{4}$	a	b	1

[줄기2-2] 확률변수 X의 확률분포를 표로 나타내면 다음과 같다.

$E(X)=\dfrac{6}{5}$, $\sigma(X)=\dfrac{3}{5}$일 때, 상수 a, b, c의 값을 구하여라.

X	0	1	2	합계
$P(X=x)$	a	b	c	1

뿌리 2-2 확률변수의 평균, 분산, 표준편차 – 확률분포가 주어지지 않은 경우

주머니 속에 노란 공 2개와 파란 공 3개가 들어 있다. 이 중에서 2개의 공을 임의로 꺼낼 때, 나오는 노란 공의 개수를 확률변수 X라고 한다. 이때 X의 평균, 분산, 표준편차를 각각 구하여라.

풀이 확률변수 X가 가질 수 있는 값은 0, 1, 2이고, 그 확률은 각각

$$P(X=0) = \frac{{}_3C_2}{{}_5C_2} = \frac{3}{10}, \ P(X=1) = \frac{{}_2C_1 \cdot {}_3C_1}{{}_5C_2} = \frac{6}{10}, \ P(X=2) = \frac{{}_2C_2}{{}_5C_2} = \frac{1}{10}$$

확률변수 X의 확률분포를 표로 나타내면

X	0	1	2	합계
$P(X=x)$	$\frac{3}{10}$	$\frac{6}{10}$	$\frac{1}{10}$	1

$$E(X) = 0 \times \frac{3}{10} + 1 \times \frac{6}{10} + 2 \times \frac{1}{10} = \frac{4}{5}$$

$$E(X^2) = 0^2 \times \frac{3}{10} + 1^2 \times \frac{6}{10} + 2^2 \times \frac{1}{10} = 1$$

$$V(X) = E(X^2) - \{E(X)\}^2 = 1 - \left(\frac{4}{5}\right)^2 = \frac{9}{25}$$

$$\sigma(X) = \sqrt{V(X)} = \sqrt{\frac{9}{25}} = \frac{3}{5}$$

[줄기2-3] 세 개의 동전을 동시에 던지는 시행에서 앞면이 나온 동전의 개수를 확률변수 X라 할 때, X의 표준편차를 구하여라.

[줄기2-4] 다음 물음에 답하여라.

1) 6개의 면에 1, 2, 2, 3, 3, 3의 눈이 적힌 2개의 주사위를 동시에 던질 때 홀수의 눈이 나오는 주사위 개수를 확률변수 X라 하자. 이때 X의 표준편차를 구하여라.

2) 6개의 면에 1, 2, 2, 3, 3, 3의 눈이 적힌 2개의 주사위를 동시에 던질 때 나오는 두 눈의 수의 차를 확률변수 X라 하자. 이때 X의 표준편차를 구하여라.

뿌리 2-3 **기댓값**

> 100원짜리 동전 1개와 10원짜리 동전 2개를 던져서 앞면이 나오는 금액의 합을 상금으로 받는다. 이 시행에서 받을 수 있는 상금을 확률변수 X라 할 때, X의 기댓값을 구하여라.

풀이 확률변수 X가 가질 수 있는 값은

i) 100짜리 동전 1개가 뒷면일 때 0, 10, 20이고 그 확률은 각각

$$\frac{1}{2} \times {}_2C_0 \left(\frac{1}{2}\right)^0 \left(\frac{1}{2}\right)^2 = \frac{1}{8}, \quad \frac{1}{2} \times {}_2C_1 \left(\frac{1}{2}\right)^1 \left(\frac{1}{2}\right)^1 = \frac{1}{4}, \quad \frac{1}{2} \times {}_2C_2 \left(\frac{1}{2}\right)^2 \left(\frac{1}{2}\right)^0 = \frac{1}{8}$$

ii) 100짜리 동전 1개가 앞면일 때 100, 110, 120이고 그 확률은 각각

$$\frac{1}{2} \times {}_2C_0 \left(\frac{1}{2}\right)^0 \left(\frac{1}{2}\right)^2 = \frac{1}{8}, \quad \frac{1}{2} \times {}_2C_1 \left(\frac{1}{2}\right)^1 \left(\frac{1}{2}\right)^1 = \frac{1}{4}, \quad \frac{1}{2} \times {}_2C_2 \left(\frac{1}{2}\right)^2 \left(\frac{1}{2}\right)^0 = \frac{1}{8}$$

확률변수 X의 확률분포를 표로 나타내면

X	0	10	20	100	110	120	합계
$P(X=x)$	$\frac{1}{8}$	$\frac{1}{4}$	$\frac{1}{8}$	$\frac{1}{8}$	$\frac{1}{4}$	$\frac{1}{8}$	1

$$\therefore E(X) = 0 \times \frac{1}{8} + 10 \times \frac{1}{4} + 20 \times \frac{1}{8} \times 100 \times \frac{1}{8} + 110 \times \frac{1}{4} + 120 \times \frac{1}{8} = 60$$

따라서 구하는 기댓값은 **60원**이다.

줄기2-5 1이 적힌 카드가 1장, 2가 적힌 카드가 2장, 3이 적힌 카드가 3장, $\cdots$, 100이 적힌 카드가 100장 들어있는 상자가 있다. 임의로 한 장의 카드를 꺼낼 때 나오는 숫자를 확률변수 X라 할 때, X의 기댓값을 구하여라.

줄기2-6 한 개의 동전을 4번 던져서 앞면이 나오는 횟수가 k이면 상금으로 $50k$원을 받기로 할 때, 받을 수 있는 상금의 기댓값을 구하여라.

뿌리 2-4 확률변수 $aX+b$의 평균, 분산, 표준편차 (1) − $E(X)$, $V(X)$가 주어진 경우

확률변수 X에 대하여 $E(X)=2$, $V(X)=3$일 때, 다음 확률변수의 평균, 분산, 표준편차를 구하여라.

1) $-2X+5$　　　　　　2) $\dfrac{X-1}{3}$

풀이　1) $E(-2X+5)=-2E(X)+5=-2\times2+5=\mathbf{1}$

$V(-2X+5)=(-2)^2V(X)=4\times3=\mathbf{12}$

$\sigma(-2X+5)=|-2|\sigma(X)=2\times\sqrt{3}=\mathbf{2\sqrt{3}}$

2) $E\left(\dfrac{X-1}{3}\right)=\dfrac{E(X)-1}{3}=\dfrac{2-1}{3}=\mathbf{\dfrac{1}{3}}$

$V\left(\dfrac{X-1}{3}\right)=\left(\dfrac{1}{3}\right)^2V(X)=\dfrac{1}{9}\times3=\mathbf{\dfrac{1}{3}}$

$\sigma\left(\dfrac{X-1}{3}\right)=\dfrac{1}{3}\sigma(X)=\dfrac{1}{3}\times\sqrt{3}=\mathbf{\dfrac{\sqrt{3}}{3}}$

뿌리 2-5 확률변수 $aX+b$의 평균, 분산, 표준편차 (2) − $E(X)$, $V(X)$가 주어진 경우

평균이 5, 분산이 100인 확률변수 X에 대하여 $Y=aX+b$의 평균이 20, 분산이 900일 때, 상수 a, b의 값을 구하여라. (단, $a>0$)

풀이　$E(X)=5$, $V(X)=100$이므로

$E(Y)=20$에서 $E(aX+b)=20$

$aE(X)+b=20$　∴ $5a+b=20$ ⋯ ㉠

$V(Y)=900$에서 $V(aX+b)=900$

$a^2V(X)=900$, $100a^2=900$, $a^2=9$　∴ $\mathbf{a=3}$ $(\because a>0)$

$a=3$을 ㉠에 대입하면 $\mathbf{b=5}$

[줄기2-7] 확률변수 X에 대하여 $E(X)=7$, $E(X^2)=53$일 때, 확률변수 $Y=-3X+1$의 표준편차를 구하여라.

[줄기2-8] 확률변수 X의 평균이 m, 표준편차가 σ일 때, 확률변수 $Z=\dfrac{X-m}{\sigma}$의 평균, 분산, 표준편차를 구하여라.

[줄기2-9] 확률변수 X에 대하여 확률변수 $Y=2X-3$이라 할 때, $E(Y)=5$, $E(Y^2)=81$일 때, $\sigma(X)$를 구하여라.

뿌리 2-6 확률변수 $aX+b$의 평균, 분산, 표준편차 – 확률분포가 주어진 경우

확률변수 X의 확률분포가 우측 표와 같을 때, 확률변수 $Y=-2X+3$의 평균, 분산, 표준편차를 구하여라.

(단, a는 상수이다.)

X	-1	0	1	2	합계
$P(X=x)$	$2a$	$\dfrac{1}{4}$	a	$\dfrac{1}{4}$	1

풀이 확률의 총합은 1이므로

$$2a+\frac{1}{4}+a+\frac{1}{4}=1, \quad 3a=\frac{1}{2} \quad \therefore a=\frac{1}{6}$$

$$E(X)=-1\times\frac{1}{3}+0\times\frac{1}{4}+1\times\frac{1}{6}+2\times\frac{1}{4}=\frac{1}{3}$$

$$E(X^2)=(-1)^2\times\frac{1}{3}+0^2\times\frac{1}{4}+1^2\times\frac{1}{6}+2^2\times\frac{1}{4}=\frac{3}{2}$$

$$V(X)=E(X^2)-\{E(X)\}^2=\frac{3}{2}-\left(\frac{1}{3}\right)^2=\frac{25}{18}$$

$$\sigma(X)=\sqrt{V(X)}=\sqrt{\frac{25}{18}}=\frac{5}{3\sqrt{2}}=\frac{5\sqrt{2}}{6}$$

$$\therefore E(Y)=E(-2X+3)=-2E(X)+3=-2\times\frac{1}{3}+3=\frac{7}{3}$$

$$\therefore V(Y)=V(-2X+3)=(-2)^2V(X)=4\times\frac{25}{18}=\frac{50}{9}$$

$$\therefore \sigma(Y)=\sigma(-2X+3)=|-2|\sigma(X)=2\times\frac{5\sqrt{2}}{6}=\frac{5\sqrt{2}}{3}$$

[줄기2-10] 확률변수 X의 확률분포가 오른쪽 표와 같을 때, 확률변수 $Y=3X-2$의 평균, 분산, 표준편차를 구하여라.

(단, a는 상수이다.)

X	0	1	2	3	합계
$P(X=x)$	$\dfrac{1}{3}$	a	$\dfrac{2}{9}$	a^2	1

[줄기2-11] 확률변수 X의 확률질량함수가

$$P(X=x)=\frac{x^2-x+1}{k} \ (x=0,\ 1,\ 2,\ 3이고\ k는\ 0이\ 아닌\ 상수)일\ 때,$$

$E(2X-4)$를 구하여라.

뿌리 2-7 확률변수 $aX+b$의 평균, 분산, 표준편차 – 확률분포가 주어지지 않은 경우

4개의 제품 중에서 불량품이 2개 들어있다. 이 중에서 2개를 임의로 택했을 때, 나오는 불량품의 개수를 확률변수 X라 하자.

이때 $E(3X^2-2X+4)$, $V(-2X-2)$, $\sigma(-4X+2)$를 구하여라.

풀이 확률변수 X가 가질 수 있는 값은 0, 1, 2이고, 그 확률은 각각

$$P(X=0)=\frac{{}_2C_0\cdot{}_2C_2}{{}_4C_2}=\frac{1}{6},\ P(X=1)=\frac{{}_2C_1\cdot{}_2C_1}{{}_4C_2}=\frac{4}{6},\ P(X=2)=\frac{{}_2C_2\cdot{}_2C_0}{{}_4C_2}=\frac{1}{6}$$

확률변수 X의 확률분포를 표로 나타내면

X	0	1	2	합계
$P(X=x)$	$\frac{1}{6}$	$\frac{4}{6}$	$\frac{1}{6}$	1

$$E(X)=0\times\frac{1}{6}+1\times\frac{4}{6}+2\times\frac{1}{6}=1$$

$$E(X^2)=0^2\times\frac{1}{6}+1^2\times\frac{4}{6}+2^2\times\frac{1}{6}=\frac{4}{3}$$

$$V(X)=E(X^2)-\{E(X)\}^2=\frac{4}{3}-1^2=\frac{1}{3}$$

$$\sigma(X)=\sqrt{V(X)}=\sqrt{\frac{1}{3}}=\frac{\sqrt{3}}{3}$$

$$\therefore E(3X^2-2X+4)=3E(X^2)-2E(X)+4=3\times\frac{4}{3}-2\times1+4=\mathbf{6}$$

$$\therefore V(-2X-2)=(-2)^2V(X)=4\times\frac{1}{3}=\frac{4}{3}$$

$$\therefore \sigma(-4X+2)=|-4|\sigma(X)=4\times\frac{\sqrt{3}}{3}=\frac{4\sqrt{3}}{3}$$

줄기2-12 흰 공 3개와 검은 공 1개가 들어있는 주머니에서 임의로 2개의 공을 동시에 꺼낼 때, 나오는 흰 공의 개수를 확률변수 X라 하자. 이때 $\sigma\left(\dfrac{-2X+1}{3}\right)$을 구하여라.

줄기2-13 한 개의 동전을 세 번 던져 나온 결과에 대하여 다음 규칙에 따라 얻은 점수를 확률변수 X라 하자.

> (가) 같은 면이 연속하여 나오지 않으면 0점으로 한다.
> (나) 같은 면이 연속하여 두 번만 나오면 1점으로 한다.
> (다) 같은 면이 연속하여 세 번 나오면 3점으로 한다.

확률변수 X의 분산 $V(X)$의 값은? [수능 기출]

① $\dfrac{9}{8}$ ② $\dfrac{19}{16}$ ③ $\dfrac{5}{4}$ ④ $\dfrac{21}{16}$ ⑤ $\dfrac{11}{8}$

03 이항분포

1 이항분포 ※ 이(二): 둘 이, 항(項): 항 항

한 번 시행에서 사건 A가 일어날 확률이 p, 일어나지 않을 확률이 q (즉, $1-p$)일 때, n번의 독립시행에서 사건 A가 일어나는 횟수를 X라 하면 확률변수 X가 가질 수 있는 값은 $0, 1, 2, \cdots, n$이고 그 X의 확률질량함수는

$P(X=x) = {}_n C_x \, p^x q^{n-x} \ (x=0, 1, 2, \cdots, n)$이다.

또, 확률변수 X의 확률분포를 표로 나타내면 다음과 같다.

X	0	1	2	$\cdots$	n	합계
$P(X=x)$	${}_n C_0 \, p^0 q^n$	${}_n C_1 \, p^1 q^{n-1}$	${}_n C_2 \, p^2 q^{n-2}$	$\cdots$	${}_n C_n \, p^n q^0$	1

위의 표에서 각 확률은 $(p+q)^n$을 이항정리에 의하여 전개한 식

$(p+q)^n = {}_n C_0 \, p^0 q^n + {}_n C_1 \, p^1 q^{n-1} + {}_n C_2 \, p^2 q^{n-2} + \cdots + {}_n C_n \, p^n q^0$의 우변의 각 항과 같다.

※ $p+q=1$이므로 ${}_n C_0 \, p^0 q^n + {}_n C_1 \, p^1 q^{n-1} + {}_n C_2 \, p^2 q^{n-2} + \cdots + {}_n C_n \, p^n q^0 = 1$임을 알 수 있다.

따라서 이와 같은 확률변수 X의 확률분포를 **이항분포**라 하고 기호로 $\mathrm{B}(n, p)$와 같이 나타내며, X는 이항분포 $\mathrm{B}(n, p)$를 따른다고 한다.

$$\mathrm{B}(n, p)$$

독립시행의 횟수 ↵ ↳ 사건 A가 일어날 확률

예) 한 개의 주사위를 세 번 던질 때, 2의 눈이 나오는 횟수를 확률변수 X라 하면 한 번의 시행에서 2의 눈이 나올 확률이 $\dfrac{1}{6}$이므로 확률변수 X는 이항분포 $\mathrm{B}\left(3, \dfrac{1}{6}\right)$을 따른다.

※ $\mathrm{B}(n, p)$의 B는 Binomial distribution (이항분포)의 첫 글자이다.

2 이항분포의 평균, 분산, 표준편차

확률변수 X가 이항분포 $\mathrm{B}(n, p)$를 따를 때(단, $q=1-p$)

$$\mathrm{E}(X) = np, \ \mathrm{V}(X) = npq, \ \sigma(X) = \sqrt{npq}$$

증명 확률변수 X가 이항분포 $\mathrm{B}(3, p)$를 따를 때, X의 확률분포를 표로 나타내면(단, $q=1-p$)

X	0	1	2	3	합계
$P(X=x)$	${}_3 C_0 \, p^0 q^3$	${}_3 C_1 \, p^1 q^2$	${}_3 C_2 \, p^2 q^1$	${}_3 C_3 \, p^3 q^0$	1

$\mathrm{E}(X) = 0 \times q^3 + 1 \times 3pq^2 + 2 \times 3p^2 q^1 + 3 \times p^3$

$\quad\quad = 3p(q^2 + 2pq + p^2) = 3p(p+q)^2 = 3p \ (\because p+q=1)$

$\mathrm{V}(X) = 0^2 \times q^3 + 1^2 \times 3pq^2 + 2^2 \times 3p^2 q^1 + 3^2 \times p^3 - (3p)^2 \ (\because \mathrm{V}(X) = \mathrm{E}(X^2) - \{\mathrm{E}(X)\}^2)$

$\quad\quad = 3p(p+q)(3p+q) - 9p^2 = 3p(3p+q) - 9p^2 = 3pq \ (\because p+q=1)$

$\sigma(X) = \sqrt{\mathrm{V}(X)} = \sqrt{3pq}$

예) 이항분포 $\mathrm{B}\left(18, \dfrac{1}{3}\right)$을 따르는 확률변수 X의 평균, 분산, 표준편차를 구하여라.

$\mathrm{E}(X) = 18 \times \dfrac{1}{3} = 6, \ \mathrm{V}(X) = 18 \times \dfrac{1}{3} \times \dfrac{2}{3} = 4, \ \sigma(X) = \sqrt{4} = 2$

3 큰수의 법칙

어떤 시행에서 사건 A가 일어날 수학적 확률이 p일 때, n번의 독립시행에서 사건 A가 일어나는 횟수를 X라 하면 임의의 충분히 작은 양수 h에 대하여 **n이 한없이 커질수록 확률**

$$\mathrm{P}\left(\left|\frac{X}{n}-p\right|<h\right)\text{는 1에 가까워진다.}$$ 이것을 **큰수의 법칙**이라 한다.

$\frac{X}{n}$는 통계적 확률이고, p는 수학적 확률이므로 $\left|\frac{X}{n}-p\right|$는 통계적 확률과 수학적 확률의 차이다.

이때 시행 횟수 n이 충분히 커짐에 따라 통계적 확률 $\frac{X}{n}$가 수학적 확률 p에 가까워진다. [p.71]

즉 $\lim\limits_{n\to\infty}\left|\frac{X}{n}-p\right|=0$이므로 $\lim\limits_{n\to\infty}\mathrm{P}\left(\left|\frac{X}{n}-p\right|<h\right)=1$ $(\because \mathrm{P}(0<h)=1)$
$\quad\quad\quad\quad\quad\quad\quad\quad\quad\quad\quad\quad\quad\quad\quad\quad\downarrow$양수 $\quad\quad\quad\quad\downarrow$양수

한 개의 주사위를 n번 던질 때, 1의 눈이 나오는 횟수 X는 이항분포 $\mathrm{B}\left(n,\frac{1}{6}\right)$을 따르므로 X의 확률질량함수는 다음과 같다.

$$\mathrm{P}(X=x)={}_n\mathrm{C}_x\left(\frac{1}{6}\right)^x\left(\frac{5}{6}\right)^{n-x} \ (x=0,\ 1,\ 2,\cdots,\ n)$$

$n=10,\ 30,\ 50$일 때, X의 확률분포를 표와 그래프로 나타내면 다음과 같다.

X\n	10	30	50	X\n	10	30	50
0	0.162	0.004	0.000	8	$\cdots$	0.063	0.151
1	0.323	0.025	0.001	9	$\cdots$	0.031	0.141
2	0.291	0.073	0.005	10	$\cdots$	0.013	0.116
3	0.155	0.137	0.017	11	$\cdots$	0.005	0.084
4	0.054	0.185	0.040	12	$\cdots$	0.001	0.055
5	0.013	0.192	0.075	13	$\cdots$	0.000	0.032
6	0.002	0.160	0.112	14	$\cdots$	$\cdots$	0.017
7	0.000	0.110	0.140	15	$\cdots$	$\cdots$	0.008

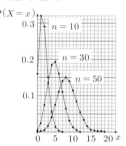

위의 그래프에서 알 수 있듯이 이항분포 $\mathrm{B}(n,\ p)$를 따르는 확률분포의 그래프는 p가 고정되어 있을 때 n이 커짐에 따라 그래프는 좌우 대칭인 산 모양의 곡선에 가까워진다.

이때, 상대도수 $\frac{X}{n}$와 수학적 확률 $\frac{1}{6}$의 차가 0.1보다 작을 확률 $\mathrm{P}\left(\left|\frac{X}{n}-\frac{1}{6}\right|<0.1\right)$을 구하면

i) $n=10$일 때,
$$\mathrm{P}\left(\left|\frac{X}{10}-\frac{1}{6}\right|<0.1\right)=\mathrm{P}(|6X-10|<6)=\mathrm{P}(-6<6X-10<6)=\mathrm{P}\left(\frac{2}{3}<X<\frac{8}{3}\right)$$
$$=\mathrm{P}(X=1)+\mathrm{P}(X=2)=0.614$$

ii) $n=30$일 때,
$$\mathrm{P}\left(\left|\frac{X}{30}-\frac{1}{6}\right|<0.1\right)=\mathrm{P}(|2X-10|<6)=\mathrm{P}(-6<2X-10<6)=\mathrm{P}(2<X<8)$$
$$=\mathrm{P}(X=3)+\mathrm{P}(X=4)+\cdots+\mathrm{P}(X=7)=0.784$$

iii) $n=50$일 때,
$$\mathrm{P}\left(\left|\frac{X}{50}-\frac{1}{6}\right|<0.1\right)=\mathrm{P}(|3X-25|<15)=\mathrm{P}(-15<3X-25<15)=\mathrm{P}\left(\frac{10}{3}<X<\frac{40}{3}\right)$$
$$=\mathrm{P}(X=4)+\mathrm{P}(X=5)+\cdots+\mathrm{P}(X=13)=0.946$$

즉, n이 커짐에 따라 $\mathrm{P}\left(\left|\frac{X}{n}-\frac{1}{6}\right|<0.1\right)$은 1에 가까워짐을 알 수 있다.

이러한 결과는 0.1을 0.01, 0.001,$\cdots$과 같은 임의의 양수로 바꾸어도 성립한다.

뿌리 3-1 **이항분포에서의 확률**

자유투 성공률이 60%인 어느 농구 선수가 자유투를 4번 던질 때, 자유투를 성공시킨 횟수를 확률변수 X라 하자. 다음 물음에 답하여라.

1) X의 확률분포를 이항분포 $B(n, p)$ 꼴로 나타내어라.

2) X의 확률질량함수를 구하여라.

3) 3번 이상 자유투를 성공시킬 확률을 구하여라.

풀이 1) 자유투를 4번 던질 때, 성공 횟수를 확률변수 X라 하면 이항분포 $B\left(4, \dfrac{3}{5}\right)$을 따른다.

2) $P(X=x) = {}_4C_x \left(\dfrac{3}{5}\right)^x \left(\dfrac{2}{5}\right)^{4-x}$ $(x=0, 1, 2, \cdots, 4)$

3) $P(X \geq 3) = P(X=3) + P(X=4)$

$\qquad = {}_4C_3 \left(\dfrac{3}{5}\right)^3 \left(\dfrac{2}{5}\right)^1 + {}_4C_4 \left(\dfrac{3}{5}\right)^4 \left(\dfrac{2}{5}\right)^0$

$\qquad = \dfrac{4 \times 27 \times 2}{5^4} + \dfrac{81}{5^4} = \dfrac{297}{625}$

[줄기3-1] 한 개의 주사위를 6번 던질 때, 5 이상의 눈이 나오는 횟수를 확률변수 X라 하자. 다음 물음에 답하여라.

1) X의 확률분포를 이항분포 $B(n, p)$ 꼴로 나타내어라.

2) X의 확률질량함수를 구하여라.

3) $P(2 \leq X \leq 4)$

[줄기3-2] 확률변수 X가 이항분포 $B(3, p)$를 따르고 $P(X=2) = 4P(X=1)$이 성립할 때, p의 값을 구하여라. (단, $0 < p < 1$)

[줄기3-3] 어느 항공사에 예약한 사람이 실제로 탑승하지 않을 확률이 0.1이다. 이 항공사에서 좌석이 298개인 비행기를 실제로 300명이 예약했을 때 좌석이 부족할 확률을 구하여라. (단, $0.9^{299} = A$, $0.9^{300} = 0.9A$로 계산한다.)

뿌리 3-2 이항분포의 평균, 분산, 표준편차 − 이항분포가 주어진 경우

다음 물음에 답하여라.

1) 이항분포 $\mathrm{B}(n, p)$를 따르는 확률변수 X의 평균이 6, 표준편차가 2일 때, n, p의 값을 각각 구하여라.

2) 이항분포 $\mathrm{B}(n, p)$를 따르는 확률변수 X에 대하여 $\mathrm{E}(X)=2$, $\mathrm{E}(X^2)=5$일 때, $\mathrm{P}(X=3)$을 구하여라.

풀이 1) $\mathrm{E}(X)=6$, $\sigma(X)=2$이므로

$\mathrm{E}(X)=np=6 \cdots$ ㉠, $\sigma(X)=\sqrt{np(1-p)}=2 \cdots$ ㉡

㉠을 ㉡에 대입하면 $\sqrt{6(1-p)}=2$

위의 식의 양변을 제곱하면 $6(1-p)=4$ $\therefore p=\dfrac{1}{3}$

$p=\dfrac{1}{3}$을 ㉠에 대입하면 $\dfrac{1}{3}n=6$ $\therefore \boldsymbol{n=18}$

2) $\mathrm{E}(X)=2$이므로 $\mathrm{E}(X)=np=2 \cdots$ ㉠

$\mathrm{V}(X)=\mathrm{E}(X^2)-\{\mathrm{E}(X)\}^2=5-2^2=1$이므로 $\mathrm{V}(X)=np(1-p)=1 \cdots$ ㉡

㉠을 ㉡에 대입하면 $2(1-p)=1$ $\therefore p=\dfrac{1}{2}$

$p=\dfrac{1}{2}$을 ㉠에 대입하면 $\dfrac{1}{2}n=2$ $\therefore n=4$

따라서 확률변수 X는 이항분포 $\mathrm{B}\!\left(4, \dfrac{1}{2}\right)$을 따르므로

$\mathrm{P}(X=3)={}_4\mathrm{C}_3\left(\dfrac{1}{2}\right)^3\left(\dfrac{1}{2}\right)^1=\dfrac{1}{4}$

[줄기3-4] 다음 물음에 답하여라.

1) 이항분포 $\mathrm{B}(n, p)$의 평균과 분산이 각각 8, 6일 때, n, p의 값을 구하여라.

2) 이항분포 $\mathrm{B}(5, p)$를 따르는 확률변수 X에 대하여 $\mathrm{P}(X=5)=\dfrac{1}{32}$일 때, X의 평균과 표준편차를 구하여라.

[줄기3-5] 확률변수 X의 확률질량함수가 다음과 같을 때, X의 평균, 분산, 표준편차를 구하여라.

1) $\mathrm{P}(X=x)={}_{64}\mathrm{C}_x\left(\dfrac{1}{4}\right)^x\left(\dfrac{3}{4}\right)^{64-x}$ $(x=0, 1, 2, \cdots, 64)$

2) $\mathrm{P}(X=x)={}_{40}\mathrm{C}_x\dfrac{4^x}{5^{40}}$ $(x=0, 1, 2, \cdots, 40)$

[줄기3-6] 이항분포 $\mathrm{B}(16, p)$를 따르는 확률변수 X의 평균이 4일 때, X^2의 평균을 구하여라.

| 뿌리 3-3 | 이항분포의 평균, 분산, 표준편차 − 이항분포가 주어지지 않은 경우 |

다음 물음에 답하여라.

1) 3개의 동전을 동시에 던지는 시행을 80번 반복할 때, 앞면이 나오는 동전이 2개인 횟수를 확률변수 X라 하자. 이때 X의 분산을 구하여라.

2) 3개의 동전을 동시에 던지는 시행을 80번 반복할 때, 2개는 앞면, 1개는 뒷면이 나오는 횟수를 확률변수 X라 하자. 이때 X의 표준편차를 구하여라.

풀이 1) 3개의 동전을 동시에 한 번 던져서 앞면이 나오는 동전이 2개일 확률은

$$_3C_2\left(\frac{1}{2}\right)^2\left(\frac{1}{2}\right)^1 = \frac{3}{8}$$

따라서 확률변수 X는 이항분포 $B\left(80, \frac{3}{8}\right)$을 따르므로

$$V(X) = 80 \cdot \frac{3}{8} \cdot \frac{5}{8} = \frac{75}{4}$$

2) 3개의 동전을 동시에 한 번 던져서 2개는 앞면, 1개는 뒷면이 나올 확률은

$$_3C_2\left(\frac{1}{2}\right)^2\left(\frac{1}{2}\right)^1 = \frac{3}{8}$$

따라서 확률변수 X는 이항분포 $B\left(80, \frac{3}{8}\right)$을 따르므로

$$\sigma(X) = \sqrt{80 \cdot \frac{3}{8} \cdot \frac{5}{8}} = \frac{5\sqrt{3}}{2}$$

[줄기3-7] 어느 공장에서 생산된 제품의 5%가 불량품이다. 이 공장에서 800개의 제품을 생산할 때, 나오는 불량품의 개수를 확률변수 X라 하자. 이때 X의 평균과 표준편차를 구하여라.

[줄기3-8] 한 개의 주사위를 27번 던질 때, 6의 약수의 눈이 나오는 횟수를 확률변수 X라 하자. 이때 $E(X^2)$의 값을 구하여라.

[줄기3-9] 흰 공 k개, 검은 공 7개가 들어있는 주머니에서 임의로 한 개의 공을 꺼내보고 다시 넣는 일을 n회 반복할 때, 흰 공이 나오는 횟수를 확률변수 X라 하자. X의 평균이 60, 표준편차가 $\sqrt{42}$일 때, k, n의 값을 구하여라.

뿌리 3-4 **확률변수 $aX+b$의 평균, 분산, 표준편차 – 이항분포를 따르는 경우 (1)**

갑, 을 두 사람이 가위바위보를 90번 하여 갑이 지지 않는 횟수를 X라 하자. 이때 확률변수 $Y=3X+2$의 평균, 분산, 표준편차를 구하여라.

풀이 가위바위보를 한 번 하여 갑이 지지 않을 확률은 $\dfrac{2}{3}$이므로 확률변수 X는 이항분포 $B\left(90, \dfrac{2}{3}\right)$를 따른다.

$E(X)=90\cdot\dfrac{2}{3}=60$, $V(X)=90\cdot\dfrac{2}{3}\cdot\dfrac{1}{3}=20$, $\sigma(X)=\sqrt{90\cdot\dfrac{2}{3}\cdot\dfrac{1}{3}}=2\sqrt{5}$

$\mathbf{E(Y)}=E(3X+2)=3E(X)+2=3\times60+2=\mathbf{182}$

$\mathbf{V(Y)}=V(3X+2)=3^2V(X)=9\times20=\mathbf{180}$

$\boldsymbol{\sigma(Y)}=\sigma(3X+2)=3\sigma(X)=3\times2\sqrt{5}=\mathbf{6\sqrt{5}}$

줄기3-10 동전 2개를 동시에 던지는 시행을 10회 반복할 때, 동전 2개 모두 앞면이 나오는 횟수를 확률변수 X라 하자. 확률변수 $4X+1$의 분산 $V(4X+1)$의 값을 구하여라. [수능 기출]

뿌리 3-5 **확률변수 $aX+b$의 평균, 분산, 표준편차 – 이항분포를 따르는 경우 (2)**

3개의 흰 공과 k개의 검은 공이 들어있는 주머니에서 한 개의 공을 꺼내어 색을 확인하고 다시 넣는 시행을 27번 반복할 때, 흰 공이 나오는 횟수를 확률변수 X라 한다. $E(X)=9$일 때, $E(X^2)-E(kX)$의 값을 구하여라.

핵심 $E(X^2)=V(X)+\{E(X)\}^2$ $(\because V(X)=E(X^2)-\{E(X)\}^2)$, 즉 $\star E(X^2)=$ (분산)$+$(평균)^2

풀이 $k+3$개의 공이 들어있는 주머니에서 한 개의 공을 꺼낼 때 흰 공이 나올 확률은 $\dfrac{3}{k+3}$이다.

따라서 확률변수 X는 이항분포 $B\left(27, \dfrac{3}{k+3}\right)$을 따르므로

$E(X)=27\cdot\dfrac{3}{k+3}=9$　　$\therefore k=6$

따라서 확률변수 X는 이항분포 $B\left(27, \dfrac{1}{3}\right)$을 따르므로

$V(X)=27\cdot\dfrac{1}{3}\cdot\dfrac{2}{3}=6$

$\therefore E(X^2)-E(6X)=V(X)+\{E(X)\}^2-6E(X)$
$=6+9^2-6\times9=\mathbf{33}$

줄기3-11 1개의 동전을 12회 던질 때 앞면이 나오는 횟수를 확률변수 X라 하자. 이때 $E\big((X-a)^2\big)$의 최솟값을 구하여라.

5 확률분포 (1)

정답 및 풀이 ▶ 65p

● 잎 5-1

주사위를 한 번 던져 나오는 눈의 수를 4로 나눈 나머지를 확률변수 X라 하자. X의 평균은?

(단, 주사위의 각 눈이 나올 확률은 모두 같다.) [수능 기출]

① 2 　② $\dfrac{5}{3}$ 　③ $\dfrac{3}{2}$ 　④ $\dfrac{4}{3}$ 　⑤ 1

● 잎 5-2

이산확률변수 X가 취할 수 있는 값이 -2, -1, 0, 1, 2이고 X의 확률질량함수가

$$P(X=x)=\begin{cases} k-\dfrac{x}{9} & (x=-2,\,-1,\,0) \\ k+\dfrac{x}{9} & (x=1,\,2) \end{cases}$$

일 때, 상수 k의 값은? [평가원 기출]

① $\dfrac{1}{15}$ 　② $\dfrac{2}{15}$ 　③ $\dfrac{1}{5}$ 　④ $\dfrac{4}{15}$ 　⑤ $\dfrac{1}{3}$

● 잎 5-3

이산확률변수 X가 취할 수 있는 값이 0, 1, 2, 3, 4, 5, 6, 7이고 X의 확률질량함수가

$$P(X=x)=\begin{cases} c & x=0,\,1,\,2 \\ 2c & x=3,\,4,\,5 \\ 5c^2 & x=6,\,7 \end{cases} \text{ (단, } c\text{는 양수)}$$

이다. 확률변수 X가 6 이상일 사건을 A, 확률변수 X가 3 이상일 사건을 B라 할 때, $P(A|B)$의 값은? [수능 기출]

① $\dfrac{1}{5}$ 　② $\dfrac{1}{6}$ 　③ $\dfrac{1}{7}$ 　④ $\dfrac{1}{8}$ 　⑤ $\dfrac{1}{9}$

● 잎 5-4

이산확률변수 X의 확률분포표는 다음과 같다.

X	1	2	4	8	합계
$P(X=x)$	$\dfrac{1}{4}$	a	$\dfrac{1}{8}$	b	1

확률변수 X의 평균이 5일 때, X의 분산은? [평가원 기출]

① 9.75 　② 8.5 　③ 7.25 　④ 6.5 　⑤ 4.25

• 잎 5-5

그림과 같이 반지름의 길이가 1인 원의 둘레를 6등분한 점에
1부터 6까지의 번호를 하나씩 부여하였다. 한 개의 주사위를
두 번 던져 나온 눈의 수에 해당하는 점을 각각 A, B라 하자.
두 점 A, B 사이의 거리를 확률변수 X라 할 때, X의 평균
$E(X)$는? [평가원 기출]

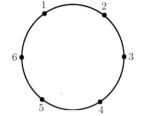

① $\dfrac{1+\sqrt{2}}{3}$ 　　　② $\dfrac{1+\sqrt{3}}{3}$ 　　　③ $\dfrac{2+\sqrt{2}}{3}$

④ $\dfrac{2+\sqrt{3}}{3}$ 　　　⑤ $\dfrac{1+2\sqrt{3}}{3}$

• 잎 5-6

확률변수 X의 확률분포표가 아래와 같을 때, 확률변수 $Y=10X+5$의 분산을 구하여라. [수능 기출]

X	0	1	2	3	계
$P(X)$	$\dfrac{2}{10}$	$\dfrac{3}{10}$	$\dfrac{3}{10}$	$\dfrac{2}{10}$	1

• 잎 5-7

이산확률변수 X의 확률질량함수가 $P(X=x)=\dfrac{|x-4|}{7}$ ($x=1,\ 2,\ 3,\ 4,\ 5$)일 때,
$E(14X+5)$의 값은? [평가원 기출]

① 31 　　　② 35 　　　③ 39 　　　④ 43 　　　⑤ 47

• 잎 5-8

이산확률변수 X의 확률질량함수가 $P(X=x)=\dfrac{ax+2}{10}$ ($x=-1,\ 0,\ 1,\ 2$)일 때, 확률변수 $3X+2$
의 분산 $V(3X+2)$의 값은? (단, a는 상수이다.) [수능 기출]

① 9 　　　② 18 　　　③ 27 　　　④ 36 　　　⑤ 45

• 잎 5-9

이산확률변수 X에 대하여 $P(X=2)=1-P(X=0),\ 0<P(X=0)<1$

$\{E(X)\}^2=2V(X)$일 때, 확률 $P(X=2)$의 값은? [수능 기출]

① $\dfrac{1}{6}$ ② $\dfrac{1}{3}$ ③ $\dfrac{1}{2}$ ④ $\dfrac{2}{3}$ ⑤ $\dfrac{5}{6}$

• 잎 5-10

대학수학능력시험 수리영역의 원점수 X의 평균을 m, 표준편차를 σ라 할 때 표준점수 T는

$T=a\left(\dfrac{X-m}{\sigma}\right)+b$ (단, $a>0$) 꼴로 나타내어진다.

수리영역의 표준점수 T가 평균이 100, 표준편차가 20인 분포를 이룬다고 할 때, 두 상수 a,b의 합 $a+b$의 값은? [교육청 기출]

① 80 ② 90 ③ 100 ④ 110 ⑤ 120

• 잎 5-11

확률변수 X가 이항분포 $B\left(100,\ \dfrac{1}{5}\right)$을 따를 때, 확률변수 $3X-4$의 표준편차는? [수능 기출]

① 12 ② 15 ③ 18 ④ 21 ⑤ 24

• 잎 5-12

이산확률변수 X가 값 x를 가질 확률이

$P(X=x)={}_nC_x\,p^x(1-p)^{n-x}$ (단, $x=0,\ 1,\ 2,\cdots,\ n$이고 $0<p<1$)

이다. $E(X)=1,\ V(X)=\dfrac{9}{10}$일 때, $P(X<2)$의 값은? [평가원 기출]

① $\dfrac{19}{10}\left(\dfrac{9}{10}\right)^9$ ② $\dfrac{17}{9}\left(\dfrac{8}{9}\right)^8$ ③ $\dfrac{15}{8}\left(\dfrac{7}{8}\right)^7$ ④ $\dfrac{13}{7}\left(\dfrac{6}{7}\right)^6$ ⑤ $\dfrac{11}{6}\left(\dfrac{5}{6}\right)^5$

잎 5-13

확률변수 X가 이항분포 $B(10,\ p)$를 따르고, $P(X=4)=\dfrac{1}{3}P(X=5)$일 때, $E(7X)$의 값을 구하여라. (단, $0<p<1$) [평가원 기출]

잎 5-14

어느 수학반에 남학생 3명, 여학생 2명으로 구성된 모둠이 10개 있다. 각 모둠에서 임의로 2명씩 선택할 때, 남학생들만 선택된 모둠의 수를 확률변수 X라고 하자. X의 평균 $E(X)$의 값은?

(단, 두 모둠 이상에 속한 학생은 없다.) [수능 기출]

① 6 ② 5 ③ 4 ④ 3 ⑤ 2

잎 5-15

두 주사위 A, B를 동시에 던질 때, 나오는 각각의 눈의 수 m, n에 대하여 $m^2+n^2\leq25$가 되는 사건을 E라 하자.

두 주사위 A, B를 동시에 던지는 12회의 독립시행에서 사건 E가 일어나는 횟수를 확률변수 X라할 때, X의 분산 $V(X)$는 $\dfrac{q}{p}$이다. $p+q$의 값을 구하여라. (단, p, q는 서로소인 자연수이다.)

[수능 기출]

잎 5-16

두 사람 A와 B가 각각 주사위를 한 개씩 동시에 던지는 시행을 한다. 이 시행에서 나온 두 주사위의 눈의 수의 차가 3보다 작으면 A가 1점을 얻고, 그렇지 않으면 B가 1점을 얻는다.

이와 같은 시행을 15회 반복할 때, A가 얻는 점수의 합의 기댓값과 B가 얻는 점수의 합의 기댓값의 차는? [평가원 기출]

① 1 ② 3 ③ 5 ④ 7 ⑤ 9

5. 확률분포 (2)

04 연속확률분포

1 연속확률변수와 확률밀도함수

오른쪽 그림과 같이 원판의 중심 O에 자유롭게 회전할 수 있는 바늘이 있을 때, 이 바늘을 회전시켜 멈춘 곳의 눈금을 확률변수 X라 하면 X는 $0 \leq X \leq 12$인 모든 실수 값을 가질 수 있다. 이와 같이 어떤 범위에 속하는 모든 실수 값을 가질 수 있는 확률변수 X를 **연속확률변수**라 한다.

이때 확률변수 X가 그 값을 취할 수 있는 것은 같은 정도로 일어난다고 기대할 수 있고, $P(0 \leq X \leq 12) = 1$이므로 오른쪽 그림에서 $12 \times a = 1$, 즉 $a = \dfrac{1}{12}$이다.

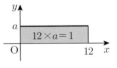

따라서 확률변수 X에 대하여 $\alpha \leq X \leq \beta \, (0 \leq \alpha \leq \beta \leq 12)$일 확률은

$$P(\alpha \leq X \leq \beta) = (\beta - \alpha) \times \frac{1}{12} = \frac{\beta - \alpha}{12} \text{이다.}$$

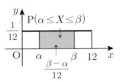

일반적으로 연속확률변수 X에 대하여 $a \leq x \leq b$에서 정의된 함수 $f(x)$가 다음의 세 조건을 만족시키면 함수 $f(x)$를 확률변수 X의 **확률밀도함수**라 정의(약속)한다.

i) $f(x) \geq 0$

ii) 함수 $y = f(x)$의 그래프와 x축 및 두 직선 $x = a$, $x = b$로 둘러싸인 도형의 넓이는 1이다.

iii) **확률 $P(\alpha \leq X \leq \beta)$는** 함수 $y = f(x)$의 그래프와 x축 및 두 직선 $x = \alpha$, $x = \beta$로 *둘러싸인 도형의 넓이이다.

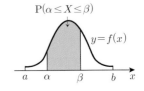

(단, $a \leq \alpha \leq \beta \leq b$)

① **연속확률변수 X가 특정한 값 α를 가질 확률, 즉 $P(X = \alpha) = 0$**
($\because y = f(x)$의 그래프와 x축 및 *한 직선 $x = \alpha$로 둘러싸인 도형의 넓이는 0이다.)
② **연속확률변수 X에 대하여**
$P(\alpha \leq X \leq \beta) = P(\alpha \leq X < \beta) = P(\alpha < X \leq \beta) = P(\alpha < X < \beta)$ ($\because P(X = \alpha) = 0$, $P(X = \beta) = 0$)

예) 연속확률변수 X의 확률밀도함수가 $f(x) = kx \, (0 \leq x \leq 2)$일 때, 확률 $P(1 \leq X \leq 2)$를 구하여라.

$f(x)$가 확률밀도함수, 즉 $f(x) \geq 0$이고 함수 $f(x) = kx$의 그래프와 x축 및 두 직선 $x = 0$, $x = 2$로 둘러싸인 도형의 넓이가 1이므로

i) *$k > 0$

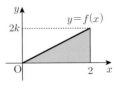

ii) $\dfrac{1}{2} \times 2 \times 2k = 1$ $\therefore k = \dfrac{1}{2}$

구하는 확률은 오른쪽 그림과 같이 $f(x)$의 그래프와 x축 및 두 직선 $x = 1$, $x = 2$로 둘러싸인 도형의 넓이이므로

$$P(1 \leq X \leq 2) = \frac{1}{2} \times \left(\frac{1}{2} + 1 \right) \times 1 = \frac{3}{4}$$

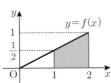

뿌리 4-1 **확률밀도함수(1)**

연속확률변수 X의 확률밀도함수가 $f(x) = a(2x+1)$ $(0 \le x \le 3)$일 때, 다음을 구하여라.

1) 상수 a의 값   2) $P(1 \le X \le 2)$

풀이 1) $f(x)$가 확률밀도함수, 즉 $f(x) \ge 0$이고 함수 $f(x)$의
그래프와 x축 및 두 직선 $x=0$, $x=3$으로 둘러싸인
도형의 넓이가 1이므로

i) $\star a > 0$

ii) $\dfrac{1}{2} \times (a + 7a) \times 3 = 1$ $\therefore a = \dfrac{1}{12}$

2) 구하는 확률은 오른쪽 그림과 같이 $f(x)$의 그래프와
x축 및 두 직선 $x=1$, $x=2$로 둘러싸인 도형의 넓이
이므로

$P(1 \le X \le 2) = \dfrac{1}{2} \times \left(\dfrac{1}{4} + \dfrac{5}{12} \right) \times 1 = \dfrac{1}{3}$

[줄기 4-1] 연속확률변수 X의 확률밀도함수 $f(x)$의 그래프가
오른쪽 그림과 같을 때, $P(1 \le X \le 3)$를 구하여라.

뿌리 4-2 **확률밀도함수(2)**

연속확률변수 X의 확률밀도함수가 $f(x) = a|x+2|$ $(-3 \le x \le 0)$일 때,
$P(-1 \le X \le 0)$을 구하여라. (단, a는 상수이다.)

풀이 $f(x) \ge 0$이고 함수 $f(x)$의 그래프와 x축 및 두 직선
$x = -3$, $x=0$으로 둘러싸인 도형의 넓이가 1이므로

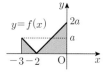

i) $\star a > 0$

ii) $\dfrac{1}{2} \times 1 \times a + \dfrac{1}{2} \times 2 \times 2a = 1$ $\therefore a = \dfrac{2}{5}$

구하는 확률은 오른쪽 그림과 같이 $f(x)$의 그래프와
x축 및 두 직선 $x = -1$, $x=0$으로 둘러싸인 도형의
넓이이므로

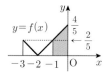

$P(-1 \le X \le 0) = \dfrac{1}{2} \times \left(\dfrac{2}{5} + \dfrac{4}{5} \right) \times 1 = \dfrac{3}{5}$

[줄기 4-2] 연속확률변수 X의 확률밀도함수 $f(x)$가 $f(x) = \begin{cases} \dfrac{1}{9}x + a & (-9a \le x < 0) \\ -\dfrac{1}{9}x + a & (0 \le x \le 9a) \end{cases}$ 일 때,

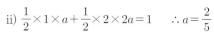

$P(-2 \le X \le 2)$를 구하여라. (단, a는 상수이다.)

05 정규분포

1 정규분포

키, 강수량, 성적 등과 같이 자연현상이나 사회현상을 관측하여 얻은 자료를 정리하여 나타내면 오른쪽 그림과 같이 m(평균)을 중심으로 좌우 대칭인 종 모양의 곡선에 가까워진다.

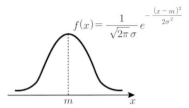

$$f(x) = \frac{1}{\sqrt{2\pi}\,\sigma} e^{-\frac{(x-m)^2}{2\sigma^2}}$$

연속확률변수 X의 확률밀도함수 $f(x)$가

$$f(x) = \frac{1}{\sqrt{2\pi}\,\sigma} e^{-\frac{(x-m)^2}{2\sigma^2}} \quad (x\text{는 모든 실수, } m\text{은 상수, } \sigma\text{는 양수, } e = 2.71828\cdots)$$

일 때, X의 확률분포를 **정규분포**라 하고, 여기서 m과 $\sigma\,(\sigma>0)$는 각각 확률변수 X의 평균과 표준편차를 나타내는 상수이다.

평균과 분산이 각각 m과 σ^2인 정규분포를 기호로 $N(m, \sigma^2)$과 같이 나타내고, 연속확률변수 X는 정규분포 $N(m, \sigma^2)$을 따른다고 한다.

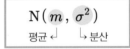

$$N(m, \sigma^2)$$
평균 ↙ ↘ 분산

※ $N(m, \sigma^2)$에서 N은 Normal distribution(정규분포)의 첫 글자이다.

참고 확률변수 $\begin{cases} \text{이산확률변수} \Rightarrow \text{확률질량함수, 이항분포 } B(n, p) \\ \text{연속확률변수} \Rightarrow \text{확률밀도함수, 정규분포 } N(m, \sigma^2) \end{cases}$

2 정규분포의 확률밀도함수의 그래프의 성질

확률변수 X가 정규분포 $N(m, \sigma^2)$을 따를 때, 그 그래프는 다음과 같은 성질이 있다.

1) 직선 $x = m$에 대하여 **대칭**인 종 모양의 곡선이고, 점근선은 x축이다.

2) **그래프와 x축 사이의 넓이는 1**이다.

3) $x = m$일 때 **최댓값**을 갖는다.

4) [그림 1]과 같이 m의 값이 일정할 때, **대칭축의 위치는 변하지 않고** σ의 값이 커지면 그래프의 모양은 높이가 낮아지고 옆으로 퍼진다.

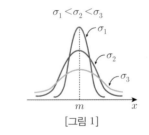

[그림 1]

▼ σ가 작을수록 '분포가 더 고르다.'라고 한다.
예) 앞 5-8) ㄷ. [p.163]

5) [그림 2]와 같이 σ의 값이 일정할 때, **곡선의 모양은 변하지 않고** m의 값에 따라 평행이동한 도형이 된다.

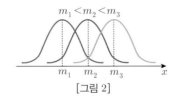

[그림 2]

뿌리 5-1 정규분포의 확률밀도함수의 그래프의 성질(1)

확률변수 X는 정규분포 $N(m, \sigma^2)$을 따를 때, 아래에서 참, 거짓을 말하여라.

ㄱ. $P(-\infty < X < \infty) = 1$ (   )

ㄴ. $P(X \leq m) = 0.5$ (   )

ㄷ. $x_1 < x_2$일 때,

    $P(x_1 \leq X \leq x_2) = P(X \leq x_1) - P(X \leq x_2)$ (   )

풀이 ㄱ. 정규분포 곡선과 x축 사이의 넓이가 1이므로

    $P(-\infty < X < \infty) = 1$ (**참**)

ㄴ. 정규분포 곡선은 직선 $x = m$에 대하여 대칭이므로

    $P(X \leq m) = 0.5$ (**참**)

ㄷ. $x_1 < x_2$일 때,

    $P(x_1 \leq X \leq x_2) = P(X \leq x_2) - P(X \leq x_1)$ (**거짓**)

뿌리 5-2 정규분포의 확률밀도함수의 그래프의 성질(2)

정규분포 $N(m, \sigma^2)$을 따르는 확률변수 X에 대하여 $P(X \leq 56) = P(X \geq 64)$일 때, m의 값을 구하여라.

풀이 정규분포 곡선은 직선 $x = m$에 대하여 대칭이므로

$P(X \leq 56) = P(X \geq 64)$

$m = \dfrac{56 + 64}{2} = 60$

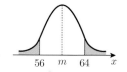

참고 $P(X \leq a) = P(X \geq b)$이면 $m = \dfrac{a+b}{2}$

$P(X \geq a) + P(X \geq b) = 1$이면 $m = \dfrac{a+b}{2}$, $P(X \leq a) + P(X \leq b) = 1$이면 $m = \dfrac{a+b}{2}$

[줄기5-1] 정규분포 $N(13, 5^2)$을 따르는 확률변수 X에 대하여 $P(X \leq 7) = P(X \geq a)$일 때, a의 값을 구하여라.

[줄기5-2] 확률변수 X는 정규분포 $N(m, \sigma^2)$을 따르고 $\dfrac{1}{5}X$의 분산이 1일 때, 다음을 구하여라.

1) $P(X \geq 70) = P(X \leq 130)$일 때, $m + \sigma$의 값

2) $P(X \leq 70) + P(X \leq 130) = 1$일 때, $m + \sigma$의 값

[줄기5-3] 확률변수 X가 정규분포 $N(11, 3^2)$을 따를 때, $P(a-3 \leq X \leq a+2)$가 최대가 되도록 하는 상수 a의 값을 구하여라.

3　표준정규분포

1) 평균이 $m=0$, 분산이 $\sigma^2=1$인 정규분포 $N(0,1)$을 **표준정규분포**라 한다.

2) 확률변수 Z가 표준정규분포를 따르면 Z의 확률밀도함수는

$$f(z)=\frac{1}{\sqrt{2\pi}}\,e^{-\frac{z^2}{2}}\ (z\text{는 모든 실수})$$

이고, 그 그래프는 오른쪽 그림과 같다.

이때 확률변수 Z가 $0\le Z\le a$인 범위에 속할 확률 $P(0\le Z\le a)$는 그림에서 색칠한 도형의 넓이와 같고, 그 값은 표준정규분포표 [p.184]에 주어져 있다.

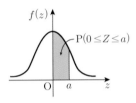

예) $P(0\le Z\le 1.35)$를 표준정규분포표를 이용하여 구하여 보자.
오른쪽 표준정규분포표의 맨 왼쪽에 있는 세로줄에서 1.3을 찾은 다음 맨 위에 있는 가로줄에서 0.05를 찾아 가로줄과 세로줄이 만나는 곳의 수를 찾는다. 즉,
$P(0\le Z\le 1.35)=0.4115$
같은 방법으로
$P(0\le Z\le 3)=0.4987$

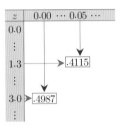

4　표준정규분포를 따르는 확률변수 Z의 확률을 구하는 방법

표준정규분포 $N(0,1)$을 따르는 확률변수 Z의 확률밀도함수의 그래프는 **직선 $Z=0$에 대하여 대칭**이므로 다음과 같이 확률을 구할 수 있다. (단, $0<a<b$)

1)

$P(Z\ge 0)=0.5$

2)

$P(Z\ge a)$
$=0.5-P(0\le Z\le a)$

3)
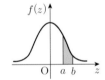

$P(a\le Z\le b)$
$=P(0\le Z\le b)-P(0\le Z\le a)$

4)

$P(Z\le a)$
$=0.5+P(0\le Z\le a)$

5)
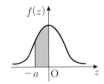

$P(-a\le Z\le 0)$
$=P(0\le Z\le a)$

6)
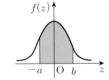

$P(-a\le Z\le b)$
$=P(0\le Z\le a)+P(0\le Z\le b)$

익히는 방법
$N(0,1)$을 따르는 그래프는 직선 $Z=0$에 대하여 대칭이므로 $P(*0\le Z\sim)$ 꼴로 만들어 확률을 구한다.

확률변수 X가 정규분포 $N(m, \sigma^2)$을 따를 때, 확률변수 $Z = \dfrac{X-m}{\sigma}$은 표준정규분포 $N(0, 1)$을 따른다. 이와 같이 정규분포 $N(m, \sigma^2)$을 따르는 확률변수 X를 표준정규분포 $N(0, 1)$을 따르는 확률변수 $Z = \dfrac{X-m}{\sigma}$으로 바꾸는 것을 **표준화**라 한다. 따라서

$$P(a \leq X \leq b) = P\left(\frac{a-m}{\sigma} \leq \frac{X-m}{\sigma} \leq \frac{b-m}{\sigma}\right) = P\left(\frac{a-m}{\sigma} \leq Z \leq \frac{b-m}{\sigma}\right)$$

◆ 연속확률변수 X에 대하여 $E(X) = m$, $V(X) = \sigma^2$이면 X는 정규분포 $N(m, \sigma^2)$을 따른다.

$Z = \dfrac{X-m}{\sigma} = \dfrac{1}{\sigma}X - \dfrac{m}{\sigma}$으로 놓으면 연속확률변수 Z는

$$E(Z) = E\left(\frac{1}{\sigma}X - \frac{m}{\sigma}\right) = \frac{1}{\sigma}E(X) - \frac{m}{\sigma} = \frac{1}{\sigma} \cdot m - \frac{m}{\sigma} = 0$$

$$V(Z) = V\left(\frac{1}{\sigma}X - \frac{m}{\sigma}\right) = \left(\frac{1}{\sigma}\right)^2 V(X) = \left(\frac{1}{\sigma}\right)^2 \cdot \sigma^2 = 1$$

이므로 Z는 표준정규분포 $N(0, 1)$을 따른다.

정규분포 $N(m, \sigma^2)$

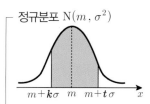

*표준화

표준정규분포 $N(0, 1)$

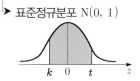

◆*정규분포 $N(m, \sigma^2)$을 따르는 확률변수 X에 대하여
$P(m + k\sigma \leq X \leq m + t\sigma)$ (단, k, t는 실수)일 때,
이 확률을 표준화하면

$$P\left(\frac{m+k\sigma-m}{\sigma} \leq \frac{X-m}{\sigma} \leq \frac{m+t\sigma-m}{\sigma}\right)$$

$$= P(k \leq Z \leq t)$$

씨앗. 1 ◢ 확률변수 X가 정규분포 $N(120, 10^2)$을 따를 때, 다음 확률을 구하여라.

1) $P(105 \leq X \leq 145)$ 2) $P(X \geq 140)$

Z	$P(0 \leq Z \leq z)$
1.5	0.4332
2.0	0.4772
2.5	0.4938

풀이 1) $P(105 \leq X \leq 145) = P(120 + 10 \times (-1.5) \leq X \leq 120 + 10 \times 2.5)$
$= P(-1.5 \leq Z \leq 2.5)$
$= P(0 \leq Z \leq 1.5) + P(0 \leq Z \leq 2.5) = 0.4332 + 0.4938 = \mathbf{0.9270}$

1) $P(105 \leq X \leq 145) = P\left(\dfrac{105-120}{10} \leq \dfrac{X-m}{\sigma} \leq \dfrac{145-120}{10}\right)$
$= P(-1.5 \leq Z \leq 2.5) = P(0 \leq Z \leq 1.5) + P(0 \leq Z \leq 2.5) = 0.4332 + 0.4938 = \mathbf{0.9270}$

2) $P(X \geq 140) = P(X \geq 120 + 10 \times 2.0)$
$= P(Z \geq 2.0)$
$= 0.5 - P(0 \leq Z \leq 2.0) = 0.5 - 0.4772 = \mathbf{0.0228}$

2)) $P(X \geq 140) = P\left(\dfrac{X-m}{\sigma} \geq \dfrac{140-120}{10}\right)$
$= P(Z \geq 2.0) = 0.5 - P(0 \leq Z \leq 2.0) = 0.5 - 0.4772 = \mathbf{0.0228}$

뿌리 5-3 정규분포를 표준화하여 확률 구하기(1)

정규분포 $N(m, \sigma^2)$을 따르는 확률변수 X에
대하여 $P(m \le X \le x)$는 오른쪽 표와 같다.
확률변수 X가 정규분포 $N(30, 2^2)$을 따를 때,
오른쪽 표를 이용하여 $P(28 \le X \le 34)$를 구하
여라.

x	$P(m \le X \le x)$
$m+\sigma$	0.3413
$m+2\sigma$	0.4772

풀이 $m = 30$, $\sigma = 2$이므로

$P(28 \le X \le 34)$

$= P(30 + 2 \times (-1) \le X \le 30 + 2 \times 2)$

$= P(-1 \le Z \le 2)$

$= P(0 \le Z \le 1) + P(0 \le Z \le 2)$

$= 0.3413 + 0.4772$

$= \mathbf{0.8185}$

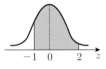

x	$P(m \le X \le x)$
$m+1\sigma$	0.3413
$m+2\sigma$	0.4772

를 표준화하면

z	$P(0 \le Z \le z)$
1	0.3413
2	0.4772

[줄기5-4] 정규분포 $N(m, \sigma^2)$을 따르는 확률변수 X에
대하여 $P(m \le X \le x)$는 오른쪽 표와 같다.
확률변수 X가 정규분포 $N(3, 3^2)$을 따를 때,
오른쪽 표를 이용하여 $P(-3 < X \le 3)$을 구하
여라.

x	$P(m \le X \le x)$
$m+0.5\sigma$	0.1915
$m+\sigma$	0.3413
$m+1.5\sigma$	0.4332
$m+2\sigma$	0.4772

뿌리 5-4 정규분포를 표준화하여 확률 구하기(2)

정규분포 $N(m, \sigma^2)$을 따르는 확률변수 X에 대하여
$P(m - \sigma \le X \le m + \sigma) = a$, $P(m - 1.5\sigma \le X \le m + 1.5\sigma) = b$라 할 때,
$P(m - \sigma \le X \le m + 1.5\sigma)$를 a, b를 사용하여 나타내어라.

풀이 $P(m + (-1)\sigma \le X \le m + 1\sigma) = a$에서 $P(-1 \le Z \le 1) = a$ 　　 $\therefore P(0 \le Z \le 1) = \dfrac{a}{2}$

$P(m + (-1.5)\sigma \le X \le m + 1.5\sigma) = b$에서 $P(-1.5 \le Z \le 1.5) = b$ 　 $\therefore P(0 \le Z \le 1.5) = \dfrac{b}{2}$

$P(m + (-1)\sigma \le X \le m + 1.5\sigma) = a$에서

$P(-1 \le Z \le 1.5)$

$= P(0 \le Z \le 1) + P(0 \le Z \le 1.5)$

$= \dfrac{a}{2} + \dfrac{b}{2} = \dfrac{\mathbf{a+b}}{\mathbf{2}}$

[줄기5-5] 정규분포 $N(m, \sigma^2)$을 따르는 확률변수 X에 대하여
$P(X \ge m - \sigma) = 0.8413$일 때, $P(m - \sigma \le X \le m + \sigma)$를 구하여라.

뿌리 5-5 정규분포를 표준화하여 확률 구하기(3)

확률변수 X가 정규분포 $N(50, 2^2)$을 따를 때,
오른쪽 표준정규분포표를 이용하여 다음 확률을
구하여라.

1) $P(X \leq 48)$ 2) $P(49 \leq X \leq 52)$
3) $P(X \geq 54)$

z	$P(0 \leq Z \leq z)$
0.5	0.1915
1	0.3413
1.5	0.4332
2	0.4772

풀이 $Z = \dfrac{X-50}{2}$으로 놓으면 확률변수 Z는 표준정규분포 $N(0, 1)$을 따른다.

1) $P(X \leq 48) = P\left(Z \leq \dfrac{48-50}{2}\right)$
$= P(Z \leq -1)$
$= 0.5 - P(0 \leq Z \leq 1)$
$= 0.5 - 0.3413 = \mathbf{0.1587}$

2) $P(49 \leq X \leq 52) = P\left(\dfrac{49-50}{2} \leq Z \leq \dfrac{52-50}{2}\right)$
$= P(-0.5 \leq Z \leq 1)$
$= P(-0.5 \leq Z \leq 0) + P(0 \leq Z \leq 1)$
$= P(0 \leq Z \leq 0.5) + P(0 \leq Z \leq 1)$
$= 0.1915 + 0.3413 = \mathbf{0.5328}$

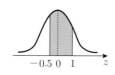

3) $P(X \geq 54) = P\left(Z \geq \dfrac{54-50}{2}\right)$
$= P(Z \geq 2)$
$= 0.5 - P(0 \leq Z \leq 2)$
$= 0.5 - 0.4772 = \mathbf{0.0228}$

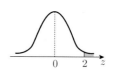

[줄기5-6] 확률변수 X가 정규분포 $N(170, 5^2)$을 따를 때,
오른쪽 표준정규분포표를 이용하여 다음 확률을
구하여라.

1) $P(160 \leq X \leq 177.5)$
2) $P(|X - 175| \leq 5)$

z	$P(0 \leq Z \leq z)$
1	0.3413
1.5	0.4332
2	0.4772

[줄기5-7] 정규분포 $N(200, 10^2)$을 따르는 확률변수 X에 대하여
$P(187 \leq X \leq 213) = 0.4032$일 때, $P(X > 213)$을 구하여라.

뿌리 5-6 정규분포를 표준화하여 미지수의 값 구하기

확률변수 X가 정규분포 $N(65,\ 4^2)$을 따를 때, 오른쪽 표준정규분포표를 이용하여 $P(61 \leq X \leq a) = 0.8185$를 만족시키는 상수 a의 값을 구하여라.

z	$P(0 \leq Z \leq z)$
1	0.3413
1.5	0.4332
2	0.4772

풀이 $Z = \dfrac{X-65}{4}$로 놓으면 확률변수 Z는 표준정규분포 $N(0,\ 1)$을 따른다.

$P(61 \leq X \leq a) = 0.8185$에서

$P\left(\dfrac{61-65}{4} \leq Z \leq \dfrac{a-65}{4} \right) = 0.8185$

$P\left(-1 \leq Z \leq \dfrac{a-65}{4} \right) = 0.8185$

$P(-1 \leq Z \leq 0) + P\left(0 \leq Z \leq \dfrac{a-65}{4} \right) = 0.8185$

$P(0 \leq Z \leq 1) + P\left(0 \leq Z \leq \dfrac{a-65}{4} \right) = 0.8185$

$0.3413 + P\left(0 \leq Z \leq \dfrac{a-65}{4} \right) = 0.8185$

$\therefore P\left(0 \leq Z \leq \dfrac{a-65}{4} \right) = 0.4772$

이때 $P(0 \leq Z \leq 2) = 0.4772$이므로 $\dfrac{a-65}{4} = 2$

$a - 65 = 8$ $\quad \therefore a = \mathbf{73}$

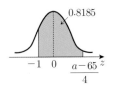

[줄기5-8] 확률변수 X가 정규분포 $N(70,\ \sigma^2)$을 따를 때, $P(X \geq 88) = 0.0013$을 만족시키는 상수 σ의 값을 구하여라. (단, $P(0 \leq Z \leq 3) = 0.4987$)

[줄기5-9] 확률변수 X가 정규분포 $N(m,\ 20^2)$을 따를 때, $P(X \leq 60) = 0.0228$을 만족시키는 상수 m의 값을 구하여라. (단, $P(0 \leq Z \leq 2) = 0.4772$)

표준화하여 확률 비교하기(1)

전국 모의고사를 치른 결과 국어, 영어, 수학의
전국 성적이 오른쪽 표와 같다. 이때 국어 85점,
영어 75점, 수학 65점을 받은 A학생은 국, 영,
수 중 어느 과목의 성적을 가장 잘 받았다고 볼
수 있는가? (단, 각 성적은 정규분포를 따른다.)

	국어	영어	수학
평균	74	64	54
표준편차	11	12	10

풀이 전국 모의고사의 국어, 영어, 수학 성적을 각각 확률변수 X_1, X_2, X_3이라 하면
X_1, X_2, X_3은 각각 정규분포 $N(74, 11^2)$, $N(64, 12^2)$, $N(54, 10^2)$을 따르므로
$$Z_1 = \frac{X_1 - 74}{11}, \quad Z_2 = \frac{X_2 - 64}{12}, \quad Z_3 = \frac{X_3 - 54}{10}$$
로 놓으면 확률변수 Z_1, Z_2, Z_3은 모두 표준정규분포 $N(0, 1)$을 따른다.
A학생의 국어 85점, 영어 75점, 수학 65점을 표준화하면
국어: $Z_1 = \frac{85 - 74}{11} = 1$, 영어: $Z_2 = \frac{75 - 74}{12} = \frac{11}{12}$, 수학: $Z_3 = \frac{65 - 54}{10} = \frac{11}{10}$
따라서 $Z_2 < Z_1 < Z_3$이므로 국, 영, 수 중 **수학**을 가장 잘 받았다고 볼 수 있다.

표준화하여 확률 비교하기(2)

어느 해 한국, 미국, 일본의 대졸 신입 사원의 월급은 평균이 각각 80만 원, 2000불,
18만 엔이고 표준편차가 각각 10만 원, 300불, 2만 5천 엔인 정규분포를 따른다고
한다. 위 3개국에서 임의로 한 명 씩 뽑힌 대졸 신입 사원 A, B, C의 월급이 각각
94만 원, 2250불, 21만 엔이라고 할 때, 각각 자국내에서 상대적으로 월급을 많이
받는 사람부터 순서대로 적은 것은? [수능 기출]

① A, B, C   ② A, C, B   ③ B, A, C   ④ C, A, B   ⑤ C, B, A

풀이 한국, 미국, 일본 신입 사원의 월급을 각각 확률변수 X_1, X_2, X_3이라 하면 X_1, X_2, X_3은
각각 정규분포 $N(80, 10^2)$, $N(2000, 300^2)$, $N(18, 2.5^2)$을 따르므로
$$Z_1 = \frac{X_1 - 80}{10}, \quad Z_2 = \frac{X_2 - 2000}{300}, \quad Z_3 = \frac{X_3 - 18}{2.5}$$
로 놓으면 확률변수 Z_1, Z_2, Z_3은 모두 표준정규분포 $N(0, 1)$을 따른다.
A, B, C의 각각의 월급 94만 원, 2250불, 21만 엔을 표준화하면
A: $Z_1 = \frac{94 - 80}{10} = \frac{14}{10} = 1.4$

B: $Z_2 = \frac{2250 - 2000}{300} = \frac{250}{300} = \frac{5}{6} = 0.833\cdots$

C: $Z_3 = \frac{21 - 18}{2.5} = \frac{30}{25} = \frac{6}{5} = 1.2$

따라서 $Z_1 > Z_3 > Z_2$이므로 상대적으로 월급을 많이 받는 사람부터 순서대로 적으면
A, C, B이다.

정답 ②

뿌리 5-9) 정규분포의 활용 - 확률, 도수 구하기

어떤 식품회사에서 생산된 두부 10000개의 무게는 평균 200 g, 표준편차 5g인 정규분포를 따른다고 한다. 오른쪽 정규분포표를 이용하여 다음 물음에 답하여라.

z	$P(0 \leq Z \leq z)$
0.8	0.2881
1.0	0.3413
2.4	0.4918

1) 무게가 196 g 이상 205 g 이하인 두부는 전체의 몇 %인지 구하여라.

2) 무게가 195 g 이상인 두부는 몇 개인지 구하여라.

풀이 두부의 무게를 확률변수 X라 하면 X는 정규분포 $N(200, 5^2)$을 따르므로 $Z = \dfrac{X-200}{5}$으로 놓으면 확률변수 Z는 표준정규분포 $N(0, 1)$을 따른다.

1) $P(196 \leq X \leq 205) = P\left(\dfrac{196-200}{5} \leq Z \leq \dfrac{205-200}{5} \right)$

$\qquad\qquad\qquad\quad = P(-0.8 \leq Z \leq 1)$

$\qquad\qquad\qquad\quad = P(-0.8 \leq Z \leq 0) + P(0 \leq Z \leq 1)$

$\qquad\qquad\qquad\quad = P(0 \leq Z \leq 0.8) + P(0 \leq Z \leq 1)$

$\qquad\qquad\qquad\quad = 0.2881 + 0.3413 = 0.6294$

따라서 무게가 196 g 이상 205 g 이하인 두부는 전체의 **62.94%**이다.

2) $P(X \geq 195) = P\left(Z \geq \dfrac{195-200}{5} \right)$

$\qquad\qquad\quad = P(Z \geq -1)$

$\qquad\qquad\quad = P(-1 \leq Z \leq 0) + P(Z \geq 0)$

$\qquad\qquad\quad = P(0 \leq Z \leq 1) + P(Z \geq 0)$

$\qquad\qquad\quad = 0.3413 + 0.5 = 0.8413$

따라서 무게가 195 g 이상인 두부의 개수는 $10000 \times 0.8413 = $ **8413**이다.

줄기 5-10) 어느 학교의 학생 250명이 등교하는 데 걸리는 시간은 평균이 30분, 표준편차가 4분인 정규분포를 따른다고 한다. 오른쪽 정규분포표를 이용하여 다음 물음에 답하여라.

z	$P(0 \leq Z \leq z)$
0.50	0.19
1.25	0.39
2.00	0.48

1) 등교 시간이 28분 이상 35분 이하인 학생은 전체의 몇 %인지 구하여라.

2) 등교 시간이 22분 이하인 학생은 약 몇 명인지 구하여라.

3) 학생들이 등교 시각 38분 전에 출발했을 때, 지각한 학생은 약 몇 명인지 구하여라.

뿌리 5-10 정규분포의 활용 - 최대·최소를 만족시키는 값 구하기

어느 회사에서 40명의 신입사원을 모집하는데 200명이 지원했다. 이 회사의 입사 성적은 평균 70점, 표준편차가 5점인 정규분포를 따른다고 할 때, 이 회사의 입사 시험에 합격하려면 최소한 몇 점 이상은 받아야 하는지 구하여라.

(단, $P(0 \leq Z \leq 0.84) = 0.3$)

풀이 지원자의 점수를 확률변수 X라 하면 X는 정규분포 $N(70, 5^2)$을 따르므로 $Z = \dfrac{X-70}{5}$으로 놓으면 확률변수 Z는 표준정규분포 $N(0, 1)$을 따른다.

지원자 200명 중 임의의 한 명을 뽑을 때 그 한 명이 합격할 확률은 $\dfrac{40}{200} = 0.20$이다.

합격자의 최저 점수를 k라 하면

$P(X \geq k) = \dfrac{40}{200} = 0.2$에서 $P\left(Z \geq \dfrac{k-70}{5}\right) = 0.2$

$0.5 - P\left(0 \leq Z \leq \dfrac{k-70}{5}\right) = 0.2$

$\therefore P\left(0 \leq Z \leq \dfrac{k-70}{5}\right) = 0.3$

이때 $P(0 \leq Z \leq 0.84) = 0.3$이므로 $\dfrac{k-70}{5} = 0.84$ $\therefore k = 74.2$

따라서 합격하려면 최소한 **74.2점** 이상 받아야 한다.

줄기5-11 어느 학교 학생들의 성적이 정규분포 $N(55, 10^2)$을 따른다고 할 때, 학생 600명 중 상위 60등 이내에 들기 위한 최저 성적을 구하여라. (단, $P(0 \leq Z \leq 1.28) = 0.4$)

줄기5-12 다음 물음에 답하여라.

1) 400명을 모집하는 어느 대학 입시에서 1000명이 응시하였다. 수험생의 시험성적은 평균이 250점, 표준편차가 40점인 정규분포를 따른다고 할 때, 합격자의 최저점은 몇 점인지 구하여라. (단, $P(0 \leq Z \leq 0.25) = 0.1$)

2) 어느 대학 학생들의 성적은 평균 70점, 표준편차 5인 정규분포를 따른다고 한다. 이 대학의 학생 중 하위 10%는 낙제한다고 할 때, 오른쪽 정규분포표를 이용하여 낙제가 되는 커트라인은 몇 점인지 구하여라.

z	$P(0 \leq Z \leq z)$
0.25	0.1
0.53	0.2
0.84	0.3
1.28	0.4

줄기5-13 어느 고등학교 학생 500명의 몸무게는 평균이 70kg, 표준편차가 12kg인 정규분포를 따른다고 할 때, 이 학교 학생 중 몸무게가 가벼운 쪽에서 200번째인 학생의 몸무게를 구하여라. (단, $P(0 \leq Z \leq 0.25) = 0.1$)

06 이항분포와 정규분포의 관계

1 이항분포와 정규분포의 관계

한 개의 주사위를 n회 던질 때, 1의 눈이 나오는 횟수를 확률변수 X라 하면 X는 이항분포 $B\left(n, \dfrac{1}{6}\right)$을 따른다.

이때 $n = 10, 30, 50$일 때의 이항분포의 그래프는 오른쪽 그림과 같다. 여기서 이항분포와 n의 값이 커질수록 점차 정규분포곡선에 가까워짐을 알 수 있다.

일반적으로 확률변수 X가 **이항분포 $B(n, p)$를 따를 때**, <u>n이 충분히 크면</u> X는 근사적으로 **정규분포 $N(np, npq)$를 따른다**는 사실이 알려져 있다. (단, $q = 1 - p$)

※ n이 충분히 크다는 것은 일반적으로 $np \geq 5$이고 $nq \geq 5$일 때를 뜻한다.

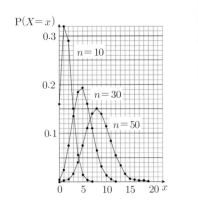

뿌리 6-1 이항분포와 정규분포의 관계

확률변수 X가 이항분포 $B\left(1800, \dfrac{1}{3}\right)$을 따를 때, 오른쪽 표준정규분포표를 이용하여 다음 확률을 구하여라.

1) $P(580 \leq X \leq 640)$ 2) $P(X \leq 650)$

z	$P(0 \leq Z \leq z)$
1.0	0.3413
1.5	0.4332
2.0	0.4772
2.5	0.4938

풀이 확률변수 X는 이항분포 $B\left(1800, \dfrac{1}{3}\right)$을 따르므로

$$m = 1800 \times \frac{1}{3} = 600, \quad \sigma^2 = 1800 \times \frac{1}{3} \times \frac{2}{3} = 20^2$$

이때 1800은 충분히 크므로 확률변수 X는 근사적으로 정규분포 $N(600, 20^2)$을 따르고,

$Z = \dfrac{X - 600}{20}$으로 놓으면 확률변수 Z는 표준정규분포 $N(0, 1)$을 따른다.

1) $P(580 \leq X \leq 640) = P\left(\dfrac{580 - 600}{20} \leq Z \leq \dfrac{640 - 600}{20}\right)$

$\qquad = P(-1 \leq Z \leq 2)$

$\qquad = P(-1 \leq Z \leq 0) + P(0 \leq Z \leq 2)$

$\qquad = P(0 \leq Z \leq 1) + P(0 \leq Z \leq 2)$

$\qquad = 0.3413 + 0.4772 = \mathbf{0.8185}$

2) $P(X \leq 650) = P\left(Z \leq \dfrac{650 - 600}{20}\right)$

$\qquad = P(Z \leq 2.5)$

$\qquad = 0.5 + P(0 \leq Z \leq 2.5)$

$\qquad = 0.5 + 0.4938 = \mathbf{0.9938}$

[줄기6-1] 확률변수 X의 확률질량함수가

$$P(X=x) = {}_{192}C_x \left(\frac{3}{4}\right)^x \left(\frac{1}{4}\right)^{192-x} \quad (x=0,\ 1,\ 2,\ \cdots,\ 192)$$일 때, $P(X \geq 132)$를 구하여라. (단, $P(0 \leq Z \leq 2) = 0.4772$)

뿌리 6-2 이항분포와 정규분포의 관계의 활용

한 양궁선수가 화살을 한 번 쏠 때 한가운데 명중시킬 확률이 $\frac{1}{6}$이다. 이 양궁선수가 화살을 720번 쏠 때, 135번 이상 한가운데 명중할 확률을 오른쪽 표준정규분포표를 이용하여 구하여라.

z	$P(0 \leq Z \leq z)$
1.0	0.3413
1.5	0.4332
2.0	0.4772

풀이 화살을 720번 쏠 때 한가운데 명중시키는 횟수를 확률변수 X라 하면 화살을 한 번 쏠 때 한 가운데 명중시킬 확률이 $\frac{1}{6}$이므로 X는 이항분포 $B\left(720,\ \frac{1}{6}\right)$을 따른다.

$$\therefore m = 720 \times \frac{1}{6} = 120,\ \sigma^2 = 720 \times \frac{1}{6} \times \frac{5}{6} = 10^2$$

이때 720은 충분히 크므로 확률변수 X는 근사적으로 정규분포 $N(120,\ 10^2)$을 따르고,

$Z = \dfrac{X-120}{10}$으로 놓으면 확률변수 Z는 표준정규분포 $N(0,\ 1)$을 따른다.

따라서 화살이 135번 이상 한가운데 명중할 확률은

$$\begin{aligned} P(X \geq 135) &= P\left(Z \geq \frac{135-120}{10}\right) \\ &= P(Z \geq 1.5) \\ &= 0.5 - P(0 \leq Z \leq 1.5) \\ &= 0.5 - 0.4332 = \mathbf{0.0668} \end{aligned}$$

[줄기6-2] 오른쪽 표준정규분포표를 이용하여 다음 물음에 답하여라.

1) 어느 학교에서 축구가 취미인 학생 비율이 20%라 한다. 이 학교 학생 100명을 임의로 뽑을 때, 축구가 취미인 학생이 24명 이하일 확률을 구하여라.

2) 동전 2개를 동시에 300번 던질 때, 2개 모두 앞면이 나오는 횟수가 90번 이상일 확률을 구하여라.

z	$P(0 \leq Z \leq z)$
1.0	0.3413
1.5	0.4332
2.0	0.4772

[줄기6-3] 발아율이 60%인 씨앗을 150개 심었을 때, k개 이상의 씨앗이 발아할 확률은 0.16이다. 이때 실수 k의 값을 구하여라. (단, $P(0 \leq Z \leq 1) = 0.34$)

5 확률분포 (2)

● 잎 5-1

연속확률변수 X가 갖는 값의 범위는 $0 \leq X \leq 4$이고 X의 확률
밀도함수의 그래프는 오른쪽 그림과 같다.
$100\mathrm{P}(0 \leq X \leq 2)$의 값을 구하여라. [수능 기출]

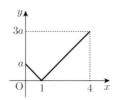

● 잎 5-2

연속확률변수 X가 취하는 값의 범위가 $0 \leq X \leq 2$이고, 확률밀도함수 $f(x)$가
$f(x) = kx (0 \leq x \leq 2)$일 때, 확률 $\mathrm{P}(0 \leq X \leq k)$의 값은? (단, k는 상수) [교육청 기출]

① $\dfrac{1}{32}$ ② $\dfrac{1}{16}$ ③ $\dfrac{1}{8}$ ④ $\dfrac{1}{4}$ ⑤ $\dfrac{1}{2}$

● 잎 5-3

연속확률변수 X가 갖는 값은 구간 $[0, 4]$의 모든 실수이다.
오른쪽 그림은 확률변수 X에 대하여 $g(x) = \mathrm{P}(0 \leq X \leq x)$를
나타낸 그래프이다. 확률 $\mathrm{P}\left(\dfrac{5}{4} \leq x \leq 4\right)$의 값은? [평가원 기출]

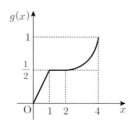

① $\dfrac{1}{4}$ ② $\dfrac{3}{8}$ ③ $\dfrac{1}{2}$ ④ $\dfrac{3}{4}$ ⑤ $\dfrac{7}{8}$

● 잎 5-4

연속확률변수 X가 갖는 값의 범위는 $0 \leq X \leq 2$이고, X의 확률
밀도함수의 그래프는 오른쪽 그림과 같다.
확률 $\mathrm{P}\left(a \leq X \leq a + \dfrac{1}{2}\right)$의 값이 최대가 되도록 하는 상수 a의

값은? [평가원 기출]

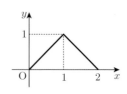

① $\dfrac{3}{8}$ ② $\dfrac{1}{2}$ ③ $\dfrac{5}{8}$ ④ $\dfrac{3}{4}$ ⑤ $\dfrac{7}{8}$

● 잎 5-5

연속확률변수 X가 갖는 값의 범위는 $0 \leq X \leq 3$이고, 확률 $P(X \leq 1)$과 확률 $P(X \leq 2)$의 값이 이차 방정식 $6x^2 - 5x + 1 = 0$의 두 근일 때, 확률 $P(1 < X \leq 2)$의 값은? [수능 기출]

① $\dfrac{1}{12}$　　② $\dfrac{1}{6}$　　③ $\dfrac{1}{4}$　　④ $\dfrac{1}{3}$　　⑤ $\dfrac{3}{12}$

● 잎 5-6

구간 $[0, 2]$에서 정의된 연속확률변수 X의 확률밀도함수 $f(x)$는 다음과 같다.

$$f(x) = \begin{cases} a(1-x) & (0 \leq x < 1) \\ b(x-1) & (1 \leq x \leq 2) \end{cases}$$

$P(1 \leq X \leq 2) = \dfrac{a}{6}$일 때, $a - b$의 값은? [평가원 기출]

① 1　　② $\dfrac{1}{2}$　　③ $\dfrac{1}{3}$　　④ $\dfrac{1}{4}$　　⑤ $\dfrac{1}{5}$

● 잎 5-7

두 양수 a, b에 대하여 연속확률변수 X가 갖는 값의 범위는 $0 \leq X \leq a$이고, 확률밀도함수의 그래프는 오른쪽 그림과 같다.

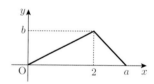

$P\left(0 \leq X \leq \dfrac{a}{2}\right) = \dfrac{b}{2}$일 때, $a^2 + 4b^2$의 값을 구하여라. [수능 기출]

● 잎 5-8

3학년 재학생 수가 각각 500명인 같은 지역 A, B, C 세 고등학교 3학년 학생의 수학 성적 분포가 각각 정규분포를 이루고 우측 그림과 같을 때, 아래에서 참, 거짓을 말하여라. [수능 기출]

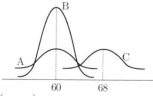

ㄱ. 성적이 우수한 학생들이 B고등학교보다 A고등학교에 더 많이 있다. (　　)

ㄴ. B고등학교 학생들은 평균적으로 A고등학교 학생들보다 성적이 더 우수하다. (　　)

ㄷ. C고등학교 학생들보다 B고등학교 학생들의 성적이 더 고른 편이다. (　　)

● 잎 5-9

어느 고등학교 3학년 학생의 키는 평균이 $170\,\text{cm}$이고 표준편차가 $5\,\text{cm}$인 정규분포를 따른다고 한다. 길이가 모두 $10\,\text{cm}$인 다음의 세 구간 A, B, C에 속하는 학생 수를 차례로 a, b, c라고 할 때, a, b, c 사이의 대소 관계를 옳게 나타낸 것은?

$\text{A} = [165,\ 175]$, $\text{B} = [163,\ 173]$, $\text{C} = [169,\ 179]$ [평가원 기출]

① $a \geq b \geq c$ ② $a \geq c \geq b$ ③ $b \geq c \geq a$ ④ $c \geq a \geq b$ ⑤ $c \geq b \geq a$

● 잎 5-10

확률변수 X와 Y가 평균이 0이고 표준편차가 각각 a와 b인 정규분포를 따를 때, 아래에서 참, 거짓을 말하여라. [평가원 기출]

ㄱ. $\text{P}(1 \leq X \leq 2) = \text{P}(2 \leq X \leq 3)$ (　　)

ㄴ. $\text{P}(-a \leq X \leq 0) = \text{P}(0 \leq Y \leq b)$ (　　)

ㄷ. $\text{P}(-1 \leq X \leq 1) = \text{P}(-2 \leq Y \leq 2)$이면 $a < b$이다. (　　)

● 잎 5-11

어느 공장에서 생산되는 제품 A의 무게는 정규분포 $\text{N}(m,\ 1)$을 따르고, 제품 B의 무게는 정규분포 $\text{N}(2m,\ 4)$를 따른다. 이 공장에서 생산된 제품 A와 제품 B에서 임의로 제품을 1개씩 선택할 때, 선택된 제품 A의 무게가 k 이상일 확률과 선택된 제품 B의 무게가 k 이하일 확률이 같다. $\dfrac{k}{m}$의 값은? [평가원 기출]

① $\dfrac{11}{9}$ ② $\dfrac{5}{4}$ ③ $\dfrac{23}{18}$ ④ $\dfrac{47}{36}$ ⑤ $\dfrac{4}{3}$

● 잎 5-12

확률변수 X가 정규분포 $\text{N}(m,\ \sigma^2)$을 따르고 다음 조건을 만족한다.

| (가) $\text{P}(X \geq 64) = \text{P}(X \leq 56)$ |
| (나) $\text{E}(X^2) = 3616$ |

x	$\text{P}(m \leq X \leq x)$
$m + 1.5\sigma$	0.4332
$m + 2\sigma$	0.4772
$m + 2.5\sigma$	0.4938

$\text{P}(X \leq 68)$의 값을 오른쪽 표를 이용하여 구한 것은? [수능 기출]

① 0.9104   ② 0.9332   ③ 0.9544   ④ 0.9772   ⑤ 0.9938

● 잎 5-13

어느 공장에서 생산되는 병의 내압강도는 정규분포 $N(m, \sigma^2)$을 따르고, 내압강도가 40보다 작은 병은 불량품으로 분류한다. 이 공장의 공정능력을 평가하는 공정능력지수 G는 $G = \dfrac{m-40}{3\sigma}$으로 계산한다. $G = 0.8$일 때, 임의로 추출한 한 개의 병이 불량품일 확률을 오른쪽 표준정규분포표를 이용하여 구한 것은? [수능 기출]

① 0.0139 ② 0.0107 ③ 0.0082 ④ 0.0062 ⑤ 0.0038

z	$P(0 \le Z \le z)$
2.2	0.4861
2.3	0.4893
2.4	0.4918
2.5	0.4938

● 잎 5-14

어느 동물의 특정 자극에 대한 반응 시간은 평균이 m, 표준편차가 1인 정규분포를 따른다고 한다. 반응 시간이 2.93 미만일 확률이 0.1003일 때, m의 값을 표준정규분포표를 이용하여 구한 것은?

[평가원 기출]

① 3.47 ② 3.84 ③ 4.21 ④ 4.58 ⑤ 4.95

z	$P(0 \le Z \le z)$
0.91	0.3186
1.28	0.3997
1.65	0.4505
2.02	0.4783

● 잎 5-15

다음은 어느 백화점에서 판매하고 있는 등산화에 대한 제조회사별 고객의 선호도를 조사한 표이다.

제조회사	A	B	C	D	계
선호도 (%)	20	28	25	27	100

192명의 고객이 각각 한 켤레씩 등산화를 산다고 할 때, C회사 제품을 선택할 고객이 42명 이상일 확률을 오른쪽 표준정규분포표를 이용하여 구한 것은? [수능 기출]

① 0.6915 ② 0.7745 ③ 0.8256 ④ 0.8332 ⑤ 0.8413

z	$P(0 \le Z \le z)$
0.5	0.1915
1.0	0.3413
1.5	0.4332
2.0	0.4772

● 잎 5-16

한 개의 주사위를 20번 던질 때 1의 눈이 나오는 횟수를 확률변수 X라 하고, 한 개의 동전을 n번 던질 때, 앞면이 나오는 횟수를 확률변수 Y라 하자. Y의 분산이 X의 분산보다 크게 되도록 하는 n의 최솟값을 구하여라. [수능 기출]

● 잎 5-17

어느 회사에서 만든 휴대전화 배터리의 지속 시간은 평균 60시간인 정규분포를 따른다고 한다. 이 회사에서 만든 8개의 배터리 중에서 지속 시간이 60시간 이상인 배터리가 2개 이상일 확률은? [평가원 기출]

① $\dfrac{101}{256}$ ② $\dfrac{129}{256}$ ③ $\dfrac{197}{256}$ ④ $\dfrac{219}{256}$ ⑤ $\dfrac{247}{256}$

● 잎 5-18

오른쪽 표준정규분포표를 이용하여 다음 물음에 답하여라.

1) 확률변수 X의 확률질량함수가

$$\mathrm{P}(X=x) = {}_{192}\mathrm{C}_x \left(\dfrac{3}{4}\right)^x \left(\dfrac{1}{4}\right)^{192-x} \quad (x=0,\ 1,\ 2,\ \cdots,\ 192) \text{일 때,}$$

$\mathrm{P}(X \geq 132)$을 구하여라.

2) ${}_{400}\mathrm{C}_{351}\left(\dfrac{9}{10}\right)^{351}\left(\dfrac{1}{10}\right)^{49} + {}_{400}\mathrm{C}_{352}\left(\dfrac{9}{10}\right)^{352}\left(\dfrac{1}{10}\right)^{48} + \cdots + {}_{400}\mathrm{C}_{369}\left(\dfrac{9}{10}\right)^{369}\left(\dfrac{1}{10}\right)^{31}$

의 값을 구한 것은? [교육청 기출]

① 0.1587   ② 0.3085   ③ 0.6826   ④ 0.8664   ⑤ 0.9544

z	$\mathrm{P}(0 \leq Z \leq z)$
0.5	0.1915
1.0	0.3413
1.5	0.4332
2.0	0.4772

● 잎 5-19

1부터 5까지 자연수가 하나씩 적혀 있는 공 5개가 주머니에 들어 있다. 이 주머니에서 공을 하나 꺼내어 적혀 있는 수를 확인하고 다시 넣는다. 이와 같은 시행을 150번 반복할 때, 짝수가 적혀 있는 공이 나오는 횟수를 X라 하자. 확률변수 X에 대하여 아래에서 참, 거짓을 말하여라. [교육청 기출]

ㄱ. X의 분산은 36이다.   (   )

ㄴ. $\mathrm{P}(X=0) < \mathrm{P}(X=150)$ (   )

ㄷ. $\mathrm{P}(X \leq 51) > \mathrm{P}(X \geq 72)$ (   )

● 잎 5-20

어느 과수원에서 수확한 사과의 무게는 평균 400g, 표준편차 50g인 정규분포를 따른다고 한다. 이 사과 중 무게가 442g 이상인 것을 1등급 상품으로 정한다. 이 과수원에서 수확한 사과 중 100개를 임의로 선택할 때, 1등급 상품이 24개 이상일 확률을 오른쪽 표준정규분포표를 이용하여 구한 것은? [교육청 기출]

z	$\mathrm{P}(0 \leq Z \leq z)$
0.64	0.24
0.84	0.30
1.00	0.34
1.28	0.40

① 0.10   ② 0.16   ③ 0.20   ④ 0.26   ⑤ 0.34

6. 통계적 추정

01 모집단과 표본

02 모평균과 표본평균

03 모평균의 추정

연습문제

01 모집단과 표본

1 모집단과 표본 ※ 모(母): 어머니 모, 표본 : sample

1) **모집단** : 통계 조사에서 조사하고자 하는 대상 전체를 **모집단**
   이라 한다.

2) 통계 조사
   ① **전수조사** : 모집단 전체를 조사하는 것을 **전수조사**라 한다.
   ② **표본조사** : 모집단에서 일부분만 택하여 조사하는 것을 **표본**
   조사라 한다.

3) **표본과 추출** : 모집단에서 뽑은 일부분을 **표본**이라 하고, 표본의
   개수를 **표본의 크기**라 한다.
   모집단에서 표본을 뽑는 것을 **추출**이라 한다.

4) **임의추출** : 모집단에 속하는 각 대상을 같은 확률로 추출하는 방법을 **임의추출**이라 한다.

※ 모집단에서 표본을 임의추출하기 위해서는 복원추출을 해야 하지만 모집단의 크기가 충분히
큰 경우에는 비복원추출도 임의추출로 볼 수 있다.

> 표본을 추출하는 방법에는 한 번 추출된 대상을 되돌려 놓은 후 다시 추출하는 복원추출과 추출된
> 대상을 되돌려 놓지 않고 다시 추출하는 비복원추출이 있다.

씨앗. 1 ┛ 다음 보기 중에서 표본조사가 적합한 것만을 있는 대로 고르시오.

| ㄱ. 형광등의 평균 수명 조사 | ㄴ. A고등학교 3학년 학생들의 키 조사 |
| ㄷ. 라디오프로그램의 청취률 조사 | ㄹ. 전국에 등록된 자동차의 대수 조사 |

> **정답** ㄱ, ㄷ

씨앗. 2 ┛ 1, 2, 3, 4, 5, 6의 숫자가 하나씩 적힌 6개의 공이 들어 있는 상자에서 2개의 공을
다음과 같이 임의추출할 때, 그 경우의 수를 구하여라.
   1) 한 개씩 복원추출   2) 한 개씩 비복원추출

풀이 1) 공을 한 개씩 복원추출하는 경우의 수는 6개의 공에서 중복을 허락하여 2개를 뽑는 경우의
   수와 같으므로
   $$_6\Pi_2 = 6 \times 6 = 36$$

2) 공을 한 개씩 비복원추출하는 경우의 수는 6개의 공에서 2개를 뽑아 일렬로 배열하는 경우
   의 수와 같으므로
   $$_6P_2 = 6 \times 5 = 30$$

⑫ 모평균과 표본평균

1 **모평균, 모분산, 모표준편차** ※ 모(母): 어머니 모

모집단의 어떤 특성을 나타내는 확률변수 X의 평균, 분산, 표준편차를 각각 **모평균**, **모분산**, **모표준편차**라 하고, 이것을 각각 기호로 m, σ^2, σ와 같이 나타낸다.

2 **표본평균, 표본분산, 표본표준편차** ※ 표본 : sample

모집단에서 크기가 n인 표본 $X_1, X_2, \cdots, X_n$을 임의추출하였을 때, 이들의 평균, 분산, 표준편차를 각각 **표본평균**, **표본분산**, **표본표준편차**라 하고, 이것을 각각 기호로 $\overline{X}$, S^2, S와 같이 나타낸다. 이때 표본평균, 표본분산, 표본표준편차는 각각 다음과 같이 정의한다.

$$\overline{X} = \frac{1}{n}(X_1 + X_2 + \cdots + X_n), \quad S^2 = \frac{1}{n-1}\{(X_1 - \overline{X})^2 + (X_2 - \overline{X})^2 + \cdots + (X_n - \overline{X})^2\}, \quad S = \sqrt{S^2}$$

참고 ⅰ) 모평균 m은 상수이지만, 표본평균 $\overline{X}$는 추출된 표본에 따라 다른 값을 가질 수 있는 확률변수이다.
　　ⅱ) 표본분산은 모분산과 달리 편차의 제곱의 합을 $n-1$로 나눈 값이다. 이는 표본분산과 모분산의 차이를 줄이기 위해서이다. ⇨ 고등고정에서는 증명을 생략한다.

3 **표본평균의 평균, 분산, 표준편차** ※ 표본평균 : $\overline{X}$ vs 표본평균의 평균 : $\mathrm{E}(\overline{X})$

모평균 m, 모표준편차 σ인 모집단에서 크기가 n인 표본을 임의추출할 때, 표본평균 $\overline{X}$의 평균, 분산, 표준편차는 각각 다음과 같다.

$$\mathrm{E}(\overline{X}) = m, \quad \mathrm{V}(\overline{X}) = \frac{\sigma^2}{n}, \quad \sigma(\overline{X}) = \frac{\sigma}{\sqrt{n}}$$

주의 '표본평균 $\overline{X}$'와 '표본평균의 평균 $\mathrm{E}(\overline{X})$'는 서로 다른 개념이다.

증명 [모집단의 평균, 분산, 표준편차]

1, 3, 5의 숫자가 하나씩 적힌 3개의 공이 들어 있는 주머니에서 임의추출한 한 개의 공에 적힌 숫자를 X라 할 때, 모집단의 확률분포는 오른쪽 표와 같다.

X	1	3	5	합계
$\mathrm{P}(X=x)$	$\dfrac{1}{3}$	$\dfrac{1}{3}$	$\dfrac{1}{3}$	1

이때 확률변수 X의 평균 m, 분산 σ^2, 표준편차 σ를 구하면

$$m = 1 \cdot \frac{1}{3} + 3 \cdot \frac{1}{3} + 5 \cdot \frac{1}{3} = 3 \cdots ㉠$$

$$\sigma^2 = 1^2 \cdot \frac{1}{3} + 3^2 \cdot \frac{1}{3} + 5^2 \cdot \frac{1}{3} - 3^2 = \frac{8}{3} \cdots ㉡$$

$$\sigma = \sqrt{\frac{8}{3}} = \frac{2\sqrt{6}}{3} \cdots ㉢$$

[표본평균]

이 모집단에서 크기가 $n=2$인 표본 X_1, X_2를 임의추출할 때, (X_1, X_2)의 각 표본에서 표본평균 $\overline{X} = \dfrac{X_1 + X_2}{2}$를 구하면 다음과 같다.

(X_1, X_2)	$(1, 1)$	$(1, 3)$	$(1, 5)$	$(3, 1)$	$(3, 3)$	$(3, 5)$	$(5, 1)$	$(5, 3)$	$(5, 5)$
$\overline{X} = \dfrac{X_1 + X_2}{2}$	1	2	3	2	3	4	3	4	5

[표본평균의 평균, 분산, 표준편차]

이때 위의 표의 각 경우의 확률은 $\dfrac{1}{9}$이므로 표본평균 $\overline{X}$의 확률분포는 다음 표와 같다.

$\overline{X}$	1	2	3	4	5	합계
$P(\overline{X} = \overline{x})$	$\dfrac{1}{9}$	$\dfrac{2}{9}$	$\dfrac{3}{9}$	$\dfrac{2}{9}$	$\dfrac{1}{9}$	1

$$E(\overline{X}) = 1 \cdot \frac{1}{9} + 2 \cdot \frac{2}{9} + 3 \cdot \frac{3}{9} + 4 \cdot \frac{2}{9} + 5 \cdot \frac{1}{9} = 3 \cdots Ⓐ$$

$$V(\overline{X}) = 1^2 \cdot \frac{1}{9} + 2^2 \cdot \frac{2}{9} + 3^2 \cdot \frac{3}{9} + 4^2 \cdot \frac{2}{9} + 5^2 \cdot \frac{1}{9} - 3^2 = \frac{4}{3} \cdots Ⓑ, \ \sigma(\overline{X}) = \sqrt{\frac{4}{3}} = \frac{2\sqrt{3}}{3} \cdots Ⓒ$$

Ⓐ와 ㉠, Ⓑ와 ㉡, Ⓒ와 ㉢을 각각 비교하면 $n = 2$이므로 다음 관계가 성립함을 알 수 있다.

$$E(\overline{X}) = 3 = m, \ V(\overline{X}) = \frac{4}{3} = \frac{\sigma^2}{n}, \ \sigma(\overline{X}) = \frac{2\sqrt{3}}{3} = \frac{\sigma}{\sqrt{n}}$$

$$\therefore E(\overline{X}) = m, \ V(\overline{X}) = \frac{\sigma^2}{n}, \ \sigma(\overline{X}) = \frac{\sigma}{\sqrt{n}}$$

씨앗. 1 2, 4, 6, 8의 숫자가 하나씩 적힌 4장의 카드가 들어 있는 주머니에서 2장 카드를 복원추출할 때, 카드에 적힌 숫자의 표본평균 $\overline{X}$의 평균, 분산, 표준편차를 구하여라.

풀이 주머니에서 임의로 한 장의 카드를 꺼낼 때,
카드에 적힌 숫자를 확률변수 X라 하면 X의
확률분포는 오른쪽 표와 같다.

X	2	4	6	8	합계
$P(X = x)$	$\dfrac{1}{4}$	$\dfrac{1}{4}$	$\dfrac{1}{4}$	$\dfrac{1}{4}$	1

모평균을 m, 모분산을 σ^2이라 하면

$$m = E(X) = 2 \cdot \frac{1}{4} + 4 \cdot \frac{1}{4} + 6 \cdot \frac{1}{4} + 8 \cdot \frac{1}{4} = 5$$

$$\sigma^2 = V(X) = 2^2 \cdot \frac{1}{4} + 4^2 \cdot \frac{1}{4} + 6^2 \cdot \frac{1}{4} + 8^2 \cdot \frac{1}{4} - 5^2 = 5$$

이때 표본의 크기가 $n = 2$이므로

$$E(\overline{X}) = m = 2, \ V(\overline{X}) = \frac{\sigma^2}{n} = \frac{5}{2}, \ \sigma(\overline{X}) = \sqrt{\frac{5}{2}} = \frac{\sqrt{10}}{2}$$

씨앗. 2 모평균이 9, 모분산이 4인 모집단에서 크기가 7인 표본을 임의추출할 때, 표본평균 $\overline{X}$의 평균, 분산, 표준편차를 구하여라.

풀이 모평균을 m, 모분산을 σ^2이라 하면

$$m = 9, \ \sigma^2 = 4$$

이때 표본의 크기가 $n = 7$이므로

$$E(\overline{X}) = m = 2, \ V(\overline{X}) = \frac{\sigma^2}{n} = \frac{4}{7}, \ \sigma(\overline{X}) = \sqrt{\frac{4}{7}} = \frac{2\sqrt{7}}{7}$$

모평균이 m, 모표준편차가 σ인 모집단에서 크기가 n인 표본을 임의추출할 때, 표본평균 $\overline{X}$에 대하여 다음이 성립한다.

1) 모집단이 정규분포 $N(m, \sigma^2)$을 따르면 **표본평균 $\overline{X}$는 정규분포** $N\left(m, \dfrac{\sigma^2}{n}\right)$을 따른다.

2) 모집단이 정규분포를 따르지 않아도 n이 충분히 크면 표본평균 $\overline{X}$는 근사적으로 정규분포 $N\left(m, \dfrac{\sigma^2}{n}\right)$을 따른다.

※ $n \geq 30$이면 n을 충분히 큰 값으로 간주한다.

씨앗. 3 ┚ 정규분포 $N(27, 5^2)$을 따르는 모집단에서 크기가 5인 표본을 임의추출할 때, 표본평균 $\overline{X}$의 평균, 분산, 표준편차를 구하여라.

> **풀이** 모집단이 정규분포를 따르면 표본평균 $\overline{X}$도 표본의 크기에 관계없이 정규분포를 따르므로
> $\overline{X}$는 정규분포 $N\left(27, \dfrac{5^2}{5}\right)$, 즉 $N(27, 5)$를 따른다.
>
> $\therefore E(\overline{X}) = 27, \ V(\overline{X}) = 5, \ \sigma(\overline{X}) = \sqrt{5}$

씨앗. 4 ┚ 정규분포 $N(20, 2^2)$을 따르는 모집단에서 크기가 16인 표본을 임의추출할 때, 표본평균 $\overline{X}$에 대하여 $E(\overline{X}^2)$을 구하여라.

> **풀이** 모집단이 정규분포를 따르면 표본평균 $\overline{X}$도 정규분포를 따르므로 $\overline{X}$는 정규분포 $N\left(20, \dfrac{2^2}{16}\right)$,
> 즉 $N\left(20, \left(\dfrac{1}{2}\right)^2\right)$을 따른다. $\quad \therefore E(\overline{X}) = 20, \ V(\overline{X}) = \left(\dfrac{1}{2}\right)^2 = \dfrac{1}{4}$
> 이때 $\star E(\overline{X}^2) = (분산) + (평균)^2$ [p.142]이므로 $E(\overline{X}^2) = V(\overline{X}) + \{E(\overline{X})\}^2 = \dfrac{1}{4} + 400 = \dfrac{1601}{4}$

씨앗. 5 ┚ 정규분포 $N(40, 10^2)$을 따르는 모집단에서 크기가 100인 표본을 임의추출할 때, 표본평균 $\overline{X}$에 대하여 $P(38 \leq \overline{X} \leq 41)$을 구하여라.
$$\text{(단, } P(0 \leq Z \leq 1) = 0.3413, \ P(0 \leq Z \leq 2) = 0.4772)$$

> **풀이** 모집단이 정규분포를 따르면 표본평균 $\overline{X}$도 정규분포를 따르므로 $\overline{X}$는 정규분포 $N\left(40, \dfrac{10^2}{100}\right)$,
> 즉 $N(40, 1^2)$을 따른다. $\quad \therefore E(\overline{X}) = 40, \ V(\overline{X}) = 1^2, \ \sigma(\overline{X}) = 1$
>
> $\therefore P(38 \leq \overline{X} \leq 41) = P\left(\dfrac{38-40}{1} \leq Z \leq \dfrac{41-40}{1}\right) = P(-2 \leq Z \leq 1)$
> $\qquad = P(-2 \leq Z \leq 0) + P(0 \leq Z \leq 1) = P(0 \leq Z \leq 2) + P(0 \leq Z \leq 1)$
> $\qquad = 0.4772 + 0.3413 = \mathbf{0.8185}$

뿌리 2-1 표본평균의 평균, 분산, 표준편차

다음 물음에 답하여라.

1) 모집단의 확률변수 X의 확률분포가 우측 표와 같다. 이 모집단에서 크기가 9인 표본을 임의추출할 때, 표본평균 $\overline{X}$의 평균과 분산을 구하여라.

X	1	2	3	합계
$\mathrm{P}(X=x)$	$\frac{1}{4}$	$\frac{1}{2}$	$\frac{1}{4}$	1

2) 1, 1, 1, 2, 2, 3, 3, 3이 각각 하나씩 적힌 8개의 공이 들어 있는 주머니에서 3개의 공을 임의추출할 때, 공에 적힌 숫자의 표본평균을 $\overline{X}$라 하자. 이때 $\mathrm{V}(3\overline{X}-2)$를 구하여라.

풀이 1) 모평균을 m, 모분산을 σ^2이라 하면

$$m=\mathrm{E}(X)=1\cdot\frac{1}{4}+2\cdot\frac{1}{2}+3\cdot\frac{1}{4}=2$$

$$\sigma^2=\mathrm{V}(X)=1^2\cdot\frac{1}{4}+2^2\cdot\frac{1}{2}+3^2\cdot\frac{1}{4}-2^2=\frac{1}{2}$$

이때 표본의 크기가 $n=9$이므로

$$\mathbf{E}(\overline{X})=m=\mathbf{2},\ \mathbf{V}(\overline{X})=\frac{\sigma^2}{n}=\frac{\frac{1}{2}}{9}=\frac{1}{18}$$

2) 주머니에서 임의로 한 개의 공을 꺼낼 때, 공에 적힌 숫자를 확률변수 X라 하면 X의 확률분포는 오른쪽 표와 같다.

X	1	2	3	합계
$\mathrm{P}(X=x)$	$\frac{3}{8}$	$\frac{2}{8}$	$\frac{3}{8}$	1

모평균을 m, 모분산을 σ^2이라 하면

$$m=\mathrm{E}(X)=1\cdot\frac{3}{8}+2\cdot\frac{2}{8}+3\cdot\frac{3}{8}=2$$

$$\sigma^2=\mathrm{V}(X)=1^2\cdot\frac{3}{8}+2^2\cdot\frac{2}{8}+3^2\cdot\frac{3}{8}-2^2=\frac{3}{4}$$

이때 표본의 크기가 $n=3$이므로 $\mathrm{V}(\overline{X})=\frac{\sigma^2}{n}=\frac{\frac{3}{4}}{3}=\frac{1}{4}$

$$\therefore \mathbf{V}(3\overline{X}-2)=3^2\mathrm{V}(\overline{X})=9\times\frac{1}{4}=\frac{9}{4}$$

[줄기2-1] 다음 물음에 답하여라.

1) 모집단의 확률변수 X의 확률분포가 우측 표와 같다. 이 모집단에서 크기가 5인 표본을 임의추출할 때, 표본평균 $\overline{X}$의 평균과 분산을 구하여라. (단, a는 상수이다.)

X	0	1	2	합계
$\mathrm{P}(X=x)$	$\frac{1}{5}$	a	$\frac{2}{5}$	1

2) 모표준편차가 6인 모집단에서 크기가 n인 표본을 임의추출할 때, 표본평균 $\overline{X}$의 표준편차가 2 이하가 되도록 하는 n의 최솟값을 구하여라.

뿌리 2-2 표본평균의 확률(1)

다음 물음에 답하여라.

1) 어느 고등학교 학생들의 키는 평균이 $160\,\mathrm{cm}$, 표준편차가 $6\,\mathrm{cm}$인 정규분포를 따른다고 한다. 36명의 학생을 임의추출하여 조사한 키의 평균이 $162\,\mathrm{cm}$ 이상일 확률을 오른쪽 정규분포표를 이용하여 구하여라.

z	$P(0 \le Z \le z)$
1.0	0.3413
1.5	0.4332
2.0	0.4772
2.5	0.4938

2) 정규분포 $N(4, 3^2)$을 따르는 모집단에서 크기가 225인 표본을 임의추출할 때, 그 표본평균 $\overline{X}$가 k 이하일 확률이 0.0062이다. 이때 위의 표준정규분포표를 이용하여 상수 k의 값을 구하여라.

풀이 1) 모집단이 정규분포 $N(160, 6^2)$을 따르고 표본의 크기가 36이므로 표본평균 $\overline{X}$는 정규분포 $N\!\left(160, \dfrac{6^2}{36}\right)$, 즉 $N(160, 1^2)$을 따른다.

$Z = \dfrac{\overline{X}-160}{1}$으로 놓으면 확률변수 Z는 표준정규분포 $N(0, 1)$을 따르므로 구하는 확률은

$P(\overline{X} \ge 162) = P\!\left(Z \ge \dfrac{162-160}{1}\right) = P(Z \ge 2) = 0.5 - P(0 \le Z \le 2)$

$= 0.5 - 0.4772 = \mathbf{0.0228}$

2) 모집단이 정규분포 $N(4, 3^2)$을 따르고 표본의 크기가 225이므로 표본평균 $\overline{X}$는 정규분포 $N\!\left(4, \dfrac{3^2}{225}\right)$, 즉 $N\!\left(4, \left(\dfrac{1}{5}\right)^2\right)$을 따른다.

$Z = \dfrac{\overline{X}-4}{\dfrac{1}{5}}$로 놓으면 확률변수 Z는 표준정규분포 $N(0, 1)$을 따르므로

$P(\overline{X} \le k) = 0.0062$에서 $P\!\left(Z \le \dfrac{k-4}{\dfrac{1}{5}}\right) = 0.0062$

$P(Z \le 5(k-4)) = 0.0062$

$0.5 - P(0 \le Z \le -5(k-4)) = 0.0062$

$\therefore P(0 \le Z \le 20-5k) = 0.4938$

이때 $P(0 \le Z \le 2.5) = 0.4938$이므로

$20 - 5k = 2.5, \quad 5k = 17.5 \quad \therefore k = \mathbf{3.5}$

[줄기2-2] 표시 중량이 $100\,\mathrm{g}$인 찐빵의 무게를 X라 할 때, X는 평균 $100.2\,\mathrm{g}$, 표준편차 $4\,\mathrm{g}$인 정규분포를 따른다. 임의추출한 400개의 빵의 평균 중량을 $\overline{X}$라 할 때, 오른쪽 표준정규분포표를 이용하여 다음을 구하여라.

z	$P(0 \le Z \le z)$
1.0	0.3413
1.5	0.4332
2.0	0.4772
2.5	0.4938

1) $\overline{X}$가 표시 중량 이하일 확률

2) $P(\overline{X} \le a) = 0.9772$일 때, 상수 a의 값

뿌리 2-3 **표본평균의 확률(2)**

어느 공장에서 생산되는 음료수의 용량은 평균 240mL, 표준편차 10mL인 정규분포를 따른다고 한다. 이 공장에서 생산된 음료수 중에서 n개를 임의추출할 때, 표준편차 $\overline{X}$ 가 236mL 이상 242mL 이하일 확률이 0.8185이다. 이때 우측 표준정규분포표를 이용하여 n의 값을 구하여라.

z	$P(0 \leq Z \leq z)$
1.0	0.3413
1.5	0.4332
2.0	0.4772
2.5	0.4938

풀이 모집단이 정규분포 $N(240, 10^2)$을 따르고 표본의 크기가 n이므로 표본평균 $\overline{X}$ 는 정규분포 $N\left(240, \dfrac{10^2}{n}\right)$을 따른다.

$Z = \dfrac{\overline{X} - 240}{\dfrac{10}{\sqrt{n}}}$ 으로 놓으면 확률변수 Z는 표준정규분포 $N(0, 1)$을 따르므로

$P(236 \leq \overline{X} \leq 242) = 0.8185$에서 $P\left(\dfrac{236 - 240}{\dfrac{10}{\sqrt{n}}} \leq Z \leq \dfrac{242 - 240}{\dfrac{10}{\sqrt{n}}}\right) = 0.8185$

$P\left(-\dfrac{2\sqrt{n}}{5} \leq Z \leq \dfrac{\sqrt{n}}{5}\right) = 0.8185$

$P\left(-\dfrac{2\sqrt{n}}{5} \leq Z \leq 0\right) + P\left(0 \leq Z \leq \dfrac{\sqrt{n}}{5}\right) = 0.8185$

$\therefore P\left(0 \leq Z \leq \dfrac{2\sqrt{n}}{5}\right) + P\left(0 \leq Z \leq \dfrac{\sqrt{n}}{5}\right) = 0.8185$

이때 $P(0 \leq Z \leq 2) + P(0 \leq Z \leq 1) = 0.4772 + 0.3413 = 0.8185$이므로

$\dfrac{\sqrt{n}}{5} = 1$, $\sqrt{n} = 5$ $\therefore n = \mathbf{25}$

[줄기2-3] 어느 공장에서 생산되는 전구의 수명은 평균 k시간, 표준편차 12시간인 정규분포를 따른다고 한다. 이 전구 회사에서 9개를 임의추출할 때, 표본평균 $\overline{X}$ 에 대하여 $P(\overline{X} \geq 130) = 0.1587$이다. 이때 오른쪽 표준정규분포표를 이용하여 상수 k의 값을 구하여라.

z	$P(0 \leq Z \leq z)$
0.5	0.1915
1.0	0.3413

[줄기2-4] 정규분포 $N(10, 9)$를 따르는 모집단에서 크기가 n인 표본을 임의추출할 때, 표본평균이 8 이상 12 이하일 확률이 0.9544 이상이 되게 하려고 한다. 이때 오른쪽 표준정규분포표를 이용하여 자연수 n의 최솟값을 구하여라.

z	$P(0 \leq Z \leq z)$
1.0	0.3413
2.0	0.4772

ⓞ₃ 모평균의 추정

1 추정

표본에서 얻은 정보를 이용하여 모집단의 성질을 확률적으로 추측하는 것을 **추정**이라 한다.

2 모평균의 신뢰구간

정규분포 $N(m, \sigma^2)$을 따르는 모집단에서 크기가 n인 표본을 임의추출할 때, 표본평균 $\overline{X}$의 값이 $\overline{x}$이면 **모평균 m의 신뢰구간**은 다음과 같다.

$$\overline{x} - k\frac{\sigma}{\sqrt{n}} \leq m \leq \overline{x} + k\frac{\sigma}{\sqrt{n}} \ (\text{단, } k\text{는 신뢰상수})$$

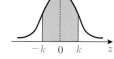

1) 신뢰도 95%의 신뢰구간 : $\overline{x} - 1.96\dfrac{\sigma}{\sqrt{n}} \leq m \leq \overline{x} + 1.96\dfrac{\sigma}{\sqrt{n}}$

$P(|Z| \leq k) = \dfrac{a}{100} \Rightarrow a\%$

2) 신뢰도 99%의 신뢰구간 : $\overline{x} - 2.58\dfrac{\sigma}{\sqrt{n}} \leq m \leq \overline{x} + 2.58\dfrac{\sigma}{\sqrt{n}}$

ex) $P(|Z| \leq 1.96) = 0.95 \Rightarrow 95\%$
$P(|Z| \leq 2.58) = 0.99 \Rightarrow 99\%$

※ 신뢰도가 클수록 k의 값도 커진다.

증명 정규분포 $N(m, \sigma^2)$을 따르는 모집단에서 크기가 n인 표본을 임의추출할 때, 표본평균 $\overline{X}$는 정규분포 $N\left(m, \dfrac{\sigma^2}{n}\right)$을 따른다.

따라서 $\overline{X}$를 표준화한 확률변수 $Z = \dfrac{\overline{X} - m}{\dfrac{\sigma}{\sqrt{n}}}$은 표준정규분포 $N(0, 1)$을 따른다.

1) $P(-1.96 \leq Z \leq 1.96) = 0.95$이므로

$$P\left(-1.96 \leq \frac{\overline{X} - m}{\dfrac{\sigma}{\sqrt{n}}} \leq 1.96\right) = 0.95, \quad P\left(-1.96\frac{\sigma}{\sqrt{n}} \leq \overline{X} - m \leq 1.96\frac{\sigma}{\sqrt{n}}\right) = 0.95$$

$$\therefore P\left(\overline{X} - 1.96\frac{\sigma}{\sqrt{n}} \leq m \leq \overline{X} + 1.96\frac{\sigma}{\sqrt{n}}\right) = 0.95 \cdots ㉠$$

㉠은 모평균 m이 $\overline{X} - 1.96\dfrac{\sigma}{\sqrt{n}}$ 이상 $\overline{X} + 1.96\dfrac{\sigma}{\sqrt{n}}$ 이하인 범위에 포함될 확률이 0.95임을 나타낸다.

여기서 표본평균 $\overline{X}$의 값을 $\overline{x}$라 할 때,

$$\overline{x} - 1.96\frac{\sigma}{\sqrt{n}} \leq m \leq \overline{x} + 1.96\frac{\sigma}{\sqrt{n}}$$

이것을 **모평균 m의 신뢰도 95%의 신뢰구간**이라 한다.

2) $P(-2.58 \leq Z \leq 2.58) = 0.99$이므로 모평균 m의 신뢰도 99%의 신뢰구간을 같은 방법으로 구하면 다음과 같다.

$$\overline{x} - 2.58\frac{\sigma}{\sqrt{n}} \leq m \leq \overline{x} + 2.58\frac{\sigma}{\sqrt{n}}$$

이것을 **모평균 m의 신뢰도 99%의 신뢰구간**이라 한다.

씨앗. 1 표준편차가 6인 정규분포를 따르는 모집단에서 크기가 9인 표본을 임의추출할 때, 다음을 구하여라. (단, $\mathrm{P}(|Z| \leq 1.96) = 0.95$, $\mathrm{P}(|Z| \leq 2.58) = 0.99$)

1) 표본평균이 34일 때, 모평균 m의 신뢰도 95%의 신뢰구간
2) 표본평균이 56일 때, 모평균 m의 신뢰도 99%의 신뢰구간

풀이 모표준편차가 $\sigma = 6$, 표본의 크기가 $n = 9$이다.

1) 표본평균이 $\overline{x} = 34$이므로 모평균 m의 신뢰도 95%의 신뢰구간은

$$34 - 1.96 \times \frac{6}{\sqrt{9}} \leq m \leq 34 + 1.96 \times \frac{6}{\sqrt{9}}$$

$$\therefore \ 30.08 \leq m \leq 37.92$$

2) 표본평균이 $\overline{x} = 56$이므로 모평균 m의 신뢰도 99%의 신뢰구간은

$$56 - 2.58 \times \frac{6}{\sqrt{9}} \leq m \leq 56 + 2.58 \times \frac{6}{\sqrt{9}}$$

$$\therefore \ 50.84 \leq m \leq 61.16$$

씨앗. 2 어느 모집단에서 임의추출한 표본 400개의 표준편차가 20일 때, 다음을 구하여라.
(단, $\mathrm{P}(|Z| \leq 1.96) = 0.95$, $\mathrm{P}(|Z| \leq 2.58) = 0.99$)

1) 신뢰도 95%로 추정한 모평균의 신뢰구간의 길이
2) 신뢰도 99%로 추정한 모평균의 신뢰구간의 길이

핵심 일반적으로 모평균의 신뢰구간을 구하려면 모표준편차 σ를 알아야 하지만 실제로는 모르는 경우가 많다. 이때 표본의 크기 n이 충분히 크면, 즉 $n \geq 30$이면 표본표준편차 S와 모표준편차 σ가 큰 차이가 없다. ⇨ 고등과정에서는 증명을 생략한다.
따라서 n이 충분히 크면서 모표준편차가 주어져 있지 않고 표본표준편차만 주어진 경우는 모표준편차 σ 대신에 표본표준편차 S를 이용한다.

※*표본표준편차 S와 표본평균의 표준편차 $\dfrac{\sigma}{\sqrt{n}}$를 혼동하지 않도록 주의한다.

풀이 표본의 크기가 $n = 400$이고, n은 충분히 크므로 $(\because n \geq 30)$
모표본편차 σ 대신 표본표준편차 20을 이용한다.

1) $2 \times 1.96 \times \dfrac{20}{\sqrt{400}} = 3.92$

2) $2 \times 2.58 \times \dfrac{20}{\sqrt{400}} = 5.16$

참고 i) 신뢰구간 ⇨ $\overline{x} - k\dfrac{\sigma}{\sqrt{n}} \leq m \leq \overline{x} + k\dfrac{\sigma}{\sqrt{n}}$ (k는 신뢰상수)

ii) 신뢰구간의 길이 ⇨ $2k\dfrac{\sigma}{\sqrt{n}}$ (k는 신뢰상수)

뿌리 3-1 모평균의 추정 (1)

건전지를 대량생산하고 있는 공장에서 어느 날 생산된 건전지 중에 100개의 건전지를
임의추출하여 수명을 조사한 결과 평균이 66시간, 표준편차가 20시간이었다.
이 공장에서 생산되는 전체 건전지의 수명의 평균 m시간에 대하여 다음을 구하여라.

(단, $\mathrm{P}(|Z| \leq 1.96) = 0.95$, $\mathrm{P}(|Z| \leq 2.58) = 0.99$)

1) 신뢰도 95 %의 신뢰구간   2) 신뢰도 99 %의 신뢰구간

풀이   표본의 크기가 $n=100$, 표본평균이 $\overline{x}=66$이고,

모표준편차 σ 대신 표본표준편차 20을 이용한다. ($\because n$이 충분히 크다. 즉 $n \geq 30$)

1) 모평균 m의 신뢰도 95 %의 신뢰구간은

$$66 - 1.96 \times \frac{20}{\sqrt{100}} \leq m \leq 66 + 1.96 \times \frac{20}{\sqrt{100}}$$

$$\therefore 62.08 \leq m \leq 69.92$$

2) 모평균 m의 신뢰도 99 %의 신뢰구간은

$$66 - 2.58 \times \frac{20}{\sqrt{100}} \leq m \leq 66 + 2.58 \times \frac{20}{\sqrt{100}}$$

$$\therefore 60.84 \leq m \leq 71.16$$

뿌리 3-2 모평균의 추정 (2)

어느 고등학교 학생들의 제자리 멀리뛰기 기록이 표준편차 3인 정규분포를 따른다고
한다. 이들 중 36명을 임의추출하여 조사한 결과 제자리 멀리뛰기 기록의 평균은
242 cm이었다. 이 고등학교 학생들의 평균 기록 m cm에 대하여 다음을 구하여라.

(단, $\mathrm{P}(|Z| \leq 1.96) = 0.95$, $\mathrm{P}(|Z| \leq 2.58) = 0.99$)

1) 신뢰도 95 %의 신뢰구간   2) 신뢰도 99 %의 신뢰구간

풀이   모표준편차가 $\sigma=3$, 표본의 크기가 $n=36$, 표본평균이 $\overline{x}=242$이다.

1) 모평균 m의 신뢰도 95 %의 신뢰구간은

$$242 - 1.96 \times \frac{3}{\sqrt{36}} \leq m \leq 242 + 1.96 \times \frac{3}{\sqrt{36}}$$

$$\therefore 214.02 \leq m \leq 242.98$$

2) 모평균 m의 신뢰도 99 %의 신뢰구간은

$$242 - 2.58 \times \frac{3}{\sqrt{36}} \leq m \leq 242 + 2.58 \times \frac{3}{\sqrt{36}}$$

$$\therefore 240.71 \leq m \leq 243.29$$

[줄기3-1] 어느 맛집의 대기시간은 정규분포를 따른다. 고객 n명을 대상으로 대기시간을 조사한
결과 평균이 105분, 표준편차가 5분이었다. 이 맛집의 전체 고객의 평균 대기시간 m의
신뢰도 95 %의 신뢰구간이 $104.51 \leq m \leq 105.49$일 때, n의 값을 구하여라.

(단, $\mathrm{P}(|Z| \leq 1.96) = 0.95$, $n \geq 30$)

뿌리 3-3 신뢰구간의 길이

다음 물음에 답하여라.

1) 어느 식품공장에서 생산되는 라면의 무게는 표준편차 $5\,\mathrm{g}$인 정규분포를 따른다고 한다. 이 공장에서 생산되는 라면의 평균무게를 신뢰도 $95\,\%$로 추정할 때 그 신뢰구간의 길이가 2 이하가 되도록 하는 표본의 크기의 최솟값을 구하여라.

(단, $\mathrm{P}(|Z| \le 1.96) = 0.95$)

2) 표준편차가 4인 정규분포를 따르는 모집단에서 크기가 16인 표본을 임의추출하여 모평균을 추정했더니 신뢰구간의 길이가 1이었다. 같은 신뢰도로 모평균을 추정할 때, 신뢰구간의 길이가 0.25 이하가 되도록 하는 표본의 크기의 최솟값을 구하여라.

핵심 i) 신뢰구간 ⇨ $\overline{x} - k\dfrac{\sigma}{\sqrt{n}} \le m \le \overline{x} + k\dfrac{\sigma}{\sqrt{n}}$ (k는 신뢰상수)

ii) 신뢰구간의 길이 ⇨ $2k\dfrac{\sigma}{\sqrt{n}}$ (k는 신뢰상수)

풀이 1) 모표준편차가 $\sigma = 5$이고 신뢰도 $95\,\%$로 추정한 모평균에 대한 신뢰구간의 길이가 2 이하가 되려면

$$2 \times 1.96 \times \frac{5}{\sqrt{n}} \le 2, \quad \sqrt{n} \ge 9.8 \quad \therefore n \ge 96.04$$

따라서 표본의 크기의 최솟값은 **97**이다.

2) 모표준편차가 $\sigma = 4$, 표본의 크기가 $n_1 = 16$, 신뢰구간의 길이가 1이므로

$$2k \cdot \frac{4}{\sqrt{16}} = 1 \quad \therefore k = \frac{1}{2}$$

또 표본의 크기를 n_2라 하고 같은 신뢰도로 모평균을 추정할 때 신뢰구간이 0.25 이하가 되려면

$$2 \cdot \frac{1}{2} \cdot \frac{4}{\sqrt{n_2}} \le 0.25, \quad \sqrt{n_2} \ge 16 \quad \therefore n_2 \ge 256$$

따라서 표본의 크기의 최솟값은 **256**이다.

줄기3-2 어느 회사에서 생산되는 영양제 1정에 들어있는 비타민의 양을 확률변수 X라고 하면 X는 정규분포를 따른다. 이 영양제 16정을 임의추출하여 모평균 $m\,\mathrm{mg}$에 대한 신뢰도 $95\,\%$인 신뢰구간을 구했더니 $123.02 \le m \le 126.94$이었다. 이 영양제 256정을 임의추출하여 모평균 $m\,\mathrm{mg}$에 대한 신뢰도 $99\,\%$인 신뢰구간을 구할 때, 이 신뢰구간의 길이를 구하여라. (단, $\mathrm{P}(|Z| \le 1.96) = 0.95$, $\mathrm{P}(|Z| \le 2.58) = 0.99$)

줄기3-3 어느 공장에서 생산되는 건전지의 수명은 표준편차가 9시간인 정규분포를 따른다고 한다. 이 공장에서 생산된 건전지 중에서 81개를 임의추출하여 모평균을 신뢰도 $a\,\%$로 추정된 신뢰구간의 길이가 3일 때, 오른쪽 표준정규분포표를 이용하여 a의 값을 구하여라.

z	$\mathrm{P}(0 \le Z \le z)$
1.0	0.34
1.5	0.43
2.0	0.48
2.5	0.49

뿌리 3-4 모평균과 표본평균의 차(1)

표준편차가 4.5인 정규분포를 따르는 모집단에서 크기가 n인 표본을 임의추출하여 신뢰도 95%로 모평균 m을 추정할 때, 모평균 m과 표본평균 $\bar{x}$의 차가 0.5 이하가 되도록 하는 n의 최솟값을 구하여라. (단, $\mathrm{P}(|Z| \leq 2) = 0.95$)

핵심 $\mathrm{P}(|Z| \leq 1.96) = 0.95$를 계산의 편의를 위해 $\mathrm{P}(|Z| \leq 2) = 0.95$로 주어지는 문제도 많다.

풀이 모표준편차가 $\sigma = 4.5$이고 신뢰도 95%로 추정한 모평균 m의 신뢰구간은

$$\bar{x} - 2 \times \frac{4.5}{\sqrt{n}} \leq m \leq \bar{x} + 2 \times \frac{4.5}{\sqrt{n}}$$

$$-2 \times \frac{4.5}{\sqrt{n}} \leq m - \bar{x} \leq 2 \times \frac{4.5}{\sqrt{n}}$$

$$\therefore |m - \bar{x}| \leq 2 \times \frac{4.5}{\sqrt{n}}$$

모평균 m과 표본평균 $\bar{x}$의 차가 0.5 이하가 되려면

$$2 \times \frac{4.5}{\sqrt{n}} \leq 0.5, \quad \sqrt{n} \geq 18 \quad \therefore n \geq 324$$

따라서 n의 최솟값은 **324**이다.

뿌리 3-5 모평균과 표본평균의 차(2)

어느 과수원에서 수확되는 사과의 무게는 표준편차가 $50\,\mathrm{g}$인 정규분포를 따른다고 한다. 이 과수원에서 수확한 사과의 무게의 평균을 신뢰도 99%로 추정할 때, 모평균 m과 표본평균 $\bar{x}$의 차가 $25\,\mathrm{g}$ 이하가 되기 위한 표본의 크기의 최솟값을 구하여라.
(단, $\mathrm{P}(|Z| \leq 3) = 0.99$)

핵심 $\mathrm{P}(|Z| \leq 2.58) = 0.99$를 계산의 편의를 위해 $\mathrm{P}(|Z| \leq 3) = 0.99$로 주어지는 문제도 많다.

풀이 모표준편차가 $\sigma = 50$이고 신뢰도 99%로 추정한 모평균 m의 신뢰구간은

$$\bar{x} - 3 \times \frac{50}{\sqrt{n}} \leq m \leq \bar{x} + 3 \times \frac{50}{\sqrt{n}}$$

$$-3 \times \frac{50}{\sqrt{n}} \leq m - \bar{x} \leq 3 \times \frac{50}{\sqrt{n}}$$

$$\therefore |m - \bar{x}| \leq 3 \times \frac{50}{\sqrt{n}}$$

모평균 m과 표본평균 $\bar{x}$의 차가 25 이하가 되려면

$$3 \times \frac{50}{\sqrt{n}} \leq 25, \quad \sqrt{n} \geq 6 \quad \therefore n \geq 36$$

따라서 표본의 크기의 최솟값은 **36**이다.

[줄기3-4] 정규분포를 따르는 모집단에서 크기가 n인 표본을 임의추출하여 모평균을 신뢰도 99%로 추정할 때, 모평균과 표본평균의 차가 모표준편차의 $\dfrac{1}{3}$ 이하가 되게 하려고 한다. 이때 n의 최솟값을 구하여라. (단, $\mathrm{P}(|Z| \leq 3) = 0.99$)

● 잎 6-1

다음은 어느 모집단의 확률분포표이다.

X	-2	0	1	계
$\mathrm{P}(X=x)$	$\dfrac{1}{4}$	a	$\dfrac{1}{2}$	1

이 모집단에서 크기가 16인 표본을 임의추출할 때, 표본평균 $\overline{X}$ 의 표준편차는? (단, a는 상수이다.)

[평가원 기출]

① $\dfrac{\sqrt{6}}{8}$　② $\dfrac{\sqrt{6}}{6}$　③ $\dfrac{\sqrt{6}}{4}$　④ $\dfrac{\sqrt{6}}{2}$　⑤ $\sqrt{6}$

● 잎 6-2

다음은 어떤 모집단의 확률분포표이다.

X	10	20	30	계
$\mathrm{P}(X=x)$	$\dfrac{1}{2}$	a	$\dfrac{1}{2}-a$	1

이 모집단에서 크기가 2인 표본을 복원추출하여 구한 표본평균을 $\overline{X}$ 라 하자. $\overline{X}$ 의 평균이 18일 때, $\mathrm{P}(\overline{X}=20)$의 값은? [수능 기출]

① $\dfrac{2}{5}$　② $\dfrac{19}{50}$　③ $\dfrac{9}{25}$　④ $\dfrac{17}{50}$　⑤ $\dfrac{8}{25}$

● 잎 6-3

정규분포 $\mathrm{N}(m,\sigma^2)$을 따르는 모집단에서 크기가 24인 표본을 임의추출할 때, 표본평균 $\overline{X}$ 의 평균은 다음 자료 5개의 평균과 같고, 표본평균 $\overline{X}$ 의 분산은 이 자료의 분산과 같다. 모집단의 평균 m과 표준편차 σ의 합 $m+\sigma$의 값을 구하여라. [평가원 기출]

8, 9, 11, 12, 15

● 잎 6-4

정규분포 $N(10, 2^2)$을 따르는 모집단에서 임의추출한 크기 n인 표본의 표본평균을 $\overline{X}$, 표준정규분포를 따르는 확률변수를 Z라 하자. 아래에서 참, 거짓을 말하여라. (단, a, b는 상수이다.) [평가원 기출]

ㄱ. $V(\overline{X}) = \dfrac{4}{n}$　　　　　　　　　　　　　(　　)

ㄴ. $P(\overline{X} \le 10 - a) = P(\overline{X} \ge 10 + a)$　　　(　　)

ㄷ. $P(\overline{X} \ge a) = P(Z \le b)$이면 $a + \dfrac{2}{\sqrt{n}} b = 10$이다.　(　　)

● 잎 6-5

어느 공장에서 생산되는 제품의 무게가 정규분포 $N(11, 2^2)$을 따른다고 하자. A와 B 두 사람이 크기가 4인 표본을 각각 독립적으로 임의추출하였다. A와 B가 추출한 표본의 평균이 모두 10 이상 14 이하가 될 확률을 오른쪽 표준정규분포표를 이용하여 구한 것은? [수능 기출]

z	$P(0 \le Z \le z)$
1	0.3413
2	0.4772
3	0.4987

① 0.8123　　② 0.7056　　③ 0.6587　　④ 0.5228　　⑤ 0.2944

● 잎 6-6

어느 공장에서 생산되는 건전지의 수명은 평균 m시간, 표준편차 3시간인 정규분포를 따른다고 한다. 이 공장에서 생산된 건전지 중 크기가 n인 표본을 임의추출하여 건전지의 수명에 대한 표본평균을 $\overline{X}$라 하자. $P(m - 0.5 \le \overline{X} \le m + 0.5) = 0.8664$를 만족시키는 표본의 크기 n의 값을 오른쪽 표준정규분포표를 이용하여 구한 것은? [평가원 기출]

z	$P(0 \le Z \le z)$
1.0	0.3413
1.5	0.4332
2.0	0.4772
2.5	0.4938

① 49　　② 64　　③ 81　　④ 100　　⑤ 121

● 잎 6-7

어느 학교 학생들의 통학 시간은 평균이 50분, 표준편차가 σ분인 정규분포를 따른다. 이 학교 학생들을 대상으로 16명을 임의추출하여 조사한 통학 시간의 표본평균을 $\overline{X}$라 하자.

$P(50 \leq \overline{X} \leq 56) = 0.4332$일 때, σ의 값을 오른쪽 표준정규분포표를 이용하여 구하여라. [평가원 기출]

z	$P(0 \leq Z \leq z)$
1.0	0.3413
1.5	0.4332
2.0	0.4772

● 잎 6-8

어느 공장에서 생산되는 제품의 길이 X는 평균이 m이고, 표준편차가 4인 정규분포를 따른다고 한다.

$P(m \leq X \leq a) = 0.3413$일 때, 이 공장에서 생산된 제품 중에서 임의 제출한 제품 16개의 길이의 표본평균이 $a-2$ 이상일 확률을 오른쪽 표준 정규분포표를 이용하여 구한 것은?

z	$P(0 \leq Z \leq z)$
1.0	0.3413
1.5	0.4332
2.0	0.4772

(단, a는 상수이고, 길이의 단위는 cm이다.) [수능 기출]

① 0.0228 ② 0.0668 ③ 0.0919 ④ 0.1359 ⑤ 0.1587

● 잎 6-9

모평균 75, 모표준편차 5인 정규분포를 따르는 모집단에서 임의추출한 크기 25인 표본의 표본평균을 $\overline{X}$라 하자. 표준정규분포를 따르는 확률변수 Z에 대하여 양의 상수 c가 $P(|Z| > c) = 0.06$을 만족시킬 때, 아래에서 참, 거짓을 말하여라. [수능 기출]

ㄱ. $P(Z > a) = 0.05$인 상수 a에 대하여 $c > a$이다.   (   )

ㄴ. $P(\overline{X} \leq c + 75) = 0.97$ (   )

ㄷ. $P(\overline{X} > b) = 0.01$인 실수 b에 대하여 $c < b - 75$이다. (   )

● 잎 6-10

어느 공장에서 생산되는 탁구공을 일정한 높이에서 강철바닥에 떨어뜨렸을 때 탁구공이 튀어 오른 높이는 정규분포를 따른다고 본다. 이 공장에서 생산된 탁구공 중 임의추출한 100개에 대하여 튀어 오른 높이를 측정하였더니 평균이 245, 표준편차가 20이었다. 이 공장에서 생산되는 탁구공 전체의 튀어 오른 높이의 평균에 대한 신뢰도 95%의 신뢰구간에 속하는 정수의 개수는?
(단, 높이의 단위는 mm이고, Z가 표준정규분포를 따를 때 $P(0 \le Z \le 1.96) = 0.4750$이다.) [수능 기출]

① 5   ② 6   ③ 7   ④ 8   ⑤ 9

● 잎 6-11

표준편차 σ가 알려진 정규분포를 따르는 모집단에서 크기가 n인 표본을 임의추출하여 얻은 모평균에 대한 신뢰도 95%의 신뢰구간이 $[100.4, 139.6]$이었다. 같은 표본을 이용하여 얻은 모평균에 대한 신뢰도 99%의 신뢰구간에 속하는 자연수의 개수를 구하여라. (단, Z가 표준정규분포표를 따르는 확률변수일 때, $P(0 \le Z \le 1.96) = 0.475$, $P(0 \le Z \le 2.58) = 0.495$) [수능 기출]

● 잎 6-12

어느 밭에서 수확한 딸기의 무게는 정규분포를 따른다고 한다. 이 딸기 중에서 임의추출한 n개의 무게를 조사하였더니 평균이 $20\,g$, 표준편차가 $5\,g$이었다. 이 결과를 이용하여 이 밭에서 수확한 딸기 무게의 평균을 신뢰도 95%로 추정한 신뢰구간이 $[19.02, a]$이다. $n+a$의 값은?
(단, 표준정규분포를 따르는 확률변수 Z에 대하여 $P(0 \le Z \le 1.96) = 0.4750$이다.) [교육청 기출]

① 84.98   ② 85.96   ③ 101.02   ④ 120.98   ⑤ 121.96

● 잎 6-13

정규분포를 따르는 모집단에서 표본을 임의추출하여 모평균을 추정하려고 한다. 아래에서 참, 거짓을 말하여라. [평가원 기출]

ㄱ. 표본평균 $\overline{X}$의 분산은 표본의 크기에 반비례한다.   (   )
ㄴ. 동일한 표본을 사용할 때, 신뢰도 99%인 신뢰구간은 신뢰도 95%인 신뢰구간을 포함한다. (   )
ㄷ. 신뢰도가 일정할 때, 표본의 크기가 작을수록 신뢰구간이 짧아진다.   (   )

표준정규분포표

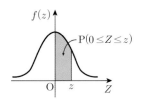

z	0.00	0.01	0.02	0.03	0.04	0.05	0.06	0.07	0.08	0.09
0.0	.0000	.0040	.0080	.0120	.0160	.0199	.0239	.0279	.0319	.0359
0.1	.0398	.0438	.0478	.0517	.0557	.0596	.0636	.0675	.0714	.0753
0.2	.0793	.0832	.0871	.0910	.0948	.0987	.1026	.1064	.1103	.1141
0.3	.1179	.1217	.1255	.1293	.1331	.1368	.1406	.1443	.1480	.1517
0.4	.1554	.1591	.1628	.1664	.1700	.1736	.1772	.1808	.1844	.1879
0.5	.1915	.1950	.1985	.2019	.2054	.2088	.2123	.2157	.2190	.2224
0.6	.2257	.2291	.2324	.2357	.2389	.2422	.2454	.2486	.2517	.2549
0.7	.2580	.2611	.2642	.2673	.2704	.2734	.2764	.2794	.2823	.2852
0.8	.2881	.2910	.2939	.2967	.2995	.3023	.3051	.3078	.3106	.3133
0.9	.3159	.3186	.3212	.3238	.3264	.3289	.3315	.3340	.3365	.3389
1.0	.3413	.3438	.3461	.3485	.3508	.3531	.3554	.3577	.3599	.3621
1.1	.3643	.3665	.3686	.3708	.3729	.3749	.3770	.3790	.3810	.3830
1.2	.3849	.3869	.3888	.3907	.3925	.3944	.3962	.3980	.3997	.4015
1.3	.4032	.4049	.4066	.4082	.4099	.4115	.4131	.4147	.4162	.4177
1.4	.4192	.4207	.4222	.4236	.4251	.4265	.4279	.4292	.4306	.4319
1.5	.4332	.4345	.4357	.4370	.4382	.4394	.4406	.4418	.4429	.4441
1.6	.4452	.4463	.4474	.4484	.4495	.4505	.4515	.4525	.4535	.4545
1.7	.4554	.4564	.4573	.4582	.4591	.4599	.4608	.4616	.4625	.4633
1.8	.4641	.4649	.4656	.4664	.4671	.4678	.4686	.4693	.4699	.4706
1.9	.4713	.4719	.4726	.4732	.4738	.4744	.4750	.4756	.4761	.4767
2.0	.4772	.4778	.4783	.4788	.4793	.4798	.4803	.4808	.4812	.4817
2.1	.4821	.4826	.4830	.4834	.4838	.4842	.4846	.4850	.4854	.4857
2.2	.4861	.4864	.4868	.4871	.4875	.4878	.4881	.4884	.4887	.4890
2.3	.4893	.4896	.4898	.4901	.4904	.4906	.4909	.4911	.4913	.4916
2.4	.4918	.4920	.4922	.4925	.4927	.4929	.4931	.4932	.4934	.4936
2.5	.4938	.4940	.4941	.4943	.4945	.4946	.4948	.4949	.4951	.4952
2.6	.4953	.4955	.4956	.4957	.4959	.4960	.4961	.4962	.4963	.4964
2.7	.4965	.4966	.4967	.4968	.4969	.4970	.4971	.4972	.4973	.4974
2.8	.4974	.4975	.4976	.4977	.4977	.4978	.4979	.4979	.4980	.4981
2.9	.4981	.4982	.4982	.4983	.4984	.4984	.4985	.4985	.4986	.4986
3.0	.4987	.4987	.4987	.4988	.4988	.4989	.4989	.4989	.4990	.4990
3.1	.4990	.4991	.4991	.4991	.4992	.4992	.4992	.4992	.4993	.4993
3.2	.4993	.4993	.4994	.4994	.4994	.4994	.4994	.4995	.4995	.4995
3.3	.4995	.4995	.4995	.4996	.4996	.4996	.4996	.4996	.4996	.4997

《빠른 정답 체크》

CHAPTER

1 순열과 조합 (1)

본문 p.11

[줄기 1-1] 1) 12   2) 6   3) 12   4) 12

[줄기 1-2] 96

[줄기 1-3] 96

[줄기 1-4] 1) 30   2) 180   3) 30   4) 2

[줄기 2-1] 1) 125   2) 50   3) 32

[줄기 2-2] 1) 36   2) 18

[줄기 2-3] 1) 8   2) 9

[줄기 2-4] 127

[줄기 2-5] 30

[줄기 2-6] 36

[줄기 2-7] 36

[줄기 3-1] 1) 38   2) 10   3) 22

[줄기 3-2] 540

[줄기 3-3] 300

[줄기 3-4] 180

[줄기 3-5] 560

[줄기 3-6] 20

[줄기 3-7] 400

[줄기 3-8] 1) 111   2) 108

● 잎 1-1 ⑤

● 잎 1-2 22

● 잎 1-3 8

● 잎 1-4 136

● 잎 1-5 90

● 잎 1-6 600

● 잎 1-7 17

● 잎 1-8 ①

● 잎 1-9 ①

● 잎 1-10 34

● 잎 1-11 ②

● 잎 1-12 ③

● 잎 1-13 90

● 잎 1-14 51

● 잎 1-15 ④

● 잎 1-16 ②

● 잎 1-17 90

● 잎 1-18 19

● 잎 1-19 ①

● 잎 1-20 ③

● 잎 1-21 ②

● 잎 1-22 ②

● 잎 1-23 ③

● 잎 1-24 1680

[줄기 4-1] 1) 10626   2) 220   3) 64

[줄기 4-2] 1) 60   2) 315   3) 30

[줄기 4-3] 1) 36   2) 165   3) 84

[줄기 4-4] 100

[줄기 4-5] 1) 286   2) 84

[줄기 4-6] 15

[줄기 4-7] 120

[줄기 4-8] 56

[줄기 4-9] 105

[줄기 4-10] 120

[줄기 4-11] 21

[줄기 4-12] 18

● 잎 1-1) 126

● 잎 1-2) 15

● 잎 1-3) 220

● 잎 1-4) 35

● 잎 1-5) 171

● 잎 1-6) 21

● 잎 1-7) 270

● 잎 1-8) 210

● 잎 1-9) 12

● 잎 1-10) ⑤

● 잎 1-11) 130

● 잎 1-12) 455

● 잎 1-13) 28

● 잎 1-14) ②

● 잎 1-15) ④

● 잎 1-16) 1) 60   2) 15   3) 7

[줄기 1-1] $-\dfrac{1}{4}$

[줄기 1-2] $243x^{10}, 7560x^4y^6$

[줄기 1-3] 84

[줄기 1-4] 2

[줄기 1-5] 216

[줄기 1-6] $m=2$ 또는 $m=4$

[줄기 2-1] 2^{16}

[줄기 2-2] 10

[줄기 2-3] 1) $5^{20}-1$ 2) 22

[줄기 2-4] $a=6, b=1$

[줄기 2-5] 화요일

[줄기 2-6] $20x^2 - 40x + 21$

[줄기 2-7] $_{201}C_{100}$

[줄기 2-8] 1) ①　2) ④

[줄기 2-9] 70

[줄기 2-10] 10

•잎 2-1 84

•잎 2-2 12

•잎 2-3 ⑤

•잎 2-4 102

•잎 2-5 ⑤

•잎 2-6 ②

•잎 2-7 682

•잎 2-8 1) 32　2) 0　3) 2^{50}　4) 2^{10}

•잎 2-9 11

•잎 2-10 ④

•잎 2-11 455

CHAPTER

3 확률의 뜻과 활용

본문 p.67

[줄기 1-1] 64

[줄기 1-2] 4

[줄기 2-1] $\dfrac{5}{9}$

[줄기 2-2] $\dfrac{17}{36}$

[줄기 2-3] $\dfrac{1}{3}$

[줄기 2-4] $\dfrac{1}{5}$

[줄기 2-5] $\dfrac{1}{10}$

[줄기 2-6] $\dfrac{17}{48}$

[줄기 2-7] $\dfrac{1}{10}$

[줄기 2-8] 1) $\dfrac{1}{2}$　2) $\dfrac{1}{4}$

[줄기 2-9] $\dfrac{1}{7}$

[줄기 2-10] $\dfrac{1}{5}$

[줄기 2-11] $\dfrac{3}{32}$

[줄기 2-12] $\dfrac{12}{25}$

[줄기 2-13] $\dfrac{1}{3}$

[줄기 2-14] $\dfrac{4}{7}$

[줄기 2-15] $\dfrac{1}{28}$

[줄기 2-16] $\dfrac{2}{9}$

[줄기 2-17] $\dfrac{1}{18}$

[줄기 2-18] $\dfrac{16}{35}$

[줄기 2-19] $\dfrac{15}{28}$

[줄기 2-20] 4

[줄기 2-21] $\dfrac{3}{7}$

[줄기 2-22] $\dfrac{1}{4}$

[줄기 2-23] $\dfrac{4}{45}$

[줄기 2-24] 1) $\dfrac{5}{54}$ 2) $\dfrac{7}{27}$ 3) $\dfrac{7}{27}$

[줄기 2-25] 1) 4   2) 4

[줄기 2-26] 1) $\dfrac{34307}{100000}$ 2) $\dfrac{24748}{89247}$ 3) $\dfrac{34307}{78438}$

[줄기 2-27] $\dfrac{1}{2}$

[줄기 2-28] $\dfrac{3}{4}$

[줄기 3-1] $\dfrac{4}{15}$

[줄기 3-2] $\dfrac{1}{5}$

[줄기 3-3] $\dfrac{1}{20}$

[줄기 3-4] $\dfrac{7}{36}$

[줄기 3-5] $\dfrac{4}{9}$

[줄기 3-6] $\dfrac{1}{2}$

[줄기 3-7] $\dfrac{5}{8}$

[줄기 3-8] $\dfrac{13}{20}$

[줄기 3-9] $\dfrac{11}{21}$

[줄기 3-10] $\dfrac{3}{5}$

[줄기 3-11] 4

[줄기 3-12] $\dfrac{7}{8}$

[줄기 3-13] $\dfrac{19}{27}$

[줄기 3-14] $\dfrac{71}{91}$

[줄기 3-15] $\dfrac{11}{12}$

[줄기 3-16] $\dfrac{41}{44}$

[줄기 3-17] $\dfrac{23}{30}$

[잎 3-1] 1) ①   2) 15   3) $\dfrac{2}{7}$

[잎 3-2] 1) ⑤   2) ⑤   3) ②

[잎 3-3] ④

[잎 3-4] ③

[잎 3-5] ①

[잎 3-6] ③

[잎 3-7] ④

[잎 3-8] 1) $\dfrac{1}{3}$ 2) $\dfrac{1}{3}+\dfrac{\sqrt{3}}{2\pi}$

[잎 3-9] 20

[잎 3-10] 44

[잎 3-11] ②

[잎 3-12] 23

[잎 3-13] ③

[잎 3-14] ⑤

[잎 3-15] ③

[잎 3-16] ②

[잎 3-17] ③

[잎 3-18] ①

- 잎 3-19 ②

- 잎 3-20 43

- 잎 3-21 ③

- 잎 3-22 ④

- 잎 3-23 ④

CHAPTER

4 조건부확률

본문 p.99

[줄기 1-1] $\dfrac{4}{9}$

[줄기 1-2] $\dfrac{1}{7}$

[줄기 1-3] $\dfrac{1}{2}$

[줄기 1-4] $\dfrac{2}{3}$

[줄기 1-5] $\dfrac{3}{4}$

[줄기 1-6] $\dfrac{22}{105}$

[줄기 1-7] $\dfrac{1}{6}$

[줄기 1-8] 0.46

[줄기 1-9] $\dfrac{53}{140}$

[줄기 1-10] $\dfrac{5}{7}$

[줄기 1-11] ⑤

[줄기 2-1] 독립

[줄기 2-2] ㄱ. 참 ㄴ. 참 ㄷ. 참

[줄기 2-3] ⑤

[줄기 2-4] $\dfrac{1}{2}$

[줄기 2-5] 0.48

[줄기 3-1] 1) $\dfrac{48}{3125}$ 2) $\dfrac{2048}{3125}$ 3) $\dfrac{624}{625}$

[줄기 3-2] $\dfrac{160}{729}$

[줄기 3-3] $\dfrac{9}{32}$

[줄기 3-4] 1) $\dfrac{40}{243}$ 2) $\dfrac{20}{243}$

[줄기 3-5] $\dfrac{40}{81}$

- 잎 4-1 ④

- 잎 4-2 ④

- 잎 4-3 ②

- 잎 4-4 ③

- 잎 4-5 ②

- 잎 4-6 ⑤

- 잎 4-7 ③

- 잎 4-8 ②

- 잎 4-9 ⑤

- 잎 4-10 ①

- 잎 4-11 ⑤

- 잎 4-12 ④

- 잎 4-13 ⑤

- 잎 4-14 ④

- 잎 4-15 ④

CHAPTER

5 확률분포(1)

본문 p.123

[줄기 1-1] 1) $\dfrac{11}{10}$ 2) $\dfrac{1}{3}$

[줄기 1-2] $a=\dfrac{1}{8}$, $b=\dfrac{3}{8}$

[줄기 1-3] $\dfrac{6}{7}$

[줄기 1-4] 1) $P(X=x)=\dfrac{_{3}C_{x}\cdot_{2}C_{3-x}}{_{5}C_{3}}$ $(x=1, 2, 3)$

2)

X	1	2	3	합계
$P(X=x)$	$\dfrac{3}{10}$	$\dfrac{6}{10}$	$\dfrac{1}{10}$	1

3) $\dfrac{2}{5}$

[줄기 1-5] $\dfrac{1}{2}$

[줄기 2-1] $\dfrac{\sqrt{2}}{2}$

[줄기 2-2] $a=\dfrac{1}{10}$, $b=\dfrac{6}{10}$, $c=\dfrac{3}{10}$

[줄기 2-3] $\dfrac{\sqrt{3}}{2}$

[줄기 2-4] 1) $\dfrac{2}{3}$ 2) $\dfrac{\sqrt{41}}{9}$

[줄기 2-5] 67

[줄기 2-6] 100원

[줄기 2-7] 6

[줄기 2-8] $E(Z)=0$, $V(Z)=1$, $\sigma(Z)=1$

[줄기 2-9] $\sqrt{14}$

[줄기 2-10] $E(Y)=\dfrac{4}{3}$, $V(Y)=\dfrac{80}{9}$, $\sigma(Y)=\dfrac{4\sqrt{5}}{3}$

[줄기 2-11] $\dfrac{2}{3}$

[줄기 2-12] $\dfrac{1}{3}$

[줄기 2-13] ②

[줄기 3-1] 1) $B\left(6, \dfrac{1}{3}\right)$ 2) 풀이 참조 3) $\dfrac{460}{729}$

[줄기 3-2] $\dfrac{4}{5}$

[줄기 3-3] $30.9A$

[줄기 3-4] 1) $n=32$, $p=\dfrac{1}{4}$

2) $E(X)=\dfrac{5}{2}$, $\sigma(X)=\dfrac{\sqrt{5}}{2}$

[줄기 3-5] 1) $E(X)=16$, $V(X)=12$, $\sigma(X)=2\sqrt{3}$

2) $E(X)=32$, $V(X)=\dfrac{32}{5}$, $\sigma(X)=\dfrac{4\sqrt{10}}{5}$

[줄기 3-6] 19

[줄기 3-7] $\mathrm{E}(X)=40$, $\sigma(X)=\sqrt{38}$

[줄기 3-8] 330

[줄기 3-9] $k=3$, $n=200$

[줄기 3-10] 30

[줄기 3-11] 3

• 잎 5-1 ③

• 잎 5-2 ①

• 잎 5-3 ③

• 잎 5-4 ①

• 잎 5-5 ④

• 잎 5-6 105

• 잎 5-7 ②

• 잎 5-8 ①

• 잎 5-9 ④

• 잎 5-10 ⑤

• 잎 5-11 ①

• 잎 5-12 ①

• 잎 5-13 50

• 잎 5-14 ④

• 잎 5-15 47

• 잎 5-16 ③

CHAPTER

5 확률분포 (2)

본문 p.147

[줄기 4-1] $\dfrac{3}{4}$

[줄기 4-2] $\dfrac{8}{9}$

[줄기 5-1] 19

[줄기 5-2] 1) 105   2) 105

[줄기 5-3] $\dfrac{23}{2}$

[줄기 5-4] 0.4772

[줄기 5-5] 0.6826

[줄기 5-6] 1) 0.9104   2) 0.4772

[줄기 5-7] 0.2984

[줄기 5-8] 6

[줄기 5-9] 100

[줄기 5-10] 1) 58%   2) 5명   3) 5명

[줄기 5-11] 67.8점

[줄기 5-12] 1) 260점   2) 63.6점

[줄기 5-13] 67kg

[줄기 6-1] 0.9772

[줄기 6-2] 1) 0.8413   2) 0.0228

[줄기 6-3] 96

• 잎 5-1 20

• 잎 5-2 ②

1등급 수학 교육을 리드하다
G500 일급數 Blackmath C.

동탄 상승에듀

BSE
BRAIN
상승에듀

앞서나간 3년이
차이를 만든다

이루다학원

이르다 학원
754-0907
진주시 초전북로 61번길 5 하늘 빌딩 4층

기적을 이루다

티오피에듀

TOP EDU
티오피에듀학원
TOP OF THE PARADISE

누구와도 비교하지 마라
여긴 레벨이 다르다

더 블랙에듀

더 블랙에듀
The Black Edu

꿈을 프로파일링하다

토나아카데미

대입전문 토나아카데미학원
TONA ACADEMY

Truth Only,
No Ado

여준영T 수학세상

여준영T 수학세상

해야되는 생각은
정해져 있다

락수학·영어

樂 수학·영어
Let's enjoy math & English

입시 경쟁력의 차이
-희로애-樂

영인학원

영재를 인재로 양성하는
영인학원
YOUNGIN ACADEMY SINCE 1993

수학개념을
영인에서 말하다

프라임에듀학원

꿈을 향한 날개
프라임에듀학원

의욕과 성실함만 있다면 결과는
프라임에듀에서 책임지겠습니다.

더메드교육그룹

THE MED

압도적인 차이를 느껴라!

라플라스수학학원

상위 1%를 위한 지름길
laplace 수학학원

수학적 사고가
자라나는 학원

고수학

G
MATH

원리에 강한 고수학
성공하는습관을 만드는 고수학

보다 **빨리**
보다 **쉽게**
보다 **완벽하게**

수학의 모든 것을 이 한 권에
여러분의 수학 고민을 단박에
해결해 드립니다.

수학
수고통

ZERO

확률과 통계

정답 및 풀이

더 블랙에듀 | 이루다학원 | 동탄 상승에듀 | 티오피에듀 | 토나아카데미 | 고수학 | 라플라스수학학원

여준영T수학세상 | 락수학·영어 | 영인학원 | 프라임에듀학원 | 더메드교육그룹 | LMC수학

정답 및 풀이

1 순열과 조합 (1)

본문 p.11

 풀이 줄기 문제

[줄기 1-1]

풀이 1) 부모를 한 묶음으로 생각하여 고정하고, 나머지 3명을 일렬로 배열하는 경우의 수는
$1 \cdot 3! = 6$
부모가 자리를 바꾸는 경우의 수는
$2! = 2$
따라서 구하는 경우의 수는
$6 \times 2 = 12$

2) 부의 자리가 고정되면 모의 자리는 마주 보는 자리로 같이 고정된다. 따라서 부모를 한 묶음으로 생각하여 고정하고, 나머지 3명을 일렬로 배열하는 경우의 수는
$1 \cdot 3! = 6$

원순열에서는 회전하여 일치하는 배열은 모두 같은 것으로 본다. [p.17] 따라서 마주 앉은 부모가 자리를 바꾸는 경우의 수는
1
따라서 구하는 경우의 수는
$6 \times 1 = 6$

3) 자녀 3명 중 1명을 고정하고, 나머지 2명을 일렬로 배열하는 경우의 수는
방법 I
$1 \cdot 2! = 2$
자녀 사이사이의 3개의 자리에 부모가 앉는 경우의 수는
$_3\mathrm{P}_2 = 3 \cdot 2 = 6$
따라서 구하는 경우의 수는
$2 \times 6 = 12$

3) 5명이 원탁에 둘러앉는 경우의 수는
방법 II
$1 \cdot 4! = 24$
부모가 이웃하게 앉는 경우의 수는
$12 \ (\because 1)$번
따라서 구하는 경우의 수는
$24 - 12 = 12$

4) 부모와 부모 사이의 한 아이를 한 묶음으로 생각하여 고정하고 나머지 2명을 일렬로 배열하는 경우의 수는
$1 \cdot 2! = 2$
부모가 자리를 바꾸는 경우의 수는
$2! = 2$
자녀 3명 중에 1명을 선택하여 부모 사이에 앉히는 경우의 수는
$_3\mathrm{P}_1 = 3$
따라서 구하는 경우의 수는
$2 \times 2 \times 3 = 12$

정답 1) 12   2) 6   3) 12   4) 12

[줄기 1-2]

풀이 1쌍을 한 사람으로 생각하여 4쌍이 원탁에 둘러앉는 경우의 수는
$1 \cdot 3! = 6$
부부끼리 자리를 바꾸는 경우의 수는 각각
$2! \cdot 2! \cdot 2! \cdot 2! = 16$
따라서 구하는 경우의 수는
$6 \times 16 = 96$

정답 96

[줄기 1-3]

풀이

정삼각형의 모양의 탁자에 남자 3명 중 1명을 고정하는 경우의 수는 2
여자 3명을 뽑아 고정된 1명의 옆에 앉히는 경우의 수는 $_3\mathrm{P}_1 = 3$
나머지 남자 2명을 앉히는 방법은 $2! = 2$
나머지 여자 2명을 앉히는 방법은 $2! = 2$
남녀끼리 자리를 바꾸는 경우의 수는 각각
$2! \times 2!$
따라서 구하는 경우의 수는
$2 \times {}_3\mathrm{P}_1 \times 2 \times 2 \times (2! \times 2!) = 96$

정답 96

[줄기 1-4]

풀이

1) 사각뿔의 밑면을 칠하는 경우의 수는

5

나머지 4개의 옆면을 칠하는 경우의 수는

$1 \cdot 3! = 6$

따라서 구하는 경우의 수

$5 \times 6 = 30$

2) 사각뿔대의 밑면을 칠하는 경우의 수는

6

사각뿔대의 윗면을 칠하는 경우의 수는

5

나머지 4개의 옆면을 칠하는 경우의 수는

$1 \cdot 3! = 6$

따라서 구하는 경우의 수

$6 \times 5 \times 6 = 180$

3) 정육면체의 밑면을 칠하는 경우의 수는

$6 \div (1+5)$ (∵ 밑면 (1개)과 **5**개의 면이

$=1$ 합동이다.)

정육면체의 윗면을 칠하는 경우의 수는

5

나머지 4개의 옆면을 칠하는 경우의 수는

$1 \cdot 3! = 6$

따라서 구하는 경우의 수

$1 \times 5 \times 6 = 30$

참고 **직육면체의 각 면을 서로 다른 6가지의 색을 모두 사용하여 칠하는 경우의 수**

(1) 가로 1, 세로 1, 높이 2인 직육면체

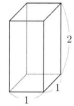

밑면을 칠하는 경우의 수는

$6 \div (1+1)$ (∵ 밑면 (1개)과 윗면 (**1**개)이

$=3$ 합동이다.)

윗면을 칠하는 경우의 수는

5

나머지 4개의 옆면을 칠하는 경우의 수는

$1 \cdot 3! = 6$

따라서 구하는 경우의 수

$3 \times 5 \times 6 = 90$

(2) 가로 2, 세로 1, 높이 1인 직육면체

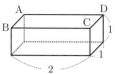

밑면을 칠하는 경우의 수는

$6 \div (1+3)$ (∵ 밑면 (1개)과 **3**개의 면이

$= \dfrac{3}{2}$ 합동이다.)

윗면을 칠하는 경우의 수는

5

나머지 4개의 옆면을 칠하는 경우의 수는

$2 \cdot 3! = 12$

↳ 위에서 내려다 봤을 때 □ABCD는

직사각형이므로

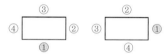

따라서 구하는 경우의 수

$\dfrac{3}{2} \times 5 \times 12 = 90$

(3) 가로 3, 세로 2, 높이 1인 직육면체

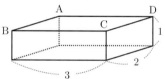

밑면을 칠하는 경우의 수는

$6 \div (1+1)$ (∵ 밑면 (1개)과 윗면 (**1**개)이

$=3$ 합동이다.)

윗면을 칠하는 경우의 수는

5

나머지 4개의 옆면을 칠하는 경우의 수는

$2 \cdot 3! = 12$

↳ 위에서 내려다 봤을 때 □ABCD는

직사각형이므로

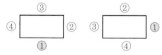

따라서 구하는 경우의 수

$3 \times 5 \times 12 = 180$

4) 정사면체의 밑면을 칠하는 경우의 수는

$4 \div (1+3)$ (∵ 밑면 (1개)과 **3**개의 면이

$=1$ 합동이다.)

나머지 3개의 옆면을 칠하는 경우의 수는
$1 \cdot 2! = 2$
따라서 구하는 경우의 수는
$1 \times 2 = 2$

> **정답** 1) 30 2) 180 3) 30 4) 2

[줄기 2-1]

핵심 1) 학생 $\xrightarrow{\text{가입}}$ 동아리

2) 사람 $\xrightarrow{\text{들어간다}}$ 입구

3) 사탕 $\xrightarrow{\text{넣는다}}$ 박스

풀이 1) 3명의 학생을 a, b, c라 하자.
각 학생이 가입할 수 있는 동아리가 각각
5가지씩이므로

학생 a	학생 b	학생 c
5가지	5가지	5가지

$5 \times 5 \times 5 = 125$

2) A가 들어가는 입구는 2가지이고, B, C가
들어가는 입구는 각각 5가지씩이므로

사람 A	사람 B	사람 C
2가지	5가지	5가지

$2 \times 5 \times 5 = 50$

3) 5개의 사탕을 a, b, c, d, e라 하자.
각 사탕을 넣을 수 있는 박스가 각각 2가
지씩이므로

사탕 a	사탕 b	사탕 c	사탕 d	사탕 e
2가지	2가지	2가지	2가지	2가지

$2 \times 2 \times 2 \times 2 \times 2 = 32$

> **정답** 1) 125 2) 50 3) 32

[줄기 2-2]

풀이 1) 여행자를 a, b, c, d라 하고 호텔은 A, B,
C라 하자.
각 여행자가 투숙할 수 있는 호텔은 각각
3가지씩이므로
$3 \times 3 \times 3 \times 3 = 81$

i) 4명이 1곳의 호텔에 투숙하는 경우의
수는

3 ($\because$ 모두가 A 또는 B 또는 C에 투
숙하는 경우이므로)

ii) 4명이 2곳의 호텔에 투숙하는 경우의
수는
$_3C_2 \times (2 \cdot 2 \cdot 2 \cdot 2 - 2) = 42$

($\because$ 3개의 호텔 중에서 2곳을 선택한
후 각 여행자가 투숙할 수 있는
호텔은 각각 2가지씩이고, 이때
모두 동일한 호텔에 투숙하는 2가
지는 빼줘야 한다.)

이상에서 구하는 경우의 수는
$81 - 3 - 42 = 36$

주의 1) **이런 식으로 풀면 오류이다.**

i) 4명 중에서 3명을 택한 후, 3곳의
호텔에 투숙시키는 경우의 수는
$_4P_3 = 4 \cdot 3 \cdot 2 = 24$

ii) 나머지 1명을 3곳의 호텔에 투숙시
키는 경우의 수는
3

i), ii)에서 구하는 경우의 수는
$24 \times 3 = 72$ ⇨ **오류**

호텔	A	B	C	호텔	A	B	C
i)	a	b	c	i)	a	d	c
ii)		d		ii)		b	

와 같이 호텔 B에 b와 d가 투숙한 경우
가 같은 경우인데 다른 경우로 판단하여
경우의 수가 더 많이 계산되었다. 따라서
$24 \times 3 = 72$는 **오류**이다.

2) 학생을 a, b, c라 하자.
각 학생이 낼 수 있는 가위바위보가 각각
3가지씩이므로
$3 \times 3 \times 3 = 27$

i) 모두 같은 것을 내는 경우의 수는
3 ($\because$ 모두가 가위 또는 바위 또는 보
를 내는 경우)

ii) 모두 다른 것을 내는 경우의 수는
$3! = 6$

이상에서 구하는 경우의 수는
$27 - 3 - 6 = 18$

> **정답** 1) 36 2) 18

줄기 2-3

풀이

1) 깃발 1개를 들어 올리거나 내려서 만들 수 있는 신호의 개수는

2

깃발 2개를 들어 올리거나 내려서 만들 수 있는 신호의 개수는

$2 \times 2 = 2^2$

깃발 3개를 들어 올리거나 내려서 만들 수 있는 신호의 개수는

$2 \times 2 \times 2 = 2^3$

같은 방법으로 깃발 4개, 5개, $\cdots$, n개를 들어 올리거나 내려서 만들 수 있는 신호의 개수는 각각 2^4, 2^5, $\cdots$, 2^n이므로 n개 이하로 나열하여 만들 수 있는 신호의 개수는

$2 + 2^2 + 2^3 + \cdots + 2^n = \dfrac{2(2^n - 1)}{2 - 1}$

$\qquad\qquad\qquad\qquad\quad = 2^{n+1} - 2$

만들려고 하는 신호의 개수가 400 이상이므로 $2^{n+1} - 2 \geq 400$

$2^{n+1} \geq 402$　$\therefore 2^n \geq 201 \cdots$ ㉠

이때, $2^7 = 128$, $2^8 = 256$이므로 ㉠을 만족시키는 최소의 자연수 n은 8이다.

따라서 깃발은 최소 8개가 필요하다.

2) 깃발 n개를 들어 올리거나 내려서 만들 수 있는 신호의 개수는

$\underbrace{2 \times 2 \times 2 \times \cdots \times 2}_{n\text{개}} = 2^n$

만들려고 하는 신호의 개수가 400 이상이므로

$2^n \geq 400 \cdots$ ㉠

이때, $2^8 = 256$, $2^9 = 512$이므로 ㉠을 만족시키는 자연수 n의 최솟값은 9이다.

정답 1) 8　2) 9

줄기 2-4

풀이 2000보다 큰 수는 2□□□, 3□□□의 꼴이다.

2□□□, 3□□□ 꼴의 백의 자리, 십의 자리, 일의 자리에 올 수 있는 숫자는 각각

4가지이므로

$2 \times (4 \cdot 4 \cdot 4) = 128$

그런데 2000보다 큰 자연수이므로 2000은 제외된다.

따라서 2000보다 큰 자연수의 개수는

$128 - 1 = 127$

정답 127

줄기 2-5

풀이

i) 4개의 숫자 0, 1, 2, 3으로 만들 수 있는 세 자리의 자연수의 개수는

백의 자리에 0이 올 수 없으므로 백의 자리에 올 수 있는 숫자는 3가지

십의 자리, 일의 자리에 올 수 있는 숫자는 각각 4가지

$\therefore 3 \times 4 \times 4 = 48$

ii) 2를 제외한 3개의 숫자 0, 1, 3으로 만들 수 있는 세 자리의 자연수의 개수는

백의 자리에 0이 올 수 없으므로 백의 자리에 올 수 있는 숫자는 2가지

십의 자리, 일의 자리에 올 수 있는 숫자는 각각 3가지

$\therefore 2 \times 3 \times 3 = 18$

i), ii)에서 구하는 자연수의 개수는

$48 - 18 = 30$

정답 30

줄기 2-6

풀이 $f(a)$, $f(c)$의 값이 홀수이므로 집합 X의 원소 a, c에 대응하는 집합 Y의 원소는 각각 3가지이므로

$3 \times 3 = 9$

$f(b)$, $f(d)$의 값이 짝수이므로 집합 X의 원소 b, d에 대응하는 집합 Y의 원소는 각각 2가지이므로

$2 \times 2 = 4$

따라서 구하는 f의 개수는

$9 \times 4 = 36$

정답 36

[줄기 2-7]

방법 I X에서 Y로의 함수의 개수는

$3 \times 3 \times 3 \times 3 = 81$

i) 치역의 원소가 한 개인 함수의 개수는

3 (∵ 치역이 $\{a\}$ 또는 $\{b\}$ 또는 $\{c\}$인 경우)

ii) 치역의 원소가 두 개인 함수의 개수는

$_3C_2 \times (2 \cdot 2 \cdot 2 \cdot 2 - 2) = 42$

(∵ 공역의 원소 3개 중 2개를 선택한 후 정의역의 각 원소가 대응할 수 있는 공역의 원소는 각각 2개씩이고, 이때 정의역의 원소 모두가 동일한 공역의 원소에 대응하는 2가지는 빼줘야 한다.)

이상에서 구하는 경우의 수는

$81 - 3 - 42 = 36$

방법 II (치역)=(공역)인 함수의 개수 문제는 분할과 분배를 이용하는 문제이다.

치역과 공역이 일치하기 위해서는 정의역 X를 3개조로 나누어 함숫값으로 각각 a, b, c를 갖도록 배정하면 된다.

정의역 X를 1개, 1개, 2개의 3개조로 나누는 방법의 수는

$_4C_1 \cdot _3C_1 \cdot _2C_2 \cdot \dfrac{1}{2!} = 6$

이 3개조를 공역 Y의 3개의 원소에 분배하는 방법의 수는

$3! = 6$

따라서 구하는 함수의 개수는

$6 \times 6 = 36$

정답 36

[줄기 3-1]

풀이 1) i) 1, 1, 1, 2일 때, $\dfrac{4!}{3!} = 4$

ii) 1, 1, 1, 3일 때, $\dfrac{4!}{3!} = 4$

iii) 1, 1, 2, 2일 때, $\dfrac{4!}{2!2!} = 6$

iv) 1, 1, 2, 3일 때, $\dfrac{4!}{2!} = 12$

v) 1, 2, 2, 3일 때, $\dfrac{4!}{2!} = 12$

따라서 구하는 자연수의 개수는

$4 + 4 + 6 + 12 + 12 = 38$

2) 일의 자리의 숫자가 0일 때 5의 배수가 되므로 나머지 자리에 0을 제외한 5개의 숫자 1, 1, 1, 2, 2에서 4개를 택하여 나열하면 된다.

i) 1, 1, 1, 2일 때, $\dfrac{4!}{3!} = 4$

ii) 1, 1, 2, 2일 때, $\dfrac{4!}{2!2!} = 6$

이상에서 구하는 자연수의 개수는

$4 + 6 = 10$

3) 각 자리의 숫자의 합이 3의 배수일 때 3의 배수가 된다.

1, 1, 2, 2, 3, 3에서 4개를 택하여 그 합이 6이 되는 경우는 (2, 2, 1, 1)

9가 되는 경우는 (3, 3, 2, 1), (3, 2, 2, 2)

i) (2, 2, 1, 1)을 일렬로 나열하는 경우의 수는

$\dfrac{4!}{2!2!} = 6$

ii) (3, 3, 2, 1)을 일렬로 나열하는 경우의 수는

$\dfrac{4!}{2!} = 12$

iii) (3, 2, 2, 2)을 일렬로 나열하는 경우의 수는

$\dfrac{4!}{3!} = 4$

이상에서 구하는 3의 배수의 개수는

$6 + 12 + 4 = 22$

정답 1) 38　2) 10　3) 22

[줄기 3-2]

풀이 모음 i, e, e를 한 문자 A로 생각하여 6개의 문자 A, n, t, r, n, t를 일렬로 나열하는 경우의 수는

$\dfrac{6!}{2!2!} = 180$

이때, 모음 i, e, e끼리 자리를 바꾸는 경우의 수는

$\dfrac{3!}{2!}=3$

따라서 구하는 경우의 수는

$180\times 3=540$

[줄기 3-3]

방법 I c, d를 제외한 5개의 문자 a, a, a, b, b를 일렬로 나열하는 경우의 수는

$\dfrac{5!}{3!2!}=10$

이때, a, a, a, b, b의 사이사이와 양 끝의 6개의 자리에 c, d를 나열하는 경우의 수는

$_6P_2=30$

따라서 구하는 경우의 수는

$10\times 30=300$

방법 II a, a, a, b, b, c, d를 일렬로 나열하는 경우의 수는

$\dfrac{7!}{3!2!}=420$

c, d를 한 문자 X로 생각하여

a, a, a, b, b, X를 일렬로 나열하는 경우의 수는

$\dfrac{6!}{3!2!}=60$

이때, c와 d가 자리를 바꾸는 경우의 수는

$2!=2$

이므로 c, d가 이웃하도록 나열하는 경우의 수는

$60\cdot 2=120$

따라서 구하는 경우의 수는

$420-120=300$

[줄기 3-4]

풀이 b, c와 e, f의 순서가 정해져 있으므로 b, c를 모두 A로, e, f를 모두 B로 생각하여 6개의 문자 A, A, B, B, a, d를 일렬로 나열한 후 첫 번째 A는 b, 두 번째 A는 c로, 첫 번째 B는 e, 두 번째 B는 f로 바꾸면 된다.

따라서 구하는 경우의 수는

$\dfrac{6!}{2!2!}=180$

[줄기 3-5]

풀이 3, 4, 5의 순서가 정해져 있으므로 3, 4, 5를 모두 A로 생각하여 1, 1, 2, 2, 2, A, A, A를 일렬로 나열한 후 첫 번째 A는 5, 두 번째 A는 4로, 세 번째 A는 3으로 바꾸면 된다.

따라서 구하는 경우의 수는

$\dfrac{8!}{2!3!3!}=560$

[줄기 3-6]

풀이 a_1, a_3, a_5는 아래 그림에서 □에 놓이고 a_2, a_4, a_6는 ○에 놓인다.

□○□○□○

1에서 6까지의 숫자 중 a_1, a_3, a_5를 선택하는 경우의 수는

$_6C_3=20$

$a_1<a_3<a_5$을 만족시키게 나열하는 경우의 수는

1

나머지 3개의 숫자 중 a_2, a_4, a_6를 선택하는 경우의 수는

$_3C_3=1$

$a_2<a_4<a_6$을 만족시키게 나열하는 경우의 수는

1

따라서 구하는 경우의 수는

$20\times 1\times 1\times 1=20$

[줄기 3-7]

풀이
i) A에서 P까지 최단
거리로 가는 경우의
수는
$$\frac{5!}{3!2!}=10$$

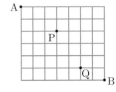

ii) P에서 B까지 최단
거리로 가는 경우의
수는
$$\frac{8!}{4!4!}=70$$

P에서 Q를 거쳐 B까지 최단 거리로 가는 경우의 수는
$$\frac{5!}{2!3!}\cdot\frac{3!}{2!}=30$$

이므로 P에서 Q를 거치지 않고 B까지 최단 거리로 가는 경우의 수는
$$70-30=40$$

i), ii)에서 구하는 경우의 수는
$$10\times40=400$$

정답 400

[줄기 3-8]

풀이
1) 오른쪽 그림과 같이 세 지점 P, Q, R을 잡으면 A에서 B까지 최단 거리로 가는 경우의 수는 다음과 같다.

i) A → P → B
$$\frac{3!}{2!}\cdot\frac{6!}{3!3!}=60$$

ii) A → Q → B
$$\frac{3!}{2!}\cdot\frac{6!}{4!2!}=45$$

iii) A → R → B
$$1\cdot\frac{6!}{5!}=6$$

따라서 구하는 경우의 수는
$$60+45+6=111$$

2) 오른쪽 그림과 같이 네 지점 P, Q, R, S, T, U를 잡으면 A에서 B까지 최단 거리로 가는 경우의 수는 다음과 같다.

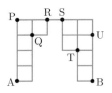

i) A → P → R → S → U → B
$$1\cdot1\cdot1\cdot\frac{3!}{2!}\cdot1=3$$

ii) A → P → R → S → T → B
$$1\cdot1\cdot1\cdot\frac{3!}{2!}\cdot\frac{3!}{2!}=9$$

iii) A → Q → R → S → U → B
$$\frac{4!}{3!}\cdot2\cdot1\cdot\frac{3!}{2!}\cdot1=24$$

iv) A → Q → R → S → T → B
$$\frac{4!}{3!}\cdot2\cdot1\cdot\frac{3!}{2!}\cdot\frac{3!}{2!}=72$$

따라서 구하는 경우의 수는
$$3+9+24+72=108$$

정답 1) 111   2) 108

풀이 잎 문제

• 잎 1-1

풀이
i) 세 숫자에서 중복을 허용하여 네 자리의 자연수를 만드는 경우의 수는
$$3\times3\times3\times3=81$$

ii) 1, 3을 중복을 허용하여 네 자리의 자연수를 만드는 경우의 수는
$$2\times2\times2\times2=16$$

iii) 2, 3을 중복을 허용하여 네 자리의 자연수를 만드는 경우의 수는
$$2\times2\times2\times2=16$$

이때, i) − ii) − iii)를 하면 3333이 두 번 빠지므로 한 번 더해 주어야 한다.
따라서 구하는 자연수의 개수는
$$81-16-16+1=50$$

정답 ⑤

• 잎 1-2

풀이 a, b, c에서 중복을 허용하여 세 개를 택하여 단어를 만드는 경우의 수는

a, b, c에서 중복을 허용하여 세 개를 택하여 일렬로 나열하는 중복순열의 수와 같으므로

$3 \times 3 \times 3 = 27$

이때, a가 연속되면 수신이 불가능하므로 aaa, aab, aac, baa, caa의 5가지는 수신이 불가능하다.

따라서 수신 가능한 단어는

$27 - 5 = 22$

정답 22

• 잎 1-3

풀이 첫째 문자는 a이고, a끼리는 이웃하지 않으므로 둘째 문자는 항상 b이다.

따라서 나머지 4자리 문자열을 만드는 경우의 수는

$2 \times 2 \times 2 \times 2 = 16$

이때, a가 이웃하는 경우의 수는

i) a가 4개 이웃하는 경우 :
  $aaaa$의 1가지

ii) a가 3개 이웃하는 경우 :
  $aaab$, $baaa$의 2가지

iii) a가 2개 이웃하는 경우 :
  $aaba$, $aabb$, $baab$, $abaa$, $bbaa$의 5가지

따라서 구하는 문자열의 개수는

$16 - (1 + 2 + 5) = 8$

정답 8

• 잎 1-4

풀이 (가)에서 $f(3)$은 짝수이므로

i) $f(3) = 2$인 경우
  1, 2는 모두 1에 대응되고 4, 5, 6은 각각 3, 4, 5, 6 중 하나로 대응되므로 만족하는 함수의 개수는
  $1 \cdot 1 \times 4 \cdot 4 \cdot 4 = 64$

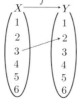

ii) $f(3) = 4$인 경우
  1, 2는 각각 1, 2, 3 중 하나에 대응되고 4, 5, 6은 각각 5, 6 중 하나로 대응되므로 만족하는 함수의 개수는
  $3 \cdot 3 \times 2 \cdot 2 \cdot 2 = 72$

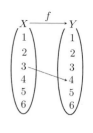

iii) $f(3) = 6$인 경우
  1, 2는 각각 1, 2, $\cdots$, 5 중 하나에 대응되지만 4, 5, 6은 대응되는 수가 없으므로 이를 만족하는 함수는 없다.

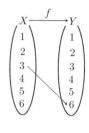

따라서 구하는 함수의 개수는

$64 + 72 = 136$

정답 136

• 잎 1-5

풀이 1, 2, 2, 4, 5, 5를 일렬로 배열하여 300000보다 큰 수를 만들려면 십만 자리의 숫자는 4 또는 5가 되어야 한다.

i) $4\square\square\square\square\square$인 경우
  남은 다섯 자리에 1, 2, 2, 5, 5를 일렬로 배열하는 경우의 수와 같으므로
  $\dfrac{5!}{2!2!} = 30$

ii) $5\square\square\square\square\square$인 경우
  남은 다섯 자리에 1, 2, 2, 4, 5를 일렬로 배열하는 경우의 수와 같으므로
  $\dfrac{5!}{2!} = 60$

따라서 구하는 자연수의 개수는

$30 + 60 = 90$

정답 90

• 잎 1-6

풀이 7개의 문자 a, a, b, b, c, d, e를 일렬로 나열할 때, a끼리 또는 b끼리 이웃하게 되는 경우의 수는

i) a끼리 이웃하게 되는 경우의 수를 $n(\alpha)$라 하면 a, a를 A로 놓고 A, b, b, c, d, e를 일렬로 나열하면 되므로

$$n(\alpha) = \frac{6!}{2!} = 360$$

ii) b끼리 이웃하게 되는 경우의 수를 $n(\beta)$라 하면 b, b를 B로 놓고 a, a, B, c, d, e를 일렬로 나열하면 되므로

$$n(\beta) = \frac{6!}{2!} = 360$$

iii) a는 a끼리, b는 b끼리 이웃하게 되는 경우의 수는 a, a를 A로, b, b를 B로 놓고 A, B, c, d, e를 일렬로 나열하면 되므로
$$n(\alpha \cap \beta) = 5! = 120$$

따라서 구하는 경우의 수는
$$n(\alpha \cup \beta) = n(\alpha) + n(\beta) - n(\alpha \cap \beta)$$
$$= 360 + 360 - 120 = 600$$

정답 600

● 잎 1-7

풀이 각 자리의 수의 합이 5인 자연수 중에서 0을 한 개 이하로 사용한 경우

i) 0을 사용하지 않은 경우
다섯 자리 자연수 중에서 각 자리의 숫자의 합이 5인 수는 11111 한 개 뿐이다.

ii) 0을 한 개 사용하는 경우
각 자리의 숫자는 0, 1, 1, 1, 2로 이루어져야 하므로 이 숫자들을 일렬로 나열하는 경우의 수는

$$\frac{5!}{3!} = 20$$

이때, 맨 앞자리에 0이 오는 경우의 수를 빼주어야 하는데 그 경우의 수는 1, 1, 1, 2를 일렬로 나열하는 경우의 수와 같으므로

$$\frac{4!}{3!} = 4$$

즉, 0을 한 개 사용하여 만들 수 있는 다섯 자리 자연수의 개수는

$$20 - 4 = 16$$

i), ii)에서 구하는 자연수의 개수는
$$1 + 16 = 17$$

정답 17

● 잎 1-8

풀이 흰색 깃발 2개를 양 끝에 배치하면

Ⓦ○○○○○○○○Ⓦ

남은 깃발의 수는 흰색 3개, 파란색 5개다. 이 흰색 깃발 3개, 파란색 깃발 5개를 나열하되 같은 색끼리는 구별하지 않으므로, 같은 것이 각각 3개, 5개인 것을 일렬로 나열하는 경우의 수는

$$\frac{8!}{3!5!} = 56$$

정답 ①

● 잎 1-9

풀이 (가)에서 A는 반드시 설치하므로

i) B를 2곳 설치할 때
ABBCC를 일렬로 나열하는 것과 같으므로

$$\frac{5!}{2!2!} = 30$$

ii) B를 3곳 설치할 때
ABBBC를 일렬로 나열하는 것과 같으므로

$$\frac{5!}{3!} = 20$$

iii) B를 4곳 설치할 때
ABBBB를 일렬로 나열하는 것과 같으므로

$$\frac{5!}{4!} = 5$$

i), ii), iii)에서 구하는 경우의 수는
$$30 + 20 + 5 = 55$$

정답 ①

● 잎 1-10

방법Ⅰ 4분 음표를 a, 8분 음표를 b라 할 때, $\frac{4}{4}$ 박자의 한 마디를 구성하는 경우의 수는

i) a를 4개 사용하는 경우의 수는

$$\frac{4!}{4!} = 1$$

ii) a를 3개, b를 2개 사용하는 경우의 수는

$$\frac{5!}{3!2!} = 10$$

iii) a를 2개, b를 4개 사용하는 경우의 수는

$$\frac{6!}{2!4!} = 15$$

iv) a를 1개, b를 6개 사용하는 경우의 수는

$$\frac{7!}{6!} = 7$$

v) b를 8개 사용하는 경우의 수는

$$\frac{8!}{8!} = 1$$

따라서 구하는 경우의 수는
$1 + 10 + 15 + 7 + 1 = 34$

방법 Ⅱ 「비추」 4분 음표를 a, 8분 음표를 b라 할 때, 4분 음표 또는 8분 음표만을 사용하여 $\frac{4}{4}$박자의 한 마디를 구성하는 경우의 수는

i) a를 사용한 경우의 수를 $n(\alpha)$라 하고 방법 Ⅰ의 풀이를 참고하면
$n(\alpha) = 1 + 10 + 15 + 7 = 33$

ii) b를 사용한 경우의 수를 $n(\beta)$라 하고 방법 Ⅰ의 풀이를 참고하면
$n(\beta) = 10 + 15 + 7 + 1 = 33$

iii) a, b를 함께 사용한 경우의 수는
$n(\alpha \cap \beta) = 10 + 15 + 7 = 32$

따라서 구하는 경우의 수는
$$n(\alpha \cup \beta) = n(\alpha) + n(\beta) - n(\alpha \cap \beta)$$
$$= 33 + 33 - 32 = 34$$

정답 34

• 잎 1-11

풀이 과일이 세 종류로 각각 2개씩 있으므로 a, a, b, b, c, c라 하자.

이때, 4개의 과일을 선택하는 경우는

i) 두 종류의 과일에서 선택할 때
$\{a, a, b, b\}$, $\{a, a, c, c\}$, $\{b, b, c, c\}$
의 3가지이고, 각각의 경우에 대하여 4명의 학생에게 나누어 주는 방법의 수는

$$\frac{4!}{2!2!} = 6$$

이므로 구하는 방법의 수는
$3 \times 6 = 18$

ii) 세 종류의 과일에서 선택할 때
4개의 과일을 세 종류에서 선택하는 경우의 수는
$\{a, a, b, c\}$, $\{a, b, b, c\}$, $\{a, b, c, c\}$
의 3가지이고, 각각의 경우에 대하여 4명의 학생에게 나누어 주는 방법의 수는

$$\frac{4!}{2!} = 12$$

이므로 구하는 방법의 수는
$3 \times 12 = 36$

i), ii)에서 구하는 방법의 수는
$18 + 36 = 54$

정답 ②

• 잎 1-12

풀이 i) A는 (가), (나) 중에 발령받고, B는 (다), (라), (마) 중에 발령받는 경우의 수는
$2 \times 3 = 6$

ii) A는 (다)에 발령받고, B는 (라), (마) 중에 발령받는 경우의 수는
$1 \times 2 = 2$

iii) A는 (라)에 발령받고, B는 (마)에 발령 받는 경우의 수는
$1 \times 1 = 1$

따라서 i), ii), iii)에서 A와 B가 발령받는 경우의 수는
$6 + 2 + 1 = 9$

이때, C, D, E가 발령받는 경우의 수는
$3! = 6$

따라서 구하는 경우의 수는
$9 \times 6 = 54$

정답 ③

● 잎 1-13

[풀이] 국어 A와 국어 B, 수학 A와 수학 B, 영어 A와 영어 B는 순서가 정해져 있으므로 같은 것이 있는 순열의 수로 볼 수 있다.

즉, A와 B의 구별을 하지 않고 같은 것으로 생각하면 국어, 국어, 수학, 수학, 영어, 영어를 일렬로 나열하고 같은 과목의 앞에 위치한 것을 A, 뒤에 위치한 것을 B로 놓는 것과 같다.

따라서 국어, 국어, 수학, 수학, 영어, 영어를 일렬로 나열하는 경우의 수는

$$\frac{6!}{2!2!2!}=90$$

[정답] 90

● 잎 1-14

[풀이] 갑이 이긴 횟수, 비긴 횟수, 을이 이긴 횟수를 각각 x, y, z라 할 때, 다섯 번 게임을 해서 갑이 10개의 사탕을 가져가는 경우의 수는
$3x+2y+z=10$

(단, x, y, z는 0 이상 5 이하의 정수이고, $x+y+z=5$)

을 만족하는 x, y, z의 순서쌍의 개수와 같다.
이때, 갑이 이긴 사건, 비긴 사건, 을이 이긴 사건을 각각 X, Y, Z라 하면

i) $(0, 5, 0)$, 즉 Y, Y, Y, Y, Y를 일렬로 나열하는 순열의 수와 같으므로

$$\frac{5!}{5!}=1$$

ii) $(1, 3, 1)$, 즉 X, Y, Y, Y, Z를 일렬로 나열하는 순열의 수와 같으므로

$$\frac{5!}{3!}=20$$

iii) $(2, 1, 2)$, 즉 X, X, Y, Z, Z를 일렬로 나열하는 순열의 수와 같으므로

$$\frac{5!}{2!2!}=30$$

따라서 구하는 경우의 수는
$1+20+30=51$

[정답] 51

● 잎 1-15

[풀이]

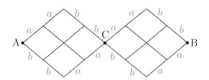

그림과 같이 큰 마름모의 교점을 C라 하고 오른쪽 위로 한 칸 올라가는 이동을 a, 오른쪽 아래로 한 칸 내려가는 이동을 b라 하자.
이때, A에서 출발하여 B로 가려면 C를 지나야 하므로

i) A에서 C까지 최단 거리로 가는 경우의 수는 ↗로 2칸, ↘로 2칸 이동해야 하므로

$$\frac{4!}{2!2!}=6$$

ii) C에서 B까지 최단 거리로 가는 경우의 수는 ↗로 2칸, ↘로 2칸 이동해야 하므로

$$\frac{4!}{2!2!}=6$$

i), ii)에서 구하는 경우의 수는
$6 \times 6=36$

[정답] ④

● 잎 1-16

[풀이]

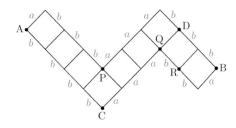

오른쪽 위로 한 칸 올라가는 이동을 a, 오른쪽 아래로 한 칸 내려가는 이동을 b라 하자.
A에서 출발하여 C를 지나지 않고 D도 지나지 않으면서 B까지 최단 거리로 가는 경우는 그림과 같이 점 P, Q, R을 잡으면
A → P → Q → R → B로 가야한다.

i) A에서 P까지 최단 거리로 가는 경우의 수는 ↘로 3칸, ↗로 1칸 이동해야 하므로

$$\frac{4!}{3!}=4$$

ii) P에서 Q까지 최단 거리로 가는 경우의 수는 ↗로 2칸, ↘로 1칸 이동해야 하므로

$$\frac{3!}{2!} = 3$$

iii) Q에서 R로 간 후 B로 가는 경우의 수는 2

i), ii), iii)에서 구하는 경우의 수는

$$4 \times 3 \times 2 = 24$$

정답 ②

잎 1-17

풀이 원점에서 A(1, 3)까지 최단 거리로 움직이는 경우는 오른쪽으로 1칸, 위쪽으로 3칸 움직여야 한다. 그런데 6번 움직여야 하므로 왼쪽으로 1칸 또는 아래로 1칸 움직인 후 오른쪽 또는 위쪽으로 옮겨가야 한다.

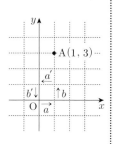

이때 오른쪽, 왼쪽으로 1칸 움직이는 경우를 각각 a, a'이라 하고, 위쪽, 아래쪽으로 1칸 움직이는 경우를 b, b'이라 하자.

원점에서 A(1, 3)으로 움직이는 경우는

i) a를 2개, a'을 1개, b를 3개 나열하는 경우의 수

$$\frac{6!}{2!3!} = 60$$

ii) a를 1개, b를 4개, b'을 1개 나열하는 경우의 수

$$\frac{6!}{4!} = 30$$

i), ii)에서 구하는 경우의 수는

$$60 + 30 = 90$$

정답 90

잎 1-18

풀이 A에서 B로 점프하는 방법은 길이가 1인 →와 길이가 $\sqrt{2}$인 ↗, ↘의 세 가지 뿐이므로 점프 방법을 각각

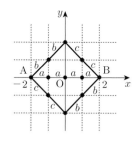

→ : a, ↗ : b, ↘ : c

라 하자.

4번을 점프하여 A에서 B로 이동하는 경우는 $aaaa, aabc, bbcc$를 배열하는 경우의 수로 나타낼 수 있으므로

i) $aaaa$인 경우 : $\dfrac{4!}{4!} = 1$

ii) $aabc$인 경우 : $\dfrac{4!}{2!} = 12$

iii) $bbcc$인 경우 : $\dfrac{4!}{2!2!} = 6$

i), ii), iii)에서 구하는 경우의 수는

$$1 + 12 + 6 = 19$$

정답 19

잎 1-19

풀이 주어진 그림을 오른쪽 그림과 같이 변형할 수 있으므로 오른쪽 한 칸 가는 것을 a, 아래로 한 칸 가는 것을 b라 하면 A에서 B까지 최단 거리로 가는 경우의 수는

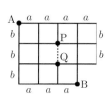

i) A → B로 가는 경우의 수는

$$\frac{6!}{3!3!} = 20$$

ii) A → P → Q → B로 가는 경우의 수는

$$\frac{3!}{2!} \cdot 1 \cdot 2 = 6$$

i), ii)에서 구하는 경우의 수는

$$20 - 6 = 14$$

정답 ①

잎 1-20

풀이 빨간색의 자리가 고정되면 파란색의 자리는 맞은편의 자리로 같이 고정된다. 따라서 마주하는 빨간색과 파란색의 날개를 한 묶음 으로 생각하여 고정하고, 나머지 4개의 날개의 색을 일렬로 배열하는 경우의 수는

$1 \cdot 4! = 24$

원순열에서는 회전하여 일치하는 배열은 모두 같은 것으로 본다. [p.17] 따라서 마주하는 빨간색과 파란색의 자리를 바꾸는 경우의 수는

1

따라서 구하는 경우의 수는

$24 \times 1 = 24$

정답 ③

잎 1-21

풀이 원순열은 어느 하나를 고정하고 나머지를 일 렬로 배열하는 직순열 이므로, 두 용기 A와 B를 한 묶음으로 생각 하여 고정하고 나머지 4개를 일렬로 배열하 는 경우의 수는

$1 \cdot 4! = 24$

이때, A와 B가 자리를 바꾸는 경우의 수는

$2! = 2$

따라서 구하는 경우의 수는

$24 \times 2 = 48$

정답 ②

잎 1-22

풀이 i) a에 칠하는 방법의 수는

7

ii) b, c, d에 칠하는 방법의 수는

원순열은 어느 하나를 고정하고 나머지를 일렬로 배열하는 직순열이다. 따라서

a에 칠한 색을 제외한 6가지 색에서 3가지 색을 선택하여 b, c, d 에 칠하는 경우의 수이 므로

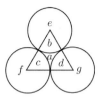

$_6\mathrm{C}_3 \times 1 \cdot 2! = 40$

iii) e, f, g에 칠하는 방법의 수는

* b, c, d의 색이 고정되면 e, f, g는 직순열 이 되므로, 나머지 3가지 색을 e, f, g에 칠하는 경우의 수는

$3! = 6$

i), ii), iii)에서 구하는 경우의 수는

$7 \times 40 \times 6 = 1680$

정답 ②

잎 1-23

풀이

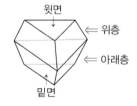

i) 팔면체의 밑면을 칠하는 경우의 수는

$8 \div (1+1)$ (∵ 밑면 (1개)과 윗면 (1개)이
$= 4$ 합동이다.)

ii) 팔면체의 윗면을 칠하는 경우의 수는

7

iii) 6가지 색에서 3가지 색을 선택하여 위층 에 있는 등변사다리꼴에 칠하는 경우의 수는

$_6\mathrm{C}_3 \times 1 \cdot 2! = 40$

iv) 나머지 3가지 색을 아래층에 있는 등변 사다리꼴에 칠하는 경우의 수는

$3! = 6$

i), ii), iii), iv)에서 구하는 경우의 수는

$4 \times 7 \times 40 \times 6 = 6720$

참고 iii), iv)의 경우의 수는 잎 1-22)의 ii), iii)을 참고하면 이해할 수 있다.

정답 ③

• 잎 1-24

풀이

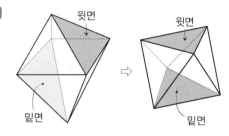

윗면 · 밑면 · 윗면 · 밑면

i) 정팔면체의 밑면을 칠하는 경우의 수는
$8 \div (1+7)$ ($\because$ 밑면 (1개)과 **7**개의 면이
$= 1$ 합동이다.)

ii) 팔면체의 윗면을 칠하는 경우의 수는
7

iii) 6가지 색에서 3가지 색을 선택하여 윗면
정삼각형의 모서리와 접하고 있는 정삼각
형에 칠하는 경우의 수는
$_6C_3 \times 1 \cdot 2! = 40$

iv) 나머지 3가지 색을 밑면 정삼각형의 모서
리와 접하고 있는 정삼각형에 칠하는 경우
의 수는
$3! = 6$

i), ii), iii), iv)에서 구하는 경우의 수는
$1 \times 7 \times 40 \times 6 = 1680$

참고   iii), iv)의 경우의 수는 잎 1-22)의 ii), iii)을
참고하면 이해할 수 있다.

정답   1680

CHAPTER

본문 p.**39**

1   순열과 조합 (2)

   줄기 문제

[줄기 4-1]

풀이   1) 5명의 후보를 A, B, C, D, E라 하면 무기
명 투표는 어느 유권자가 어느 후보를 뽑
았는지 알 수 없으므로 서로 다른 5개에

서 중복을 허용하여 20개를 택하는 중복
조합의 수와 같다.
따라서 구하는 경우의 수는
$_5H_{20} = {}_{24}C_{20} = {}_{24}C_4 = 10626$

2) 서로 다른 4개에서 중복을 허용하여 9개
를 택하는 중복조합의 수와 같으므로
$_4H_9 = {}_{12}C_9 = {}_{12}C_3 = 220$

3) 각 편지를 넣을 수 있는 우체통은 각각
4가지이므로

a의 편지	b의 편지	c의 편지
4가지	4가지	4가지

$4 \times 4 \times 4 = 4^3 = 64$

정답   1) 10626   2) 220   3) 64

[줄기 4-2]

풀이   1) i) 2종류의 사탕 중에서 3개를 구입하는
경우의 수
서로 다른 2개에서 중복을 허용하여
3개를 택하는 중복조합의 수이므로
$_2H_3 = {}_4C_3 = {}_4C_1 = 4$

ii) 3종류의 쿠키 중에서 4개를 구입하는
경우의 수
서로 다른 3개에서 중복을 허용하여
4개를 택하는 중복조합의 수이므로
$_3H_4 = {}_6C_4 = {}_6C_2 = 15$

i), ii)에서 구하는 경우의 수는
$4 \times 15 = 60$

2) i) 장미 5송이를 3명에게 남김없이 나누
어 주는 경우의 수
서로 다른 3개에서 중복을 허용하여
5개를 택하는 중복조합의 수이므로
$_3H_5 = {}_7C_5 = {}_7C_2 = 21$

ii) 튤립 4송이를 3명에게 남김없이 나누
어 주는 경우의 수
서로 다른 3개에서 중복을 허용하여
4개를 택하는 중복조합의 수이므로
$_3H_4 = {}_6C_4 = {}_6C_2 = 15$

i), ii)에서 구하는 경우의 수는
$21 \times 15 = 315$

3) 3종류의 공 중에서 중복을 허용하여 7개를 택하는 중복조합의 수는

$$_3H_7 = {_9C_7} = {_9C_2} = 36$$

이때, 축구공을 5개 이상 택하는 경우의 수는 축구공을 5개 택한 후 3종류의 공 중에서 중복을 허용하여 2개를 택하는 경우의 수와 같으므로

$$_3H_2 = {_4C_2} = 6$$

따라서 구하는 경우의 수는

$$36 - 6 = 30$$

정답 1) 60 2) 315 3) 30

[줄기 4-3]

풀이 1) 각 아이에게 적어도 1개의 초콜릿을 나누어 주어야 하므로 먼저 3명의 아이에게 초콜릿을 1개씩 나누어 주고 나머지 7개의 초콜릿을 중복을 허용하여 서로 다른 3명에게 나누어 주면 되므로 구하는 경우의 수는

$$_3H_7 = {_9C_7} = {_9C_2} = 36$$

2) 먼저 구슬을 A 주머니에 1개, C 주머니에 2개를 넣어 놓고, 나머지 8개의 구슬을 넣으면 된다.
따라서 서로 다른 4개에서 중복을 허용하여 8개를 택하는 중복조합의 수와 같으므로

$$_4H_8 = {_{11}C_8} = {_{11}C_3} = 165$$

3) 연필을 각각 먼저 1개씩 4명의 학생에게 나누어 주고 나머지 1개의 연필을 4명에게 나누어 주는 경우의 수는 연필을 한 아이에게 2개, 나머지 아이에게 1개씩 나누어 주는 경우의 수이므로

$$\frac{4!}{3!} = 4$$

이때, 연필을 1개 받은 3명의 학생에게만 먼저 볼펜 1개씩 주어놓고, 나머지 5개의 볼펜을 연필을 1개 받은 3명에게 또 나누어 주면 된다.
따라서 서로 다른 3개에서 중복을 허용하여 5개를 택하는 중복조합의 수와 같으므로

$$_3H_5 = {_7C_5} = {_7C_2} = 21$$

따라서 구하는 경우의 수는

$$4 \times 21 = 84$$

정답 1) 36 2) 165 3) 84

[줄기 4-4]

풀이 공책 7권을 4명에게 나누어 주는 경우의 수는 서로 다른 4개에서 중복을 허용하여 7개를 택하는 중복조합의 수와 같으므로

$$_4H_7 = {_{10}C_7} = {_{10}C_3} = 120$$

4명 모두 적어도 1권의 책을 받는 경우는 먼저 4명에게 공책을 각각 1권씩 주어 놓고, 나머지 3권의 공책을 나누어 주면 된다.
이때, 3권의 공책을 4명에게 나누어 주는 경우의 수는 서로 다른 4개에서 3개를 택하는 중복조합의 수와 같으므로

$$_4H_3 = {_6C_3} = 20$$

따라서 구하는 경우의 수는

$$120 - 20 = 100$$

정답 100

[줄기 4-5]

풀이 1) 음이 아닌 정수해의 개수는 서로 다른 4개의 문자 x, y, z, u에서 중복을 허용하여 10개를 택하는 중복조합의 수와 같으므로

$$_4H_{10} = {_{13}C_{10}} = {_{13}C_3} = 286$$

2) $x = a+1$, $y = b+1$, $z = c+1$, $u = d+1$ 이라 하면

$$(a+1) + (b+1) + (c+1) + (d+1) = 10$$
$$\therefore a+b+c+d = 6$$
$$(a, b, c, d \text{는 음이 아닌 정수})$$

따라서 구하는 양의 정수해의 개수는 $a+b+c+d = 6$의 음이 아닌 정수해의 개수와 같으므로

$$_4H_6 = {_9C_6} = {_9C_3} = 84$$

정답 1) 286 2) 84

[줄기 4-6]

풀이 $x=a+1$, $y=b+2$, $z=c+3$이라 하면
$a\geq 0$, $b\geq 0$, $c\geq 0$이고 $x+y+z=10$에서
$(a+1)+(b+2)+(c+3)=10$
$\therefore a+b+c=4$ (a, b, c는 음이 아닌 정수)
따라서 구하는 정수해의 개수는
$a+b+c=4$의 음이 아닌 정수해의 개수와
같으므로
$_3H_4={_6}C_4={_6}C_2=15$

정답 15

[줄기 4-7]

풀이 $|x|+|y|+|z|=7$에서
$|x|=a+1$, $|y|=b+1$, $|z|=c+1$이라 하면
$(a+1)+(b+1)+(c+1)=7$
$\therefore a+b+c=4$ (a, b, c는 음이 아닌 정수)
$a+b+c=4$를 만족시키는 음이 아닌 정수해
(a, b, c)의 개수는
$_3H_4={_6}C_4={_6}C_2=15$
이때, a, b, c에 대하여 x, y, z는 각각 2개
씩 존재하므로
$2\times 2\times 2=8$
따라서 구하는 순서쌍 (x, y, z)의 개수는
$15\times 8=120$

정답 120

[줄기 4-8]

풀이 $(a+b+c+d)^5$을 전개할 때 생기는 항은
$a^p b^q c^r d^s$ 꼴이다.
이때 $p+q+r+s=5$ … ㉠
(p, q, r, s는 음이 아닌 정수)
따라서 서로 다른 항의 개수는 방정식 ㉠의
음이 아닌 정수해의 개수와 같으므로
$_4H_5={_8}C_5={_8}C_3=56$

정답 56

[줄기 4-9]

풀이 i) $(a+b-c)^5$을 전개할 때 생기는 항은
$a^p b^q c^r$ 꼴이다.
이때 $p+q+r=5$ … ㉠
(p, q, r는 음이 아닌 정수)
따라서 $(a+b-c)^5$을 전개할 때 생기는
서로 다른 항의 개수는 방정식 ㉠의 음이
아닌 정수해의 개수와 같으므로
$_3H_5={_7}C_5={_7}C_2=21$

ii) $(x-y)^4$을 전개할 때 생기는 항은
$x^m y^n$ 꼴이다.
이때 $m+n=4$ … ㉡
(m, n은 음이 아닌 정수)
따라서 $(x-y)^4$을 전개할 때 생기는 서로
다른 항의 개수는 방정식 ㉡의 음이 아닌
정수해의 개수와 같으므로
$_2H_4={_5}C_4={_5}C_1=5$
따라서 구하는 항의 개수는
$21\times 5=105$

정답 105

[줄기 4-10]

풀이 i) $(a+b)^2$을 전개할 때 생기는 항은
$a^m b^n$ 꼴이다.
이때 $m+n=2$ … ㉠
(m, n은 음이 아닌 정수)
따라서 $(a+b)^2$을 전개할 때 생기는 서로
다른 항의 개수는 방정식 ㉠의 음이 아닌
정수해의 개수와 같으므로
$_2H_2={_3}C_2={_3}C_1=3$

ii) $(x+y+z)^3$을 전개할 때 생기는 항은
$x^t y^k z^f$ 꼴이다.
이때 $t+k+f=3$ … ㉡
(t, k, f는 음이 아닌 정수)
따라서 $(x+y+z)^3$을 전개할 때 생기는
서로 다른 항의 개수는 방정식 ㉡의 음이
아닌 정수해의 개수와 같으므로
$_3H_3={_5}C_3={_5}C_2=10$

iii) $(p-q-r+s)$에서 서로 다른 항의 개수는
  4
따라서 구하는 항의 개수는
$3 \times 10 \times 4 = 120$

정답 120

[줄기 4-11]

풀이 주어진 조건에 의하여
$f(1) \geq f(2) \geq f(3) \geq f(4) \geq f(5)$
i) 공역의 원소 3개에서 중복을 허용하여 5개를 뽑는 경우의 수는
  $_3H_5 = _7C_5 = _7C_2 = 21$
ii) 이 뽑은 원소 5개가
  $f(1), f(2), f(3), f(4), f(5)$가 되고
  $f(1) \geq f(2) \geq f(3) \geq f(4) \geq f(5)$를 만족시키는 경우의 수는
  1
i), ii)에서 구하는 함수의 개수는
$21 \times 1 = 21$

정답 21

[줄기 4-12]

풀이 $f(3) = 7$이므로 조건 (나)에 의하여
$f(1) \leq f(2) \leq 7 \leq f(4)$
i) $f(1) \leq f(2) \leq 7$에서 $f(1)$, $f(2)$의 값이 될 수 있는 수는 5, 6, 7이므로 $f(1)$, $f(2)$의 값을 정하는 경우의 수는 서로 다른 3개에서 2개를 택하는 중복조합의 수와 같으므로
  $_3H_2 = _4C_2 = 6$
ii) $7 \leq f(4)$에서 $f(4)$의 값이 될 수 있는 수는 7, 8, 9이므로 $f(4)$의 값을 정하는 경우의 수는
  3
iii) 이렇게 정한 $f(1)$, $f(2)$, $f(4)$가
  $f(1) \leq f(2) \leq 7 \leq f(4)$를 만족시키는 경우의 수는
  1

i), ii), iii)에서 구하는 함수의 개수는
$6 \times 3 \times 1 = 18$

정답 18

풀이 잎 문제

● 잎 1-1

풀이 $_3H_r = _{3+r-1}C_r = _{2+r}C_r$ 이므로
$_{2+r}C_r = _7C_2 = _7C_5 (\because _nC_r = _nC_{n-r})$
$\therefore r = 5$
$_5H_r = _5H_5 = _{5+5-1}C_5 = _9C_5 = _9C_4 = 126$

정답 126

● 잎 1-2

풀이 서로 다른 3개에서 중복을 허용하여 4개를 택하는 중복조합의 수와 같으므로
$_3H_4 = _6C_4 = _6C_2 = 15$

정답 15

● 잎 1-3

풀이 서로 다른 10개에서 중복을 허용하여 3개를 택하는 중복조합의 수와 같으므로
$_{10}H_3 = _{12}C_3 = 220$

정답 220

● 잎 1-4

풀이 음이 아닌 정수해의 개수는 서로 다른 4개의 문자 x, y, z, w에서 중복을 허용하여 4개를 택하는 중복조합의 수와 같으므로
$_4H_4 = _7C_4 = _7C_3 = 35$

정답 35

• 잎 1-5

풀이 음이 아닌 정수해의 개수는 서로 다른 3개의 문자 x, y, z에서 중복을 허용하여 17개를 택하는 중복조합의 수와 같으므로

$_3H_{17} = {}_{19}C_{17} = {}_{19}C_2 = 171$

정답 171

• 잎 1-6

풀이 사과 주스, 포도 주스, 감귤 주스를 각각 먼저 1병씩 선택하여 놓고, 나머지 5병을 선택하면 된다.

따라서 서로 다른 3개에서 중복을 허용하여 5개를 택하는 중복조합의 수와 같으므로 구하는 경우의 수는

$_3H_5 = {}_7C_5 = {}_7C_2 = 21$

참고 '같은 종류의 주스는 서로 구별하지 않는다.' 는 조건이 문제에 덧붙여져야 위의 풀이가 맞다.

⇨ 요즘 문제는 이런 실수를 하지 않는다.

정답 21

• 잎 1-7

풀이 i) 주스 4병을 3명에게 나누어 주는 경우의 수

서로 다른 3개에서 중복을 허용하여 4개를 택하는 중복조합의 수이므로

$_3H_4 = {}_6C_4 = {}_6C_2 = 15$

ii) 생수 2병을 3명에게 나누어 주는 경우의 수

서로 다른 3개에서 중복을 허용하여 2개를 택하는 중복조합의 수이므로

$_3H_2 = {}_4C_2 = 6$

iii) 우유 1병을 3명에게 나누어 주는 경우의 수

3

i), ii), iii)에서 구하는 경우의 수는

$15 \times 6 \times 3 = 270$

참고 '같은 종류의 주스와 생수는 서로 구별하지 않는다.'는 조건이 문제에 덧붙여져야 위의 풀이가 맞다.

⇨ 요즘 문제는 이런 실수를 하지 않는다.

정답 270

• 잎 1-8

풀이 주어진 조건에 의하여

$f(1) \geq f(2) \geq f(3) \geq f(4)$

i) 공역의 원소 7개에서 중복을 허용하여 4개를 뽑는 경우의 수는

$_7H_4 = {}_{10}C_4 = 210$

ii) 이 뽑은 원소 4개가 $f(1), f(2), f(3), f(4)$가 되고 $f(1) \geq f(2) \geq f(3) \geq f(4)$를 만족시키는 경우의 수는

1

i), ii)에서 구하는 함수의 개수는

$210 \times 1 = 210$

정답 210

• 잎 1-9

풀이 $f(2) = 5$이므로 조건 (나)에 의하여

$f(1) \leq 5 \leq f(3) \leq f(4)$

i) $f(1) \leq 5$에서 $f(1)$의 값이 될 수 있는 수는 4, 5이므로 $f(1)$의 값을 정하는 경우의 수는

2

ii) $5 \leq f(3) \leq f(4)$에서 $f(3)$, $f(4)$의 값이 될 수 있는 수는 5, 6, 7이므로 $f(3)$, $f(4)$의 값을 정하는 경우의 수는 서로 다른 3개에서 중복을 허용하여 2개를 택하는 중복조합의 수와 같으므로

$_3H_2 = {}_4C_2 = 6$

iii) 이렇게 정한 $f(1), f(3), f(4)$가 $f(1) \leq 5 \leq f(3) \leq f(4)$를 만족시키는 경우의 수는

1

i), ii), iii)에서 구하는 함수의 개수는

$2 \times 6 \times 1 = 12$

정답 12

잎 1-10

풀이 i) 사탕을 한 아이에게 3개, 나머지 아이에게 1개씩 나누어 주는 경우의 수는

$$\frac{3!}{2!}=3$$

이때, 사탕을 1개 받은 2명의 아이에게만 먼저 초콜릿 1개씩 주어 놓고, 나머지 3개의 초콜릿을 사탕을 1개 받은 2명에게 또 나누어 주면 된다.

따라서 서로 다른 2개에서 중복을 허용하여 3개를 택하는 중복조합의 수와 같으므로

$$_2H_3 = {}_4C_3 = {}_4C_1 = 4$$

따라서 구하는 경우의 수는

$$3 \times 4 = 12$$

ii) 사탕을 두 아이에게 2개씩, 나머지 아이에게 1개 나누어 주는 경우의 수는

$$\frac{3!}{2!}=3$$

이때, 사탕을 1개 받은 아이에게 모든 초콜릿을 주는 경우의 수는

$$1$$

따라서 구하는 경우의 수는

$$3 \times 1 = 3$$

i), ii)에서 구하는 경우의 수는

$$12 + 3 = 15$$

참고 '같은 종류의 사탕과 초콜릿은 서로 구별하지 않는다.'는 조건이 문제에 덧붙여져야 위의 풀이가 맞다.

⇨ 요즘 문제는 이런 실수를 하지 않는다.

정답 ⑤

잎 1-11

풀이 연필 8자루를 4명에게 나누어 주는 경우의 수는 서로 다른 4개에서 중복을 허용하여 8개를 택하는 중복조합의 수와 같으므로

$$_4H_8 = {}_{11}C_8 = {}_{11}C_3 = 165$$

4명 모두 적어도 1자루의 연필을 받는 경우는 먼저 4명에게 연필을 각각 1자루씩 주어 놓고, 나머지 4자루의 연필을 나누어 주면 된다.

이때, 4자루의 연필은 4명에게 나누어 주는 경우의 수는 서로 다른 4개에서 4개를 택하

는 중복조합의 수와 같으므로

$$_4H_4 = {}_7C_4 = {}_7C_3 = 35$$

따라서 구하는 경우의 수는

$$165 - 35 = 130$$

정답 130

잎 1-12

풀이 빨간색, 파란색, 노란색 색연필을 각각 먼저 1자루씩 선택하여 놓고, 서로 다른 3개에서 중복을 허용하여 0개, 1개, 2개, …, 12개를 선택하는 중복조합의 수와 같으므로

$$_3H_0 + {}_3H_1 + {}_3H_2 + \cdots + {}_3H_{12}$$

$$= {}_2C_0 + {}_3C_1 + {}_4C_2 + \cdots + {}_{14}C_{12}$$

$$= {}_2C_2 + {}_3C_2 + {}_4C_2 + \cdots + {}_{14}C_2$$

$$= \frac{1}{2}(2 \cdot 1 + 3 \cdot 2 + 4 \cdot 3 + \cdots + 14 \cdot 13)$$

$$= \frac{1}{2}\sum_{k=1}^{13}(k+1)k = \frac{1}{2}\sum_{k=1}^{13}(k^2+k)$$

$$= \frac{1}{2}\left(\frac{13 \cdot 14 \cdot 27}{6} + \frac{13 \cdot 14}{2}\right) = 455$$

참고 $_2C_0 + {}_3C_1 + {}_4C_2 + \cdots + {}_{14}C_{12}$

$= {}_{15}C_{12}$ (∵ 하키 스틱 공식 p.62)

$= {}_{15}C_3 = 455$

※ p.66 잎 2-11)과 같은 문제이다.

정답 455

잎 1-13

풀이 3일 동안 상담하는 학생 수는 모두 9명이고 각 요일별로 적어도 한 명의 학생과 상담해야 하므로

$$a + b + c = 9 \ (단, \ a \geq 1, \ b \geq 1, \ c \geq 1)$$

$$a = a' + 1, \ b = b' + 1, \ c = c' + 1$$이라 하면

$$a' + b' + c' = 6 \ (단, \ a' \geq 0, \ b' \geq 0, \ c' \geq 0)$$

서로 다른 3개의 문자 a', b', c'에서 중복을 허용하여 6개를 택하는 중복조합의 수와 같으므로

$$_3H_6 = {}_8C_6 = {}_8C_2 = 28$$

정답 28

● 잎 1-14

풀이 i) 검은색 구슬 5개를 서로 다른 세 상자에 넣는 경우의 수는 서로 다른 3개에서 중복을 허용하여 5개를 택하는 중복조합의 수와 같으므로

$$_3H_5 = {_7C_5} = {_7C_2} = 21$$

ii) 흰 구슬 2개를 서로 다른 세 상자에 넣는 경우의 수는 서로 다른 3개에서 중복을 허용하여 2개를 택하는 중복조합의 수와 같으므로

$$_3H_2 = {_4C_2} = 6$$

i), ii)에서 구하는 경우의 수는

$$21 \times 6 = 126$$

참고 '같은 색의 구슬은 서로 구별하지 않는다.'는 조건이 문제에 덧붙여져야 위의 풀이가 맞다.
⇨ 요즘 문제는 이런 실수를 하지 않는다.

정답 ②

● 잎 1-15

풀이 10점, 9점, 8점을 맞힌 화살의 개수를 각각 x, y, z라 하면

$$x+y+z=6 \cdots \text{㉠}$$
$$(\text{단, } x \geq 0, y \geq 0, z \geq 0)$$

따라서 3개의 점수를 6개의 화살로 맞힌 경우의 수는 ㉠의 방정식의 음이 아닌 정수해의 개수와 같으므로

$$_3H_6 = {_8C_6} = {_8C_2} = 28$$

이때, 과녁을 맞힌 점수의 합계는 $8x+9y+10z$이므로 $8x+9y+10z < 51$과 ㉠을 만족하는 순서쌍 (x, y, z)를 구하면

$(6, 0, 0), (5, 1, 0), (5, 0, 1), (4, 2, 0)$의 4가지

따라서 구하는 경우의 수는

$$28-4=24$$

정답 ④

● 잎 1-16

풀이 1) i) $(a+b-c)^4$을 전개할 때 생기는 항은 $a^p b^q c^r$ 꼴이다.

이때 $p+q+r=4 \cdots \text{㉠}$
$(p, q, r$는 음이 아닌 정수)

따라서 $(a+b-c)^4$을 전개할 때 생기는 서로 다른 항의 개수는 방정식 ㉠의 음이 아닌 정수해의 개수와 같으므로

$$_3H_4 = {_6C_4} = {_6C_2} = 15$$

ii) $(x+y)^3$을 전개할 때 생기는 항은 $x^m y^n$ 꼴이다.

이때 $m+n=3 \cdots \text{㉡}$
$(m, n$은 음이 아닌 정수)

따라서 $(x+y)^3$을 전개할 때 생기는 서로 다른 항의 개수는 방정식 ㉡의 음이 아닌 정수해의 개수와 같으므로

$$_2H_3 = {_4C_3} = {_4C_1} = 4$$

따라서 구하는 항의 개수는

$$15 \times 4 = 60$$

2) $(x+y+z)^{11}$을 전개할 때 생기는 항은 $x^a y^b z^c$ 꼴이다.

x, y, z의 차수가 모두 홀수인 항의 개수는 $a+b+c=11$을 만족하는 홀수 a, b, c의 순서쌍 (a, b, c)의 개수와 같다.

$a=2a'+1$, $b=2b'+1$, $c=2c'+1$이라 하면

$$(2a'+1)+(2b'+1)+(2c'+1)=11$$
$$\therefore a'+b'+c'=4 \cdots \text{㉠}$$
$(a', b', c'$는 음이 아닌 정수)

따라서 x, y, z의 차수가 모두 홀수인 항의 개수는 방정식 ㉠의 음이 아닌 정수해의 개수와 같으므로

$$_3H_4 = {_6C_4} = {_6C_2} = 15$$

3) $(x+y)^n$을 전개할 때 생기는 항은 $x^a y^b$ 꼴이다.

이때 $a+b=n \cdots \text{㉠}$
$(a, b$는 음이 아닌 정수)

따라서 $(x+y)^n$을 전개할 때 생기는 서로 다른 항의 개수는 방정식 ㉠의 음이 아닌 정수해의 개수와 같으므로

$$_2H_n = {_{n+1}C_n} = {_{n+1}C_1} = n+1 = 8$$
$$\therefore n=7$$

정답 1) 60　　2) 15　　3) 7

CHAPTER 2 이항정리

풀이 줄기 문제

[줄기 1-1]

풀이 $\left(kx^3 - \dfrac{2}{x}\right)^4$에서 $\left(\underset{1}{(kx^3)}\,\underset{3}{\left(-\dfrac{2}{x}\right)}\right)^4$이므로

$$\dfrac{4!}{1!3!}(kx^3)^1\left(-\dfrac{2}{x}\right)^3 = -32k$$

상수항이 8이므로 $-32k = 8$ $\quad \therefore k = -\dfrac{1}{4}$

정답 $-\dfrac{1}{4}$

[줄기 1-2]

풀이 $(\sqrt{3}\,x - \sqrt[3]{2}\,y)^{10}$에서 $\left((\sqrt{3}\,x)\,(-\sqrt[3]{2}\,y)\right)^{10}$이므로

i) $\begin{array}{cc} 10 & 0 \\ \cancel{7} & \cancel{3} \end{array}$

ii) $\begin{array}{cc} 4 & 6 \\ \cancel{1} & \cancel{9} \end{array}$

i) $\dfrac{10!}{10!0!}(\sqrt{3}\,x)^{10}(-\sqrt[3]{2}\,y)^0 = 243x^{10}$

ii) $\dfrac{10!}{4!6!}(\sqrt{3}\,x)^4(-\sqrt[3]{2}\,y)^6 = 210 \cdot 9x^4 \cdot 4y^6$
$$= 7560x^4y^6$$

따라서 계수가 유리수인 항은
$243x^{10}$, $7560x^4y^6$

정답 $243x^{10}$, $7560x^4y^6$

[줄기 1-3]

풀이 $(x^2+2)\left(x-\dfrac{1}{x}\right)^8$의 전개식에서 상수항은

$\left(x-\dfrac{1}{x}\right)^8 \cdots \bigcirc$일 때,

$x^2 \times (\bigcirc$의 $\dfrac{1}{x^2}$항$)$, $2 \times (\bigcirc$의 상수항$)$일 때

나타난다.

i) $\bigcirc$의 $\dfrac{1}{x^2}$항은 $\left(\underset{3}{x}\,\underset{5}{\left(-\dfrac{1}{x}\right)}\right)^8$이므로

$$\dfrac{8!}{3!5!}x^3\left(-\dfrac{1}{x}\right)^5 = -\dfrac{56}{x^2}$$

ii) $\bigcirc$의 상수항은 $\left(\underset{4}{x}\,\underset{4}{\left(-\dfrac{1}{x}\right)}\right)^8$이므로

$$\dfrac{8!}{4!4!}x^4\left(-\dfrac{1}{x}\right)^4 = 70$$

i), ii)에서 구하는 상수항은
$$x^2 \times \left(-\dfrac{56}{x^2}\right) + 2 \times 70 = 84$$

정답 84

[줄기 1-4]

풀이 $x(x-1)\left(x+\dfrac{a}{x}\right)^5$

$= (x^2-x)\left(x+\dfrac{a}{x}\right)^5$의 전개식에서 상수항은

$\left(x+\dfrac{a}{x}\right)^5 \cdots \bigcirc$일 때,

$x^2 \times (\bigcirc$의 $\dfrac{1}{x^2}$항$)$, $-x \times (\bigcirc$의 $\dfrac{1}{x}$항$)$일 때

나타난다.

i) $\bigcirc$의 $\dfrac{1}{x^2}$항은 존재하지 않는다.

ii) $\bigcirc$의 $\dfrac{1}{x}$은 $\left(\underset{2}{x}\,\underset{3}{\left(+\dfrac{a}{x}\right)}\right)^5$이므로

$$\dfrac{5!}{2!3!}x^2\left(\dfrac{a}{x}\right)^3 = \dfrac{10a^3}{x}$$

i), ii)에서 구하는 상수항은
$$-x \times \dfrac{10a^3}{x} = -10a^3$$

$\therefore -10a^3 = -80$
$\therefore a = 2$ $(\because a$는 실수$)$

정답 2

[줄기 1-5]

풀이 $\dfrac{(4+3x)(3+2x^2)^3-5}{x}$ 의 전개식에서 x의 계수는

$(4+3x)(3+2x^2)^3$의 전개식에서 x^2의 계수와 같다.

$(3+2x^2)^3 \cdots \text{㉠}$일 때,

$4\times(\text{㉠의 } x^2\text{항}),\ 3x\times(\text{㉠의 } x\text{항})$일 때 나타난다.

i) ㉠의 x^2항은 $(③+②x^2)^3$이므로

$\dfrac{3!}{2!1!}3^2(2x^2)^1=54x^2$

ii) ㉠의 x항은 존재하지 않는다.

i), ii)에서 $(4+3x)(3+2x^2)^3$의 전개식의 x^2항은

$4\times54x^2=216x^2$

따라서 구하는 x의 계수는 216

정답 216

[줄기 1-6]

풀이

$(①-x)^m$		$(②+x)^5$	
i) $m-2$	2	5	0
ii) $m-1$	1	4	1
iii) m	0	3	2

i) $\dfrac{m!}{(m-2)!2!}\cdot\dfrac{5!}{5!0!}1^{m-2}\cdot(-x)^2\cdot2^5\cdot x^0$

$=\dfrac{m(m-1)}{2}\cdot32\cdot x^2=16m(m-1)x^2$

ii) $\dfrac{m!}{(m-1)!1!}\cdot\dfrac{5!}{4!1!}1^{m-1}\cdot(-x)^1\cdot2^4\cdot x^1$

$=-80mx^2$

iii) $\dfrac{m!}{m!0!}\cdot\dfrac{5!}{3!2!}1^m\cdot(-x)^0\cdot2^3\cdot x^2$

$=80x^2$

i), ii), iii)에서 구하는 x^2항은

$16m(m-1)x^2-80mx^2+80x^2$

이때, x^2항의 계수가 -48이므로

$16m^2-96m+80=-48$

$16m^2-96m+128=0$

$m^2-6m+8=0,\quad(m-2)(m-4)=0$

$\therefore m=2$ 또는 $m=4$

정답 $m=2$ 또는 $m=4$

[줄기 2-1]

풀이 $_{17}C_9+_{17}C_{10}+_{17}C_{11}+\cdots+_{17}C_{17}$

$=_{17}C_8+_{17}C_7+_{17}C_6+\cdots+_{17}C_0\ (\because\ _nC_r=_nC_{n-r})$

이때,

$(_{17}C_9+_{17}C_{10}+_{17}C_{11}+\cdots+_{17}C_{17})$
$\qquad+(_{17}C_8+_{17}C_7+_{17}C_6+\cdots+_{17}C_0)$

$=_{17}C_0+_{17}C_1+_{17}C_2+\cdots+_{17}C_{17}$

$=2^{17}$

$\therefore\ _{17}C_9+_{17}C_{10}+_{17}C_{11}+\cdots+_{17}C_{17}=\dfrac{1}{2}\cdot2^{17}$

$=2^{16}$

정답 2^{16}

[줄기 2-2]

풀이 $_nC_0+_nC_1+_nC_2+\cdots+_nC_n=2^n$이므로

$_nC_1+_nC_2+\cdots+_nC_n=2^n-1$

따라서 주어진 식은

$1000<2^n-1<2000$

$\therefore 1001<2^n<2001$

이때 $2^9=512,\ 2^{10}=1024,\ 2^{11}=2048$이므로

$n=10$

정답 10

[줄기 2-3]

풀이 1) $(1+x)^n=_nC_0+_nC_1x+_nC_2x^2+\cdots+_nC_nx^n$이므로

$x=4,\ n=20$을 대입하면

$_{20}C_0+_{20}C_14+_{20}C_24^2+\cdots+_{20}C_{20}4^{20}=(1+4)^{20}$

$\therefore\ _{20}C_14+_{20}C_24^2+\cdots+_{20}C_{20}4^{20}=5^{20}-1$

2) $(_pC_0)^2 + (_pC_1)^2 + \cdots + (_pC_p)^2 = {}_{2p}C_p$

이므로

$(_{11}C_0)^2 + (_{11}C_1)^2 + \cdots + (_{11}C_{11})^2 = {}_{22}C_{11}$

$\therefore n = 22$

정답 1) $5^{20} - 1$ 2) 22

[줄기 2-4]

풀이 $11^{10} = (1+10)^{10}$

$= {}_{10}C_0 + {}_{10}C_1 10 + {}_{10}C_2 10^2 + {}_{10}C_3 10^3 + \cdots$
$+ {}_{10}C_{10} 10^{10}$

$= 1 + 10 \cdot 10 + 100 \cdot 45$
$+ 10^3 ({}_{10}C_3 + \cdots + {}_{10}C_{10} 10^7)$

이때, $10^3 ({}_{10}C_3 + \cdots + {}_{10}C_{10} 10^7)$의 백의 자리

이하의 숫자가 모두 0이므로 4601에서 백의

자리의 숫자는 6, 일의 자리의 숫자는 1이다.

$\therefore a = 6, \ b = 1$

정답 $a = 6, \ b = 1$

[줄기 2-5]

풀이 $8^{11} = (1+7)^{11}$

$= {}_{11}C_0 + {}_{11}C_1 7 + {}_{11}C_2 7^2 + {}_{11}C_3 7^3 + \cdots$
$+ {}_{11}C_{11} 7^{11}$

$= 1 + 7 ({}_{11}C_1 + {}_{11}C_2 7 + \cdots + {}_{11}C_{11} 7^{10})$

이므로 8^{11}을 7로 나눈 나머지는 1이다.

따라서 어느 월요일부터 8^{11}일이 지난날은

화요일이다.

정답 화요일

[줄기 2-6]

풀이 $(x-1)^2 = x^2 - 2x + 1$이므로 $A = (x-1)^2$이

라 하면

$(x^2 - 2x + 2)^{20} = (1+A)^{20}$

$= {}_{20}C_0 + {}_{20}C_1 A$

$+ {}_{20}C_2 A^2 + \cdots + {}_{20}C_{20} A^{20}$

$= 1 + 20A$

$+ A^2 ({}_{20}C_2 + \cdots + {}_{20}C_{20} A^{18})$

이때 $A^2 ({}_{20}C_2 + \cdots + {}_{20}C_{20} A^{18})$은

A^2, 즉 $(x-1)^4$으로 나누어떨어지므로

$(x^2 - 2x + 2)^{20}$을 $(x-1)^4$으로 나누었을 때의

나머지는 $1 + 20A$, 즉 $1 + 20(x-1)^2$을

$(x-1)^4$으로 나누었을 때의 나머지와 같다.

따라서 구하는 나머지는

$1 + 20(x-1)^2 = 20x^2 - 40x + 21$

정답 $20x^2 - 40x + 21$

[줄기 2-7]

풀이 ${}_{200}C_{100} + {}_{199}C_{99} + {}_{198}C_{98} + {}_{197}C_{97} + ({}_{196}C_{96} + {}_{196}C_{95})$

$= {}_{200}C_{100} + {}_{199}C_{99} + {}_{198}C_{98} + ({}_{197}C_{97} + {}_{197}C_{96})$

$= {}_{200}C_{100} + {}_{199}C_{99} + ({}_{198}C_{98} + {}_{198}C_{97})$

$= {}_{200}C_{100} + ({}_{199}C_{99} + {}_{199}C_{98})$

$= {}_{200}C_{100} + {}_{200}C_{99}$

$= {}_{201}C_{100}$

정답 ${}_{201}C_{100}$

[줄기 2-8]

풀이 1) ${}_6C_1 + {}_7C_2 + {}_8C_3 + {}_9C_4 + {}_{10}C_5$

방법 I $= ({}_6C_0 + {}_6C_1) + {}_7C_2 + {}_8C_3 + {}_9C_4 + {}_{10}C_5 - {}_6C_0$

$= ({}_7C_1 + {}_7C_2) + {}_8C_3 + {}_9C_4 + {}_{10}C_5 - {}_6C_0$

$= ({}_8C_2 + {}_8C_3) + {}_9C_4 + {}_{10}C_5 - {}_6C_0$

$= ({}_9C_3 + {}_9C_4) + {}_{10}C_5 - {}_6C_0$

$= ({}_{10}C_4 + {}_{10}C_5) - {}_6C_0$

$= {}_{11}C_5 - {}_6C_0$

$= {}_{11}C_5 - 1$

1)

강추 방법 II ${}_5C_0 + {}_6C_1 + {}_7C_2 + {}_8C_3 + {}_9C_4 + {}_{10}C_5 = {}_{11}C_5$ [*1]

$\therefore {}_6C_1 + {}_7C_2 + {}_8C_3 + {}_9C_4 + {}_{10}C_5 = {}_{11}C_5 - 1$

2) $_{10}C_6 + _{11}C_7 + _{12}C_8 + _{13}C_9 + _{14}C_{10} + _{15}C_{11}$

$= (_{10}C_5 + _{10}C_6) + _{11}C_7 + _{12}C_8 + \cdots + _{15}C_{11}$
$\qquad\qquad\qquad\qquad\qquad\qquad\qquad - _{10}C_5$

$= (_{11}C_6 + _{11}C_7) + _{12}C_8 + \cdots + _{15}C_{11} - _{10}C_5$

$= (_{12}C_7 + _{12}C_8) + \cdots + _{15}C_{11} - _{10}C_5$

$= (_{13}C_8 + _{13}C_9) + _{14}C_{10} + _{15}C_{11} - _{10}C_5$

$= (_{14}C_9 + _{14}C_{10}) + _{15}C_{11} - _{10}C_5$

$= (_{15}C_{10} + _{15}C_{11}) - _{10}C_5$

$= _{16}C_{11} - _{10}C_5$

정답 1) ① 2) ④

[줄기 2-9]

풀이 $x(1+x^2) + x(1+x^2)^2 + x(1+x^2)^3 + \cdots$
$\qquad\qquad\qquad\qquad\qquad + x(1+x^2)^7 \cdots ㉠$

㉠은 첫째항이 $x(1+x^2)$, 공비가 $1+x^2$,
항수가 7인 등비수열의 합이므로

$\dfrac{x(1+x^2)\{(1+x^2)^7 - 1\}}{(1+x^2) - 1}$

$= \dfrac{(1+x^2)^8 - (1+x^2)}{x} \cdots ㉡$

㉠의 전개식에서 x^7의 계수는 ㉡의 분자에
있는 $(1+x^2)^8$의 전개식에서 x^8의 계수와
같으므로

$_8C_4(x^2)^4 = 70x^8$

따라서 ㉠의 전개식에서 x^7의 계수 70

정답 70

[줄기 2-10]

풀이 $(1+x^2) + (1+x^2)^2 + (1+x^2)^3 + \cdots$
$\qquad\qquad\qquad\qquad\qquad + (1+x^2)^n \cdots ㉠$

㉠은 첫째항이 $1+x^2$, 공비가 $1+x^2$, 항수
가 n인 등비수열의 합이므로

$\dfrac{(1+x^2)\{(1+x^2)^n - 1\}}{(1+x^2) - 1}$

$= \dfrac{(1+x^2)^{n+1} - (1+x^2)}{x^2} \cdots ㉡$

㉠의 전개식에서 x^4의 계수는 ㉡의 분자에
있는 $(1+x^2)^{n+1}$의 전개식에서 x^6의 계수와
같으므로

$_{n+1}C_3(x^2)^3 = \dfrac{(n+1)n(n-1)}{3!}x^6 = 165x^6$

$\dfrac{(n+1)n(n-1)}{3 \cdot 2 \cdot 1} = 165$

$(n+1)n(n-1) = (11 \cdot 5 \cdot 3) \times (3 \cdot 2 \cdot 1)$
$\qquad\qquad\qquad = 11 \cdot 10 \cdot 9$

따라서 자연수 n의 값은 10

정답 10

풀이 잎 문제

잎 2-1

방법Ⅰ $(1+ax)^7$에서 $(①+\underset{1}{(ax)})^7$이므로
$\qquad\qquad\qquad\quad_{6}$

$\dfrac{7!}{6!1!}1^6(ax)^1 = 7ax$

x의 계수는 $7a$이므로 $7a = 14$이므로 $a = 2$
따라서 $(1+2x)^7$에서 $(①+\underset{2}{2x})^7$이므로
$\qquad\qquad\qquad\qquad\qquad\quad_{5}$

$\dfrac{7!}{5!2!}1^5(2x)^2 = 84x^2$

$\therefore (x^2$의 계수$) = 84$

방법Ⅱ $(1+ax)^7$에서 x의 계수는

$_7C_1(ax)^1 = 7ax$

x의 계수는 $7a$이므로 $7a = 14$이므로 $a = 2$
$(1+2x)^7$에서 x^2의 계수는

$_7C_2(2x)^2 = 84x^2$

$\therefore (x^2$의 계수$) = 84$

정답 84

잎 2-2

방법Ⅰ $(x-1)^n$에서 $(\underset{1}{(x)} \underset{n-1}{-1})^n$이므로

$\dfrac{n!}{1!(n-1)!}x^1(-1)^{n-1} = n \cdot (-1)^{n-1}x$

x의 계수가 $n \cdot (-1)^{n-1}$이므로

$n \cdot (-1)^{n-1} = -12 \quad \therefore n = 12$

방법 Ⅱ $(x-1)^n$에서 x의 계수는

$$_n\mathrm{C}_1 x^1(-1)^{n-1}=n\cdot(-1)^{n-1}x$$

x의 계수가 $n\cdot(-1)^{n-1}$이므로

$$n\cdot(-1)^{n-1}=-12 \qquad \therefore n=12$$

정답 12

---

iii) $\dfrac{4!}{4!0!}\cdot\dfrac{3!}{1!2!}1^4\cdot(-x)^0\cdot2^1\cdot(-x)^2$

$$=6x^2$$

i), ii), iii)에서 구하는 x^2의 계수는

$$48+48+6=102$$

정답 102

• 잎 2-3

방법 Ⅰ $\left(x+\dfrac{1}{x^n}\right)^{10}$에서 $(x+x^{-n})^{10}$이므로

$$\underset{r \quad\quad 10-r}{}$$

$\dfrac{10!}{r!(10-r)!}x^r(x^{-n})^{10-r}$에서 상수항은

$r-10n+nr=0$, 즉 $(n+1)(r-10)=-10$

을 만족하는 n,r의 값이 존재할 때 존재하지만 n,r의 값을 알기 힘들다. ㅜㅜ

방법 Ⅱ $\left(x+\dfrac{1}{x^n}\right)^{10}$에서 $(x+x^{-n})^{10}$이므로

$$\underset{10-r \quad\quad r}{}$$

$\dfrac{10!}{(10-r)!r!}x^{10-r}(x^{-n})^r$에서 상수항은

$10-r-nr=0$, 즉 $(n+1)r=10$을 만족하는 n,r의 값이 존재할 때 존재한다.

따라서 이를 만족하는 순서쌍 (n,r)은

$(9,\textbf{1})$, $(4,\textbf{2})$, $(1,\textbf{5})$ $\quad\therefore n=9,4,1$

따라서 구하는 n의 값들의 합은

$$9+4+1=14$$

결론 방법 Ⅰ으로 풀리지 않으면 방법 Ⅱ로 푼다.

정답 ⑤

• 잎 2-4

풀이

	$(1-x)^4$		$(2-x)^3$	
i)	2	2	3	0
ii)	3	1	2	1
iii)	4	0	1	2

i) $\dfrac{4!}{2!2!}\cdot\dfrac{3!}{3!0!}1^2\cdot(-x)^2\cdot2^3\cdot(-x)^0$

$$=48x^2$$

ii) $\dfrac{4!}{3!1!}\cdot\dfrac{3!}{2!1!}1^3\cdot(-x)^1\cdot2^2\cdot(-x)^1$

$$=48x^2$$

• 잎 2-5

풀이

	$(1+2x)^6$		$(1-x)$	
i)	2	4	1	0
ii)	3	3	0	1

i) $\dfrac{6!}{2!4!}\cdot\dfrac{1!}{1!0!}1^2\cdot(2x)^4\cdot1^1\cdot(-x)^0$

$$=240x^4$$

ii) $\dfrac{6!}{3!3!}\cdot\dfrac{1!}{0!1!}1^3\cdot(2x)^3\cdot1^0\cdot(-x)^1$

$$=-160x^4$$

i), ii)에서 구하는 x^2의 계수는

$$240-160=80$$

정답 ⑤

• 잎 2-6

풀이

$$\underset{2 \quad\quad 0 \quad\quad \times \quad\quad \times \quad\quad 3 \quad\quad 1}{\left(x+\dfrac{1}{x}\right)^2+\left(x+\dfrac{1}{x}\right)^3+\left(x+\dfrac{1}{x}\right)^4}$$

$$\underset{\times \quad\quad \times \quad\quad 4 \quad\quad 2}{+\left(x+\dfrac{1}{x}\right)^5+\left(x+\dfrac{1}{x}\right)^6}$$

$$\dfrac{2!}{2!0!}+\dfrac{4!}{3!1!}+\dfrac{6!}{4!2!}=1+4+15=20$$

정답 ②

잎 2-7

풀이

$$f(5) = {}_2C_1 + ({}_4C_1 + {}_4C_3) + ({}_6C_1 + {}_6C_3 + {}_6C_5)$$
$$+ ({}_8C_1 + {}_8C_3 + {}_8C_5 + {}_8C_7)$$
$$+ ({}_{10}C_1 + {}_{10}C_3 + {}_{10}C_5 + {}_{10}C_7 + {}_{10}C_9)$$
$$= {}_2C_1 + 2 \cdot {}_4C_1 + (2 \cdot {}_6C_1 + {}_6C_3)$$
$$+ (2 \cdot {}_8C_1 + 2 \cdot {}_8C_3)$$
$$+ (2 \cdot {}_{10}C_1 + 2 \cdot {}_{10}C_3 + {}_{10}C_5)$$
$$= 2 + 8 + (12 + 20)$$
$$+ (16 + 112)$$
$$+ (20 + 240 + 252)$$
$$= 682$$

정답 682

잎 2-8

풀이

1) ${}_nC_0 + {}_nC_1 + {}_nC_2 + \cdots + {}_nC_n = 2^n$ 이므로
   ${}_5C_0 + {}_5C_1 + {}_5C_2 + \cdots + {}_5C_5 = 2^5 = 32$

2) $1 - {}_{100}C_1 + {}_{100}C_2 - {}_{100}C_3 + \cdots + 1 = 0$
   p.57 씨앗.1의 4)번과 같은 문제이다.

3) ${}_{51}C_0 + {}_{51}C_2 + {}_{51}C_4 + \cdots + {}_{51}C_{\text{짝수 이빠이}}$
   $= 2^{51-1} = 2^{50}$
   p.58 씨앗.2의 1)번과 같은 문제이다.

4) ${}_{11}C_1 + {}_{11}C_3 + {}_{11}C_5 + \cdots + {}_{11}C_{\text{홀수 이빠이}}$
   $= 2^{11-1} = 2^{10}$
   p.58 씨앗.2의 3)번과 같은 문제이다.

정답 1) 32 2) 0 3) 2^{50} 4) 2^{10}

잎 2-9

방법 I ${}_nC_6 + {}_nC_7 = {}_{n+1}C_7$
이므로 주어진 식은
$${}_{n+1}C_5 = {}_{n+1}C_7$$
$$= {}_{n+1}C_{n-6} \; (\because {}_\diamond C_\star = {}_\diamond C_{\diamond-\star})$$
$$\therefore 5 = n - 6$$
$$\therefore n = 11$$

방법 II 「강추」 ${}_nC_6 + {}_nC_7 = {}_{n+1}C_7$
이므로 주어진 식은
$${}_{n+1}C_5 = {}_{n+1}C_7$$
$$\therefore n + 1 = 5 + 7 \; (\because {}_\diamond C_\star = {}_\diamond C_{\diamond-\star})$$
$$\therefore n = 11 \qquad \diamond = \star + (\diamond - \star)$$

정답 11

잎 2-10

풀이

$$2({}_3C_3 + {}_4C_3 + {}_5C_3 + {}_6C_3)$$
$$= 2\{({}_4C_4 + {}_4C_3) + {}_5C_3 + {}_6C_3\}$$
$$= 2\{({}_5C_4 + {}_5C_3) + {}_6C_3\}$$
$$= 2({}_6C_4 + {}_6C_3)$$
$$= 2 \cdot {}_7C_4$$
$$= {}_7C_4 + {}_7C_4$$
$$= {}_7C_3 + {}_7C_4 \; (\because {}_nC_r = {}_nC_{n-r})$$
$$= {}_8C_4$$

정답 ④

잎 2-11

풀이 빨간색, 파란색, 노란색 색연필을 각각 먼저 1자루씩 선택하여 놓고, 서로 다른 3개에서 중복을 허용하여 0개, 1개, 2개, $\cdots$, 12개를 선택하는 중복조합의 수와 같으므로
$${}_3H_0 + {}_3H_1 + {}_3H_2 + \cdots + {}_3H_{12}$$
$$= {}_2C_0 + {}_3C_1 + {}_4C_2 + \cdots + {}_{14}C_{12}$$
$$= ({}_3C_0 + {}_3C_1) + {}_4C_2 + \cdots + {}_{14}C_{12} \; (\because {}_2C_0 = {}_3C_0)$$
$$= ({}_4C_1 + {}_4C_2) + \cdots + {}_{14}C_{12}$$
$$= ({}_5C_2 + {}_5C_3) + {}_6C_4 + \cdots + {}_{14}C_{12}$$
$$\vdots$$
$$= {}_{14}C_{11} + {}_{14}C_{12}$$
$$= {}_{15}C_{12} = {}_{15}C_3 = 455$$

참고 ${}_2C_0 + {}_3C_1 + {}_4C_2 + \cdots + {}_{14}C_{12}$
$= {}_{15}C_{12} \; (\because$ 하키 스틱 패턴 p.62)
$= {}_{15}C_3 = 455$

※ p.49 잎 1-12)와 같은 문제이다.

정답 455

3

확률의 뜻과 활용

본문 p.**67**

풀이 **줄기 문제**

[줄기 1-1]

풀이 동전의 앞면을 H, 뒷면을 T로 나타내자.

$S = \{$HHH, HHT, HTH, THH, HTT,
　　　THT, TTH, TTT$\}$

$A = \{$HHH, TTT$\}$

$A^C = \{$HHT, HTH, THH, HTT, THT,
　　　TTH$\}$

따라서 구하는 사건의 개수는

$2^6 = 64$

정답 64

[줄기 1-2]

풀이 사건 A와 서로 배반인 사건은

$A^C = \{4, 5, 6\}$의 부분집합이고,

사건 B와 서로 배반인 사건은

$B^C = \{1, 5, 6\}$의 부분집합이므로

두 사건 A, B와 모두 배반인 사건은

$A^C \cap B^C$의 부분집합이다.

따라서

$A^C \cap B^C = \{4, 5, 6\} \cap \{1, 5, 6\}$
　　　　　$= \{5, 6\}$

이므로 구하는 사건 C의 개수는

$2^2 = 4$

정답 4

[줄기 2-1]

풀이 한 개의 주사위를 두 번 던질 때 나오는 두 눈의 모든 경우의 수는

$6 \cdot 6 = 36$

i) 두 눈의 수의 차가 2인 경우

$(1, 3), (2, 4), (3, 5), (4, 6),$
$(3, 1), (4, 2), (5, 3), (6, 4)$의 8가지

ii) 두 눈의 수의 차가 3인 경우

$(1, 4), (2, 5), (3, 6),$
$(4, 1), (5, 2), (6, 3)$의 6가지

iii) 두 눈의 수의 차가 4인 경우

$(1, 5), (2, 6),$
$(5, 1), (6, 2)$의 4가지

iv) 두 눈의 수의 차가 5인 경우

$(1, 6),$
$(6, 1)$의 2가지

이상에서 두 눈의 수의 차가 2 이상인 경우의 수는 $8 + 6 + 4 + 2 = 20$

따라서 구하는 확률은 $\dfrac{20}{36} = \dfrac{5}{9}$

정답 $\dfrac{5}{9}$

[줄기 2-2]

풀이 한 개의 주사위를 두 번 던질 때 나오는 두 눈의 모든 경우의 수는

$6 \cdot 6 = 36$

이차방정식 $x^2 + ax + b = 0$이 허근을 가지려면

$D = a^2 - 4b < 0$　　∴ $a^2 < 4b$

$a^2 < 4b$를 만족시키는 a, b의 순서쌍 (a, b)는

$(1, 1), (1, 2), (1, 3), (1, 4), (1, 5), (1, 6),$
$(2, 2), (2, 3), (2, 4), (2, 5), (2, 6),$
$(3, 3), (3, 4), (3, 5), (3, 6),$
$(4, 5), (4, 6)$

의 17가지

따라서 구하는 확률은

$\dfrac{17}{36}$

정답 $\dfrac{17}{36}$

[줄기 2-3]

풀이 $600 = 2^3 \cdot 3 \cdot 5^2$이므로 600의 양의 약수의 개수는

$(3+1) \cdot (1+1) \cdot (2+1) = 24$

600의 양의 약수 중에서 40의 약수는 600과 40의 양의 공약수와 같다.

600과 40의 최대공약수는

$2^3 \cdot 5$ $(\because 600 = 2^3 \cdot 3 \cdot 5^2,\ 40 = 2^3 \cdot 5)$

즉, 600과 40의 양의 공약수의 개수는

$(3+1) \cdot (1+1) = 8$

따라서 구하는 확률은

$\dfrac{8}{24} = \dfrac{1}{3}$

정답 $\dfrac{1}{3}$

줄기 2-4

풀이 5명 중에서 3명이 일렬로 앉는 경우의 수는

$_5\mathrm{P}_3$

C가 가운데 앉고, 4명 중에서 2명이 양 끝에 앉는 경우의 수는

$_4\mathrm{P}_2$

따라서 C가 가운데 앉은 확률은

$\dfrac{_4\mathrm{P}_2}{_5\mathrm{P}_3} = \dfrac{1}{5}$

정답 $\dfrac{1}{5}$

줄기 2-5

풀이 5권의 책을 일렬로 꽂는 경우의 수는

$5!$

소설 책과 역사 책을 양 끝에 꽂는 경우의 수는

$_2\mathrm{P}_2 = 2!$

나머지 3권을 그 사이에 일렬로 꽂는 경우의 수는

$_3\mathrm{P}_3 = 3!$

즉, 소설 책과 역사 책을 양 끝에 꽂는 경우의 수는

$2! \times 3!$

따라서 구하는 확률은

$\dfrac{2! \times 3!}{5!} = \dfrac{1}{10}$

정답 $\dfrac{1}{10}$

줄기 2-6

풀이 백의 자리에는 0이 올 수 없으므로 만들 수 있는 세 자리의 자연수의 개수는

$4 \cdot {_4\mathrm{P}_2}$

320보다 큰 자연수는 32○, 34○, 4○○ 꼴이므로

i) 32○ 꼴인 자연수의 개수는 2

ii) 34○ 꼴인 자연수의 개수는 3

iii) 4○○ 꼴인 자연수의 개수는 $_4\mathrm{P}_2$

이상에서 320보다 큰 자연수의 개수는

$2 + 3 + {_4\mathrm{P}_2} = 17$

따라서 구하는 확률은

$\dfrac{17}{4 \cdot {_4\mathrm{P}_2}} = \dfrac{17}{48}$

정답 $\dfrac{17}{48}$

줄기 2-7

풀이 6명이 원탁에 둘러앉는 경우의 수는

$1 \cdot 5! = 5!$

여성 3명이 원탁에 둘러앉는 경우의 수는

$1 \cdot 2! = 2!$

여성 사이사이의 3개의 자리에 남성 3명이 앉는 경우의 수는

$_3\mathrm{P}_3 = 3!$

즉, 남녀가 교대로 앉는 경우의 수는

$2! \cdot 3!$

따라서 구하는 확률은

$\dfrac{2! \cdot 3!}{5!} = \dfrac{1}{10}$

정답 $\dfrac{1}{10}$

줄기 2-8

풀이 1) 5명이 원탁에 둘러앉는 경우의 수는

$1 \cdot 4! = 4!$

부모를 한 사람으로 생각하여 고정하고, 나머지 3명을 일렬로 배열하는 경우의 수는

$1 \cdot 3! = 3!$

부모가 자리를 바꾸는 경우의 수는

$2!$

즉, 부모가 이웃하여 앉는 경우의 수는

$3! \times 2!$

따라서 구하는 확률은

$$\frac{3! \times 2!}{4!} = \frac{1}{2}$$

2) 5명이 원탁에 둘러앉는 경우의 수는

$1 \cdot 4! = 4!$

부의 자리가 고정되면 모의 자리는 마주 보는 자리로 같이 고정된다. 따라서

부모를 한 사람으로 생각하여 고정하고, 나머지 3명을 일렬로 배열하는 경우의 수는

$1 \cdot 3! = 3!$

원순열에서는 회전하여 일치하는 배열은 모두 같은 것으로 본다. [p.17] 따라서

마주 앉은 부모가 자리를 바꾸는 경우의 수는

1

즉, 부모가 마주보고 앉는 경우의 수는

$3! \times 1$

따라서 구하는 확률은

$$\frac{3! \times 1}{4!} = \frac{1}{4}$$

정답 1) $\frac{1}{2}$ 2) $\frac{1}{4}$

[줄기 2-9]

풀이 8가지 색을 원판의 8개의 영역에 칠하는 경우의 수는

$1 \cdot 7! = 7!$

빨간색이 고정되면 파란색은 맞은편 자리로 같이 고정된다. 따라서

빨간색과 파란색을 한 색깔로 생각하여 고정하고 나머지 6가지의 색을 일렬로 배열하는 경우의 수는

$1 \cdot 6! = 6!$

원순열에서는 회전하여 일치하는 배열은 모두 같은 것으로 본다. [p.17] 따라서

마주하는 빨간색과 파란색의 자리를 바꾸는 경우의 수는

1

즉, 빨간색과 파란색이 마주하고 있는 경우의 수는

$6! \cdot 1 = 6!$

따라서 구하는 확률은

$$\frac{6!}{7!} = \frac{1}{7}$$

정답 $\frac{1}{7}$

[줄기 2-10]

풀이 의자 5개에만 사람이 앉으므로 빈 의자는 1개이다.

빈 의자 1개에 앉는 또 다른 국적의 사람이 있다고 생각하면 6명이 원탁에 둘러앉는 경우의 수는

$1 \cdot 5! = 5!$

미국인 3명을 한 사람, 일본인 2명을 한 사람으로 생각하여 3명이 원탁에 둘러앉는 경우의 수는

$1 \cdot 2! = 2!$

미국인끼리 자리를 바꾸는 경우의 수는

$3!$

일본인끼리 자리를 바꾸는 경우의 수는

$2!$

즉 미국인은 미국인끼리, 일본인은 일본인끼리 이웃하게 앉는 경우의 수는

$2! \times 3! \times 2!$

따라서 구하는 확률은

$$\frac{2! \times 3! \times 2!}{5!} = \frac{1}{5}$$

정답 $\frac{1}{5}$

[줄기 2-11]

풀이 집합 X에서 집합 Y로의 함수 f의 개수는

$4 \cdot 4 \cdot 4 \cdot 4$

이때, 일대일대응의 개수는

$4 \cdot 3 \cdot 2 \cdot 1$

따라서 구하는 확률은

$$\frac{4 \cdot 3 \cdot 2 \cdot 1}{4 \cdot 4 \cdot 4 \cdot 4} = \frac{3}{32}$$

정답 $\dfrac{3}{32}$

줄기 2-12

풀이 세 명이 다섯 종류의 음료수 중에서 임의로 각각 한 종류를 고르는 경우의 수는

$5 \cdot 5 \cdot 5$

세 명이 서로 다른 종류의 음료수를 고르는 경우의 수는

$5 \cdot 4 \cdot 3$

따라서 구하는 확률은

$$\frac{5 \cdot 4 \cdot 3}{5 \cdot 5 \cdot 5} = \frac{12}{25}$$

정답 $\dfrac{12}{25}$

줄기 2-13

풀이 세 사람이 가위바위보를 한 번 할 때, 경우의 수는

$3 \cdot 3 \cdot 3$

이때, 두 명이 이기려면 ○○◇, ○◇○, ◇○○ 꼴이다.

즉 이기는 ○○이 가위·바위·보 중에서 어느 하나를 냈을 때, 지는 ◇이 내는 것은 정해져 있으므로

i) ○○◇ 꼴의 경우의 수는

$3 \cdot 1 \cdot 1$

ii) ○◇○ 꼴의 경우의 수는

$3 \cdot 1 \cdot 1$

iii) ◇○○ 꼴의 경우의 수는

$1 \cdot 3 \cdot 1$

이므로 두 명이 이기는 경우의 수는

$3 \cdot 1 \cdot 1 + 3 \cdot 1 \cdot 1 + 1 \cdot 3 \cdot 1$

따라서 구하는 확률은

$$\frac{3 \cdot 1 \cdot 1 + 3 \cdot 1 \cdot 1 + 1 \cdot 3 \cdot 1}{3 \cdot 3 \cdot 3} = \frac{1}{3}$$

정답 $\dfrac{1}{3}$

줄기 2-14

풀이 일곱 개의 숫자 1, 2, 2, 2, 2, 3, 3을 일렬로 나열하는 경우의 수는

$$\frac{7!}{4! \cdot 2!} = 105$$

맨 앞에 2를 놓고, 나머지 숫자 1, 2, 2, 2, 3, 3을 일렬로 나열하는 경우의 수는

$$\frac{6!}{3! \cdot 2!} = 60$$

따라서 구하는 확률은

$$\frac{60}{105} = \frac{4}{7}$$

정답 $\dfrac{4}{7}$

줄기 2-15

풀이 8개의 문자 T, O, M, O, R, R, O, W를 일렬로 나열하는 경우의 수는

$$\frac{8!}{3!2!} = 3360$$

모음 O, O, O와 T, M, R, R, W를 각각 한 문자로 생각하여 2개의 문자를 일렬로 나열하는 경우의 수는

$2! = 2$

모음 O, O, O를 일렬로 나열하는 경우의 수는

$$\frac{3!}{3!} = 1$$

자음 T, M, R, R, W를 일렬로 나열하는 경우의 수는

$$\frac{5!}{2!} = 60$$

즉 모음은 모음끼리, 자음은 자음끼리 이웃하도록 나열하는 경우의 수는

$2 \times 1 \times 60 = 120$

따라서 구하는 확률은

$$\frac{120}{3360} = \frac{1}{28}$$

정답 $\dfrac{1}{28}$

줄기 2-16

풀이 A에서 B로의 함수 f의 개수는

$3 \cdot 3 \cdot 3 = 27$

$f(a) + f(b) + f(c) = 7$을 만족시키는 함수 f의 개수는 1, 3, 3과 2, 2, 3을 일렬로 나열하는 경우의 수와 같으므로

i) 1, 3, 3을 일렬로 나열하는 경우의 수는

$\dfrac{3!}{2!} = 3$

ii) 2, 2, 3을 일렬로 나열하는 경우의 수는

$\dfrac{3!}{2!} = 3$

이므로 $f(a) + f(b) + f(c) = 7$을 만족시키는 함수 f의 개수는

$3 + 3 = 6$

따라서 구하는 확률은

$\dfrac{6}{27} = \dfrac{2}{9}$

정답 $\dfrac{2}{9}$

줄기 2-17

풀이 9개의 문자 $a, b, b, c, c, d, e, e, f$를 일렬로 나열하는 경우의 수는

$\dfrac{9!}{2!2!2!}$

c가 b보다 앞에 오려면 b, b, c, c를 모두 X로 생각하여 일렬로 나열한 다음 앞의 2개의 X를 c로, 나머지 X를 b로 바꾸면 된다. 또, f가 e보다 앞에 오려면 e, e, f를 모두 Y로 생각하여 일렬로 나열한 다음 맨 앞의 Y를 f로, 나머지 Y를 e로 바꾸면 된다.

즉 X, X, X, X, Y, Y, Y를 포함하여 9개의 문자를 일렬로 나열하는 경우의 수는

$\dfrac{9!}{4!3!}$

따라서 구하는 확률은

$\dfrac{\dfrac{9!}{4!3!}}{\dfrac{9!}{2!2!2!}} = \dfrac{1}{18}$

정답 $\dfrac{1}{18}$

줄기 2-18

풀이 7장의 카드 중에서 3장의 카드를 꺼내는 경우의 수는

$_7C_3 = 35$

이때, 세 수의 합이 홀수가 되는 경우는

i) (홀수)+(홀수)+(홀수)인 경우

홀수가 적힌 4장의 카드 중에서 3장을 뽑는 경우의 수는

$_4C_3 = {_4}C_1 = 4$

ii) (홀수)+(짝수)+(짝수)인 경우

홀수가 적힌 4장의 카드 중에서 1장, 짝수가 적힌 3장의 카드 중에서 2장을 뽑는 경우의 수는

$_4C_1 \cdot {_3}C_2 = {_4}C_1 \cdot {_3}C_1 = 12$

즉, 세 수의 합이 홀수인 경우의 수는

$4 + 12 = 16$

따라서 구하는 확률은

$\dfrac{16}{35}$

정답 $\dfrac{16}{35}$

줄기 2-19

풀이 8개의 동전 중에서 2개를 택하는 경우의 수는

$_8C_2 = 28$

앞면과 뒷면의 개수가 처음과 같으려면 앞면이 보이는 동전 1개, 뒷면이 보이는 동전 1개를 뒤집어야 하므로 앞면과 뒷면이 보이는 동전을 각각 1개씩 택하는 경우의 수는

$_3C_1 \cdot {_5}C_1 = 15$

따라서 구하는 확률은

$\dfrac{15}{28}$

정답 $\dfrac{15}{28}$

줄기 2-20

풀이 7개의 제품 중에서 3개를 꺼내는 경우의 수는
$_7C_3 = 35$

불량품의 개수를 x라 하면 정상품의 개수는
$7-x$이므로

i) x개의 불량품 중에서 2개를 꺼내는 경우의 수는
$$_xC_2 = \frac{x(x-1)}{2}$$

ii) $(7-x)$개의 정상품 중에서 1개를 꺼내는 경우의 수는
$$_{7-x}C_1 = 7-x$$

i), ii)에서 불량품 2개, 정상품 1개를 꺼내는 경우의 수는
$$\frac{x(x-1)}{2} \times (7-x)$$

따라서 구하는 확률은
$$\frac{\frac{x(x-1)}{2} \times (7-x)}{35} = \frac{18}{35}$$
$$x(x-1)(7-x) = 36$$

$x = 1, 2, 3, \cdots, 7$을 차례대로 대입해 보면
$x = 4$일 때, $4 \cdot 3 \cdot 3 = 36$
따라서 불량품의 개수는 4이다.

정답 4

줄기 2-21

풀이 8개의 점 중에서 3개의 점을 택하는 경우의 수는
$_8C_3 = 56$

오른쪽 그림과 같이
1개의 지름에 대하여
6개의 직각삼각형을
만들 수 있고, 8개의
점으로 만들 수 있는
지름은 4개이므로
직각삼각형의 개수는
$6 \cdot 4 = 24$
따라서 구하는 확률은

$$\frac{24}{56} = \frac{3}{7}$$

정답 $\dfrac{3}{7}$

줄기 2-22

풀이 동일한 편지 아홉 통을 서로 다른 4개의 우체통에 넣는 경우의 수는 서로 다른 4개에서 중복을 허용하여 9개를 택하는 중복조합의 수와 같으므로
$$_4H_9 = _{12}C_9 = _{12}C_3 = 220$$

B 우체통에 편지가 한 통도 없는 경우는 동일한 편지 아홉 통을 서로 다른 3개의 우체통 A, C, D에 넣는 경우이므로 그 경우의 수는 서로 다른 3개에서 중복을 허용하여 9개를 택하는 중복조합의 수와 같다. 즉
$$_3H_9 = _{11}C_9 = _{11}C_2 = 55$$

따라서 구하는 확률은
$$\frac{55}{220} = \frac{1}{4}$$

정답 $\dfrac{1}{4}$

줄기 2-23

풀이 방정식 $x+y+z = 8$의 음이 아닌 정수해의 개수는 서로 다른 3개의 문자 x, y, z에서 중복을 허용하여 8개를 택하는 중복조합의 수와 같으므로
$$_3H_8 = _{10}C_8 = _{10}C_2 = 45$$

$x+y+z = 8$에서 x의 값이 5이면
$$y+z = 3$$

즉, x의 값이 5인 경우의 수는 서로 다른 2개의 문자 y, z에서 중복을 허용하여 3개를 택하는 중복조합의 수와 같으므로
$$_2H_3 = _4C_3 = _4C_1 = 4$$

따라서 구하는 확률은
$$\frac{4}{45}$$

정답 $\dfrac{4}{45}$

줄기 2-24

풀이 한 개의 주사위를 세 번 던질 때 나오는 경우의 수는

$6 \cdot 6 \cdot 6 = 216$

1) 주사위의 6개의 눈 중 3개를 택한 후 작은 수부터 차례로 a, b, c에 대응시키면 되므로 경우의 수는

$_6C_3 = 20$

따라서 구하는 확률은

$$\frac{20}{216} = \frac{5}{54}$$

2) 주사위의 6개의 눈 중 중복을 허용하여 3개를 택한 후 작은 수부터 차례로 a, b, c에 대응시키면 되므로 경우의 수는

$_6H_3 = {_8C_3} = 56$

따라서 구하는 확률은

$$\frac{56}{216} = \frac{7}{27}$$

3) $c > 0$이므로 $ac \le c^2 \le bc$에서 $a \le c \le b$

주사위의 6개의 눈 중 중복을 허용하여 3개를 택한 후 작은 수부터 차례로 a, c, b에 대응시키면 되므로 경우의 수는

$_6H_3 = {_8C_3} = 56$

따라서 구하는 확률은

$$\frac{56}{216} = \frac{7}{27}$$

정답 1) $\dfrac{5}{54}$　2) $\dfrac{7}{27}$　3) $\dfrac{7}{27}$

줄기 2-25

풀이 1) 주머니 속의 양품 구슬의 개수를 n이라 하자.

10개의 구슬 중에서 2개를 꺼낼 때, 2개가 모두 불량품 구슬일 수학적 확률은

$$\frac{{_{10-n}C_2}}{{_{10}C_2}} = \frac{(10-n)(9-n)}{90}$$

여러 번의 시행에서 3번에 1번 꼴로 2개가 모두 불량품 구슬을 꺼냈으므로 통계적 확률은 $\dfrac{1}{3}$이다. 즉,

$\dfrac{(10-n)(9-n)}{90} = \dfrac{1}{3}$이므로

$n^2 - 19n + 60 = 0, \quad (n-4)(n-15) = 0$

$\therefore n = 4 \ (\because 0 < n \le 10)$

따라서 주머니 속에 4개의 양품 구슬이 들어있다고 볼 수 있다.

2) 노란 구슬이 나올 수학적 확률은

$$\frac{n}{3+n+2}$$

여러 번 시행에서 9번에 4번 꼴로 노란 구슬이 나왔으므로 통계적 확률은 $\dfrac{4}{9}$, 즉

$\dfrac{n}{3+n+2} = \dfrac{4}{9}$이므로 $9n = 12 + 4n + 8$

$5n = 20$

$\therefore n = 4$

정답 1) 4　2) 4

줄기 2-26

풀이 1) 지원한 남자는 100000명이고 5단계까지 합격한 남자는 34307명이므로 구하는 확률은

$$\frac{34307}{100000}$$

2) 2단계까지 합격한 여자는 89247명이고 6단계까지 최종합격한 여자는 24748명이므로 구하는 확률은

$$\frac{24748}{89247}$$

3) 3단계까지 합격한 남자는 78438명이고 5단계까지 합격한 남자는 34307명이므로 구하는 확률은

$$\frac{34307}{78438}$$

정답 1) $\dfrac{34307}{100000}$　2) $\dfrac{24748}{89247}$　3) $\dfrac{34307}{78438}$

줄기 2-27

풀이 $x^2-2ax+3a=0$의 판별식을 D라 할 때,
이 이차방정식이 실근을 가지려면

$$\frac{D}{4}=(-a)^2-3a\geq 0, \quad a(a-3)\geq 0$$

$$\therefore a\leq 0 \text{ 또는 } a\geq 3$$

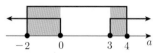

따라서 구하는 확률은

$$\frac{\{0-(-2)\}+(4-3)}{4-(-2)}=\frac{1}{2}$$

정답 $\dfrac{1}{2}$

줄기 2-28

풀이 오른쪽 그림과 같이
$\overline{AC}=x$, $\overline{AD}=y$
라 하면

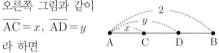

$0\leq x\leq 2$, $0\leq y\leq 2 \cdots$ ㉠

$\overline{CD}$의 길이는 $|x-y|$이고 $|x-y|\leq 1$에서

$-1\leq x-y\leq 1$

$-1\leq x-y,\ x-y\leq 1$

$\therefore y\leq x+1,\ y\geq x-1 \cdots$ ㉡

㉠, ㉡의 부등식의 영역을 좌표평면 위에
나타내면 다음 그림과 같다.

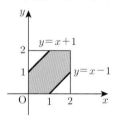

따라서 구하는 확률은

$$\frac{(색칠한\ 부분의\ 넓이)}{(정사각형의\ 넓이)}=\frac{4-1}{4}=\frac{3}{4}$$

정답 $\dfrac{3}{4}$

줄기 3-1

풀이 민지네 반 학생은 30명이다.

i) 치킨을 좋아하는 학생을 택하는 사건을 A
라 하면

$$n(A)=20 \quad \therefore P(A)=\frac{20}{30}$$

ii) 피자를 좋아하는 학생을 택하는 사건을 B
라 하면

$$n(B)=15 \quad \therefore P(B)=\frac{15}{30}$$

iii) $n(A\cup B)=27$

$$\therefore P(A\cup B)=\frac{27}{30}$$

따라서 구하는 확률은

$$P(A\cap B)=P(A)+P(B)-P(A\cup B)\ (\because p.82)$$

$$=\frac{20}{30}+\frac{15}{30}-\frac{27}{30}$$

$$=\frac{8}{30}=\frac{4}{15}$$

정답 $\dfrac{4}{15}$

줄기 3-2

풀이 수학을 좋아하는 학생을 택하는 사건을 A,
영어를 좋아하는 학생을 택하는 사건을 B
라 하면

i) $P(A)=\dfrac{50}{100}$

ii) $P(A\cap B)=\dfrac{10}{100}$

iii) $P(A\cup B)=\dfrac{60}{100}$

따라서 구하는 확률은

$$P(B)=P(A\cup B)+P(A\cap B)-P(A)\ (\because p.82)$$

$$=\frac{60}{100}+\frac{10}{100}-\frac{50}{100}$$

$$=\frac{20}{100}=\frac{1}{5}$$

정답 $\dfrac{1}{5}$

[줄기 3-3]

풀이

$$P(A \cap B) = P(A) + P(B) - P(A \cup B)$$
$$= \frac{1}{2} + \frac{3}{5} - P(A \cup B)$$
$$= \frac{11}{10} - P(A \cup B)$$

이때

$$P(A \cup B) \geq P(A) = \frac{1}{2},$$

$$P(A \cup B) \geq P(B) = \frac{3}{5},$$

$$P(A \cup B) \leq 1 \text{이므로}$$

$$\frac{3}{5} \leq P(A \cup B) \leq 1$$

따라서

$$\frac{11}{10} - \frac{3}{5} \geq \frac{11}{10} - P(A \cup B) \geq \frac{11}{10} - 1 \text{이므로}$$

$$\frac{1}{10} \leq P(A \cap B) \leq \frac{5}{10}$$

즉 $M = \dfrac{5}{10}$, $m = \dfrac{1}{10}$ 이므로

$$Mm = \frac{1}{20}$$

정답 $\dfrac{1}{20}$

[줄기 3-4]

풀이 두 개의 주사위를 동시에 던질 때 나오는 모든 경우의 수는

$$6 \cdot 6 = 36$$

i) 두 눈의 수의 합이 4인 사건을 A라 하면

$$A = \{(1, 3), (2, 2), (3, 1)\}$$
$$\therefore n(A) = 3 \quad \therefore P(A) = \frac{3}{36}$$

ii) 두 눈의 수의 차가 4인 사건을 B라 하면

$$B = \{(1, 5), (2, 6), (5, 1), (6, 2)\}$$
$$\therefore n(B) = 4 \quad \therefore P(B) = \frac{4}{36}$$

이때 A, B는 서로 배반사건이므로 구하는 확률은

$$P(A \cup B) = P(A) + P(B)$$
$$= \frac{3}{36} + \frac{4}{36} = \frac{7}{36}$$

정답 $\dfrac{7}{36}$

[줄기 3-5]

풀이 9명의 학생 중에서 2명의 대표를 뽑는 경우의 수는

$$_9C_2 = 36$$

i) 2명의 대표가 모두 남자인 사건을 A라 하면

$$P(A) = \frac{_5C_2}{_9C_2} = \frac{10}{36}$$

ii) 2명의 대표가 모두 여자인 사건을 B라 하면

$$P(B) = \frac{_4C_2}{_9C_2} = \frac{6}{36}$$

이때 A, B는 서로 배반사건이므로 구하는 확률은

$$P(A \cup B) = P(A) + P(B)$$
$$= \frac{10}{36} + \frac{6}{36} = \frac{4}{9}$$

정답 $\dfrac{4}{9}$

[줄기 3-6]

풀이 한 개의 동전을 5회 던질 때 나오는 모든 경우의 수는

$$2 \cdot 2 \cdot 2 \cdot 2 \cdot 2 = 32$$

앞면이 뒷면보다 많으려면 앞면이 3회 또는 4회 또는 5회가 나와야 한다.

i) 앞면이 3회 나오는 사건을 A라 하면

$$P(A) = \frac{_5C_3}{32} = \frac{10}{32}$$

ii) 앞면이 4회 나오는 사건을 B라 하면

$$P(B) = \frac{_5C_4}{32} = \frac{5}{32}$$

iii) 앞면이 5회 나오는 사건을 C라 하면

$$P(C) = \frac{_5C_5}{32} = \frac{1}{32}$$

이때 A, B, C는 서로 배반사건이므로 구하는 확률은

$$P(A \cup B \cup C) = P(A) + P(B) + P(C)$$
$$= \frac{10}{32} + \frac{5}{32} + \frac{1}{32} = \frac{1}{2}$$

정답 $\dfrac{1}{2}$

[줄기 3-7]

풀이

$$P(A^C \cap B^C) = P((A \cup B)^C)$$
$$= 1 - P(A \cup B) = \frac{1}{4}$$
$$\therefore P(A \cup B) = \frac{3}{4} \cdots \text{㉠}$$
$$P(A^C \cup B^C) = P((A \cap B)^C)$$
$$= 1 - P(A \cap B) = 1$$
$$\therefore P(A \cap B) = 0 \cdots \text{㉡}$$
$$P(A) + P(B) = \frac{3}{4} \ (\because \text{㉠, ㉡})$$

이 식과 $P(A) - P(B) = \frac{1}{2}$ 을 연립하여 풀면

$$P(A) = \frac{5}{8}, \ P(B) = \frac{1}{8}$$
$$P(A \cap B^C) = P(A) - P(A \cap B)$$
$$= \frac{5}{8} - 0 = \frac{5}{8}$$

정답 $\dfrac{5}{8}$

[줄기 3-8]

풀이

1, 2, 3, 4, 5를 일렬로 나열하여 다섯 자리 자연수를 만드는 모든 경우의 수는
5!

$A_1 = 1$인 사건을 A, $A_2 = 2$인 사건을 B라 하면

$A_1 \neq 1$, $A_2 \neq 2$인 사건은
$A^C \cap B^C = (A \cup B)^C$이다. 이때,

$$P(A) = \frac{4!}{5!}, \ P(B) = \frac{4!}{5!}, \ P(A \cap B) = \frac{3!}{5!}$$
$$P(A \cup B) = P(A) + P(B) - P(A \cap B)$$
$$= \frac{1}{5} + \frac{1}{5} - \frac{1}{20} = \frac{7}{20}$$
$$\therefore P(A^C \cap B^C) = P((A \cup B)^C)$$
$$= 1 - P(A \cup B)$$
$$= \frac{13}{20}$$

정답 $\dfrac{13}{20}$

[줄기 3-9]

풀이

남자 2명과 여자 5명을 일렬로 세우는 경우의 수는
7!

적어도 한쪽 끝에 남자를 세우는 사건을 A라 하면 A^C는 양쪽 끝에 모두 여자를 세우는 사건이므로

$$P(A^C) = \frac{_5P_2 \cdot 5!}{7!} = \frac{5 \cdot 4}{7 \cdot 6} = \frac{10}{21}$$
$$\therefore P(A) = 1 - P(A^C) = 1 - \frac{10}{21} = \frac{11}{21}$$

정답 $\dfrac{11}{21}$

[줄기 3-10]

풀이

5명을 일렬로 세우는 경우의 수는 5!

A와 B 사이에 적어도 한 명의 학생을 세우는 사건을 Q라 하면 Q^C는 A와 B를 이웃하게 세우는 사건이므로

$$P(Q^C) = \frac{4! \cdot 2!}{5!} = \frac{2}{5}$$
$$\therefore P(Q) = 1 - P(Q^C) = 1 - \frac{2}{5} = \frac{3}{5}$$

정답 $\dfrac{3}{5}$

[줄기 3-11]

풀이

20개의 제품 중에서 2개의 제품을 고르는 경우의 수는
$_{20}C_2$

적어도 1개의 불량품을 고르는 사건을 A라 하면 A^C는 모두 불량품을 고르지 않는 사건이므로

$$P(A^C) = \frac{_{20-n}C_2}{_{20}C_2} = \frac{(20-n)(19-n)}{380}$$
$$\therefore P(A) = 1 - P(A^C)$$
$$= 1 - \frac{(20-n)(19-n)}{380} = \frac{7}{19}$$
$$\frac{(20-n)(19-n)}{380} = \frac{12}{19}$$

$$n^2 - 39n + 140 = 0, \quad (n-35)(n-4) = 0$$
$$\therefore n = 4 \ (\because 0 < n \le 20)$$

정답 4

줄기 3-12

풀이 3개의 주사위를 던져서 나오는 눈의 경우의 수는

$$6 \cdot 6 \cdot 6 = 216$$

방법 I $abc = (짝수)$에서

$a = (짝수)$ 또는 $b = (짝수)$ 또는 $c = (짝수)$

a가 짝수인 사건을 A, b가 짝수인 사건을 B, c가 짝수인 사건을 C라 하면

$$P(A \cup B \cup C)$$
$$= P(A) + P(B) + P(C)$$
$$\quad + P(A \cap B) + P(B \cap C) + P(C \cap A)$$
$$\quad - P(A \cap B \cap C)$$

를 구하기가 너무 힘들다. ㅠㅠ;

강추 방법 II $abc = (짝수)$에서

$a = (짝수)$ 또는 $b = (짝수)$ 또는 $c = (짝수)$

인 사건을 A라 하면 A^C는 a, b, c가 모두 홀수인 사건이므로

$$P(A^C) = \frac{3 \cdot 3 \cdot 3}{216} = \frac{1}{8}$$

$$\therefore P(A) = 1 - P(A^C) = 1 - \frac{1}{8} = \frac{7}{8}$$

정답 $\dfrac{7}{8}$

줄기 3-13

풀이 $X = \{5, 6, 7\}$에 대하여 X에서 X로의 함수의 개수는

$$3 \cdot 3 \cdot 3 = 27$$

방법 I 치역의 모든 원소의 곱이 짝수인 함수는

$$f(5)f(6)f(7) = (짝수)$$

즉, $f(5) = (짝수)$ 또는 $f(6) = (짝수)$
또는 $f(7) = (짝수)$

이므로

i) $f(5)$가 짝수인 사건을 A라 하면

$$P(A) = \frac{1 \cdot 3 \cdot 3}{27} = \frac{1}{9}$$

ii) $f(6)$이 짝수인 사건을 B라 하면

$$P(B) = \frac{3 \cdot 1 \cdot 3}{27} = \frac{1}{9}$$

iii) $f(7)$이 짝수인 사건을 C라 하면

$$P(C) = \frac{3 \cdot 3 \cdot 1}{27} = \frac{1}{9}$$

$$P(A \cup B \cup C)$$
$$= P(A) + P(B) + P(C)$$
$$\quad + P(A \cap B) + P(B \cap C) + P(C \cap A)$$
$$\quad - P(A \cap B \cap C)$$

를 구하기가 너무 힘들다. ㅠㅠ;

강추 방법 II 치역의 모든 원소의 곱이 짝수인 함수는

$$f(5)f(6)f(7) = (짝수)$$

즉, $f(5) = (짝수)$ 또는 $f(6) = (짝수)$
또는 $f(7) = (짝수)$

인 사건을 A라 하면 A^C는
$f(5), f(6), f(7)$가 모두 홀수인 사건이므로

$$P(A^C) = \frac{2 \cdot 2 \cdot 2}{27} = \frac{8}{27}$$

$$\therefore P(A) = 1 - P(A^C) = 1 - \frac{8}{27} = \frac{19}{27}$$

정답 $\dfrac{19}{27}$

줄기 3-14

풀이 14개의 공 중에서 2개의 공을 꺼내는 경우의 수는

$$_{14}C_2 = 91$$

강추 방법 I i) 흰 공 1개, 붉은 공 1개를 꺼내는 사건을 A라 하면

$$P(A) = \frac{_2C_1 \cdot _3C_1}{_{14}C_2} = \frac{6}{91}$$

ii) 흰 공 1개, 검은 공 1개를 꺼내는 사건을 B라 하면

$$P(B) = \frac{_2C_1 \cdot _4C_1}{_{14}C_2} = \frac{8}{91}$$

iii) 흰 공 1개, 파란 공 1개를 꺼내는 사건을 C라 하면

$$P(C) = \frac{_2C_1 \cdot _5C_1}{_{14}C_2} = \frac{10}{91}$$

iv) 붉은 공 1개, 검은 공 1개를 꺼내는 사건을 D라 하면

$$P(D) = \frac{{}_3C_1 \cdot {}_4C_1}{{}_{14}C_2} = \frac{12}{91}$$

v) 붉은 공 1개, 파란 공 1개를 꺼내는 사건을 E라 하면

$$P(E) = \frac{{}_3C_1 \cdot {}_5C_1}{{}_{14}C_2} = \frac{15}{91}$$

vi) 검은 공 1개, 파란 공 1개를 꺼내는 사건을 F라 하면

$$P(F) = \frac{{}_4C_1 \cdot {}_5C_1}{{}_{14}C_2} = \frac{20}{91}$$

이때 A, B, C, D, E, F는 서로 배반사건이므로 구하는 확률은
$P(A \cup B \cup C \cup D \cup E \cup F)$
$= P(A) + P(B) + P(C) + P(D) + P(E) + P(F)$
$= \dfrac{6}{91} + \dfrac{8}{91} + \dfrac{10}{91} + \dfrac{12}{91} + \dfrac{15}{91} + \dfrac{20}{91} = \dfrac{71}{91}$

방법Ⅱ 2개 공이 서로 다른 색인 사건을 A라 하면 A^C는 2개 공이 서로 같은 색인 사건이므로

$$P(A^C) = \frac{{}_2C_2 + {}_3C_2 + {}_4C_2 + {}_5C_2}{{}_{14}C_2}$$
$$= \frac{1+3+6+10}{91} = \frac{20}{91}$$

$$\therefore P(A) = 1 - P(A^C) = 1 - \frac{20}{91} = \frac{71}{91}$$

정답 $\dfrac{71}{91}$

줄기 3-15

핵심 두 개의 주사위를 동시에 던질 때
(두 눈의 수의 합이 4 이상)^C
$=$ (두 눈의 수의 합이 3 이하)
$=$ (두 눈의 수의 합이 2, 3)

풀이 2개의 주사위를 던져서 나오는 두 눈의 경우의 수는 $6 \cdot 6 = 36$
두 눈의 수의 합이 4 이상인 사건을 A라 하면 A^C는 두 눈의 수의 합이 3 이하인 사건이므로
$A^C = \{(1, 1), (1, 2), (2, 1)\}$

$$\therefore P(A^C) = \frac{3}{36}$$

$$\therefore P(A) = 1 - P(A^C) = 1 - \frac{3}{36} = \frac{11}{12}$$

정답 $\dfrac{11}{12}$

줄기 3-16

핵심 (다른 색의 공이 2개 이상)^C
$=$ (다른 색의 공이 1개 이하)
$=$ (모두 같은 색의 공)

풀이 12개의 공 중에서 3개의 공을 꺼내는 경우의 수는
$${}_{12}C_3 = 220$$
다른 색의 공이 2개 이상인 사건을 A라 하면 A^C는 3개의 공이 모두 같은 색인 사건이므로
i) 3개 모두 흰 공일 확률은

$$\frac{{}_3C_3}{{}_{12}C_3} = \frac{1}{220}$$

ii) 3개 모두 붉은 공일 확률은

$$\frac{{}_4C_3}{{}_{12}C_3} = \frac{4}{220}$$

iii) 3개 모두 검은 공일 확률은

$$\frac{{}_5C_3}{{}_{12}C_3} = \frac{10}{220}$$

이상에서
$$P(A^C) = \frac{1}{220} + \frac{4}{220} + \frac{10}{220} = \frac{3}{44}$$

$$\therefore P(A) = 1 - P(A^C) = 1 - \frac{3}{44} = \frac{41}{44}$$

정답 $\dfrac{41}{44}$

줄기 3-17

풀이 6개의 숫자로 만들 수 있는 세 자리 자연수의 개수는
$$6 \cdot 5 \cdot 4 = 120$$
세 자리 자연수가 540 이하인 사건을 A라 하면 A^C는 541 이상인 사건이고 541 이상인 자연수는 $54\bigcirc$, $56\bigcirc$, $6\bigcirc\bigcirc$ 꼴이므로

i) 54○ 꼴일 확률은 $\dfrac{4}{120}$

ii) 56○ 꼴일 확률은 $\dfrac{4}{120}$

iii) 6○○ 꼴일 확률은 $\dfrac{{}_5\mathrm{P}_2}{120} = \dfrac{20}{120}$

이상에서

$$P(A^C) = \frac{4}{120} + \frac{4}{120} + \frac{20}{120} = \frac{7}{30}$$

$$\therefore P(A) = 1 - P(A^C) = 1 - \frac{7}{30} = \frac{23}{30}$$

정답 $\dfrac{23}{30}$

풀이 잎 문제

● 잎 3-1

핵심 서로 다른 n개에서 r개를 택하는 경우의 수
$\Rightarrow {}_n\mathrm{C}_r$

풀이 1) 6개의 공 중에서 3개의 공을 꺼내는 경우의 수는
$${}_6\mathrm{C}_3 = 20$$
흰 공 1개, 노란 공 1개, 파란 공 1개를 꺼내는 경우의 수는
$${}_2\mathrm{C}_1 \cdot {}_2\mathrm{C}_1 \cdot {}_2\mathrm{C}_1 = 8$$
따라서 구하는 확률은
$$\frac{8}{20} = \frac{2}{5}$$

주의 공의 색과 모양과 크기가 같더라도 원자와 전자의 배열까지 100 % 같을 수 없으므로 색과 모양과 크기가 같은 공이라도 다른 공으로 본다.

2) 주머니에서 꺼낸 5개의 공의 색이 3종류인 경우는 색깔별 공의 개수가 3, 1, 1이거나 2, 2, 1이다.
  i) 색깔별 공의 개수가 3, 1, 1인 경우
  <u>흰 공을 3개 꺼내고</u> 검은색, 파란색, 빨간색, 노란색 중에서 2종류의 색을 정하여 각각 1개씩 공을 꺼내는 경우의 수는
  $$1 \cdot {}_4\mathrm{C}_2 = 6$$

ii) 색깔별 공의 개수가 2, 2, 1인 경우
  흰색, 검은색, 파란색 중에서 2종류의 색을 정하여 각각 2개씩 공을 꺼내는 경우의 수는 ${}_3\mathrm{C}_2$이고, 각각의 경우 꺼내지 않은 3종류의 색 중에서 1종류의 색을 정하여 1개의 공을 꺼내는 경우의 수는 ${}_3\mathrm{C}_1$이므로 곱의 법칙에 의하여
  $${}_3\mathrm{C}_2 \cdot {}_3\mathrm{C}_1 = 9$$
따라서 i), ii)에 의하여 구하는 경우의 수는
$$6 + 9 = 15$$

주의 같은 색의 공은 구별하지 않는다고 했으므로 같은 색의 공을 원자와 전자의 배열까지 같은, 즉 100 % 같은 공으로 본다.

3) 구하는 확률은
  {(1, 2, 3이 적힌 6개의 공 중 3개를 뽑는 경우의 수)
   − (1, 2가 적힌 4개의 공 중 3개를 뽑는 경우의 수)}
  ÷ (1, 2, 3, 4가 적힌 8개의 공 중 3개를 뽑는 경우의 수)
따라서
$$\frac{{}_6\mathrm{C}_3 - {}_4\mathrm{C}_3}{{}_8\mathrm{C}_3} = \frac{2}{7}$$

주의 같은 숫자가 적힌 공이라도 원자와 전자의 배열까지 100 % 같을 수 없으므로 같은 숫자가 적힌 공이라도 다른 공으로 본다.

정답 1) ①   2) 15   3) $\dfrac{2}{7}$

● 잎 3-2

핵심 같은 숫자나 같은 문자를 제외하면 현실에서 100 % 같은 것, 즉 원자와 전자의 배열까지 같은 것은 존재할 수 없다. 따라서 같은 숫자나 문자를 제외한 '같다는 언급이 없는 모든 개체'는 다른 것으로 본다.

풀이 1) 12장의 카드 중에서 3장의 카드를 선택하는 경우의 수는
$${}_{12}\mathrm{C}_3 = 220$$
같은 숫자가 2장 이상인 사건을 A라 하면 A^C는 3장 모두 숫자가 다른 사건이다.

즉, 1, 2, 3, 4의 네 개의 숫자 중 3개를 선택하는 경우의 수는 $_4C_3$이다. 이때 선택된 숫자가 적혀 있는 카드가 각각 3장씩 있으므로 이 중에서 선택된 숫자가 적혀 있는 카드를 각각 1장씩 선택하는 경우의 수는 $_3C_1 \cdot _3C_1 \cdot _3C_1$이다.

따라서 3장 모두 숫자가 다를 경우의 수는

$$n(A^C) = {_4C_3} \cdot {_3C_1} \cdot {_3C_1} \cdot {_3C_1} = 108$$

$$\therefore P(A^C) = \frac{108}{220}$$

$$\therefore P(A) = 1 - P(A^C) = 1 - \frac{108}{220} = \frac{28}{55}$$

> 같은 숫자가 적힌 카드라도 원자와 전자의 배열까지 100 % 같을 수 없으므로 <u>같은 숫자가 적힌 카드라도 다른 카드로 본다.</u>

> (같은 숫자가 적혀있는 카드가 2개 이상)^C
> = (같은 숫자가 적혀있는 카드가 1개 이하)
> = (모두 다른 숫자가 적혀있는 카드)

2) B, A, N, A, N, A를 일렬로 나열하는 경우의 수는

$$\frac{6!}{3!2!} = 60$$

두 개의 N을 하나로 묶어 일렬로 나열하는 경우의 수는

$$\frac{5!}{3!} = 20$$

따라서 구하는 확률은

$$\frac{20}{60} = \frac{1}{3}$$

3) 서로 다른 n개에서 r개를 택하여 일렬로 배열하는 경우의 수

$$\Rightarrow {_nP_r}$$

방법 I $\dfrac{_3P_2 \cdot 4!}{6!} = \dfrac{1}{5}$ (○)

오류 방법 II $\dfrac{\dfrac{4!}{2!}}{\dfrac{6!}{3!2!}} = \dfrac{1}{5}$ (×)

> 같은 문자가 적힌 카드라도 원자와 전자의 배열까지 100 % 같을 수 없으므로 같은 문자가 적힌 카드라도 다른 카드로 본다.

정답 1) ⑤   2) ⑤   3) ②

● 잎 3-3

풀이 9명의 학생 중에서 2명을 뽑는 경우의 수는

$$_9C_2 = 36$$

i) 뽑힌 2명이 A형인 사건을 A라 하면

$$P(A) = \frac{_2C_2}{_9C_2} = \frac{1}{36}$$

ii) 뽑힌 2명이 B형인 사건을 B라 하면

$$P(B) = \frac{_3C_2}{_9C_2} = \frac{3}{36}$$

iii) 뽑힌 2명이 O형인 사건을 C라 하면

$$P(C) = \frac{_4C_2}{_9C_2} = \frac{6}{36}$$

이때, A, B, C는 서로 배반사건이므로

$$P(A \cup B \cup C) = P(A) + P(B) + P(C)$$
$$= \frac{1}{36} + \frac{3}{36} + \frac{6}{36} = \frac{5}{18}$$

정답 ④

● 잎 3-4

풀이 $(n+3)$개의 바둑돌 중에서 2개를 꺼내는 경우의 수는

$$_{n+3}C_2$$

2개 모두 검은 바둑돌인 경우의 수는

$$_3C_2$$

따라서 주어진 확률은

$$\frac{_3C_2}{_{n+3}C_2} = \frac{1}{12}$$

$$\frac{3}{\dfrac{(n+3)(n+2)}{2!}} = \frac{1}{12}, \quad n^2 + 5n - 66 = 0$$

$$(n+11)(n-6) = 0$$

$$\therefore n = 6 \ (\because n은 자연수)$$

정답 ③

• 잎 3-5

풀이 1부터 9까지의 자연수 중 서로 다른 4개를 뽑아 네 자리의 자연수를 만드는 경우의 수는
$_9\mathrm{P}_4$

백의 자리의 수와 십의 자리의 수의 합이 짝수인 경우는

i) 백의 자리의 수와 십의 자리의 수가 모두 짝수인 경우

백의 자리의 수와 십의 자리의 수를 짝수로 선택하고 남은 7개의 수 중 2개를 선택하여 천의 자리와 일의 자리에 배치하면 되므로
$_4\mathrm{P}_2 \cdot _7\mathrm{P}_2$

ii) 백의 자리의 수와 십의 자리의 수가 모두 홀수인 경우

백의 자리의 수와 십의 자리의 수를 홀수로 선택하고 남은 7개의 수 중 2개를 선택하여 천의 자리와 일의 자리에 배치하면 되므로
$_5\mathrm{P}_2 \cdot _7\mathrm{P}_2$

따라서 구하는 확률은
$$\frac{_4\mathrm{P}_2 \cdot _7\mathrm{P}_2 + _5\mathrm{P}_2 \cdot _7\mathrm{P}_2}{_9\mathrm{P}_4} = \frac{4}{9}$$

정답 ①

• 잎 3-6

풀이 6명을 2명, 2명, 2명의 3개의 조로 편성하는 경우의 수는
$$_6\mathrm{C}_2 \cdot _4\mathrm{C}_2 \cdot _2\mathrm{C}_2 \cdot \frac{1}{3!} = 15$$

이때 A와 B는 같은 조에 편성하고, C와 D를 다른 조에 편성하려면 E, F를 C, D와 짝을 이루도록 해야 하므로 그 경우의 수는
$2! = 2$

따라서 구하는 확률은
$$\frac{2}{15}$$

정답 ③

• 잎 3-7

풀이 8명을 2명씩 4개의 조로 만드는 경우의 수는
$$_8\mathrm{C}_2 \cdot _6\mathrm{C}_2 \cdot _4\mathrm{C}_2 \cdot _2\mathrm{C}_2 \cdot \frac{1}{4!} = 105$$

이때, 남자 1명과 여자 1명으로 이루어진 조가 2개인 경우의 수는

{4명의 남자에서 2명을 택하고 4명의 여자에서 2명을 택하여 남녀 한 명씩 짝을 지어 2개의 조를 만든 후}, <u>나머지 남자 2명으로 이루어진 조와 나머지 여자 2명으로 이루어진 조를 만들면 되므로</u>
$$\{_4\mathrm{C}_2 \cdot _4\mathrm{C}_2 \cdot 2 \cdot 1\} \cdot 1 = 72$$

따라서 구하는 확률은
$$\frac{72}{105} = \frac{24}{35}$$

정답 ④

• 잎 3-8

풀이 1) 10개의 점에서 3개를 택하여 삼각형을 만드는 경우의 수는
$_{10}\mathrm{C}_3 = 120$

이때, 직각삼각형은 지름을 택하고 나머지 한 점을 택하여 만들 수 있으므로 그 경우의 수는

$_5\mathrm{C}_1 \cdot _8\mathrm{C}_1 = 40$

따라서 구하는 확률은
$$\frac{40}{120} = \frac{1}{3}$$

2) 반지름의 길이가 2인 반원의 넓이는 2π 삼각형 APB의 넓이가 2 이하인 경우는 변 AB를 밑변으로 할 때, 높이가 1 이하인 경우이다.

오른쪽 그림에서 점 P가 색칠한 부분에 있는 경우이므로 구하는 확률은

$$\frac{(\text{색칠한 부분의 넓이})}{(\text{반 원의 넓이})}$$

$$= \frac{2\left(\pi \cdot 2^2 \cdot \frac{30°}{360°}\right) + \frac{1}{2} \cdot 2 \cdot 2 \cdot \sin 120°}{2\pi}$$

$$= \frac{\frac{2}{3}\pi + \sqrt{3}}{2\pi} = \frac{1}{3} + \frac{\sqrt{3}}{2\pi}$$

정답 1) $\dfrac{1}{3}$ 2) $\dfrac{1}{3} + \dfrac{\sqrt{3}}{2\pi}$

잎 3-9

풀이 4명을 4개의 좌석에 배정하는 경우의 수는
$4! = 24$
{남자 2명을 A구역 2개의 좌석에 배정한 후}
여자 2명을 B, C구역 각각 1개의 좌석에 배정하는 경우의 수는
$\{2!\} \cdot \underline{2!} = 4$
$\therefore p = \dfrac{4}{24} = \dfrac{1}{6}$
$\therefore 120p = 20$

정답 20

잎 3-10

풀이 8개의 제비 중에서 4개의 제비를 뽑는 경우의 수는
${}_8C_4$

i) ○표가 3개, ×표가 1개인 사건을 A라 하면
$$P(A) = \frac{{}_4C_3 \cdot {}_4C_1}{{}_8C_4} = \frac{16}{70}$$

ii) ○표가 4개, ×표가 0개인 사건을 B라 하면
$$P(B) = \frac{{}_4C_4}{{}_8C_4} = \frac{1}{70}$$

iii) ○표가 0개, ×표가 4개인 사건을 C라 하면
$$P(C) = \frac{{}_4C_4}{{}_8C_4} = \frac{1}{70}$$

이때 A, B, C는 서로 배반사건이므로 구하는 확률은
$$P(A \cup B \cup C) = P(A) + P(B) + P(C)$$
$$= \frac{16}{70} + \frac{1}{70} + \frac{1}{70}$$
$$= \frac{9}{35}$$
이므로
$p = 35, \ q = 9$
$\therefore p + q = 35 + 9 = 44$

정답 44

잎 3-11

풀이 두 눈의 수의 곱이 짝수인 경우의 수는
{전체의 경우의 수}에서 두 눈의 수의 곱이 홀수인 경우의 수를 빼면 되므로
$\{6 \cdot 6\} - \underline{3 \cdot 3} = 27$
두 눈의 수의 곱이 짝수인 경우 중 두 눈의 수의 합이 6 또는 8인 경우는 다음과 같이 5가지이다.
$(2, 4), (2, 6), (4, 2), (4, 4), (6, 2)$
따라서 구하는 확률은 $\dfrac{5}{27}$ 이다.

정답 ②

잎 3-12

풀이 m, n은 주사위의 눈의 수이므로 (m, n)의 순서쌍의 개수는
$6 \cdot 6 = 36$
$i^m \cdot (-i)^n = 1$을 만족시키는 (m, n)은

i) $i^m = 1, \ (-i)^n = 1$일 때
$(4, 4)$

ii) $i^m = -1, \ (-i)^n = -1$일 때
$(2, 2), (2, 6), (6, 2), (6, 6)$

iii) $i^m = i, \ (-i)^n = -i$일 때
$(1, 1), (1, 5), (5, 1), (5, 5)$

iv) $i^m = -i, \ (-i)^n = i$일 때
$(3, 3)$

i) ~ iv)에서 조건을 만족하는 (m, n)의 개수는
$1 + 4 + 4 + 1 = 10$
따라서 구하는 확률은
$\dfrac{10}{36} = \dfrac{5}{18}$
$\therefore p + q = 18 + 5 = 23$

정답 23

잎 3-13

풀이 세 명이 주사위를 던질 때 A가 던진 주사위의 눈의 수가 3인 경우의 수는

$1 \cdot 6 \cdot 6 = 36$

A가 던진 주사위의 눈의 수가 3일 때, C가 던진 주사위의 눈의 수가 4, 5, 6이어야 하고 이때 B는 C보다 작은 수가 나와야 하므로

i) C가 던진 주사위의 눈의 수가 4일 때,
B가 던진 주사위의 눈의 수는 1, 2, 3

ii) C가 던진 주사위의 눈의 수가 5일 때,
B가 던진 주사위의 눈의 수는 1, 2, 3, 4

iii) C가 던진 주사위의 눈의 수가 6일 때,
B가 던진 주사위의 눈의 수는 1, 2, 3, 4, 5

i)~iii)에서 조건을 만족하는 경우의 수는

$3 + 4 + 5 = 12$

따라서 구하는 확률은

$\dfrac{12}{36} = \dfrac{1}{3}$

정답 ③

잎 3-14

풀이 9개의 공 중에서 3개를 뽑는 경우의 수는

$_9C_3 = 84$

이때, 세 수의 합이 짝수인 경우는

(짝수, 짝수, 짝수), (짝수, 홀수, 홀수)이므로

i) (짝수, 짝수, 짝수)를 뽑는 사건을 A라 하면 이 사건은 짝수 4개 중에서 3개를 꺼내는 것이므로

$P(A) = \dfrac{_4C_3}{_9C_3} = \dfrac{4}{84}$

ii) (짝수, 홀수, 홀수)를 뽑는 사건을 B라 하면 이 사건은 짝수 4개 중에서 1개, 홀수 5개 중에서 2개를 꺼내는 것이므로

$P(B) = \dfrac{_4C_1 \cdot _5C_3}{_9C_3} = \dfrac{40}{84}$

이때 A, B는 서로 배반사건이므로 구하는 확률은

$$P(A \cup B) = P(A) + P(B)$$
$$= \dfrac{4}{84} + \dfrac{40}{84} = \dfrac{11}{21}$$

정답 ⑤

잎 3-15

풀이 4장의 카드 중에서 갑이 2장을 뽑고, 을이 1장을 뽑는 경우의 수는

$_4C_2 \cdot _2C_1 = 12$

이때, 갑이 뽑은 두 장의 카드에 적힌 수의 곱이 을이 뽑은 카드에 적힌 수보다 작은 경우는 다음과 같다.

i) 갑이 1, 2를 뽑고 을이 3 또는 4를 뽑는 경우

ii) 갑이 1, 3를 뽑고 을이 4를 뽑는 경우

주어진 조건을 만족하는 경우의 수는

$2 + 1 = 3$

따라서 구하는 확률은

$\dfrac{3}{12} = \dfrac{1}{4}$

정답 ③

잎 3-16

풀이 10장의 카드 중에서 2장을 뽑는 경우의 수는

$_{10}C_2 = 45$

이때, 2장에 적힌 수가 같은 경우는 다음과 같다.

i) 2가 적힌 카드가 2장 뽑히는 경우

$_2C_2 = 1$ (가지)

ii) 3이 적힌 카드가 2장 뽑히는 경우

$_3C_2 = 3$ (가지)

iii) 4가 적힌 카드가 2장 뽑히는 경우

$_4C_2 = 6$ (가지)

i), ii), iii)는 동시에 일어나지 않으므로 주어진 조건을 만족하는 경우의 수는

$1 + 3 + 6 = 10$

따라서 구하는 확률은

$\dfrac{10}{45} = \dfrac{2}{9}$

정답 ②

• 잎 3-17

풀이 첫째 열에서 홀수는 1, 7이고, 둘째 열에서 홀수는 5이고, 셋째 열에서 홀수는 3, 9이므로 선택할 수 있는 세 자리 숫자의 개수는

$_2C_1 \cdot _1C_1 \cdot _2C_1 = 4$ (가지)

이때, 친구 전화번호의 뒤의 세 자리 숫자의 개수는 1가지이므로 구하는 확률은

$\dfrac{1}{4}$

정답 ③

• 잎 3-18

풀이 키가 서로 다른 네 명을 일렬로 세우는 경우의 수는

$4! = 24$

이때, 네 명을 키가 큰 순서대로 4, 3, 2, 1이라 하면 앞에서 세 번째 사람이 자신과 이웃한 두 사람보다 키가 작으려면 세 번째 사람이 1 또는 2가 되어야 하므로

i) 세 번째 사람이 1인 경우

　나머지 세 사람 2, 3, 4를 일렬로 나열하면 되므로

　$3 \cdot 2 \cdot 1 = 6$ (가지)

ii) 세 번째 사람이 2인 경우

　두 번째와 네 번째에 3과 4가 서야 하고 둘은 순서로 바꾸어 설 수 있으므로

　1, 3, 2, 4 또는 1, 4, 2, 3인 2가지의 경우가 있다.

i), ii)는 동시에 일어나지 않으므로 주어진 조건을 만족하는 경우의 수는

$6 + 2 = 8$

따라서 구하는 확률은

$\dfrac{8}{24} = \dfrac{1}{3}$

정답 ①

• 잎 3-19

핵심 $(2주 이상 연속하여 야간 근무)^C$
$= (1주 이하 연속하여 야간 근무)$

풀이 10주 동안 근무하는 경우의 수는

$10!$

이때, 2주 이상 연속하여 야간 근무를 하지 않으려면 주간 근무 7주 사이사이의 8주 중에서 3주를 선택하여 야간 근무를 배정하면 되므로 경우의 수는

○주○주○주○주○주○주○주○

$7! \times _8P_3$

따라서 구하는 확률은

$\dfrac{7! \times _8P_3}{10!} = \dfrac{8 \cdot 7 \cdot 6}{10 \cdot 9 \cdot 8} = \dfrac{7}{15}$

정답 ②

• 잎 3-20

풀이 5명의 학생이 5장의 답안지를 뽑는 경우의 수는

$5! = 120$

이때, 상훈이만 자신의 답안지를 뽑고 나머지 4명은 다른 학생의 답안지를 뽑는 경우의 수는

$9 \, (\because 교란수열 \, p.46)$

따라서 구하는 확률은

$\dfrac{9}{120} = \dfrac{3}{40} = \dfrac{q}{p}$

$\therefore p + q = 40 + 3 = 43$

정답 43

• 잎 3-21

풀이 경제를 선택한 사건을 A, 세계사를 선택한 사건을 B라 하면

$P(A) = \dfrac{22}{35}, \ P(B) = \dfrac{17}{35}$

경제와 세계사를 둘 다 선택하지 않을 확률은

$P(A^C \cap B^C) = P((A \cup B)^C)$

$= 1 - P(A \cup B) = \dfrac{4}{35}$

$\therefore P(A \cup B) = 1 - \dfrac{4}{35} = \dfrac{31}{35}$

$$\therefore \mathrm{P}(A \cap B) = \mathrm{P}(A) + \mathrm{P}(B) - \mathrm{P}(A \cup B)$$
$$= \frac{22}{35} + \frac{17}{35} - \frac{31}{35} = \frac{8}{35}$$

정답 ③

● 잎 3-22

풀이 10개의 제비 중에서 3개를 뽑는 경우의 수는
$_{10}\mathrm{C}_3$

적어도 1개가 당첨 제비일 사건을 A라 하면
A^C는 당첨 제비가 없는 사건이므로

$$\mathrm{P}(A^C) = \frac{_8\mathrm{C}_3}{_{10}\mathrm{C}_3} = \frac{7}{15}$$

$$\therefore \mathrm{P}(A) = 1 - \mathrm{P}(A^C) = 1 - \frac{7}{15} = \frac{8}{15}$$

정답 ④

● 잎 3-23

풀이 $\mathrm{P}(A) = \mathrm{P}(B)$, $\mathrm{P}(A)\,\mathrm{P}(B) = \frac{1}{9}$에서

$$\{\mathrm{P}(A)\}^2 = \frac{1}{9}$$

$$\therefore \mathrm{P}(A) = \frac{1}{3} \ (\because 0 \leq \mathrm{P}(A) \leq 1)$$

$$\therefore \mathrm{P}(A) = \mathrm{P}(B) = \frac{1}{3}$$

이때 A, B는 서로 배반사건이므로 구하는
확률은
$$\mathrm{P}(A \cup B) = \mathrm{P}(A) + \mathrm{P}(B)$$
$$= \frac{1}{3} + \frac{1}{3}$$
$$= \frac{2}{3}$$

정답 ④

CHAPTER

4 조건부확률

본문 p.99

풀이 **줄기 문제**

[줄기 1-1]

풀이 $\mathrm{P}(B \,|\, A^C) = \dfrac{\mathrm{P}(A^C \cap B)}{\mathrm{P}(A^C)}$에서

$$\mathrm{P}(A^C) = 1 - \mathrm{P}(A) = 1 - \frac{1}{4} = \frac{3}{4}$$

$$\mathrm{P}(A^C \cap B) = \mathrm{P}((A \cup B^C)^C)$$
$$= 1 - \mathrm{P}(A \cup B^C)$$
$$= 1 - \frac{2}{3} = \frac{1}{3}$$

$$\therefore \mathrm{P}(B \,|\, A^C) = \frac{\mathrm{P}(A^C \cap B)}{\mathrm{P}(A^C)} = \frac{\dfrac{1}{3}}{\dfrac{3}{4}} = \frac{4}{9}$$

정답 $\dfrac{4}{9}$

[줄기 1-2]

풀이 $\mathrm{P}(A \,|\, B) = \dfrac{\mathrm{P}(A \cap B)}{\mathrm{P}(B)} = \dfrac{1}{3}$

$$\therefore \mathrm{P}(B) = 3\mathrm{P}(A \cap B)$$

$$\mathrm{P}(B \,|\, A) = \frac{\mathrm{P}(A \cap B)}{\mathrm{P}(A)} = \frac{1}{4}$$

$$\therefore \mathrm{P}(A) = 4\mathrm{P}(A \cap B)$$

$\mathrm{P}(A \cup B) = \mathrm{P}(A) + \mathrm{P}(B) - \mathrm{P}(A \cap B)$이므로

$$\frac{6}{7} = 4\mathrm{P}(A \cap B) + 3\mathrm{P}(A \cap B) - \mathrm{P}(A \cap B)$$

$$\frac{6}{7} = 6\mathrm{P}(A \cap B)$$

$$\therefore \mathrm{P}(A \cap B) = \frac{1}{7}$$

정답 $\dfrac{1}{7}$

[줄기 1-3]

풀이 $\mathrm{P}(A^C) = 1 - \mathrm{P}(A) = 1 - 0.2 = 0.8$

$$\mathrm{P}(B \,|\, A^C) = \frac{\mathrm{P}(A^C \cap B)}{\mathrm{P}(A^C)}$$

$$= \frac{\mathrm{P}(A^C \cap B)}{0.8} = 0.5$$

$$\therefore P(A^C \cap B) = 0.4$$

$$P(A^C|B) = \frac{P(A^C \cap B)}{P(B)} = \frac{0.4}{P(B)} = 0.8$$

$$\therefore P(B) = \frac{0.4}{0.8} = \frac{1}{2}$$

$$\therefore P(B^C) = 1 - P(B) = 1 - \frac{1}{2} = \frac{1}{2}$$

정답 $\dfrac{1}{2}$

[줄기 1-4]

풀이

이 고등학교 학생 중에서 임의로 뽑은 한 명
⇨ 시행
A형이었을 때 ⇨ 사건
↳ 사건이므로 이것을 표본공간으로 하는
조건부확률을 구하는 문제이다.

혈액형이 A형인 사건을 A, 남학생인 사건을 B라 하면

$$P(A) = \frac{30}{100},\ P(A \cap B) = \frac{20}{100}$$

따라서 구하는 확률은 사건 A가 일어났을 때의 사건 B의 조건부확률이므로

$$P(B|A) = \frac{P(A \cap B)}{P(A)} = \frac{\frac{20}{100}}{\frac{30}{100}} = \frac{2}{3}$$

정답 $\dfrac{2}{3}$

[줄기 1-5]

풀이

이 찐빵 중에서 임의로 고른 한 개 ⇨ 시행
흰 찐빵일 때 ⇨ 사건
↳ 사건이므로 이것을 표본공간으로 하는
조건부확률을 구하는 문제이다.

방법 I

흰 찐빵인 사건을 A, 속이 콩인 사건을 B라 하면

$$P(A) = \frac{1}{3},\ P(B) = \frac{3}{4},\ P(A^C \cap B^C) = \frac{1}{6}$$

$$P(A^C \cap B^C) = 1 - P(A \cup B) = \frac{1}{6}$$

$$\therefore P(A \cup B) = \frac{5}{6}$$

$$P(A \cap B) = P(A) + P(B) - P(A \cup B)$$
$$= \frac{1}{3} + \frac{3}{4} - \frac{5}{6} = \frac{1}{4}$$

따라서 구하는 확률은 사건 A가 일어났을 때의 사건 B의 조건부확률이므로

$$P(B|A) = \frac{P(A \cap B)}{P(A)} = \frac{\frac{1}{4}}{\frac{1}{3}} = \frac{3}{4}$$

방법 II

	흰 찐빵	녹색 찐빵	합계
콩	$\dfrac{1}{4}$	$\dfrac{1}{2}$	$\dfrac{3}{4}$
팥	$\dfrac{1}{12}$	$\dfrac{1}{6}$	$\dfrac{1}{4}$
합계	$\dfrac{1}{3}$	$\dfrac{2}{3}$	1

흰 찐빵인 사건을 A, 속이 콩인 사건을 B라 하면

$$P(A) = \frac{1}{3},\ P(A \cap B) = \frac{1}{4}$$

따라서 구하는 확률은

$$P(B|A) = \frac{P(A \cap B)}{P(A)} = \frac{\frac{1}{4}}{\frac{1}{3}} = \frac{3}{4}$$

정답 $\dfrac{3}{4}$

[줄기 1-6]

풀이

~ 의 제품이 들어있는 상자에서 갑, 을의 순서로 임의로 하나씩 뽑을 때 ⇨ 시행
↳ 시행이지 사건이 아니므로 조건부확률을
구하는 문제가 아니다.

갑이 불량품을 뽑는 사건을 A, 을이 양품을 뽑는 사건을 B라 하면

갑이 불량품을 뽑는 확률은

$$P(A) = \frac{4}{15}$$

갑이 불량품을 뽑았을 때, 을이 양품을 뽑을 확률은

$$P(B|A) = \frac{11}{14}$$

따라서 구하는 확률은

$$P(A \cap B) = P(A)\,P(B|A) = \frac{4}{15} \times \frac{11}{14} = \frac{22}{105}$$

정답 $\dfrac{22}{105}$

[줄기 1-7]

풀이 한 주머니를 임의로 택하여 공 한 개를 꺼낼 때 ⇨ 시행
↳ 시행이지 사건이 아니므로 조건부확률을 구하는 문제가 아니다.

주머니 B를 택하는 사건을 B, 검은 공을 꺼내는 사건을 E라 하면

주머니 B를 택할 확률은

$$P(B) = \frac{1}{2}$$

주머니 B를 택하였을 때, 검은 공을 꺼낼 확률은

$$P(E\,|\,B) = \frac{2}{6}$$

따라서 구하는 확률은

$$P(B \cap E) = P(B)\,P(E\,|\,B) = \frac{1}{2} \times \frac{2}{6} = \frac{1}{6}$$

정답 $\dfrac{1}{6}$

[줄기 1-8]

핵심 두 사건이 동시에 일어날 확률
⇨ 확률의 곱셈정리를 이용한다.

풀이 내일 비가 내릴 확률이 0.3일 때 ⇨ 확률
↳ 확률이지 사건이 아니므로 조건부확률을 구하는 문제가 아니다.

내일 비가 내리는 사건을 A, 시합에서 이기는 사건을 B라 하면

i) 비가 내리고 시합에서 이길 확률
  $P(A) = 0.3$, $P(B\,|\,A) = 0.6$이므로
$$P(A \cap B) = P(A)\,P(B\,|\,A)$$
$$= 0.3 \times 0.6 = 0.18$$

ii) 비가 내리지 않고 시합에서 이길 확률
  $P(A^C) = 0.7$, $P(B\,|\,A^C) = 0.4$이므로
$$P(A^C \cap B) = P(A^C)\,P(B\,|\,A^C)$$
$$= 0.7 \times 0.4 = 0.28$$

사건 $A \cap B$와 $A^C \cap B$는 서로 배반사건이므로 이 팀이 내일 시합에서 이길 확률은
$$P(B) = P(A \cap B) + P(A^C \cap B)$$
$$= 0.18 + 0.28 = 0.46$$

정답 0.46

[줄기 1-9]

풀이 A, B 두 주머니 중에서 한 주머니를 임의로 택하여 2개의 공을 동시에 꺼낼 때 ⇨ 시행
↳ 시행이지 사건이 아니므로 조건부확률을 구하는 문제가 아니다.

주머니 A를 택하는 사건을 A, 주머니 B를 택하는 사건을 B, 2개 모두 흰 공을 꺼내는 사건을 E라 하면

i) 주머니는 A이고 2개 모두 흰 공일 확률은

$$P(A) = \frac{1}{2}, \ P(E\,|\,A) = \frac{{}_5C_2}{{}_8C_2} = \frac{5}{14}\ \text{이므로}$$

$$P(A \cap E) = P(A)\,P(E\,|\,A) = \frac{1}{2} \times \frac{5}{14} = \frac{5}{28}$$

ii) 주머니는 B이고 2개 모두 흰 공일 확률은

$$P(B) = \frac{1}{2}, \ P(E\,|\,B) = \frac{{}_4C_2}{{}_6C_2} = \frac{2}{5}\ \text{이므로}$$

$$P(B \cap E) = P(B)\,P(E\,|\,B) = \frac{1}{2} \times \frac{2}{5} = \frac{1}{5}$$

사건 $A \cap E$와 $B \cap E$는 서로 배반사건이므로 2개 모두 흰 공일 확률은

$$P(E) = P(A \cap E) + P(B \cap E) = \frac{5}{28} + \frac{1}{5} = \frac{53}{140}$$

정답 $\dfrac{53}{140}$

[줄기 1-10]

풀이 생산된 제품 중에 한 개를 뽑았더니 ⇨ 시행
불량품이었을 때 ⇨ 사건
↳ 사건이므로 이것을 표본공간으로 하는 조건부확률을 구하는 문제이다.

A공장 제품인 사건을 A, B공장 제품인 사건을 B, 불량품인 사건을 E라 하면

i) A공장 제품이고 불량품일 확률은

$$P(A \cap E) = P(A)\,P(E\,|\,A) = \frac{2}{5} \times \frac{3}{100} = \frac{3}{250}$$

ii) B공장 제품이고 불량품일 확률은

$$P(B \cap E) = P(B)\,P(E\,|\,B) = \frac{3}{5} \times \frac{5}{100} = \frac{3}{100}$$

사건 $A \cap E$와 $B \cap E$는 서로 배반사건이므로

$$P(E) = P(A \cap E) + P(B \cap E) = \frac{3}{250} + \frac{3}{100} = \frac{21}{500}$$

따라서 구하는 확률은

$$P(B|E) = \frac{P(B \cap E)}{P(E)} = \frac{\frac{3}{100}}{\frac{21}{500}} = \frac{5}{7}$$

정답 $\dfrac{5}{7}$

줄기 1-11

풀이

> 이 학교 전체 학생 중 임의로 선택한 1명의 학생 ⇨ 시행
> 지각하였을 때 ⇨ 사건
> ↳ 사건이므로 이것을 표본공간으로 하는 조건부확률을 구하는 문제이다.

버스로 등교하는 사건을 A, 걸어서 등교하는 사건을 B, 지각하는 사건을 E라 하면

i) 버스로 등교하고 지각할 확률은

$$P(A \cap E) = P(A)P(E|A)$$
$$= \frac{60}{100} \times \frac{1}{20} = \frac{3}{100}$$

ii) 걸어서 등교하고 지각할 확률은

$$P(B \cap E) = P(B)P(E|B)$$
$$= \frac{40}{100} \times \frac{1}{15} = \frac{2}{75}$$

사건 $A \cap E$와 $B \cap E$는 서로 배반사건이므로
$$P(E) = P(A \cap E) + P(B \cap E)$$
$$= \frac{3}{100} + \frac{2}{75} = \frac{17}{300}$$

따라서 구하는 확률은

$$P(A|E) = \frac{P(A \cap E)}{P(E)} = \frac{\frac{3}{100}}{\frac{17}{300}} = \frac{9}{17}$$

정답 ⑤

줄기 2-1

풀이 $A = \{2, 4, 6, 8, 10\}$, $B = \{1, 2, 3, 6\}$
$A \cap B = \{2, 6\}$이므로

$$P(A) = \frac{5}{10} = \frac{1}{2}$$
$$P(B) = \frac{4}{10} = \frac{2}{5}$$

$$P(A \cap B) = \frac{2}{10} = \frac{1}{5}$$
$$\therefore P(A \cap B) = P(A)P(B)$$
따라서 두 사건 A, B는 서로 독립이다.

정답 독립

줄기 2-2

풀이 동전을 세 번 던질 때 나오는 모든 경우의 수는
$$2 \times 2 \times 2 = 8$$
동전의 앞면을 H, 뒷면을 T라 하면
$A = \{(H,H,H), (H,H,T), (H,T,H), (H,T,T)\}$
$B = \{(H,T,H), (H,T,T), (T,T,H), (T,T,T)\}$
$C = \{(H,H,T), (T,H,H)\}$
이므로
$A \cap B = \{(H,T,H), (H,T,T)\}$
$A \cap C = \{(H,H,T)\}$
$B \cap C = \varnothing$

1) $P(A) = \frac{4}{8} = \frac{1}{2}$

$P(B) = \frac{4}{8} = \frac{1}{2}$

$P(A \cap B) = \frac{2}{8} = \frac{1}{4}$

$\therefore P(A \cap B) = P(A)P(B)$
따라서 두 사건 A, B는 서로 독립이다. (참)

2) $P(B \cap C) = 0$
따라서 두 사건 B, C는 서로 배반사건이다. (참)

3) $P(B) = \frac{4}{8} = \frac{1}{2}$

$P(C) = \frac{2}{8} = \frac{1}{4}$

$P(B \cap C) = 0$

$\therefore P(B \cap C) \neq P(B)P(C)$
따라서 두 사건 B, C는 서로 종속이다. (참)

정답 ㄱ. 참 ㄴ. 참 ㄷ. 참

[줄기 2-3]

풀이 $\mathrm{P}(A^C) = \{1 - \mathrm{P}(A)\} = \dfrac{3}{4}$ $\quad \therefore \mathrm{P}(A) = \dfrac{1}{4}$

두 사건 A, B가 서로 독립이면 A와 B^C도 서로 독립이므로

$$\begin{aligned}\mathrm{P}(A \cup B^C) &= \mathrm{P}(A) + \mathrm{P}(B^C) - \mathrm{P}(A \cap B^C)\\ &= \mathrm{P}(A) + \mathrm{P}(B^C) - \mathrm{P}(A)\mathrm{P}(B^C)\\ &= \frac{1}{4} + \mathrm{P}(B^C) - \frac{1}{4}\mathrm{P}(B^C)\\ &= \frac{1}{4} + \frac{3}{4}\mathrm{P}(B^C) = \frac{3}{10}\end{aligned}$$

$\therefore \mathrm{P}(B^C) = \dfrac{1}{15}$

$\therefore \mathrm{P}(B^C) = 1 - \mathrm{P}(B) = \dfrac{1}{15}$

$\therefore \mathrm{P}(B) = \dfrac{14}{15}$

정답 ⑤

[줄기 2-4]

풀이 갑, 을이 수학 문제를 맞히는 사건을 각각 A, B라 하면

$\mathrm{P}(A) = \dfrac{1}{5}$

A, B는 서로 독립이므로

$\mathrm{P}(A \cap B) = \mathrm{P}(A)\mathrm{P}(B) = \dfrac{1}{5}\mathrm{P}(B)$

또 갑과 을 중 적어도 한 명이 수학 문제를 맞힐 확률이 $\dfrac{3}{5}$이므로

$1 - \mathrm{P}(A^C \cap B^C) = 1 - \mathrm{P}((A \cup B)^C) = \dfrac{3}{5}$

$\mathrm{P}(A \cup B) = \dfrac{3}{5}$

$\mathrm{P}(A \cup B) = \mathrm{P}(A) + \mathrm{P}(B) - \mathrm{P}(A \cap B)$에서

$\dfrac{3}{5} = \dfrac{1}{5} + \mathrm{P}(B) - \dfrac{1}{5}\mathrm{P}(B)$

$\dfrac{4}{5}\mathrm{P}(B) = \dfrac{2}{5}$ $\quad \therefore \mathrm{P}(B) = \dfrac{1}{2}$

따라서 을이 수학 문제를 맞힐 확률은 $\dfrac{1}{2}$

정답 $\dfrac{1}{2}$

[줄기 2-5]

풀이 스위치 A를 통하여 전류가 흐르는 사건을 A, 두 스위치 B, C를 통하여 전류가 흐르는 사건을 B라 하면 A, B는 서로 독립이므로

$\mathrm{P}(A) = 0.2$

$\mathrm{P}(B) = 0.7 \times 0.5 = 0.35$

$\mathrm{P}(A \cap B) = \mathrm{P}(A)\mathrm{P}(B) = 0.2 \times 0.35 = 0.07$

따라서 p에서 q로 전류가 흐를 확률은

$$\begin{aligned}\mathrm{P}(A \cup B) &= \mathrm{P}(A) + \mathrm{P}(B) - \mathrm{P}(A \cap B)\\ &= 0.2 + 0.35 - 0.07\\ &= 0.48\end{aligned}$$

정답 0.48

[줄기 3-1]

풀이 이 양궁 선수가 화살 하나를 쏘아 명중시킬 확률은 $\dfrac{4}{5}$, 명중시키지 못 할 확률은 $\dfrac{1}{5}$이다.

1) $_6\mathrm{C}_2\left(\dfrac{4}{5}\right)^2\left(\dfrac{1}{5}\right)^4 = \dfrac{48}{3125}$

2) i) 5번 명중할 확률은

$_6\mathrm{C}_5\left(\dfrac{4}{5}\right)^5\left(\dfrac{1}{5}\right)^1 = \dfrac{6 \cdot 4^5}{5^6}$

ii) 6번 명중할 확률은

$_6\mathrm{C}_6\left(\dfrac{4}{5}\right)^6\left(\dfrac{1}{5}\right)^0 = \dfrac{4^6}{5^6}$

i), ii)에서 구하는 확률은

$\dfrac{6 \cdot 4^5}{5^6} + \dfrac{4^6}{5^6} = \dfrac{(6+4) \cdot 4^5}{5 \cdot 5^5} = \dfrac{2 \cdot 4^5}{5^5} = \dfrac{2048}{3125}$

3) i) 0번 명중할 확률은

$_6\mathrm{C}_0\left(\dfrac{4}{5}\right)^0\left(\dfrac{1}{5}\right)^6 = \dfrac{1}{5^6}$

ii) 1번 명중할 확률은

$_6\mathrm{C}_1\left(\dfrac{4}{5}\right)^1\left(\dfrac{1}{5}\right)^5 = \dfrac{24}{5^6}$

i), ii)에서 구하는 확률은

$1 - \left(\dfrac{1}{5^6} + \dfrac{24}{5^6}\right) = 1 - \dfrac{1}{5^4} = 1 - \dfrac{1}{625} = \dfrac{624}{625}$

정답 1) $\dfrac{48}{3125}$ 2) $\dfrac{2048}{3125}$ 3) $\dfrac{624}{625}$

[줄기 3-2]

풀이 A팀이 B팀을 이길 확률은 $\dfrac{2}{3}$, 이기지 못 할

확률은 $\dfrac{1}{3}$이다.

6번째 경기에서 우승팀이 A팀으로 결정되려면 A팀이 5번의 경기에서 3번 이기고 마지막 6번째 경기에서도 이겨야 한다.

따라서 A팀이 우승할 확률은

$$_5C_3\left(\frac{2}{3}\right)^3\left(\frac{1}{3}\right)^2 \times \frac{2}{3} = \frac{160}{729}$$

정답 $\dfrac{160}{729}$

[줄기 3-3]

풀이 i) 주머니에서 흰 공이 나오고, 한 개의 동전을 2회 던져서 앞면이 2회 나올 확률은

$$\frac{3}{4} \times {}_2C_2\left(\frac{1}{2}\right)^2\left(\frac{1}{2}\right)^0 = \frac{3}{16}$$

ii) 주머니에서 검은 공이 나오고, 한 개의 동전을 3회 던져서 앞면이 2회 나올 확률은

$$\frac{1}{4} \times {}_3C_2\left(\frac{1}{2}\right)^2\left(\frac{1}{2}\right)^1 = \frac{3}{32}$$

i), ii)에서 구하는 확률은

$$\frac{3}{16} + \frac{3}{32} = \frac{9}{32}$$

정답 $\dfrac{9}{32}$

[줄기 3-4]

풀이 1) 한 번의 가위바위보에서 갑이 이길 확률은

$\dfrac{1}{3}$, 이기지 못 할 확률은 $\dfrac{2}{3}$이다.

이긴 횟수를 x, 이기지 못한 횟수를 y라 하면

$x+y=5 \cdots \text{㉠}$, $2x-y=4 \cdots \text{㉡}$

㉠, ㉡을 연립하여 풀면

$x=3$, $y=2$

따라서 구하는 확률은

$$_5C_3\left(\frac{1}{3}\right)^3\left(\frac{2}{3}\right)^2 = \frac{40}{243}$$

2) 한 번의 가위바위보에서 갑이 이길 확률은

$\dfrac{1}{3}$, 비길 확률은 $\dfrac{1}{3}$, 질 확률은 $\dfrac{1}{3}$이다.

이긴 횟수를 x, 비긴 횟수를 y, 진 횟수를 z라 하면

$2x-z=4 \Rightarrow (2, ☆, 0), (3, ◇, 2)$

$x+y+z=5 \Rightarrow (2, 3, 0), (3, 0, 2)$

즉 2승 3무 또는 3승 2패일 때 4계단에 올라간다.

i) 2승 3무일 때의 확률

2승 3무(○○△△△)의 경우의 수는

$$\frac{5!}{2!3!} = 10$$가지이다.

이때 각 경우의 확률은

$$\frac{1}{3} \cdot \frac{1}{3} \cdot \frac{1}{3} \cdot \frac{1}{3} \cdot \frac{1}{3} = \frac{1}{243}$$

$$\therefore 10 \times \frac{1}{243} = \frac{10}{243}$$

ii) 3승 2패일 때의 확률

3승 2패(○○○××)의 경우의 수는

$$\frac{5!}{3!2!} = 10$$가지이다.

이때 각 경우의 확률은

$$\frac{1}{3} \cdot \frac{1}{3} \cdot \frac{1}{3} \cdot \frac{1}{3} \cdot \frac{1}{3} = \frac{1}{243}$$

$$\therefore 10 \times \frac{1}{243} = \frac{10}{243}$$

따라서 구하는 확률은

$$\frac{10}{243} + \frac{10}{243} = \frac{20}{243}$$

정답 1) $\dfrac{40}{243}$ 2) $\dfrac{20}{243}$

[줄기 3-5]

풀이 주사위를 한 번 던져서 4 이하의 눈이 나올

확률은 $\dfrac{2}{3}$, 그 이외의 눈이 나올 확률은 $\dfrac{1}{3}$

이다.

주사위를 5번 던질 때, 점 P가 색칠한 원 내부에 있으려면 점 $(2, 3)$ 또는 점 $(3, 2)$에 있어야 한다.

i) 점 P가 점 $(2, 3)$에 있을 확률

$$_5C_2\left(\frac{2}{3}\right)^2\left(\frac{1}{3}\right)^3=\frac{40}{243}$$

ii) 점 P가 점 $(3, 2)$에 있을 확률

$$_5C_3\left(\frac{2}{3}\right)^3\left(\frac{1}{3}\right)^2=\frac{80}{243}$$

i), ii)에서 구하는 확률은

$$\frac{40}{243}+\frac{80}{243}=\frac{40}{81}$$

정답 $\dfrac{40}{81}$

잎 문제

• 잎 4-1

풀이 $\mathrm{P}(A)=\dfrac{1}{3}$, $\mathrm{P}(B)=\dfrac{1}{4}$, $\mathrm{P}(A|B)=\dfrac{1}{3}$이므로

$$\mathrm{P}(A\cap B)=\mathrm{P}(B)\mathrm{P}(A|B)=\frac{1}{4}\times\frac{1}{3}=\frac{1}{12}$$

$\mathrm{P}(A\cup B)=\mathrm{P}(A)+\mathrm{P}(B)-\mathrm{P}(A\cap B)$에서

$$\mathrm{P}(A\cup B)=\frac{1}{3}+\frac{1}{4}-\frac{1}{12}=\frac{1}{2}$$

$$\mathrm{P}(A^C\cap B^C)=\mathrm{P}((A\cup B)^C)$$
$$=1-\mathrm{P}(A\cup B)$$
$$=1-\frac{1}{2}=\frac{1}{2}$$

정답 ④

• 잎 4-2

풀이 $\mathrm{P}(A^C|B)=\dfrac{\mathrm{P}(A^C\cap B)}{\mathrm{P}(B)}$

$$=\frac{\mathrm{P}(B)-\mathrm{P}(A\cap B)}{\mathrm{P}(B)}\ \cdots\ \text{㉠}$$

$\mathrm{P}(B^C)=1-\mathrm{P}(B)=\dfrac{2}{3}$

$\therefore\ \mathrm{P}(B)=\dfrac{1}{3}\ \cdots\ \text{㉡}$

$\mathrm{P}(B|A)=\dfrac{\mathrm{P}(A\cap B)}{\mathrm{P}(A)}=\dfrac{\mathrm{P}(A\cap B)}{\dfrac{1}{2}}=\dfrac{1}{6}$

$\therefore\ \mathrm{P}(A\cap B)=\dfrac{1}{12}\ \cdots\ \text{㉢}$

㉠에 ㉡, ㉢을 대입하면

$$\mathrm{P}(A^C|B)=\frac{\dfrac{1}{3}-\dfrac{1}{12}}{\dfrac{1}{3}}=\frac{3}{4}$$

정답 ④

• 잎 4-3

풀이 $\mathrm{P}(B^C|A)=2\mathrm{P}(B|A)$에서

$$\frac{\mathrm{P}(A\cap B^C)}{\mathrm{P}(A)}=2\times\frac{\mathrm{P}(A\cap B)}{\mathrm{P}(A)}$$

$$\therefore\ \mathrm{P}(A\cap B^C)=2\mathrm{P}(A\cap B)$$
$$=2\cdot\frac{1}{8}=\frac{1}{4}$$

$\mathrm{P}(A\cap B^C)=\mathrm{P}(A)-\mathrm{P}(A\cap B)$에서

$$\frac{1}{4}=\mathrm{P}(A)-\frac{1}{8}\qquad\therefore\ \mathrm{P}(A)=\frac{3}{8}$$

정답 ②

• 잎 4-4

풀이 이 5명 중에서 임으로 뽑힌 한 학생이 ⇨ 시행
만두를 선택한 학생일 때 ⇨ 사건

만두를 선택한 학생인 사건을 A, 쫄면을 선택한 학생인 사건을 B라 하면

$n(A)=4\ (\because \text{A, B, C, E})$

$n(A\cap B)=2\ (\because \text{C, E})$

따라서 구하는 확률은

$$\mathrm{P}(B|A)=\frac{n(A\cap B)}{n(A)}=\frac{2}{4}=\frac{1}{2}$$

정답 ③

• 잎 4-5

풀이 A 또는 B가 반장으로 뽑혔을 때 ⇨ 사건

A 또는 B가 반장이 되는 사건을 A, C가 부반장이 되는 사건을 B라 하면

$$\mathrm{P}(A)=\frac{2}{4},\ \mathrm{P}(A\cap B)=\frac{2}{4}\times\frac{1}{3}=\frac{1}{6}$$

따라서 구하는 확률은

$$P(B|A) = \frac{P(A \cap B)}{P(A)} = \frac{\dfrac{1}{6}}{\dfrac{2}{4}} = \frac{1}{3}$$

정답 ②

• 잎 4-6

풀이

이 회사에서 임의로 선택된 직원의 ⇨ 시행
통근 거리가 15 km 이상일 때 ⇨ 사건

통근 거리가 15 km 이상인 사건을 A, 주요 통근 수단이 대중교통인 사건을 B라 하면

$$n(A) = 132, \ n(A \cap B) = 83$$

따라서 구하는 확률은

$$P(B|A) = \frac{n(A \cap B)}{n(A)} = \frac{83}{132}$$

정답 ⑤

• 잎 4-7

풀이

이 학급에서 선택된 한 학생이 ⇨ 시행
중국어 수업을 받는다고 할 때 ⇨ 사건

	남학생	여학생	합계
중국어	12	9	21
일본어	6	7	13
합계	18	16	34

중국어 수업을 받을 사건을 A, 여학생일 사건을 B라 하면

$$n(A) = 21, \ n(A \cap B) = 9$$

따라서 구하는 확률은

$$P(B|A) = \frac{n(A \cap B)}{n(A)} = \frac{9}{21} = \frac{3}{7}$$

정답 ③

• 잎 4-8

풀이

꺼낸 2장의 카드에 ⇨ 시행
적혀 있는 두 수의 합이 홀수일 때 ⇨ 사건

두 수의 합이 홀수일 사건을 A, 주머니 A에서 꺼낸 카드에 적혀 있는 수가 짝수일 사건을 B라 하면

$$A = \{(1, 6), (1, 8), (1, 10), (2, 7), (2, 9),$$
$$(3, 6), (3, 8), (3, 10), (4, 7), (4, 9),$$
$$(5, 6), (5, 8), (5, 10)\}$$
$$A \cap B = \{(2, 7), (2, 9), (4, 7), (4, 9)\}$$
$$n(A) = 13, \ n(A \cap B) = 4$$

따라서 구하는 확률은

$$P(B|A) = \frac{n(A \cap B)}{n(A)} = \frac{4}{13}$$

정답 ②

• 잎 4-9

풀이

철수가 꺼낸 공에 적혀 있는 수가 6일 때
⇨ 사건

철수가 꺼낸 공에 적혀 있는 수가 6인 사건을 A, 남은 두 사람이 꺼낸 공에 적혀있는 수가 하나는 6보다 크고 다른 하나는 6보다 작은 사건을 B라 하면

$$P(A) = \frac{1}{10}$$

$$P(A \cap B) = \overset{\text{영희 \ 은지}}{\left(\frac{1}{10} \times \frac{4}{9} \times \frac{5}{8}\right)} + \overset{\text{영희 \ 은지}}{\left(\frac{1}{10} \times \frac{5}{9} \times \frac{4}{8}\right)}$$

$$= \frac{1}{10} \times \frac{5}{9}$$

따라서 구하는 확률은

$$P(B|A) = \frac{P(A \cap B)}{P(A)} = \frac{\dfrac{1}{10} \times \dfrac{5}{9}}{\dfrac{1}{10}} = \frac{5}{9}$$

정답 ⑤

• 잎 4-10

풀이

철수가 받은 한 전자우편이 ⇨ 시행
광고일 때 ⇨ 사건

전자우편이 광고일 사건을 A, '여행'을 포함할 사건을 B라 하면

$$P(B) = 0.1$$
$$P(A \cap B) = 0.1 \times 0.5 = 0.05$$
$$P(A \cap B^C) = 0.9 \times 0.2 = 0.18$$에서
$$P(A \cap B^C) = P(A) - P(A \cap B)$$
$$= P(A) - 0.05 = 0.18$$
$$\therefore P(A) = 0.23$$

따라서 구하는 확률은

$$P(B|A) = \frac{P(A \cap B)}{P(A)} = \frac{0.05}{0.23} = \frac{5}{23}$$

정답 ①

$$\frac{\dfrac{1}{8}}{\dfrac{1}{4} + \dfrac{1}{8}} = \frac{1}{3}$$

정답 ④

● 잎 4-11

풀이 14명의 학생 중에서 임의로 뽑은 3명이 ⇨ 시행
선택한 악기가 모두 같을 때 ⇨ 사건

악기가 모두 같을 사건을 A, 피아노이거나 첼로일 사건을 B라 하면

$$n(A) = {}_3C_3 + {}_5C_3 + {}_6C_3$$

$$n(A \cap B) = {}_3C_3 + {}_6C_3$$

따라서 구하는 확률은

$$P(B|A) = \frac{n(A \cap B)}{n(A)}$$

$$= \frac{{}_3C_3 + {}_6C_3}{{}_3C_3 + {}_5C_3 + {}_6C_3}$$

$$= \frac{1 + 20}{1 + 10 + 20} = \frac{21}{31}$$

정답 ⑤

● 잎 4-13

풀이 두 사건 A, B가 서로 독립이므로

$$P(A \cup B) = P(A) + P(B) - P(A \cap B)$$에서

$$P(A \cup B) = P(A) + P(B) - P(A)P(B)$$

$$\frac{4}{5} = \frac{1}{2} + P(B) - \frac{1}{2}P(B)$$

$$\frac{1}{2}P(B) = \frac{3}{10} \qquad \therefore P(B) = \frac{3}{5}$$

$$\therefore P(A \cap B) = P(A)P(B) = \frac{1}{2} \times \frac{3}{5} = \frac{3}{10}$$

정답 ⑤

● 잎 4-12

풀이 B가 던져서 나온 앞면의 개수가 1일 때 ⇨ 사건

B가 던져서 나온 앞면의 개수가 1이라면 A가 동전을 2개 던졌을 때 앞면이 1개 또는 2개 나왔다는 것이다.

i) A가 2개의 동전을 던졌을 때 앞면이 1개 나오고 B가 1개의 동전을 던져서 앞면이 1개 나오는 확률은

$${}_2C_1\left(\frac{1}{2}\right)^1\left(\frac{1}{2}\right)^1 \times \frac{1}{2} = \frac{1}{4}$$

ii) A가 2개의 동전을 던졌을 때 앞면이 2개 나오고 B가 2개의 동전을 던져서 앞면이 1개 나오는 확률은

$${}_2C_2\left(\frac{1}{2}\right)^2\left(\frac{1}{2}\right)^0 \times {}_2C_1\left(\frac{1}{2}\right)^1\left(\frac{1}{2}\right)^1 = \frac{1}{8}$$

i), ii)에 의하여 구하는 확률은

● 잎 4-14

풀이 두 사건 A, B가 서로 독립이면 A와 B^C, A^C와 B도 각각 서로 독립이므로

$$P(A \cap B) = 2P(A \cap B^C)$$에서

$$P(A)P(B) = 2P(A)P(B^C)$$

$$P(B) = 2P(B^C) \ (\because P(A) \neq 0)$$

$$P(B) = 2\{1 - P(B)\}, \quad P(B) = 2 - 2P(B)$$

$$\therefore P(B) = \frac{2}{3}$$

$$P(A^C \cap B) = \frac{1}{12}$$에서

$$P(A^C)P(B) = \frac{1}{12}$$

$$\{1 - P(A)\} \times \frac{2}{3} = \frac{1}{12}$$

$$1 - P(A) = \frac{1}{8} \qquad \therefore P(A) = \frac{7}{8}$$

정답 ④

• 잎 4-15

풀이 두 사건 A, B가 서로 독립이므로
$$P(A \cup B) = P(A) + P(B) - P(A \cap B) \text{에서}$$
$$P(A \cup B) = P(A) + P(B) - P(A) P(B)$$
$$\frac{1}{2} = \frac{1}{4} + P(B) - \frac{1}{4} P(B)$$
$$\frac{3}{4} P(B) = \frac{1}{4} \qquad \therefore P(B) = \frac{1}{3}$$
$$\therefore P(B^C | A) = P(B^C)$$
$$= 1 - P(B) = 1 - \frac{1}{3} = \frac{2}{3}$$

정답 ④

• 잎 4-16

풀이 (가) $P(A) = \frac{1}{2}$, $P(B) = \frac{1}{3}$, $P(C) = \frac{1}{12}$

(다) 사건 $A \cup B$와 사건 C는 서로 배반이므로
$$P(A \cup B \cup C) = P(A \cup B) + P(C)$$

(나) 두 사건 A, B는 서로 독립이므로
$$P(A \cap B) = P(A) P(B) = \frac{1}{2} \times \frac{1}{3} = \frac{1}{6}$$
$$\therefore P(A \cup B) = P(A) + P(B) - P(A \cap B)$$
$$= \frac{1}{2} + \frac{1}{3} - \frac{1}{6} = \frac{2}{3}$$
$$\therefore P(A \cup B \cup C) = P(A \cup B) + P(C)$$
$$= \frac{2}{3} + \frac{1}{12} = \frac{3}{4}$$

정답 ③

• 잎 4-17

풀이 두 사건 A, B가 서로 배반사건이므로
$$P(A \cap B) = 0$$
또, $A \cup B = S$이므로 $P(S) = P(A \cup B) = 1$
$$P(A \cup B) = P(A) + P(B) - P(A \cap B) \text{에서}$$
$$1 = P(A) + P(B) \cdots \text{㉠}$$
$$1 = 2P(B) + P(B) \ (\because P(A) = 2P(B))$$
$$\therefore P(B) = \frac{1}{3}$$
$$\therefore P(A) = \frac{2}{3} \ (\because \text{㉠})$$

정답 ①

• 잎 4-18

풀이 3개의 동전을 동시에 던질 때 나올 수 있는 경우의 수는
$$2 \times 2 \times 2 = 8$$
이때 동전의 앞면을 H, 뒷면을 T라 하면
$$A = \{(T,T,T), (T,T,H), (T,H,T), (H,T,T)\}$$
$$B = \{(T,T,T), (H,H,H)\}$$

ㄱ. $P(A) = \frac{4}{8} = \frac{1}{2}$ (참)

ㄴ. $P(A \cap B) = \frac{1}{8}$ (참)

ㄷ. $P(A \cap B) = \frac{1}{8}$, $P(A) = \frac{1}{2}$, $P(B) = \frac{2}{8}$
$$\therefore P(A \cap B) = P(A) P(B)$$
따라서 두 사건 A, B는 서로 독립이다. (참)

정답 ㄱ. 참 ㄴ. 참 ㄷ. 참

• 잎 4-19

풀이 ㄱ. [반례]

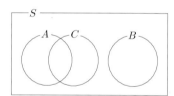

A와 B, B와 C는 서로 배반사건이지만 A와 C는 배반사건이 아니다. (거짓)

ㄴ. [반례]

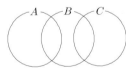

$P(A) = \frac{1}{3}$, $P(B) = \frac{1}{2}$, $P(C) = \frac{1}{3}$,
$P(A \cap B) = \frac{1}{6}$, $P(B \cap C) = \frac{1}{6}$일 때,
$P(A \cap B) = P(A) P(B)$,
$P(B \cap C) = P(B) P(C)$이다.
이때 $P(A \cap C) = 0$이므로
$P(A \cap C) \neq P(A) P(C)$ (거짓)

참고 p.109

ㄷ. A, B가 서로 배반사건이고 B^C, C가 서로 배반사건이므로 다음 그림과 같다.

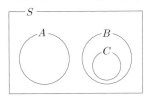

따라서 A와 C는 서로 배반사건이므로 A와 C는 서로 종속이다. (참)

참고 p.109

A와 B가 배반 $\dfrac{○}{×}$ A와 B가 종속

정답 ㄱ. 거짓 ㄴ. 거짓 ㄷ. 참

• **잎 4-20**

풀이 두 사건 A, B가 서로 배반사건이므로
$$P(A \cap B) = 0 \cdots ㉠$$
$$\begin{aligned} P(A \cap B^C) &= P(A) - P(A \cap B) \\ &= P(A) \ (\because ㉠) \\ &= \frac{1}{5} \end{aligned}$$
$$\begin{aligned} P(A^C \cap B) &= P(B) - P(A \cap B) \\ &= P(B) \ (\because ㉠) \\ &= \frac{1}{4} \end{aligned}$$
$$\begin{aligned} P(A \cup B) &= P(A) + P(B) \ (\because ㉠) \\ &= \frac{1}{5} + \frac{1}{4} = \frac{9}{20} \end{aligned}$$

정답 ①

• **잎 4-21**

풀이 ㄱ. A, B가 서로 독립이므로
$$P(A | B) = P(A) \neq P(B) = P(B | A)$$
(거짓)

ㄴ. A, B가 배반사건, 즉 $P(A \cap B) = 0$이면
$$\begin{aligned} P(A \cup B) &= P(A) + P(B) - P(A \cap B) \\ &= P(A) + P(B) \leq 1 \ (\text{참}) \end{aligned}$$
참고 p.109 ④ 배반사건과 독립사건의 비교

ㄷ. [반례]
$A \cup B = U$일 때
$A^C \subset B$이지만
$A^C \neq B$이다. (거짓)

정답 ㄱ. 거짓 ㄴ. 참 ㄷ. 거짓

• **잎 4-22**

풀이 ㄱ. $A \subset B$, 즉 $A \cap B = A$이면
$$P(B | A) = \frac{P(A \cap B)}{P(A)} = \frac{P(A)}{P(A)} = 1 \ (\text{참})$$

ㄴ. A, B가 배반사건, 즉 $P(A \cap B) = 0$이면
$$P(B | A) = \frac{P(A \cap B)}{P(A)} = \frac{0}{P(A)} = 0 \ (\text{참})$$
참고 p.109 ④ 배반사건과 독립사건의 비교

ㄷ. 배반사건과 독립사건은 관련이 없다. (거짓)
참고 p.109 ④ 배반사건과 독립사건의 비교

A와 B가 배반 $\dfrac{×}{×}$ A와 B가 독립

A와 B가 배반 $\dfrac{○}{×}$ A와 B가 종속

정답 ㄱ. 참 ㄴ. 참 ㄷ. 거짓

• **잎 4-23**

풀이 i) 상자에서 흰 공이 나오고, 동전을 3회 던져서 앞면이 3회 나올 확률은
$$\frac{2}{4} \times {}_3C_3 \left(\frac{1}{2}\right)^3 \left(\frac{1}{2}\right)^0 = \frac{1}{16}$$

ii) 상자에서 검은 공이 나오고, 동전을 4회 던져서 앞면이 3회 나올 확률은
$$\frac{2}{4} \times {}_4C_3 \left(\frac{1}{2}\right)^3 \left(\frac{1}{2}\right)^1 = \frac{1}{8}$$

i), ii)에서 구하는 확률은
$$\frac{1}{16} + \frac{1}{8} = \frac{3}{16}$$

정답 ①

• 잎 4-24

풀이 B팀이 A팀을 5:4로 이겼으므로

A팀은 5번의 승부차기 중에서 4번 성공한다.

$\Rightarrow {}_5C_4(0.8)^4(0.2)^1 = 5(0.8)^4(0.2)$

B팀은 5번의 승부차기 중에서 5번 성공한다.

$\Rightarrow {}_5C_5(0.8)^5(0.2)^0 = 0.8^5$

따라서 구하는 확률은

$5(0.8)^4(0.2) \times 0.8^5 = 0.8^9$

정답 ④

• 잎 4-25

풀이 당첨될 확률은 $\dfrac{1}{3}$, 당첨되지 않을 확률은 $\dfrac{2}{3}$

이다.

행운권이 당첨되는 횟수를 x, 당첨되지 않는

횟수를 y라 하면

$x+y=4 \cdots \bigcirc$, $5x+y=16 \cdots \bigcirc$

$\bigcirc$, $\bigcirc$을 연립하여 풀면

$x=3$, $y=1$

따라서 구하는 확률은

${}_4C_3\left(\dfrac{1}{3}\right)^3\left(\dfrac{2}{3}\right)^1 = \dfrac{8}{81}$

정답 ①

• 잎 4-26

풀이 주사위 1개를 던져서 나오는 눈의 수가 6의

약수인 경우는 1, 2, 3, 6이므로 이 경우의

확률은

$\dfrac{4}{6} = \dfrac{2}{3}$

i) 6의 약수가 나오고, 동전을 3개 던져서

앞면이 1개 나올 확률은

$\dfrac{2}{3} \times {}_3C_1\left(\dfrac{1}{2}\right)^1\left(\dfrac{1}{2}\right)^2 = \dfrac{1}{4}$

ii) 6의 약수가 안 나오고, 동전을 2개 던져

서 앞면이 1개 나올 확률은

$\dfrac{1}{3} \times {}_2C_1\left(\dfrac{1}{2}\right)^1\left(\dfrac{1}{2}\right)^1 = \dfrac{1}{6}$

i), ii)에서 구하는 확률은

$\dfrac{1}{4} + \dfrac{1}{6} = \dfrac{5}{12}$

정답 ③

• 잎 4-27

풀이 i) 꺼낸 2개의 공의 색이 서로 다르고, 동전을

3번 던져서 앞면이 2번 나올 확률은

$\dfrac{{}_4C_1 \cdot {}_3C_1}{{}_7C_2} \times {}_3C_2\left(\dfrac{1}{2}\right)^2\left(\dfrac{1}{2}\right)^1 = \dfrac{3}{14}$

ii) 꺼낸 2개의 공의 색이 서로 같고, 동전을

2번 던져서 앞면이 2번 나올 확률은

$\left(\dfrac{{}_4C_2}{{}_7C_2} + \dfrac{{}_3C_2}{{}_7C_2}\right) \times {}_2C_2\left(\dfrac{1}{2}\right)^2\left(\dfrac{1}{2}\right)^0 = \dfrac{3}{28}$

i), ii)에서 구하는 확률은

$\dfrac{3}{14} + \dfrac{3}{28} = \dfrac{9}{28}$

정답 ①

본문 p.123

CHAPTER 5 확률분포(1)

 줄기 문제

[줄기 1-1]

[풀이]

1) 확률변수 X의 확률분포를 표로 나타내면 다음과 같다.

X	1	2	$\cdots$	10	합계
$P(X=x)$	$\dfrac{k}{1\cdot2}$	$\dfrac{k}{2\cdot3}$	$\cdots$	$\dfrac{k}{10\cdot11}$	1

확률의 총합은 1이므로

$$\frac{k}{1\cdot2}+\frac{k}{2\cdot3}+\cdots+\frac{k}{10\cdot11}=1$$

$$k\left\{\left(\frac{1}{1}-\frac{1}{2}\right)+\left(\frac{1}{2}-\frac{1}{3}\right)+\cdots+\left(\frac{1}{10}-\frac{1}{11}\right)\right\}=1$$

$$k\left(1-\frac{1}{11}\right)=1,\quad \frac{10}{11}k=1 \quad \therefore k=\frac{11}{10}$$

2) 확률의 총합은 1이므로

$$\frac{1}{6}+\frac{a}{3}+\frac{1}{3}+\frac{a}{6}=1$$

$$\frac{1}{2}+\frac{a}{2}=1 \quad \therefore a=1$$

따라서 구하는 확률은

$$P(X^2-3X=0)=P(X=0 \text{ 또는 } X=3)$$
$$=P(X=0)+P(X=3)$$
$$=\frac{1}{6}+\frac{1}{6}=\frac{1}{3}$$

정답 1) $\dfrac{11}{10}$　2) $\dfrac{1}{3}$

[줄기 1-2]

[풀이] 확률의 총합은 1이므로

$$a+\frac{3}{8}+b+\frac{1}{8}=1$$

$$\therefore a+b=\frac{1}{2} \cdots \text{㉠}$$

$P(1<X\leq3)=\dfrac{1}{2}$ 에서

$$P(X=2)+P(X=3)=b+\frac{1}{8}=\frac{1}{2}$$

$$\therefore b=\frac{3}{8} \cdots \text{㉡}$$

㉠, ㉡을 연립하여 풀면

$$a=\frac{1}{8},\ b=\frac{3}{8}$$

정답 $a=\dfrac{1}{8},\ b=\dfrac{3}{8}$

[줄기 1-3]

[풀이] 확률변수 X의 확률분포를 표로 나타내면 다음과 같다.

X	0	1	2	3	합계
$P(X=x)$	$-5k$	$-4k$	$-3k$	$-2k$	1

확률의 총합은 1이므로

$$-5k+(-4k)+(-3k)+(-2k)$$
$$=-14k=1$$

$$\therefore k=-\frac{1}{14}$$

$$\therefore P(X\leq2)=P(X=0)+P(X=1)+P(X=2)$$
$$=\frac{5}{14}+\frac{4}{14}+\frac{3}{14}=\frac{6}{7}$$

정답 $\dfrac{6}{7}$

[줄기 1-4]

[풀이]

1) 확률변수 X가 가질 수 있는 값은 1, 2, 3이다.

5개의 제품 중에서 임의로 3개의 제품을 택하는 경우의 수는 $_5C_3$이고, 택한 제품 중에서 불량품이 x개인 경우의 수는 $_3C_x\cdot{_2C_{3-x}}$이므로 X의 확률질량함수는

$$P(X=x)=\frac{_3C_x\cdot{_2C_{3-x}}}{_5C_3}\ (x=1,\ 2,\ 3)$$

2) $P(X=1)=\dfrac{_3C_1\cdot{_2C_2}}{_5C_3}=\dfrac{3}{10}$

$P(X=2)=\dfrac{_3C_2\cdot{_2C_1}}{_5C_3}=\dfrac{6}{10}$

$P(X=3)=\dfrac{_3C_3\cdot{_2C_0}}{_5C_3}=\dfrac{1}{10}$

X	1	2	3	합계
$P(X=x)$	$\dfrac{3}{10}$	$\dfrac{6}{10}$	$\dfrac{1}{10}$	1

3) $X^2-4X+3\geq0$에서

$(X-1)(X-3)\geq0$ $\therefore X\leq1$ 또는 $X\geq3$

$P(X^2-4X+3\geq0)=P(X\leq1)+P(X\geq3)$

$=P(X=1)+P(X=3)$

$=\dfrac{3}{10}+\dfrac{1}{10}=\dfrac{2}{5}$

정답 1) $P(X=x)=\dfrac{{}_3C_x\cdot{}_2C_{3-x}}{{}_5C_3}$ $(x=1,\ 2,\ 3)$

2)

X	1	2	3	합계
$P(X=x)$	$\dfrac{3}{10}$	$\dfrac{6}{10}$	$\dfrac{1}{10}$	1

3) $\dfrac{2}{5}$

줄기 1-5

풀이 확률변수 X가 가질 수 있는 값은 1, 2, 3, 4 이다.

5장의 카드 중에서 2장을 뽑는 경우의 수는 ${}_5C_2=10$

동시에 뽑힌 카드에 적힌 두 수를 a, b라 하면 순서쌍 $(a,\ b)$에 대하여 두 수의 차가

i) 1인 경우는

$(1,\ 2),\ (2,\ 3),\ (3,\ 4),\ (4,\ 5)$의 4가지

ii) 2인 경우는

$(1,\ 3),\ (2,\ 4),\ (3,\ 5)$의 3가지

iii) 3인 경우는

$(1,\ 4),\ (2,\ 5)$의 2가지

iv) 4인 경우는

$(1,\ 5)$의 1가지

확률변수 X의 확률분포를 표로 나타내면

X	1	2	3	4	합계
$P(X=x)$	$\dfrac{4}{10}$	$\dfrac{3}{10}$	$\dfrac{2}{10}$	$\dfrac{1}{10}$	1

$X^2-5X+4<0$에서

$(X-1)(X-4)<0$ $\therefore 1<X<4$

$P(X^2-5X+4<0)=P(1<X<4)$

$=P(X=2)+P(X=3)$

$=\dfrac{3}{10}+\dfrac{2}{10}=\dfrac{1}{2}$

정답 $\dfrac{1}{2}$

줄기 2-1

풀이 확률의 총합은 1이므로

$\dfrac{1}{4}+a+b=1$ $\therefore a+b=\dfrac{3}{4}$ ··· ㉠

$E(X)=8$이므로

$7\times\dfrac{1}{4}+8\times a+9\times b=8$

$\therefore 8a+9b=\dfrac{25}{4}$ ··· ㉡

㉠, ㉡을 연립하여 풀면 $a=\dfrac{1}{2}$, $b=\dfrac{1}{4}$

$E(X^2)=7^2\times\dfrac{1}{4}+8^2\times\dfrac{1}{2}+9^2\times\dfrac{1}{4}=\dfrac{129}{2}$

$V(X)=E(X^2)-\{E(X)\}^2=\dfrac{129}{2}-8^2=\dfrac{1}{2}$

$\therefore \sigma(X)=\sqrt{V(X)}=\sqrt{\dfrac{1}{2}}=\dfrac{\sqrt{2}}{2}$

정답 $\dfrac{\sqrt{2}}{2}$

줄기 2-2

풀이 확률의 총합은 1이므로

$a+b+c=1$ ··· ㉠

$E(X)=\dfrac{6}{5}$이므로

$0\times a+1\times b+2\times c=\dfrac{6}{5}$

$\therefore b+2c=\dfrac{6}{5}$ ··· ㉡

$\sigma(X)=\dfrac{3}{5}$, 즉 $V(X)=\dfrac{9}{25}$이므로

$0^2\times a+1^2\times b+2^2\times c-\left(\dfrac{6}{5}\right)^2=\dfrac{9}{25}$

$\therefore b+4c=\dfrac{9}{5}$ ··· ㉢

㉠, ㉡, ㉢을 연립하여 풀면

$a=\dfrac{1}{10}$, $b=\dfrac{6}{10}$, $c=\dfrac{3}{10}$

정답 $a=\dfrac{1}{10}$, $b=\dfrac{6}{10}$, $c=\dfrac{3}{10}$

[줄기 2-3]

풀이 확률변수 X가 가질 수 있는 값은 0, 1, 2, 3 이고, 그 확률은 각각

$$P(X=0) = {}_3C_0\left(\frac{1}{2}\right)^0\left(\frac{1}{2}\right)^3 = \frac{1}{8}$$

$$P(X=1) = {}_3C_1\left(\frac{1}{2}\right)^1\left(\frac{1}{2}\right)^2 = \frac{3}{8}$$

$$P(X=2) = {}_3C_2\left(\frac{1}{2}\right)^2\left(\frac{1}{2}\right)^1 = \frac{3}{8}$$

$$P(X=3) = {}_3C_3\left(\frac{1}{2}\right)^3\left(\frac{1}{2}\right)^0 = \frac{1}{8}$$

확률변수 X의 확률분포를 표로 나타내면

X	0	1	2	3	합계
$P(X=x)$	$\frac{1}{8}$	$\frac{3}{8}$	$\frac{3}{8}$	$\frac{1}{8}$	1

$$E(X) = 0\times\frac{1}{8} + 1\times\frac{3}{8} + 2\times\frac{3}{8} + 3\times\frac{1}{8} = \frac{3}{2}$$

$$E(X^2) = 0^2\times\frac{1}{8} + 1^2\times\frac{3}{8} + 2^2\times\frac{3}{8} + 3^2\times\frac{1}{8} = 3$$

$$V(X) = E(X^2) - \{E(X)\}^2 = 3 - \left(\frac{3}{2}\right)^2 = \frac{3}{4}$$

$$\therefore \sigma(X) = \sqrt{V(X)} = \sqrt{\frac{3}{4}} = \frac{\sqrt{3}}{2}$$

정답 $\dfrac{\sqrt{3}}{2}$

[줄기 2-4]

풀이 1) 확률변수 X가 가질 수 있는 값은 0, 1, 2 이고, 그 확률은 각각

$$P(X=0) = {}_2C_0\left(\frac{2}{3}\right)^0\left(\frac{1}{3}\right)^2 = \frac{1}{9}$$

$$P(X=1) = {}_2C_1\left(\frac{2}{3}\right)^1\left(\frac{1}{3}\right)^1 = \frac{4}{9}$$

$$P(X=2) = {}_2C_2\left(\frac{2}{3}\right)^2\left(\frac{1}{3}\right)^0 = \frac{4}{9}$$

확률변수 X의 확률분포를 표로 나타내면

X	0	1	2	합계
$P(X=x)$	$\frac{1}{9}$	$\frac{4}{9}$	$\frac{4}{9}$	1

$$E(X) = 0\times\frac{1}{9} + 1\times\frac{4}{9} + 2\times\frac{4}{9} = \frac{4}{3}$$

$$E(X^2) = 0^2\times\frac{1}{9} + 1^2\times\frac{4}{9} + 2^2\times\frac{4}{9} = \frac{20}{9}$$

$$V(X) = E(X^2) - \{E(X)\}^2 = \frac{20}{9} - \left(\frac{4}{3}\right)^2 = \frac{4}{9}$$

$$\therefore \sigma(X) = \sqrt{V(X)} = \sqrt{\frac{4}{9}} = \frac{2}{3}$$

2) 두 눈의 차는 다음 표와 같다.

	1	2	2	3	3	3
1	0	1	1	2	2	2
2	1	0	0	1	1	1
2	1	0	0	1	1	1
3	2	1	1	0	0	0
3	2	1	1	0	0	0
3	2	1	1	0	0	0

확률변수 X가 가질 수 있는 값은 0, 1, 2 이고, 그 확률은 각각

$$P(X=0) = \frac{14}{36}$$

$$P(X=1) = \frac{16}{36}$$

$$P(X=2) = \frac{6}{36}$$

확률변수 X의 확률분포를 표로 나타내면

X	0	1	2	합계
$P(X=x)$	$\frac{14}{36}$	$\frac{16}{36}$	$\frac{6}{36}$	1

$$E(X) = 0\times\frac{14}{36} + 1\times\frac{16}{36} + 2\times\frac{6}{36} = \frac{7}{9}$$

$$E(X^2) = 0^2\times\frac{14}{36} + 1^2\times\frac{16}{36} + 2^2\times\frac{6}{36} = \frac{10}{9}$$

$$V(X) = E(X^2) - \{E(X)\}^2 = \frac{10}{9} - \left(\frac{7}{9}\right)^2 = \frac{41}{81}$$

$$\therefore \sigma(X) = \sqrt{V(X)} = \sqrt{\frac{41}{81}} = \frac{\sqrt{41}}{9}$$

정답 1) $\dfrac{2}{3}$ 2) $\dfrac{\sqrt{41}}{9}$

[줄기 2-5]

풀이 카드의 총 개수는

$$1 + 2 + \cdots + 100 = \frac{100\cdot101}{2} = 5050$$

확률변수 X가 가질 수 있는 값은 1, 2, $\cdots$, 100 이고, 그 확률은 각각

$$P(X=1) = \frac{1}{5050}$$

$$P(X=2) = \frac{2}{5050}$$

$$\vdots$$

$$P(X=100) = \frac{100}{5050}$$

확률변수 X의 확률분포를 표로 나타내면

X	1	2	$\cdots$	100	합계
$P(X=x)$	$\frac{1}{5050}$	$\frac{2}{5050}$	$\cdots$	$\frac{100}{5050}$	1

$$E(X) = 1 \times \frac{1}{5050} + 2 \times \frac{2}{5050} + \cdots + 100 \times \frac{100}{5050}$$

$$= \frac{1}{5050}(1^2 + 2^2 + \cdots + 100^2)$$

$$= \frac{1}{5050} \cdot \frac{100 \cdot 101 \cdot 201}{6} = 67$$

따라서 구하는 기댓값은 67이다.

정답 67

[줄기 2-6]

풀이 받을 수 있는 상금을 X원이라 하면 확률변수 X가 가질 수 있는 값은 0, 50, 100, 150, 200 이고, 그 확률은 각각

$$P(X=0) = {}_4C_0 \left(\frac{1}{2}\right)^0 \left(\frac{1}{2}\right)^4 = \frac{1}{16}$$

$$P(X=50) = {}_4C_1 \left(\frac{1}{2}\right)^1 \left(\frac{1}{2}\right)^3 = \frac{4}{16}$$

$$P(X=100) = {}_4C_2 \left(\frac{1}{2}\right)^2 \left(\frac{1}{2}\right)^2 = \frac{6}{16}$$

$$P(X=150) = {}_4C_3 \left(\frac{1}{2}\right)^3 \left(\frac{1}{2}\right)^1 = \frac{4}{16}$$

$$P(X=200) = {}_4C_4 \left(\frac{1}{2}\right)^4 \left(\frac{1}{2}\right)^0 = \frac{1}{16}$$

확률변수 X의 확률분포를 표로 나타내면

X	0	50	100	150	200	합계
$P(X=x)$	$\frac{1}{16}$	$\frac{4}{16}$	$\frac{6}{16}$	$\frac{4}{16}$	$\frac{1}{16}$	1

$$E(X) = 0 \times \frac{1}{16} + 50 \times \frac{4}{16} + 100 \times \frac{6}{16}$$

$$+ 150 \times \frac{4}{16} + 200 \times \frac{1}{16}$$

$$= \frac{1}{16}(0 + 200 + 600 + 600 + 200) = 100$$

따라서 구하는 기댓값은 100원이다.

정답 100원

[줄기 2-7]

풀이
$$V(X) = E(X^2) - \{E(X)\}^2 = 53 - 7^2 = 4$$

$$\therefore \sigma(X) = \sqrt{V(X)} = \sqrt{4} = 2$$

$$\therefore \sigma(Y) = \sigma(-3X+1) = |-3|\sigma(X) = 3 \cdot 2 = 6$$

정답 6

[줄기 2-8]

풀이 $E(X) = m$, $V(X) = \sigma^2$, $\sigma(X) = \sigma$이므로

$$E(Z) = E\left(\frac{X-m}{\sigma}\right) = \frac{1}{\sigma}E(X) - \frac{m}{\sigma}$$

$$= \frac{1}{\sigma} \times m - \frac{m}{\sigma} = 0$$

$$V(Z) = V\left(\frac{X-m}{\sigma}\right) = \left(\frac{1}{\sigma}\right)^2 V(X)$$

$$= \frac{1}{\sigma^2} \times \sigma^2 = 1$$

$$\sigma(Z) = \sigma\left(\frac{X-m}{\sigma}\right) = \left|\frac{1}{\sigma}\right|\sigma(X)$$

$$= \frac{1}{\sigma} \times \sigma = 1$$

$$\sigma(Z) = \sqrt{V(Z)} = \sqrt{1} = 1$$

정답 $E(Z) = 0$, $V(Z) = 1$, $\sigma(Z) = 1$

[줄기 2-9]

풀이
$$E(Y) = E(2X-3) = 5$$에서

$$2E(X) - 3 = 5 \qquad \therefore E(X) = 4 \cdots \text{㉠}$$

$$E(Y^2) = E(4X^2 - 12X + 9) = 81$$에서

$$4E(X^2) - 12E(X) + 9 = 81$$

$$4E(X^2) - 12 \cdot 4 + 9 = 81 \ (\because \text{㉠})$$

$$\therefore E(X^2) = 30$$

$$\therefore V(X) = E(X^2) - \{E(X)\}^2 = 30 - 4^2 = 14$$

$$\therefore \sigma(X) = \sqrt{V(X)} = \sqrt{14}$$

정답 $\sqrt{14}$

줄기 2-10

[풀이] 확률의 총합은 1이므로

$$\frac{1}{3}+a+\frac{2}{9}+a^2=1, \quad 9a^2+9a-4=0$$

$$(3a+4)(3a-1)=0$$

$$\therefore a=\frac{1}{3} \; (\because 0 \le a \le 1)$$

X	0	1	2	3	합계
$P(X=x)$	$\frac{1}{3}$	$\frac{1}{3}$	$\frac{2}{9}$	$\frac{1}{9}$	1

$$E(X)=0\times\frac{1}{3}+1\times\frac{1}{3}+2\times\frac{2}{9}+3\times\frac{1}{9}=\frac{10}{9}$$

$$E(X^2)=0^2\times\frac{1}{3}+1^2\times\frac{1}{3}+2^2\times\frac{2}{9}+3^2\times\frac{1}{9}=\frac{20}{9}$$

$$V(X)=E(X^2)-\{E(X)\}^2$$
$$=\frac{20}{9}-\left(\frac{10}{9}\right)^2=\frac{80}{81}$$

$$\sigma(X)=\sqrt{V(X)}=\sqrt{\frac{80}{81}}=\frac{4\sqrt{5}}{9}$$

$$\therefore E(Y)=E(3X-2)$$
$$=3E(X)-2=3\times\frac{10}{9}-2=\frac{4}{3}$$

$$\therefore V(Y)=V(3X-2)$$
$$=3^2V(X)=9\times\frac{80}{81}=\frac{80}{9}$$

$$\therefore \sigma(Y)=\sigma(3X-2)$$
$$=3\sigma(X)=3\times\frac{4\sqrt{5}}{9}=\frac{4\sqrt{5}}{3}$$

[정답] $E(Y)=\frac{4}{3}$, $V(Y)=\frac{80}{9}$, $\sigma(Y)=\frac{4\sqrt{5}}{3}$

줄기 2-11

[풀이] 확률변수 X의 확률분포를 표로 나타내면

X	0	1	2	3	합계
$P(X=x)$	$\frac{1}{k}$	$\frac{1}{k}$	$\frac{3}{k}$	$\frac{7}{k}$	1

확률의 총합은 1이므로

$$\frac{1}{k}+\frac{1}{k}+\frac{3}{k}+\frac{7}{k}=1, \quad \frac{12}{k}=1$$

$$\therefore k=12$$

$$E(X)=0\times\frac{1}{12}+1\times\frac{1}{12}+2\times\frac{3}{12}+3\times\frac{7}{12}=\frac{7}{3}$$

$$\therefore E(2X-4)=2E(X)-4$$

$$=2\times\frac{7}{3}-4=\frac{2}{3}$$

[정답] $\frac{2}{3}$

줄기 2-12

[풀이] 확률변수 X가 가질 수 있는 값은 1, 2이고, 그 확률은 각각

$$P(X=1)=\frac{{}_3C_1 \cdot {}_1C_1}{{}_4C_2}=\frac{1}{2}$$

$$P(X=2)=\frac{{}_3C_2 \cdot {}_1C_0}{{}_4C_2}=\frac{1}{2}$$

확률변수 X의 확률분포를 표로 나타내면

X	1	2	합계
$P(X=x)$	$\frac{1}{2}$	$\frac{1}{2}$	1

$$E(X)=1\times\frac{1}{2}+2\times\frac{1}{2}=\frac{3}{2}$$

$$E(X^2)=1^2\times\frac{1}{2}+2^2\times\frac{1}{2}=\frac{5}{2}$$

$$V(X)=E(X^2)-\{E(X)\}^2=\frac{5}{2}-\left(\frac{3}{2}\right)^2=\frac{1}{4}$$

$$\sigma(X)=\sqrt{V(X)}=\sqrt{\frac{1}{4}}=\frac{1}{2}$$

$$\therefore \sigma\left(\frac{-2X+1}{3}\right)=\left|-\frac{2}{3}\right|\sigma(X)=\frac{2}{3}\times\frac{1}{2}=\frac{1}{3}$$

[정답] $\frac{1}{3}$

줄기 2-13

[풀이] 전체 경우의 수는 $2\times2\times2=8$이고 동전의 앞면을 H, 뒷면을 T라 하면
0점을 얻는 경우는
HTH, THT의 2가지
1점을 얻는 경우는
HHT, THH, TTH, HTT의 4가지
3점을 얻는 경우는
HHH, TTT의 2가지

확률변수 X가 가질 수 있는 값은 0, 1, 3이고, 그 확률은 각각

$$P(X=0)=\frac{2}{8}$$

$$P(X=1)=\frac{4}{8}$$

$$P(X=3)=\frac{2}{8}$$

확률변수 X의 확률분포를 표로 나타내면

X	0	1	3	합계
$P(X=x)$	$\dfrac{2}{8}$	$\dfrac{4}{8}$	$\dfrac{2}{8}$	1

$$E(X)=0\times\frac{2}{8}+1\times\frac{4}{8}+3\times\frac{2}{8}=\frac{5}{4}$$

$$E(X^2)=0^2\times\frac{2}{8}+1^2\times\frac{4}{8}+3^2\times\frac{2}{8}=\frac{11}{4}$$

$$V(X)=E(X^2)-\{E(X)\}^2$$
$$=\frac{11}{4}-\left(\frac{5}{4}\right)^2=\frac{19}{16}$$

정답 ②

[줄기 3-1]

풀이 1) 한 개의 주사위를 1번 던질 때 5 이상의 눈이 나올 확률은 $\dfrac{1}{3}$이므로 확률변수 X는 이항분포 $B\left(6,\dfrac{1}{3}\right)$을 따른다.

2) $P(X=x)={}_6C_x\left(\dfrac{1}{3}\right)^x\left(\dfrac{2}{3}\right)^{6-x}$
$\qquad\qquad\qquad (x=0,\ 1,\ 2,\cdots,\ 6)$

3) $P(2\leq X\leq 4)$
$\quad =P(X=2)+P(X=3)+P(X=4)$
$\quad ={}_6C_2\left(\dfrac{1}{3}\right)^2\left(\dfrac{2}{3}\right)^4+{}_6C_3\left(\dfrac{1}{3}\right)^3\left(\dfrac{2}{3}\right)^3$
$\qquad\qquad\qquad\quad +{}_6C_4\left(\dfrac{1}{3}\right)^4\left(\dfrac{2}{3}\right)^2$
$\quad =\dfrac{240}{3^6}+\dfrac{160}{3^6}+\dfrac{60}{3^6}$
$\quad =\dfrac{460}{729}$

정답 1) $B\left(6,\dfrac{1}{3}\right)$ 2) 풀이 참조   3) $\dfrac{460}{729}$

[줄기 3-2]

풀이 확률변수 X가 이항분포 $B(3,\ p)$를 따르고

$$P(X=2)={}_3C_2p^2(1-p)^1=3p^2(1-p)$$

$$P(X=1)={}_3C_1p^1(1-p)^2=3p(1-p)^2$$

이때 $P(X=2)=4P(X=1)$에서

$3p^2(1-p)=4\cdot 3p(1-p)^2$

$p=4(1-p)\ (\because 0<p<1)$

$5p=4 \qquad \therefore p=\dfrac{4}{5}$

정답 $\dfrac{4}{5}$

[줄기 3-3]

풀이 실제로 비행기에 탑승하지 않은 사람의 수를 확률변수 X라 하면 X는 이항분포 $B(300,\ 0.1)$을 따르므로

$$P(X=x)={}_{300}C_x(0.1)^x(0.9)^{300-x}$$
$$(x=0,\ 1,\ 2,\cdots,\ 300)$$

좌석이 부족하려면 $X<2$이어야 하므로 구하는 확률은

$P(X<2)$
$=P(X=0)+P(X=1)$
$={}_{300}C_0(0.1)^0(0.9)^{300}+{}_{300}C_1(0.1)^1(0.9)^{299}$
$=0.9A+300\times 0.1\times A$
$=30.9A$

정답 $30.9A$

[줄기 3-4]

풀이 1) $E(X)=8$, $V(X)=6$이므로
$\qquad E(X)=np=8 \cdots \ \bigcirc$
$\qquad V(X)=np(1-p)=6 \cdots \ \bigcirc$
$\quad \bigcirc$을 $\bigcirc$에 대입하면
$\qquad 8(1-p)=6$
$\qquad \therefore p=\dfrac{1}{4}$

$p=\dfrac{1}{4}$ 을 ㉠에 대입하면

$\dfrac{1}{4}n=8$　　$\therefore n=32$

2) 확률변수 X는 이항분포 $B(5,\ p)$를 따르므로

$$P(X=5)={}_5C_5\,p^5(1-p)^0=p^5=\dfrac{1}{32}$$

$$\therefore p=\dfrac{1}{2}\ (\because 0\le p\le 1)$$

$$E(X)=np=5\cdot\dfrac{1}{2}=\dfrac{5}{2}$$

$$\sigma(X)=\sqrt{np(1-p)}$$
$$=\sqrt{5\cdot\dfrac{1}{2}\Big(1-\dfrac{1}{2}\Big)}=\dfrac{\sqrt5}{2}$$

정답 1) $n=32,\ p=\dfrac{1}{4}$

2) $E(X)=\dfrac{5}{2}$, $\sigma(X)=\dfrac{\sqrt5}{2}$

[줄기 3-5]

풀이 1) 확률변수 X는 이항분포 $B\Big(64,\ \dfrac{1}{4}\Big)$을 따르므로

$$E(X)=np=64\cdot\dfrac{1}{4}=16$$

$$V(X)=np(1-p)=64\cdot\dfrac{1}{4}\cdot\dfrac{3}{4}=12$$

$$\sigma(X)=\sqrt{V(X)}=\sqrt{12}=2\sqrt3$$

2) $P(X=x)={}_{40}C_x\,\dfrac{4^x}{5^{40}}$

$$={}_{40}C_x\,\dfrac{4^x}{5^x\cdot5^{40-x}}$$

$$={}_{40}C_x\Big(\dfrac{4}{5}\Big)^x\Big(\dfrac{1}{5}\Big)^{40-x}$$
$$(x=0,\ 1,\ 2,\ \cdots,\ 40)$$

확률변수 X는 이항분포 $B\Big(40,\ \dfrac{4}{5}\Big)$를 따르므로

$$E(X)=np=40\cdot\dfrac{4}{5}=32$$

$$V(X)=np(1-p)=40\cdot\dfrac{4}{5}\cdot\dfrac{1}{5}=\dfrac{32}{5}$$

$$\sigma(X)=\sqrt{V(X)}=\sqrt{\dfrac{32}{5}}=\dfrac{4\sqrt{10}}{5}$$

정답 1) $E(X)=16,\ V(X)=12,\ \sigma(X)=2\sqrt3$

2) $E(X)=32,\ V(X)=\dfrac{32}{5},\ \sigma(X)=\dfrac{4\sqrt{10}}{5}$

[줄기 3-6]

풀이 $E(X)=4$이므로

$$E(X)=np=16p=4\quad\therefore p=\dfrac{1}{4}$$

따라서 확률변수 X는 이항분포 $B\Big(16,\ \dfrac{1}{4}\Big)$을 따르므로

$$V(X)=np(1-p)=16\cdot\dfrac{1}{4}\cdot\dfrac{3}{4}=3$$

$V(X)=E(X^2)-\{E(X)\}^2=3$이므로

$E(X^2)-4^2=3\quad\therefore E(X^2)=19$

정답 19

[줄기 3-7]

풀이 확률변수 X는 이항분포 $B\Big(800,\ \dfrac{1}{20}\Big)$을 따르므로

$$E(X)=800\cdot\dfrac{1}{20}=40$$

$$\sigma(X)=\sqrt{800\cdot\dfrac{1}{20}\cdot\dfrac{19}{20}}=\sqrt{38}$$

정답 $E(X)=40,\ \sigma(X)=\sqrt{38}$

[줄기 3-8]

풀이 주사위의 눈에서 6의 약수 1, 2, 3, 6이므로 한 개의 주사위를 한 번 던져서 6의 약수의 눈이 나올 확률은 $\dfrac{4}{6}=\dfrac{2}{3}$이다.

따라서 확률변수 X는 이항분포 $B\Big(27,\ \dfrac{2}{3}\Big)$를 따르므로

$$E(X)=27\cdot\dfrac{2}{3}=18$$

$$V(X) = 27 \cdot \frac{2}{3} \cdot \frac{1}{3} = 6$$

$V(X) = E(X^2) - \{E(X)\}^2$이므로

$$6 = E(X^2) - 18^2$$

$$\therefore E(X^2) = 6 + 324 = 330$$

> 정답 330

줄기 3-9

풀이 $k+7$개의 공이 들어있는 주머니에서 한 개의 공을 꺼낼 때 흰 공이 나올 확률은

$\dfrac{k}{k+7}$이다.

따라서 확률변수 X는 이항분포 $B\left(n, \dfrac{k}{k+7}\right)$를 따르므로

$$E(X) = n \cdot \frac{k}{k+7} = 60 \cdots \text{㉠}$$

$$V(X) = n \cdot \frac{k}{k+7} \cdot \frac{7}{k+7} = 42 \cdots \text{㉡}$$

$$(\because (\text{표준편차}) = \sqrt{42})$$

㉠을 ㉡에 대입하면

$$V(X) = 60 \cdot \frac{7}{k+7} = 42$$

$$k+7 = 10 \quad \therefore k = 3$$

$k=3$을 ㉠에 대입하면

$$\frac{3}{10}n = 60 \quad \therefore n = 200$$

> 정답 $k=3$, $n=200$

줄기 3-10

풀이 동전 2개를 던졌을 때 모두 앞면이 나올 확률은

$$\frac{1}{2} \times \frac{1}{2} = \frac{1}{4}$$

따라서 확률변수 X는 이항분포 $B\left(10, \dfrac{1}{4}\right)$을 따르므로

$$V(X) = 10 \cdot \frac{1}{4} \cdot \frac{3}{4} = \frac{15}{8}$$

$$\therefore V(4X+1) = 4^2 V(X) = 16 \times \frac{15}{8} = 30$$

> 정답 30

줄기 3-11

풀이 1개의 동전을 1회 던져서 앞면이 나올 확률은

$\dfrac{1}{2}$이다.

따라서 확률변수 X는 이항분포 $B\left(12, \dfrac{1}{2}\right)$을 따른다.

$$\text{※ } E(X) = 12 \cdot \frac{1}{2} = 6, \ V(X) = 12 \cdot \frac{1}{2} \cdot \frac{1}{2} = 3$$

$$\begin{aligned} E((X-a)^2) &= E(X^2 - 2aX + a^2) \\ &= E(X^2) - 2aE(X) + a^2 \\ &= V(X) + \{E(X)\}^2 - 2aE(X) + a^2 \\ &= 3 + 6^2 - 2a \cdot 6 + a^2 \\ &= a^2 - 12a + 39 \\ &= (a-6)^2 + 3 \end{aligned}$$

따라서 $a=6$일 때 최솟값 3을 갖는다.

> 정답 3

🖊 잎 문제

● 잎 5-1

풀이 주사위를 한 번 던져서 나오는 눈의 수

1, 2, 3, 4, 5, 6에 대한 확률은 각각 $\dfrac{1}{6}$이고,

4로 나눈 나머지는 차례로 1, 2, 3, 0, 1, 2 이므로 확률변수 X의 확률분포는

X	0	1	2	3	합계
$P(X=x)$	$\dfrac{1}{6}$	$\dfrac{2}{6}$	$\dfrac{2}{6}$	$\dfrac{1}{6}$	1

$$E(X) = 0 \times \frac{1}{6} + 1 \times \frac{2}{6} + 2 \times \frac{2}{6} + 3 \times \frac{1}{6} = \frac{3}{2}$$

> 정답 ③

● 잎 5-2

풀이
$$\begin{aligned} P(X=-2) + P(X=-1) + P(X=0) \\ + P(X=1) + P(X=2) = 1 \end{aligned}$$

$$\left(k+\frac{2}{9}\right) + \left(k+\frac{1}{9}\right) + k + \left(k+\frac{1}{9}\right) + \left(k+\frac{2}{9}\right) = 1$$

$$5k + \frac{2}{3} = 1 \quad \therefore k = \frac{1}{15}$$

> 정답 ①

잎 5-3

풀이 확률의 총합은 1이므로

$$c \times 3 + 2c \times 3 + 5c^2 \times 2 = 1$$

$$10c^2 + 9c - 1 = 0, \quad (c+1)(10c-1) = 0$$

$$\therefore c = \frac{1}{10} \cdots \bigcirc \ (\because c는 \ 양수)$$

$$\begin{aligned}
P(A) &= P(X \geq 6) \\
&= P(X=6) + P(X=7) \\
&= 5c^2 \times 2 \\
&= 5 \cdot \left(\frac{1}{10}\right)^2 \times 2 \ (\because \bigcirc) \\
&= \frac{1}{10}
\end{aligned}$$

$$\begin{aligned}
P(B) &= P(X \geq 3) \\
&= P(X=3) + P(X=4) + P(X=5) \\
&\quad + P(X=6) + P(X=7) \\
&= 2c \times 3 + 5c^2 \times 2 \\
&= \frac{1}{5} \times 3 + \frac{1}{20} \times 2 \ (\because \bigcirc) \\
&= \frac{7}{10}
\end{aligned}$$

또, $A \subset B$이므로 $P(A \cap B) = P(A) = \dfrac{1}{10}$

$$\therefore P(A|B) = \frac{P(A \cap B)}{P(B)} = \frac{\dfrac{1}{10}}{\dfrac{7}{10}} = \frac{1}{7}$$

정답 ③

잎 5-4

풀이

X	1	2	4	8	합계
$P(X=x)$	$\dfrac{1}{4}$	a	$\dfrac{1}{8}$	b	1

확률의 총합은 1이므로

$$\frac{1}{4} + a + \frac{1}{8} + b = 1$$

$$\therefore a + b = \frac{5}{8} \cdots \bigcirc$$

$$E(X) = 1 \times \frac{1}{4} + 2 \times a + 4 \times \frac{1}{8} + 8 \times b = 5$$

$$\therefore a + 4b = \frac{17}{8} \cdots \bigcirc$$

$\bigcirc$, $\bigcirc$을 연립하여 풀면 $a = \dfrac{1}{8}$, $b = \dfrac{1}{2}$

$$E(X^2) = 1^2 \times \frac{1}{4} + 2^2 \times \frac{1}{8} + 4^2 \times \frac{1}{8} + 8^2 \times \frac{1}{2} = 34.75$$

$$\therefore V(X) = E(X^2) - \{E(X)\}^2 = 34.75 - 5^2 = 9.75$$

정답 ①

잎 5-5

풀이 한 개의 주사위를
두 번 던질 때,
모든 경우의 수는
$6 \times 6 = 36$
오른쪽 그림에서
확률변수 X가
가질 수 있는 값은
$0, 1, \sqrt{3}, 2$이다.

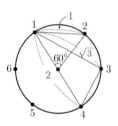

i) $\overline{AB} = 0$, 즉 $X=0$일 때
$(1, 1), (2, 2), (3, 3),$
$(4, 4), (5, 5), (6, 6)$의 6가지

ii) $\overline{AB} = 1$, 즉 $X=1$일 때
$(1, 2), (1, 6), (2, 1), (2, 3),$
$(3, 2), (3, 4), (4, 3), (4, 5),$
$(5, 4), (5, 6), (6, 5), (6, 1)$의 12가지

iii) $\overline{AB} = \sqrt{3}$, 즉 $X=\sqrt{3}$일 때
$(1, 3), (1, 5), (2, 4), (2, 6),$
$(3, 1), (3, 5), (4, 2), (4, 6),$
$(5, 1), (5, 3), (6, 2), (6, 4)$의 12가지

iv) $\overline{AB} = 2$, 즉 $X=2$일 때
$(1, 4), (2, 5), (3, 6),$
$(4, 1), (5, 2), (6, 3)$의 6가지

i) ~ iv)에서 X의 확률분포를 표로 나타내면

X	0	1	$\sqrt{3}$	2	합계
$P(X=x)$	$\dfrac{6}{36}$	$\dfrac{12}{36}$	$\dfrac{12}{36}$	$\dfrac{6}{36}$	1

$$E(X) = 0 \times \frac{1}{6} + 1 \times \frac{1}{3} + \sqrt{3} \times \frac{1}{3} + 2 \times \frac{1}{6}$$

$$= \frac{2 + \sqrt{3}}{3}$$

정답 ④

잎 5-6

풀이

X	0	1	2	3	계
P(X)	$\dfrac{2}{10}$	$\dfrac{3}{10}$	$\dfrac{3}{10}$	$\dfrac{2}{10}$	1

$$E(X) = 0 \times \frac{2}{10} + 1 \times \frac{3}{10} + 2 \times \frac{3}{10} + 3 \times \frac{2}{10} = \frac{3}{2}$$

$$E(X^2) = 0^2 \times \frac{2}{10} + 1^2 \times \frac{3}{10} + 2^2 \times \frac{3}{10} + 3^2 \times \frac{2}{10}$$
$$= \frac{33}{10}$$

$$V(X) = E(X^2) - \{E(X)\}^2 = \frac{33}{10} - \left(\frac{3}{2}\right)^2 = \frac{21}{20}$$

$$V(Y) = V(10X+5) = 10^2 V(X) = 100 \times \frac{21}{20} = 105$$

정답 105

잎 5-7

풀이 확률질량함수가

$$P(X=x) = \frac{|x-4|}{7} \ (x=1,\ 2,\ 3,\ 4,\ 5)$$이므

로 확률변수 X의 확률분포를 표로 나타내면

X	1	2	3	4	5	합계
P($X=x$)	$\dfrac{3}{7}$	$\dfrac{2}{7}$	$\dfrac{1}{7}$	0	$\dfrac{1}{7}$	1

$$E(X) = 1 \times \frac{3}{7} + 2 \times \frac{2}{7} + 3 \times \frac{1}{7} + 4 \times 0 + 5 \times \frac{1}{7} = \frac{15}{7}$$

$$\therefore E(14X+5) = 14E(X) + 5 = 14 \times \frac{15}{7} + 5 = 35$$

정답 ②

잎 5-8

풀이 확률질량함수가

$$P(X=x) = \frac{ax+2}{10} \ (x=-1,\ 0,\ 1,\ 2)$$이므로

확률변수 X의 확률분포를 표로 나타내면

X	-1	0	1	2	합계
P($X=x$)	$\dfrac{-a+2}{10}$	$\dfrac{2}{10}$	$\dfrac{a+2}{10}$	$\dfrac{2a+2}{10}$	1

확률의 총합은 1이므로

$$\frac{-a+2}{10} + \frac{2}{10} + \frac{a+2}{10} + \frac{2a+2}{10} = 1$$

$$\frac{2a+8}{10} = 1 \quad \therefore a = 1$$

$$E(X) = -1 \times \frac{1}{10} + 0 \times \frac{2}{10} + 1 \times \frac{3}{10} + 2 \times \frac{4}{10} = 1$$

$$E(X^2) = (-1)^2 \times \frac{1}{10} + 0^2 \times \frac{2}{10} + 1^2 \times \frac{3}{10} + 2^2 \times \frac{4}{10} = 2$$

$$\therefore V(X) = E(X^2) - \{E(X)\}^2 = 2 - 1^2 = 1$$

$$\therefore V(3X+2) = 3^2 V(X) = 9 \times 1 = 9$$

정답 ①

잎 5-9

풀이 $P(X=0) + P(X=2) = 1$이므로 확률변수
X의 확률분포를 표로 나타내면

X	0	2	합계
P($X=x$)	a	b	1

확률의 총합은 1이므로 $a+b=1 \cdots$ ㉠

$$E(X) = 0 \times a + 2 \times b = 2b$$

$$E(X^2) = 0^2 \times a + 2^2 \times b = 4b$$

$$V(X) = E(X^2) - \{E(X)\}^2 = 4b - 4b^2$$

$\{E(X)\}^2 = 2V(X)$이므로

$$(2b)^2 = 2 \times (4b - 4b^2)$$

$$b = 2 - 2b \ (\because 0 < b < 1)$$

$\left[\begin{array}{l} 0 < a < 1 \\ 0 < 1-b < 1 \ (\because ㉠) \end{array}\right.$

$$\therefore b = \frac{2}{3}$$

$$\therefore P(X=2) = \frac{2}{3}$$

정답 ④

잎 5-10

풀이
$$E(T) = E\left(a\left(\frac{X-m}{\sigma}\right) + b\right) = E\left(\frac{aX - am}{\sigma} + b\right)$$

$$= \frac{aE(X) - am}{\sigma} + b$$

$$= \frac{am - am}{\sigma} + b \ (\because E(X) = m)$$

$$= b = 100$$

$$\sigma(T) = \sigma\left(a\left(\frac{X-m}{\sigma}\right) + b\right) = \sigma\left(\frac{aX - am}{\sigma} + b\right)$$

$$= \left|\frac{a}{\sigma}\right| \sigma(X)$$

$$= \frac{|a|}{\sigma} \times \sigma \ (\because \sigma(X) = \sigma)$$

$$= |a| = 20$$

$$\therefore a = 20 \ (\because a > 0)$$

$$\therefore a + b = 20 + 100 = 120$$

정답 ⑤

잎 5-11

풀이 확률변수 X가 이항분포 $\mathrm{B}\left(100, \frac{1}{5}\right)$을 따르므로

$$\sigma(X) = \sqrt{100 \cdot \frac{1}{5} \cdot \frac{4}{5}} = \sqrt{4^2} = 4$$

$$\therefore \sigma(3X-4) = 3\sigma(X) = 3 \times 4 = 12$$

정답 ①

잎 5-12

풀이 $\mathrm{E}(X) = 1$, $\mathrm{V}(X) = \frac{9}{10}$ 이고, 확률변수 X가 이항분포 $\mathrm{B}(n, p)$를 따르므로

$$np = 1 \cdots \text{㉠}, \ np(1-p) = \frac{9}{10} \cdots \text{㉡}$$

㉠을 ㉡에 대입하면

$$1 - p = \frac{9}{10} \qquad \therefore p = \frac{1}{10}$$

$p = \frac{1}{10}$ 을 ㉠에 대입하면

$$\frac{1}{10}n = 1 \qquad \therefore n = 10$$

$$\therefore \mathrm{P}(X<2) = \mathrm{P}(X=0) + \mathrm{P}(X=1)$$

$$= {}_{10}\mathrm{C}_0 \left(\frac{1}{10}\right)^0 \left(\frac{9}{10}\right)^{10}$$

$$+ {}_{10}\mathrm{C}_1 \left(\frac{1}{10}\right)^1 \left(\frac{9}{10}\right)^9$$

$$= \left(\frac{9}{10}\right)^9 \left(\frac{9}{10} + 10 \cdot \frac{1}{10}\right)$$

$$= \frac{19}{10} \left(\frac{9}{10}\right)^9$$

정답 ①

잎 5-13

풀이 확률변수 X가 이항분포 $\mathrm{B}(10, p)$를 따르므로

$$\mathrm{P}(X=4) = \frac{1}{3}\mathrm{P}(X=5) \text{에서}$$

$${}_{10}\mathrm{C}_4 \, p^4(1-p)^6 = \frac{1}{3} \cdot {}_{10}\mathrm{C}_5 \, p^5(1-p)^5$$

$$\frac{10 \cdot 9 \cdot 8 \cdot 7}{4 \cdot 3 \cdot 2 \cdot 1} \cdot p^4(1-p)^6 = \frac{1}{3} \cdot \frac{10 \cdot 9 \cdot 8 \cdot 7 \cdot 6}{5 \cdot 4 \cdot 3 \cdot 2 \cdot 1} \cdot p^5(1-p)$$

$$1 - p = \frac{2}{5}p \qquad \therefore p = \frac{5}{7}$$

즉, 확률변수 X가 이항분포 $\mathrm{B}\left(10, \frac{5}{7}\right)$를 따르므로

$$\mathrm{E}(X) = 10 \cdot \frac{5}{7} = \frac{50}{7}$$

$$\therefore \mathrm{E}(7X) = 7\mathrm{E}(X) = 7 \times \frac{50}{7} = 50$$

정답 50

잎 5-14

풀이 한 모둠에서 2명을 선택할 때, 남학생들만 선택될 확률은

$$\frac{{}_3\mathrm{C}_2}{{}_5\mathrm{C}_2} = \frac{3}{10}$$

확률변수 X가 이항분포 $\mathrm{B}\left(10, \frac{3}{10}\right)$을 따르므로

$$\mathrm{E}(X) = 10 \cdot \frac{3}{10} = 3$$

정답 ④

잎 5-15

풀이 두 주사위 A, B를 동시에 던질 때 일어나는 모든 경우의 수는

$$6 \times 6 = 36$$

$1 \le m \le 6$, $1 \le n \le 6$인 자연수 m, n에 대하여 $m^2 + n^2 \le 25$인 순서쌍 (m, n)을 구하면

$(1, 1), (1, 2), (1, 3), (1, 4),$

$(2, 1), (2, 2), (2, 3), (2, 4),$

$(3, 1), (3, 2), (3, 3), (3, 4),$

$(4, 1), (4, 2), (4, 3)$

이므로 사건 E가 일어나는 경우의 수는

$4+4+4+3=15$

따라서 한 번의 시행에서 사건 E가 일어날 확률은

$P(E)=\dfrac{15}{36}=\dfrac{5}{12}$

즉, 확률변수 X가 이항분포 $B\left(12,\dfrac{5}{12}\right)$를 따르므로

$V(X)=12\cdot\dfrac{5}{12}\cdot\dfrac{7}{12}=\dfrac{35}{12}$

$\therefore p+q=12+35=47$

정답 47

잎 5-16

풀이 두 주사위를 동시에 던질 때 일어나는 모든 경우의 수는

$6\times6=36$

A와 B가 각각 주사위를 한 개씩 동시에 던지는 시행에서 얻은 주사위의 눈의 수를 각각 a, b라 할 때, $|a-b|<3$인 경우를 순서쌍 (a,b)로 나타내면

ⅰ) $|a-b|=0$인 경우

$(1,1), (2,2), (3,3), (4,4), (5,5), (6,6)$ 의 6가지

ⅱ) $|a-b|=1$인 경우

$(1,2), (2,1), (2,3), (3,2), (3,4), (4,3),$ $(4,5), (5,4), (5,6), (6,5)$의 10가지

ⅲ) $|a-b|=2$인 경우

$(1,3), (3,1), (2,4), (4,2), (3,5), (5,3),$ $(4,6), (6,4)$의 8가지

따라서 한 번의 시행에서 A가 점수를 얻을 확률은 $\dfrac{24}{36}=\dfrac{2}{3}$이고 B가 점수를 얻을 확률은 $\dfrac{1}{3}$이다.

이때, 15회의 시행에서 A가 얻는 점수의 합을 확률변수 X라 하면 X는 이항분포 $B\left(15,\dfrac{2}{3}\right)$를 따르므로

$E(X)=15\cdot\dfrac{2}{3}=10$

또한, 15회의 시행에서 B가 얻는 점수의 합을

확률변수 Y라 하면 Y는 이항분포 $B\left(15,\dfrac{1}{3}\right)$을 따르므로

$E(Y)=15\cdot\dfrac{1}{3}=5$

따라서 두 기댓값의 차는

$|10-5|=5$

정답 ③

CHAPTER

5 확률분포 (2)

본문 p.147

✏️ 풀이 **줄기 문제**

[줄기 4-1]

풀이 확률밀도함수 $f(x)$의 그래프와 x축으로 둘러싸인 도형의 넓이가 1이므로

$\dfrac{1}{2}\times4\times a=1$ $\therefore a=\dfrac{1}{2}$

오른쪽 그림의 직선 OA의 방정식은

$y=\dfrac{\frac{1}{2}}{2}x$, 즉 $y=\dfrac{1}{4}x$

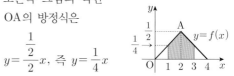

따라서 구하는 확률은 함수 $f(x)$의 그래프와 x축 및 두 직선 $x=1$, $x=3$으로 둘러싸인 도형의 넓이이므로

$P(1\leq X\leq3)=2\times P(1\leq X\leq2)$

$\qquad=2\times\left(\dfrac{1}{2}\times2\times\dfrac{1}{2}-\dfrac{1}{2}\times1\times\dfrac{1}{4}\right)$

$\qquad=2\times\left(\dfrac{1}{2}-\dfrac{1}{8}\right)=\dfrac{3}{4}$

정답 $\dfrac{3}{4}$

[줄기 4-2]

풀이 $f(x) \geq 0$이고 함수 $f(x)$의 그래프와 x축으로 둘러싸인 도형의 넓이가 1이므로

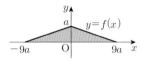

i) * $a > 0$

ii) $\dfrac{1}{2} \times 18a \times a = 1$

$a^2 = \dfrac{1}{9}$　∴ $a = \dfrac{1}{3}$ ($\because a > 0$)

구하는 확률은 다음 그림과 같이 $f(x)$의 그래프와 x축 및 두 직선 $x=-2$, $x=2$로 둘러싸인 도형의 넓이이므로

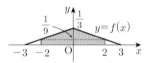

$P(-2 \leq X \leq 2) = 1 - 2 \times \left(\dfrac{1}{2} \times 1 \times \dfrac{1}{9} \right) = \dfrac{8}{9}$

정답 $\dfrac{8}{9}$

[줄기 5-1]

풀이 정규분포 곡선은 직선 $x=13$에 대하여 대칭이고

$P(X \leq 7) = P(X \geq a)$

이므로

$\dfrac{a+7}{2} = 13$, $a + 7 = 26$　∴ $a = 19$

정답 19

[줄기 5-2]

풀이 정규분포 곡선은 직선 $x = m$에 대하여 대칭이다.

1) $P(X \geq 70) = P(X \leq 130)$

이므로

$m = \dfrac{70+130}{2} = 100$

또 $V\left(\dfrac{1}{5}X \right) = 1$에서 $\left(\dfrac{1}{5} \right)^2 V(X) = 1$

∴ $V(X) = 25$

∴ $\sigma^2 = 25$이므로 $\sigma = 5$ ($\because \sigma > 0$)

∴ $m + \sigma = 100 + 5 = 105$

2) $P(X \leq 70) + P(X \leq 130) = 1$이므로

$m = \dfrac{70+130}{2} = 100$

또 $V\left(\dfrac{1}{5}X \right) = 1$에서 $\left(\dfrac{1}{5} \right)^2 V(X) = 1$

∴ $V(X) = 25$

∴ $\sigma^2 = 25$이므로 $\sigma = 5$ ($\because \sigma > 0$)

∴ $m + \sigma = 100 + 5 = 105$

정답 1) 105　2) 105

[줄기 5-3]

풀이 $P(a-3 \leq X \leq a+2)$가 최대가 되려면 오른쪽 그림과 같이 $a-3$, $a+2$의 중점이 평균 11이 되어야 한다. 즉

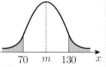

$\dfrac{(a-3) + (a+2)}{2} = 11$

$2a - 1 = 22$　∴ $a = \dfrac{23}{2}$

정답 $\dfrac{23}{2}$

[줄기 5-4]

풀이

x	$P(m \leq X \leq x)$
$m + 0.5\sigma$	0.1915
$m + 1\sigma$	0.3413
$m + 1.5\sigma$	0.4332
$m + 2\sigma$	0.4772

를 표준화하면

z	$P(0 \leq Z \leq z)$
0.5	0.1915
1	0.3413
1.5	0.4332
2	0.4772

이다.

$m=3$, $\sigma=3$이므로

$\mathrm{P}(-3 < X \le 3)$

$= \mathrm{P}(-3 \le X \le 3)$ (∵ p.148 [참고] ②)

$= \mathrm{P}(3+3\times(-2) \le X \le 3+3\times 0)$

$= \mathrm{P}(-2 \le Z \le 0)$

$= \mathrm{P}(0 \le Z \le 2)$

$= 0.4772$

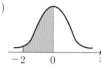

[정답] 0.4772

[줄기 5-5]

[풀이] $\mathrm{P}(X \ge m+(-1)\sigma) = 0.8413$에서

$\mathrm{P}(Z \ge -1) = 0.8413$

$\mathrm{P}(-1 \le Z \le 0)+0.5 = 0.8413$

∴ $\mathrm{P}(0 \le Z \le 1) = 0.8413-0.5 = 0.3413$

$\mathrm{P}(m+(-1)\sigma \le X \le m+1\sigma)$

$= \mathrm{P}(-1 \le Z \le 1)$

$= 2 \times \mathrm{P}(0 \le Z \le 1)$

$= 2 \times 0.3413$

$= 0.6826$

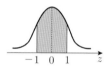

[정답] 0.6826

[줄기 5-6]

[풀이] $Z = \dfrac{X-170}{5}$으로 놓으면 확률변수 Z는 표준

정규분포 $\mathrm{N}(0,\ 1)$을 따른다.

1) $\mathrm{P}(160 \le X \le 177.5)$

$= \mathrm{P}\left(\dfrac{160-170}{5} \le Z \le \dfrac{177.5-170}{5}\right)$

$= \mathrm{P}(-2 \le Z \le 1.5)$

$= \mathrm{P}(-2 \le Z \le 0)+\mathrm{P}(0 \le Z \le 1.5)$

$= \mathrm{P}(0 \le Z \le 2)+\mathrm{P}(0 \le Z \le 1.5)$

$= 0.4772+0.4332 = 0.9104$

2) $\mathrm{P}(|X-175| \le 5)$

$= \mathrm{P}(-5 \le X-175 \le 5)$

$= \mathrm{P}(170 \le X \le 180)$

$= \mathrm{P}\left(\dfrac{170-170}{5} \le Z \le \dfrac{180-170}{5}\right)$

$= \mathrm{P}(0 \le Z \le 2)$

$= 0.4772$

[정답] 1) 0.9104   2) 0.4772

[줄기 5-7]

[풀이] $Z = \dfrac{X-200}{10}$으로 놓으면 확률변수 Z는 표준

정규분포 $\mathrm{N}(0,\ 1)$을 따른다.

$\mathrm{P}(187 \le X \le 213) = 0.4032$에서

$\mathrm{P}\left(\dfrac{187-200}{10} \le Z \le \dfrac{213-200}{10}\right) = 0.4032$

$\mathrm{P}(-1.3 \le Z \le 1.3) = 0.4032$

$2\mathrm{P}(0 \le Z \le 1.3) = 0.4032$

∴ $\mathrm{P}(0 \le Z \le 1.3) = 0.2016$

$\mathrm{P}(X > 213)$

$= \mathrm{P}(X \ge 213)$ (∵ p.148 [참고] ②)

$= \mathrm{P}\left(Z \ge \dfrac{213-200}{100}\right)$

$= \mathrm{P}(Z \ge 1.3)$

$= 0.5-\mathrm{P}(0 \le Z \le 1.3)$

$= 0.5-0.2016 = 0.2984$

[정답] 0.2984

[줄기 5-8]

[풀이] $Z = \dfrac{X-70}{\sigma}$으로 놓으면 확률변수 Z는 표준

정규분포 $\mathrm{N}(0,\ 1)$을 따른다.

$\mathrm{P}(X \ge 88) = 0.0013$에서

$\mathrm{P}\left(Z \ge \dfrac{88-70}{\sigma}\right) = 0.0013$

$0.5-\mathrm{P}\left(0 \le Z \le \dfrac{18}{\sigma}\right) = 0.0013$

∴ $\mathrm{P}\left(0 \le Z \le \dfrac{18}{\sigma}\right) = 0.4987$

이때 $\mathrm{P}(0 \le Z \le 3) = 0.4987$이므로

$\dfrac{18}{\sigma} = 3$, $3\sigma = 18$ ∴ $\sigma = 6$

[정답] 6

줄기 5-9

풀이 $Z = \dfrac{X-m}{20}$ 으로 놓으면 확률변수 Z는 표준
정규분포 $N(0,\ 1)$을 따른다.

$P(X \le 60) = 0.0228$에서

$P\left(Z \le \dfrac{60-m}{20}\right) = 0.0228$

$0.5 - P\left(0 \le Z \le -\dfrac{60-m}{20}\right) = 0.0228$

$\therefore P\left(0 \le Z \le -\dfrac{60-m}{20}\right) = 0.4772$

이때 $P(0 \le Z \le 2) = 0.4772$이므로

$-\dfrac{60-m}{20} = 2,\ \ 60-m = -40 \quad \therefore m = 100$

정답 100

줄기 5-10

풀이 학생들이 등교하는 데 걸리는 시간을 확률변수
X라 하면 X는 정규분포 $N(30,\ 4^2)$을 따르
므로 $Z = \dfrac{X-30}{4}$으로 놓으면 확률변수 Z는
표준정규분포 $N(0,\ 1)$을 따른다.

1) $P(28 \le X \le 35)$

$= P\left(\dfrac{28-30}{4} \le Z \le \dfrac{35-30}{4}\right)$

$= P(-0.5 \le Z \le 1.25)$

$= P(-0.5 \le Z \le 0) + P(0 \le Z \le 1.25)$

$= P(0 \le Z \le 0.5) + P(0 \le Z \le 1.25)$

$= 0.19 + 0.39 = 0.58$

따라서 등교시간이 28분 이상 35분 이하
인 학생은 전체의 58%이다.

2) $P(X \le 22) = P\left(Z \le \dfrac{22-30}{4}\right)$

$= P(Z \le -2)$

$= 0.5 - P(0 \le Z \le 2)$

$= 0.5 - 0.48$

$= 0.02$

따라서 등교시간이 22분 이하인 학생의 수는

$250 \times 0.02 = 5$ (명)

3) $X > 38$일 때 지각하게 되므로 지각할 확률은

$P(X > 38) = P(X \ge 38)$ ($\because$ p.148 참고 ②)

$= P\left(Z \ge \dfrac{38-30}{4}\right)$

$= P(Z \ge 2)$

$= 0.5 - P(0 \le Z \le 2)$

$= 0.5 - 0.48$

$= 0.02$

따라서 지각한 학생의 수는

$250 \times 0.02 = 5$ (명)

정답 1) 58% 2) 5명 3) 5명

줄기 5-11

풀이 학생들의 성적을 확률변수 X라 하면 X는 정규
분포 $N(55,\ 10^2)$을 따르므로 $Z = \dfrac{X-55}{10}$로
놓으면 확률변수 Z는 표준정규분포 $N(0,\ 1)$
을 따른다.

> 학생 600명 중 임의의 한 명을 뽑을 때 그
> 한 명이 상위 60등 이내일 확률은 $\dfrac{60}{600} = 0.1$

상위 60등 이내에 드는 학생의 최저 점수를
k라 하면

$P(X \ge k) = 0.1$에서

$P\left(Z \ge \dfrac{k-55}{10}\right) = 0.1$

$0.5 - P\left(0 \le Z \le \dfrac{k-55}{10}\right) = 0.1$

$\therefore P\left(0 \le Z \le \dfrac{k-55}{10}\right) = 0.4$

이때 $P(0 \le Z \le 1.28) = 0.4$이므로

$\dfrac{k-55}{10} = 1.28 \quad \therefore k = 67.8$

따라서 상위 60등 이내에 드는 최저 성적은
67.8점이다.

정답 67.8점

[줄기 5-12]

풀이 1) 수험생의 시험성적을 확률변수 X라 하면
X는 정규분포 $N(250, 40^2)$을 따르므로
$Z=\dfrac{X-250}{40}$으로 놓으면 확률변수 Z는
표준정규분포 $N(0, 1)$을 따른다.

> 학생 1000명 중 임의의 한 명을 뽑을 때
> 그 한 명이 합격할 확률은 $\dfrac{400}{1000}=0.4$

합격자의 최저 점수를 k라 하면
$P(X \geq k)=0.4$에서
$P\left(Z \geq \dfrac{k-250}{40}\right)=0.4$
$0.5-P\left(0 \leq Z \leq \dfrac{k-250}{40}\right)=0.4$
$\therefore P\left(0 \leq Z \leq \dfrac{k-250}{40}\right)=0.1$
이때 $P(0 \leq Z \leq 0.25)=0.1$이므로
$\dfrac{k-250}{40}=0.25$ $\therefore k=260$
따라서 합격자의 최저 점수는 260점이다.

2) 학생의 성적을 확률변수 X라 하면 X는
정규분포 $N(70, 5^2)$을 따르므로
$Z=\dfrac{X-70}{5}$으로 놓으면 확률변수 Z는
표준정규분포 $N(0, 1)$을 따른다.

> 학생 중 임의의 한 명을 뽑을 때 그 한
> 명이 낙제할 확률은 0.1

낙제가 되는 커트라인 점수를 k라 하면
$P(X \leq k)=0.1$에서
$P\left(Z \leq \dfrac{k-70}{5}\right)=0.1$
$0.5-P\left(0 \leq Z \leq -\dfrac{k-70}{5}\right)=0.1$
$\therefore P\left(0 \leq Z \leq -\dfrac{k-70}{5}\right)=0.4$
이때 $P(0 \leq Z \leq 1.28)=0.4$이므로
$-\dfrac{k-70}{5}=1.28$, $k-70=-6.4$
$\therefore k=63.6$
따라서 커트라인은 63.6점이다.

정답 1) 260점 2) 63.6점

[줄기 5-13]

풀이 학생의 몸무게를 확률변수 X라 하면 X는
정규분포 $N(70, 12^2)$을 따르므로
$Z=\dfrac{X-70}{12}$으로 놓으면 확률변수 Z는 표준
정규분포 $N(0, 1)$을 따른다.

> 학생 500명 중 임의의 한 명을 뽑을 때 그
> 한 명이 몸무게가 가벼운 쪽에서 200번째
> 이내일 확률은 $\dfrac{200}{500}=0.4$

몸무게가 가벼운 쪽에서 200번째인 학생의
몸무게를 k라 하면
$P(X \leq k)=\dfrac{200}{500}=0.4$에서
$P\left(Z \leq \dfrac{k-70}{12}\right)=0.4$
$0.5-P\left(0 \leq Z \leq -\dfrac{k-70}{12}\right)=0.4$
$\therefore P\left(0 \leq Z \leq -\dfrac{k-70}{12}\right)=0.1$
이때 $P(0 \leq Z \leq 0.25)=0.1$이므로
$-\dfrac{k-70}{12}=0.25$, $k-70=-3$ $\therefore k=67$
따라서 몸무게가 가벼운 쪽에서 200번째인
학생의 몸무게는 $67\,kg$이다.

정답 $67\,kg$

[줄기 6-1]

풀이 확률변수 X는 이항분포 $B\left(192, \dfrac{3}{4}\right)$을 따르므로
$m=192 \times \dfrac{3}{4}=144$, $\sigma^2=192 \times \dfrac{3}{4} \times \dfrac{1}{4}=6^2$
이때 192는 충분히 크므로 확률변수 X는 근
사적으로 정규분포 $N(144, 6^2)$을 따르고,
$Z=\dfrac{X-144}{6}$로 놓으면 확률변수 Z는 표준
정규분포 $N(0, 1)$을 따른다.
$\therefore P(X \geq 132)=P\left(Z \geq \dfrac{132-144}{6}\right)$
$=P(Z \geq -2)$
$=P(-2 \leq Z \leq 0)+0.5$
$=P(0 \leq Z \leq 2)+0.5$
$=0.4772+0.5=0.9772$

정답 0.9772

[줄기 6-2]

풀이 1) 100명의 학생 중 축구가 취미인 학생의 수를 확률변수 X라 하면 학생 한 명이 축구가 취미일 확률이 0.2이므로 X는 이항분포 $B(100, 0.2)$를 따른다.

$m = 100 \times 0.2 = 20$

$\sigma^2 = 100 \times 0.2 \times 0.8 = 4^2$

이때 100은 충분히 크므로 확률변수 X는 근사적으로 정규분포 $N(20, 4^2)$을 따르고, $Z = \dfrac{X-20}{4}$으로 놓으면 확률변수 Z는 표준정규분포 $N(0, 1)$을 따른다.

따라서 축구가 취미인 학생이 24명 이하일 확률은

$$P(X \leq 24) = P\left(Z \leq \dfrac{24-20}{4}\right)$$
$$= P(Z \leq 1)$$
$$= 0.5 + P(0 \leq Z \leq 1)$$
$$= 0.5 + 0.3413 = 0.8413$$

2) 300번의 시행 중 동전 2개가 모두 앞면이 나오는 횟수를 확률변수 X라 하면 동전 2개를 동시에 한 번 던져 2개 모두 앞면이 나올 확률은 $\dfrac{1}{4}$이므로 X는 이항분포 $B\left(300, \dfrac{1}{4}\right)$를 따른다.

$m = 300 \times \dfrac{1}{4} = 75$

$\sigma^2 = 300 \times \dfrac{1}{4} \times \dfrac{3}{4} = \left(\dfrac{15}{2}\right)^2$

이때 300은 충분히 크므로 확률변수 X는 근사적으로 정규분포 $N\left(75, \left(\dfrac{15}{2}\right)^2\right)$을 따르고, $Z = \dfrac{X-75}{\frac{15}{2}}$로 놓으면 확률변수 Z는 표준정규분포 $N(0, 1)$을 따른다.

따라서 동전 2개 모두 앞면이 나오는 횟수가 90번 이상일 확률은

$$P(X \geq 90) = P\left(Z \geq \dfrac{90-75}{\frac{15}{2}}\right)$$
$$= P(Z \geq 2)$$
$$= 0.5 - P(0 \leq Z \leq 2)$$
$$= 0.5 - 0.4772 = 0.0228$$

정답 1) 0.8413　　2) 0.0228

[줄기 6-3]

풀이 150개의 씨앗 중 발아하는 씨앗의 수를 확률변수 X라 하면 씨앗 한 개가 발아할 확률이 0.6이므로 X는 이항분포 $B(150, 0.6)$를 따른다.

$m = 150 \times 0.6 = 90$

$\sigma^2 = 150 \times 0.6 \times 0.4 = 6^2$

이때 150은 충분히 크므로 확률변수 X는 근사적으로 정규분포 $N(90, 6^2)$을 따르고, $Z = \dfrac{X-90}{6}$으로 놓으면 확률변수 Z는 표준정규분포 $N(0, 1)$을 따른다.

$P(X \geq k) = 0.16$에서

$$P\left(Z \geq \dfrac{k-90}{6}\right) = 0.16$$

$$0.5 - P\left(0 \leq Z \leq \dfrac{k-90}{6}\right) = 0.16$$

$$\therefore P\left(0 \leq Z \leq \dfrac{k-90}{6}\right) = 0.34$$

이때 $P(0 \leq Z \leq 1) = 0.34$이므로

$$\dfrac{k-90}{6} = 1 \quad \therefore k = 96$$

정답 96

잎 문제

• 잎 5-1

풀이 $0 \leq x \leq 4$에서 확률밀도함수의 그래프와 x축 사이의 넓이는 1이므로

$$P(0 \leq x \leq 4) = \dfrac{1}{2} \cdot 1 \cdot a + \dfrac{1}{2} \cdot 3 \cdot 3a = 1$$

$$5a = 1 \quad \therefore a = \dfrac{1}{5}$$

또 두 점 $(1, 0)$, $\left(4, \dfrac{3}{5}\right)$을 지나는 직선의 방정식은

$$y = \dfrac{\frac{3}{5}-0}{4-1}(x-1) = \dfrac{1}{5}(x-1)$$

따라서 $x=2$에서의 함숫값은 $\dfrac{1}{5}$이므로

$$\mathrm{P}(0 \le X \le 2) = \mathrm{P}(0 \le X \le 1) + \mathrm{P}(1 \le X \le 2)$$

$$= \frac{1}{2} \cdot 1 \cdot \frac{1}{5} + \frac{1}{2} \cdot 1 \cdot \frac{1}{5} = \frac{1}{5}$$

$$\therefore 100\,\mathrm{P}(0 \le X \le 2) = 100 \times \frac{1}{5} = 20$$

정답 20

• 잎 5-2

풀이 $f(x)$가 확률밀도함수, 즉

$f(x) \ge 0$이고 $f(x)$의 그래프와 x축 및 두 직선 $x=0$, $x=2$로 둘러싸인 도형의 넓이가 1이므로

i) $*\,k>0$

ii) $\dfrac{1}{2} \times 2 \times 2k = 1$

$\qquad \therefore k = \dfrac{1}{2}$

따라서 $f(x) = \dfrac{1}{2}x$이므로 $x = \dfrac{1}{2}$에서의 함숫값은 $\dfrac{1}{4}$이다.

$$\therefore \mathrm{P}\left(0 \le X \le \frac{1}{2}\right) = \frac{1}{2} \cdot \frac{1}{2} \cdot \frac{1}{4} = \frac{1}{16}$$

정답 ②

• 잎 5-3

풀이 확률변수 X에 대하여

$g(x) = \mathrm{P}(0 \le X \le x)$

이므로

$$\mathrm{P}\left(\frac{5}{4} \le x \le 4\right)$$

$$= \mathrm{P}(0 \le x \le 4)$$

$$\quad - \mathrm{P}\left(0 \le X \le \frac{5}{4}\right)$$

$$= g(4) - g\left(\frac{5}{4}\right)$$

$$= 1 - \frac{1}{2}$$

$$= \frac{1}{2}$$

정답 ③

• 잎 5-4

풀이 $\mathrm{P}\left(a \le X \le a + \dfrac{1}{2}\right)$이 최대가 되려면 오른쪽 그림과 같이 $a, a+\dfrac{1}{2}$의 중점이 1이 되어야 한다. 즉

$$\frac{a + \left(a + \dfrac{1}{2}\right)}{2} = 1$$

$$2a + \frac{1}{2} = 2 \qquad \therefore a = \frac{3}{4}$$

정답 ④

• 잎 5-5

풀이 $6x^2 - 5x + 1 = 0$에서

$(3x-1)(2x-1) = 0$

$\therefore x = \dfrac{1}{3}$ 또는 $x = \dfrac{1}{2}$

$\therefore \mathrm{P}(X \le 1) = \dfrac{1}{3}$ 또는 $\mathrm{P}(X \le 2) = \dfrac{1}{2}$

$\therefore \mathrm{P}(1 < X \le 2) = \mathrm{P}(1 \le X \le 2)$ ($\because$ p.148 참고 ②)

$$= \mathrm{P}(X \le 2) - \mathrm{P}(X \le 1)$$

$$= \frac{1}{2} - \frac{1}{3} = \frac{1}{6}$$

정답 ②

• 잎 5-6

풀이 $f(x)$가 확률밀도함수, 즉

$f(x) \ge 0$이고 $f(x)$의 그래프와 x축 및 두 직선 $x=0$, $x=2$로 둘러싸인 도형의 넓이가 1이므로

i) $*\,a>0$, $b>0$

ii) $\dfrac{1}{2} \cdot 1 \cdot a + \dfrac{1}{2} \cdot 1 \cdot b = 1$

$\qquad \therefore a + b = 2 \cdots$ ㉠

$\mathrm{P}(1 \le X \le 2) = \dfrac{a}{6}$이므로

$$\frac{1}{2} \cdot 1 \cdot b = \frac{a}{6} \qquad \therefore b = \frac{a}{3} \cdots$$ ㉡

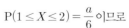

ㄱ, ㄴ을 연립하여 풀면

$$a = \frac{3}{2},\ b = \frac{1}{2} \qquad \therefore a - b = \frac{3}{2} - \frac{1}{2} = 1$$

정답 ①

더 고른 편이다. (참)

참고 **고르다. (고른)**
여럿이 다 높낮이, 크기, 양 따위가 차이 없이 엇비슷하거나 같다.
즉, 여럿이 다 높낮이, 크기, 양 따위가 평균에 몰려있다.

정답 ㄱ. 참   ㄴ. 거짓   ㄷ. 참

잎 5-7

풀이 $0 \le x \le a$에서 확률밀도함수의 그래프와 x축 사이의 넓이는 1이므로

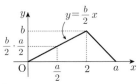

$$P(0 \le X \le a) = \frac{1}{2} \cdot a \cdot b = 1$$

$$\therefore ab = 2 \cdots ㉠$$

$$P(0 \le X \le 2) = \frac{1}{2} \cdot 2 \cdot b = b \text{이고,}$$

$$P\left(0 \le X \le \frac{a}{2}\right) = \frac{b}{2} < b \text{이므로 } \frac{a}{2} < 2 \text{이다.}$$

$$P\left(0 \le X \le \frac{a}{2}\right) = \frac{1}{2} \cdot \frac{a}{2} \cdot \left(\frac{b}{2} \cdot \frac{a}{2}\right) = \frac{b}{2}$$

$$\frac{a^2}{8} = 1 \qquad \therefore a^2 = 8 \cdots ㉡$$

㉠에서 $a^2 b^2 = 4$이므로 $b^2 = \frac{1}{2}$ $(\because ㉡)$

$$\therefore a^2 + 4b^2 = 8 + 2 = 10$$

정답 10

잎 5-8

풀이 ㄱ. 표준편차가 클수록 그래프의 모양은 높이는 낮아지고 옆으로 퍼지므로 A고등학교의 표준편차가 B고등학교의 표준편차보다 크다.
A, B고등학교의 평균이 둘 다 60점으로 같으므로 표준편차가 큰 A고등학교에 성적이 우수한 학생들이 더 많다. (참)

ㄴ. A, B고등학교의 평균은 60점으로 같다. (거짓)

ㄷ. C고등학교의 표준편차가 B고등학교의 표준편차보다 크다. 따라서 C고등학교 학생들보다 B고등학교 학생들이 성적이

잎 5-9

풀이 $A = [165, 175]$

$$P(165 \le X \le 175)$$
$$= P\left(\frac{165 - 170}{10} \le Z \le \frac{175 - 170}{10}\right)$$
$$= P(-0.5 \le Z \le 0.5)$$

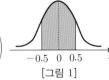

[그림 1]

$B = [163, 173]$

$$P(163 \le X \le 173)$$
$$= P\left(\frac{163 - 170}{10} \le Z \le \frac{173 - 170}{10}\right)$$
$$= P(-0.7 \le Z \le 0.3)$$

[그림 2]

$C = [169, 179]$

$$P(169 \le X \le 179)$$
$$= P\left(\frac{169 - 170}{10} \le Z \le \frac{179 - 170}{10}\right)$$
$$= P(-0.1 \le Z \le 0.9)$$

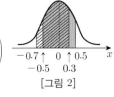

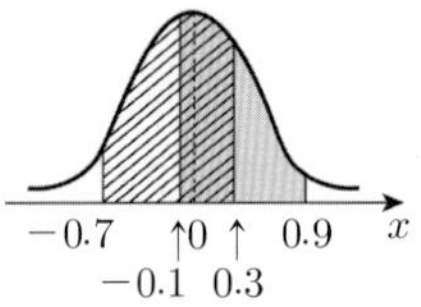

[그림 3]

이때 [그림 1], [그림 2], [그림 3]에서 색칠한 부분과 빗금친 부분은 각각 학생 수의 확률을 나타낸다.
[그림 1]의 색칠한 넓이가 [그림 2]의 빗금친 넓이보다 크므로 $a > b \cdots ㉠$
[그림 2]의 빗금친 넓이가 [그림 3]의 색칠한 넓이보다 크므로 $b > c \cdots ㉡$
$$\therefore a > b > c \ (\because ㉠, ㉡)$$

정답 ①

잎 5-10

풀이 a, b가 표준편차이므로 a, $b > 0$ ··· ㉠

ㄱ. 확률변수 X의
평균이 0이므로
오른쪽 그림과
같이

$$P(1 \leq X \leq 2) > P(2 \leq X \leq 3) \text{ (거짓)}$$

ㄴ. $P(-a \leq X \leq 0) = P(0 \leq Y \leq b)$

$$P\left(\frac{-a-0}{a} \leq Z_X \leq \frac{0-0}{a}\right)$$

$$= P\left(\frac{0-0}{b} \leq Z_Y \leq \frac{b-0}{b}\right)$$

$$P(-1 \leq Z_X \leq 0) = P(0 \leq Z_Y \leq 1)$$

$$\therefore P(0 \leq Z \leq 1) = P(0 \leq Z \leq 1) \text{ (참)}$$

ㄷ. $P(-1 \leq X \leq 1) = P(-2 \leq Y \leq 2)$

$$P\left(\frac{-1-0}{a} \leq Z_X \leq \frac{1-0}{a}\right)$$

$$= P\left(\frac{-2-0}{b} \leq Z_Y \leq \frac{2-0}{b}\right)$$

$$P\left(\frac{-1}{a} \leq Z_X \leq \frac{1}{a}\right) = P\left(\frac{-2}{b} \leq Z_Y \leq \frac{2}{b}\right)$$

이면 $\dfrac{1}{a} = \dfrac{2}{b}$ ($\because$ ㉠)이므로

$$2a = b \quad \therefore a < b \text{ (참)}$$

정답 ㄱ. 거짓   ㄴ. 참   ㄷ. 참

잎 5-11

풀이 두 제품 A, B의 무게를 각각 확률변수 X, Y
라 하면 X, Y는 각각 정규분포
$N(m, 1^2)$, $N(2m, 2^2)$을 따른다. 이때,

$$P(X \geq k) = P\left(Z \geq \frac{k-m}{1}\right)$$

$$= P(Z \geq k-m)$$

$$P(Y \leq k) = P\left(Z \leq \frac{k-2m}{2}\right)$$

$$= P\left(Z \geq -\frac{k-2m}{2}\right)$$

이므로 두 확률이 같으려면

$$k-m = -\frac{k-2m}{2}$$

$$2k-2m = -k+2m$$

$$3k = 4m \quad \therefore \frac{k}{m} = \frac{4}{3}$$

정답 ⑤

잎 5-12

풀이 (가) $P(X \geq 64) = P(X \leq 56)$이므로

$$m = \frac{64+56}{2} = 60$$

(나) $E(X^2) = 3616$이므로

$$\sigma^2 = E(X^2) - m^2 = 3616 - 60^2 = 4^2$$

즉, 확률변수 X는 정규분포 $N(60, 4^2)$을
따른다.

$P(X \leq 68)$

$$= P\left(Z \leq \frac{68-60}{4}\right)$$

$$= P(Z \leq 2)$$

$$= 0.5 + P(0 \leq Z \leq 2)$$

z	$P(0 \leq Z \leq z)$
1.5	0.4332
2	0.4772
2.5	0.4938

$$= 0.5 + 0.4772 = 0.9772$$

정답 ④

잎 5-13

풀이 생산되는 병의 내압강도를 확률변수 X라 하면
X는 정규분포 $N(m, \sigma^2)$을 따른다.

이때 $G = \dfrac{m-40}{3\sigma}$이고, $G = 0.8$일 때이므로

$$\frac{m-40}{3\sigma} = 0.8 \quad \therefore m = 40 + 2.4\sigma$$

내압강도가 40보다 작은 병이 불량품이므로
임의로 추출한 한 개의 병이 불량품일 확률은

$P(X < 40) = P(X \leq 40)$ ($\because$ p.148 **참고** ②)

$$= P\left(Z \leq \frac{40 - (40 + 2.4\sigma)}{\sigma}\right)$$

$$= P(Z \leq -2.4)$$

$$= 0.5 - P(0 \leq Z \leq 2.4)$$

$$= 0.5 - 0.4918 = 0.0082$$

정답 ③

잎 5-14

풀이 어느 동물의 특정 자극에 대한 반응 시간을 확률변수 X라 하면 X는 정규분포 $N(m, 1^2)$을 따르고 $Z = \dfrac{X-m}{1}$으로 놓으면 확률변수 Z는 표준정규분포 $N(0, 1)$을 따른다.

이때 반응 시간이 2.93 미만일 확률은

$P(X < 2.93) = 0.1003$

$P(X \leq 2.93) = 0.1003$ (∵ p.148 **참고** ②)

$P\left(Z \leq \dfrac{2.93 - m}{1}\right) = 0.1003$

$P(Z \leq 2.93 - m) = 0.1003$

$0.5 - P(0 \leq Z \leq -(2.93 - m)) = 0.1003$

∴ $P(0 \leq Z \leq m - 2.93) = 0.3997$

이때, $P(0 \leq Z \leq 1.28) = 0.3997$이므로

$m - 2.93 = 1.28$ ∴ $m = 4.21$

정답 ③

잎 5-15

풀이 192명의 고객이 각각 한 켤레씩 등산화를 산다고 할 때, C회사 제품을 선택하는 고객의 수를 확률변수 X라 하면, C회사 제품에 대한 선호도가 $\dfrac{25}{100} = \dfrac{1}{4}$이므로 X는 이항분포 $B\left(192, \dfrac{1}{4}\right)$을 따른다.

∴ $m = 192 \times \dfrac{1}{4} = 48$, $\sigma^2 = 192 \times \dfrac{1}{4} \times \dfrac{3}{4} = 6^2$

이때 192는 충분히 크므로 확률변수 X는 근사적으로 정규분포 $N(48, 6^2)$을 따르고, $Z = \dfrac{X - 48}{6}$로 놓으면 확률변수 Z는 표준정규분포 $N(0, 1)$을 따른다.

따라서 C회사 제품을 선택한 고객이 42명 이상일 확률은

$P(X \geq 42) = P\left(Z \geq \dfrac{42 - 48}{6}\right)$

$\qquad\qquad = P(Z \geq -1)$

$\qquad\qquad = 0.5 + P(0 \leq Z \leq 1)$

$\qquad\qquad = 0.5 + 0.3413 = 0.8413$

정답 ⑤

잎 5-16

풀이 한 개의 주사위를 20번 던질 때 1의 눈이 나오는 횟수를 확률변수 X라 하면 한 개의 주사위를 한 번 던질 때 1의 눈이 나올 확률은 $\dfrac{1}{6}$이므로 X는 이항분포 $B\left(20, \dfrac{1}{6}\right)$을 따른다.

∴ $E(X) = 20 \times \dfrac{1}{6} = \dfrac{10}{3}$, $V(X) = 20 \times \dfrac{1}{6} \times \dfrac{5}{6} = \left(\dfrac{5}{3}\right)$

$np = \dfrac{10}{3} < 5$이므로 정규분포를 따르지 않는다. [p.160]

또, 한 개의 동전을 한 번 던질 때 앞면이 나올 확률은 $\dfrac{1}{2}$이므로 확률변수 Y는 이항분포 $B\left(n, \dfrac{1}{2}\right)$을 따른다.

∴ $E(Y) = n \times \dfrac{1}{2} = \dfrac{n}{2}$, $V(Y) = n \times \dfrac{1}{2} \times \dfrac{1}{2} = \dfrac{n}{4}$

이때, $V(Y) > V(X)$이어야 하므로

$\dfrac{n}{4} > \dfrac{25}{9}$ ∴ $n > \dfrac{100}{9} = 11.1 \times \times \times$

따라서 자연수 n의 최솟값은 12이다.

정답 12

잎 5-17

풀이 이 회사에서 만든 배터리의 지속 시간은 60시간인 정규분포를 따르므로 이 회사에서 만든 한 개의 배터리가 60시간 이상 지속 될 확률은 $\dfrac{1}{2}$이다.

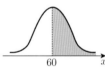

8개의 배터리 중에서 지속 시간이 60시간 이상인 배터리의 개수를 확률변수 X라 할 때 지속 시간이 60시간 이상인 배터리가 2개 이상일 확률은

$P(X \geq 2) = 0.5 - P(0 \leq X \leq 1)$

$\qquad\qquad = 1 - \{P(X=0) + P(X=1)\}$

$\qquad\qquad = 1 - \left\{{}_8C_0\left(\dfrac{1}{2}\right)^0\left(\dfrac{1}{2}\right)^8 + {}_8C_1\left(\dfrac{1}{2}\right)^1\left(\dfrac{1}{2}\right)^7\right\}$

$\qquad\qquad = 1 - \left(\dfrac{1}{256} + \dfrac{8}{256}\right) = \dfrac{247}{256}$

정답 ⑤

잎 5-18

풀이 1) 확률변수 X는 이항분포 $B\left(192, \dfrac{3}{4}\right)$을 따르므로

$m = 192 \cdot \dfrac{3}{4} = 144$, $\sigma^2 = 192 \cdot \dfrac{3}{4} \cdot \dfrac{1}{4} = 6^2$

이때 192는 충분히 크므로 확률변수 X는 근사적으로 정규분포 $N(144, 6^2)$을 따르고,

$Z = \dfrac{X-144}{6}$으로 놓으면 확률변수 Z는 표준정규분포 $N(0, 1)$을 따른다.

$$\therefore P(X \geq 132) = P\left(Z \geq \dfrac{132-144}{6}\right)$$
$$= P(Z \geq -2)$$
$$= P(-2 \leq Z \leq 0) + 0.5$$
$$= P(0 \leq Z \leq 2) + 0.5$$
$$= 0.4772 + 0.5 = 0.9772$$

2) $_{400}C_{351}\left(\dfrac{9}{10}\right)^{351}\left(\dfrac{1}{10}\right)^{49} + _{400}C_{352}\left(\dfrac{9}{10}\right)^{352}\left(\dfrac{1}{10}\right)^{48}$

$+ \cdots + _{400}C_{369}\left(\dfrac{9}{10}\right)^{369}\left(\dfrac{1}{10}\right)^{31}$

의 값은 확률변수 X가 이항분포 $B\left(400, \dfrac{9}{10}\right)$를 따를 때 확률 $P(351 \leq X \leq 369)$와 같으므로

$m = 400 \cdot \dfrac{9}{10} = 360$, $\sigma^2 = 400 \cdot \dfrac{9}{10} \cdot \dfrac{1}{10} = 6^2$

이때 400은 충분히 크므로 확률변수 X는 근사적으로 정규분포 $N(360, 6^2)$을 따르고,

$Z = \dfrac{X-360}{6}$으로 놓으면 확률변수 Z는 표준정규분포 $N(0, 1)$을 따른다.

$$\therefore P(351 \leq X \leq 369)$$
$$= P\left(\dfrac{351-360}{6} \leq Z \leq \dfrac{369-360}{6}\right)$$
$$= P(-1.5 \leq Z \leq 1.5)$$
$$= 2P(0 \leq Z \leq 1.5)$$
$$= 2 \times 0.4332$$
$$= 0.8664$$

정답 1) 0.9772 2) ④

잎 5-19

풀이 주머니에서 공을 하나 꺼내어 적혀 있는 수를 확인하고 다시 넣기를 150번 반복할 때 짝수의 눈이 나오는 횟수를 확률변수 X라 하면 주어진 주머니에서 하나의 공을 꺼낼 때 짝수의 눈이 나올 확률은 $\dfrac{2}{5}$이므로 X는 이항분포 $B\left(150, \dfrac{2}{5}\right)$를 따른다.

ㄱ. $V(X) = 150 \times \dfrac{2}{5} \times \dfrac{3}{5} = 36$ (참)

ㄴ. $P(X=0) = _{150}C_0\left(\dfrac{2}{5}\right)^0\left(\dfrac{3}{5}\right)^{150} = \left(\dfrac{3}{5}\right)^{150}$

$P(X=150) = _{150}C_{150}\left(\dfrac{2}{5}\right)^{150}\left(\dfrac{3}{5}\right)^0 = \left(\dfrac{2}{5}\right)^{150}$

$\therefore P(X=0) > P(X=150)$ (거짓)

ㄷ. $B\left(150, \dfrac{2}{5}\right)$에서

$m = 150 \cdot \dfrac{2}{5} = 60$, $\sigma^2 = 150 \cdot \dfrac{2}{5} \cdot \dfrac{3}{5} = 6^2$

이때 150은 충분히 크므로 확률변수 X는 근사적으로 정규분포 $N(60, 6^2)$을 따르고,

$Z = \dfrac{X-60}{6}$으로 놓으면 확률변수 Z는 표준정규분포 $N(0, 1)$을 따른다.

$$P(X \leq 51) = P\left(Z \leq \dfrac{51-60}{6}\right)$$
$$= P(Z \leq -1.5)$$
$$= P(Z \geq 1.5)$$
$$P(X \geq 72) = P\left(Z \geq \dfrac{72-60}{6}\right)$$
$$= P(Z \geq 2)$$
$$\therefore P(X \leq 51) > P(X \geq 72) \text{ (참)}$$

정답 ㄱ. 참 ㄴ. 거짓 ㄷ. 참

• 잎 5-20

풀이 사과의 무게를 확률변수 X라 하면 X는 정규

분포 $N(400, 50^2)$을 따르므로 $Z = \dfrac{X-400}{50}$

으로 놓으면 확률변수 Z는 표준정규분포

$N(0, 1)$을 따른다.

이때, 1등급 상품이 될 확률은 사과의 무게가

442g 이상이어야 하므로

$$
\begin{aligned}
P(X \geq 442) &= P\left(Z \geq \dfrac{442-400}{50}\right) \\
&= P(Z \geq 0.84) \\
&= 0.5 - P(0 \leq Z \leq 0.84) \\
&= 0.5 - 0.3 = 0.2
\end{aligned}
$$

즉, 사과가 1등급일 확률이 0.2이므로 사과

100개 중 1등급 상품의 개수를 확률변수 Y라

하면 Y는 이항분포 $B(100, 0.2)$를 따른다.

$m = 100 \times 0.2 = 20$, $\sigma^2 = 100 \times 0.2 \times 0.8 = 4^2$

이때 100은 충분히 크므로 확률변수 Y는

근사적으로 정규분포 $N(20, 4^2)$을 따르고,

$Z = \dfrac{Y-20}{4}$으로 놓으면 확률변수 Z는 표준

정규분포 $N(0, 1)$을 따른다.

따라서 사과 100개 중 1등급 상품의 개수가

24개 이상일 확률은

$$
\begin{aligned}
P(Y \geq 24) &= P\left(Z \geq \dfrac{24-20}{4}\right) \\
&= P(Z \geq 1) \\
&= 0.5 - P(0 \leq Z \leq 1) \\
&= 0.5 - 0.34 \\
&= 0.16
\end{aligned}
$$

정답 ②

---

6 통계적 추정

 풀이 **줄기 문제**

[줄기 2-1]

풀이 1) 확률의 총합은 1이므로

$$\dfrac{1}{5} + a + \dfrac{2}{5} = 1 \quad \therefore a = \dfrac{2}{5}$$

모평균을 m, 모분산을 σ^2이라 하면

$$m = E(X) = 0 \cdot \dfrac{1}{5} + 1 \cdot \dfrac{2}{5} + 2 \cdot \dfrac{2}{5} = \dfrac{6}{5}$$

$$\sigma^2 = V(X) = 0^2 \cdot \dfrac{1}{5} + 1^2 \cdot \dfrac{2}{5} + 2^2 \cdot \dfrac{2}{5} - \left(\dfrac{6}{5}\right)^2 = \dfrac{14}{25}$$

이때 표본의 크기가 $n = 5$이므로

$$E(\overline{X}) = m = \dfrac{6}{5}$$

$$V(\overline{X}) = \dfrac{\sigma^2}{n} = \dfrac{\frac{14}{25}}{5} = \dfrac{14}{125}$$

2) 모표준편차가 6, 표본의 크기가 n일 때,

표본평균 $\overline{X}$의 표준편차는 $\dfrac{6}{\sqrt{n}}$이므로

$$\dfrac{6}{\sqrt{n}} \leq 2, \quad \sqrt{n} \geq 3 \quad \therefore n \geq 9$$

따라서 n의 최솟값은 9이다.

정답 1) $E(\overline{X}) = \dfrac{6}{5}$, $V(\overline{X}) = \dfrac{14}{125}$ 2) 9

[줄기 2-2]

풀이 모집단이 정규분포 $N(100.2, 4^2)$을 따르고

표본의 크기가 400이므로 표본평균 $\overline{X}$는

정규분포 $N\left(100.2, \dfrac{4^2}{400}\right)$, 즉

$N\left(100.2, \left(\dfrac{1}{5}\right)^2\right)$을 따른다.

$Z = \dfrac{\overline{X} - 100.2}{\frac{1}{5}}$로 놓으면 확률변수 Z는

표준정규분포 $N(0, 1)$을 따르므로

1) $P(\overline{X} \le 100) = P\left(Z \le \dfrac{100-100.2}{\dfrac{1}{5}}\right)$

$\qquad\qquad\qquad = P(Z \le -1)$

$\qquad\qquad\qquad = 0.5 - P(0 \le Z \le 1)$

$\qquad\qquad\qquad = 0.5 - 0.3413 = 0.1587$

2) $P(\overline{X} \le a) = 0.9772$에서

$\quad P\left(Z \le \dfrac{a-100.2}{\dfrac{1}{5}}\right) = 0.9772$이므로

$\quad 0.5 + P(0 \le Z \le 5a - 501) = 0.9772$

$\quad \therefore P(0 \le Z \le 5a - 501) = 0.4772$

$\quad$ 이때 $P(0 \le Z \le 2) = 0.4772$이므로

$\quad 5a - 501 = 2, \quad 5a = 503 \quad \therefore a = 100.6$

정답 1) 0.1587　2) 100.6

[줄기 2-3]

풀이 　모집단이 정규분포 $N(k, 12^2)$을 따르고 표본의 크기가 9이므로 표본평균 $\overline{X}$는 정규분포 $N\left(k, \dfrac{12^2}{9}\right)$, 즉 $N(k, 4^2)$을 따른다.

$Z = \dfrac{\overline{X} - k}{4}$로 놓으면 확률변수 Z는 표준정규

분포 $N(0, 1)$을 따르므로

$P(\overline{X} \ge 130) = 0.1587$에서

$P\left(Z \ge \dfrac{130 - k}{4}\right) = 0.1587$

$0.5 - P\left(0 \le Z \le \dfrac{130 - k}{4}\right) = 0.1587$

$\therefore P\left(0 \le Z \le \dfrac{130 - k}{4}\right) = 0.3413$

이때 $P(0 \le Z \le 1) = 0.3413$이므로

$\dfrac{130 - k}{4} = 1, \quad 130 - k = 4 \quad \therefore k = 126$

정답 126

[줄기 2-4]

풀이 　모집단이 정규분포 $N(10, 3^2)$을 따르고 표본의 크기가 n이므로 표본평균 $\overline{X}$는 정규분포 $N\left(10, \dfrac{3^2}{n}\right)$을 따른다.

$Z = \dfrac{\overline{X} - 10}{\dfrac{3}{\sqrt{n}}}$으로 놓으면 확률변수 Z는 표준

정규분포 $N(0, 1)$을 따르므로

$P(8 \le \overline{X} \le 12) \ge 0.9544$에서

$P\left(\dfrac{8 - 10}{\dfrac{3}{\sqrt{n}}} \le Z \le \dfrac{12 - 10}{\dfrac{3}{\sqrt{n}}}\right)$

$= P\left(-\dfrac{2\sqrt{n}}{3} \le Z \le \dfrac{2\sqrt{n}}{3}\right)$

$= 2P\left(0 \le Z \le \dfrac{2\sqrt{n}}{3}\right) \ge 0.9544$

$\therefore P\left(0 \le Z \le \dfrac{2\sqrt{n}}{3}\right) \ge 0.4772$

이때 $P(0 \le Z \le 2) = 0.4772$이므로

$\dfrac{2\sqrt{n}}{3} \ge 2 \quad \therefore n \ge 9$

따라서 자연수 n의 최솟값은 9이다.

정답 9

[줄기 3-1]

풀이 　표본의 크기가 n, 표본평균이 $\overline{x} = 105$이고, 표본의 크기 n이 충분히 크므로 ($\because n \ge 30$) 모표준편차 σ 대신 표본표준편차 5를 이용한다.

모평균 m의 신뢰도 95 %의 신뢰구간은

$105 - 1.96 \times \dfrac{5}{\sqrt{n}} \le m \le 105 + 1.96 \times \dfrac{5}{\sqrt{n}}$

이때 주어진 신뢰구간이

$104.51 \le m \le 105.49$이므로

$105 - 1.96 \times \dfrac{5}{\sqrt{n}} = 104.51$

$105 + 1.96 \times \dfrac{5}{\sqrt{n}} = 105.49$

따라서 $1.96 \times \dfrac{5}{\sqrt{n}} = 0.49$

$$\sqrt{n}=20 \quad \therefore n=400$$

정답 400

[줄기 3-2]

풀이 표본의 크기가 $n_1=16$이고 신뢰도 95%로 추정한 모평균에 대한 신뢰구간의 길이는

$$2\times 1.96\times \frac{\sigma}{\sqrt{16}}=126.94-123.02$$

$$2\times 1.96\times \frac{\sigma}{4}=3.92$$

$$\therefore \sigma=4$$

표본의 크기가 $n_2=256$이고 신뢰도 99%로 추정한 모평균에 대한 신뢰구간의 길이는

$$2\times 2.58\times \frac{4}{\sqrt{256}}=1.29$$

정답 1.29

[줄기 3-3]

풀이 모표준편차가 $\sigma=9$, 표본의 크기가 $n=81$이고 신뢰도 $a\%$로 측정한 신뢰구간의 길이가 3이므로

$$2k\cdot \frac{9}{\sqrt{81}}=3 \quad \therefore k=1.5$$

$$P(|x|\leq 1.5)=0.43\times 2=0.86=86\%$$

$$\therefore a=86$$

정답 86

[줄기 3-4]

풀이 표본평균이 $\overline{x}$, 모표준편차가 σ, 표본의 크기가 n일 때 신뢰도 99%로 추정한 모평균 m의 신뢰구간은

$$\overline{x}-3\times \frac{\sigma}{\sqrt{n}}\leq m\leq \overline{x}+3\times \frac{\sigma}{\sqrt{n}}$$

$$-3\times \frac{\sigma}{\sqrt{n}}\leq m-\overline{x}\leq 3\times \frac{\sigma}{\sqrt{n}}$$

$$\therefore |m-\overline{x}|\leq 3\times \frac{\sigma}{\sqrt{n}}$$

모평균 m과 표본평균 $\overline{x}$의 차가 $\dfrac{1}{3}\sigma$ 이하가

되려면

$$3\times \frac{\sigma}{\sqrt{n}}\leq \frac{1}{3}\sigma, \quad \sqrt{n}\geq 9 \quad \therefore n\geq 81$$

따라서 n의 최솟값은 81이다.

정답 81

✏️ 잎 문제

• 잎 6-1

풀이 확률의 총합은 1이므로

$$\frac{1}{4}+a+\frac{1}{2}=1 \quad \therefore a=\frac{1}{4}$$

따라서 모집단에서 확률변수 X의 확률분포표는 다음과 같다.

X	-2	0	1	계
$P(X=x)$	$\dfrac{1}{4}$	$\dfrac{1}{4}$	$\dfrac{1}{2}$	1

확률변수 X의 표준편차 $\sigma(X)$를 구하면

$$E(X)=-2\cdot \frac{1}{4}+0\cdot \frac{1}{4}+1\cdot \frac{1}{2}=0$$

$$V(X)=(-2)^2\cdot \frac{1}{4}+0^2\cdot \frac{1}{4}+1^2\cdot \frac{1}{2}-0^2=\frac{3}{2}$$

$$\therefore \sigma(X)=\sqrt{\frac{3}{2}}=\frac{\sqrt{6}}{2}$$

따라서 표본의 크기가 16인 표본평균 $\overline{X}$의 표준편차는

$$\sigma(\overline{X})=\frac{\sigma(X)}{\sqrt{16}}=\frac{\frac{\sqrt{6}}{2}}{4}=\frac{\sqrt{6}}{8}$$

정답 ①

• 잎 6-2

풀이 표본평균의 평균 $E(\overline{X})$와 모평균 $E(X)$는 같으므로

$$E(\overline{X})=E(X)=10\cdot \frac{1}{2}+20a+30\left(\frac{1}{2}-a\right)=18$$

$$5+20a+15-30a=18$$

$$\therefore a=\frac{1}{5}$$

따라서 모집단에서 확률변수 X의 확률분포표는 다음과 같다.

X	10	20	30	계
$P(X=x)$	$\dfrac{1}{2}$	$\dfrac{1}{5}$	$\dfrac{3}{10}$	1

이때 크기가 2인 표본 $(X_1,\ X_2)$를 복원추출할 때, $\overline{X}=20$일 때의 순서쌍을 구하면

$(10,\ 30),\ (20,\ 20),\ (30,\ 10)$

따라서 각 경우의 확률을 구하면

i) $(10,\ 30)$일 때 $\dfrac{1}{2}\times\dfrac{3}{10}=\dfrac{3}{20}$

ii) $(20,\ 20)$일 때 $\dfrac{1}{5}\times\dfrac{1}{5}=\dfrac{1}{25}$

iii) $(30,\ 10)$일 때 $\dfrac{3}{10}\times\dfrac{1}{2}=\dfrac{3}{20}$

$\therefore P(\overline{X}=20)=\dfrac{3}{20}+\dfrac{1}{25}+\dfrac{3}{20}=\dfrac{17}{50}$

정답 ④

● 잎 6-3

풀이 모평균이 m, 모표준편차가 σ일 때 표본의 크기가 24인 표본평균 $\overline{X}$의 평균과 표준편차는 각각

$E(\overline{X})=m,\ \sigma(\overline{X})=\dfrac{\sigma}{\sqrt{24}}$

이때 8, 9, 11, 12, 15의 평균은

$8\cdot\dfrac{1}{5}+9\cdot\dfrac{1}{5}+11\cdot\dfrac{1}{5}+12\cdot\dfrac{1}{5}+15\cdot\dfrac{1}{5}$

$=\dfrac{8+9+11+12+15}{5}$

$=11$

$\therefore m=11$

또한 8, 9, 11, 12, 15의 분산은

$8^2\cdot\dfrac{1}{5}+9^2\cdot\dfrac{1}{5}+11^2\cdot\dfrac{1}{5}+12^2\cdot\dfrac{1}{5}+15^2\cdot\dfrac{1}{5}-11^2$

$=\dfrac{8^2+9^2+11^2+12^2+15^2}{5}-11^2$

$=127-121=6$

$\therefore \left(\dfrac{\sigma}{\sqrt{24}}\right)^2=6\quad\therefore \sigma=12$

$\therefore m+\sigma=11+12=23$

정답 23

● 잎 6-4

풀이 ㄱ. $V(\overline{X})=\dfrac{2^2}{n}=\dfrac{4}{n}$ (참)

ㄴ. $\overline{X}$는 정규분포

$N\left(10,\ \dfrac{2^2}{n}\right)$을

따르므로

$P(\overline{X}\le 10-a)$

$=P(\overline{X}\ge 10+a)$ (참)

ㄷ. $P(\overline{X}\ge a)=P\left(Z\ge\dfrac{a-10}{\frac{2}{\sqrt{n}}}\right)=P(Z\le b)$

이므로

$\dfrac{a-10}{\frac{2}{\sqrt{n}}}=-b,\quad a-10=-\dfrac{2}{\sqrt{n}}b$

$\therefore a+\dfrac{2}{\sqrt{n}}b=10$ (참)

정답 ㄱ. 참 ㄴ. 참 ㄷ. 참

● 잎 6-5

풀이 제품의 무게가 정규분포 $N(11,\ 2^2)$을 따르므로 표본의 크기가 4인 표본평균 $\overline{X}$는 정규분포 $N\left(11,\ \dfrac{2^2}{4}\right)$, 즉 $N(11,\ 1^2)$을 따른다.

$P(10\le\overline{X}\le 14)$

$=P\left(\dfrac{10-11}{1}\le Z\le\dfrac{14-11}{1}\right)$

$=P(-1\le Z\le 3)$

$=P(-1\le Z\le 0)+P(0\le Z\le 3)$

$=P(0\le Z\le 1)+P(0\le Z\le 3)$

$=0.3413+0.4987=0.84$

A와 B 두 사람이 크기가 4인 표본을 각각 독립적으로 임의추출하여 평균이 10 이상 14 이하가 될 확률을 각각 $P(A),\ P(B)$라 하면

$P(A\cap B)=P(A)P(B)$

$\qquad\qquad\quad=0.84\times 0.84=0.7056$

정답 ②

잎 6-6

풀이 건전지의 수명이 정규분포 $N(m, 3^2)$을 따르므로 표본의 크기가 n인 표본평균 $\overline{X}$는 정규분포 $N\left(m, \dfrac{3^2}{n}\right)$, 즉 $N\left(m, \left(\dfrac{3}{\sqrt{n}}\right)^2\right)$을 따른다.

$P(m-0.5 \leq \overline{X} \leq m+0.5)$

$= P\left(\dfrac{(m-0.5)-m}{\dfrac{3}{\sqrt{n}}} \leq Z \leq \dfrac{(m+0.5)-m}{\dfrac{3}{\sqrt{n}}}\right)$

$= P\left(\dfrac{-0.5}{\dfrac{3}{\sqrt{n}}} \leq Z \leq \dfrac{0.5}{\dfrac{3}{\sqrt{n}}}\right)$

$= 2P\left(0 \leq Z \leq \dfrac{0.5}{\dfrac{3}{\sqrt{n}}}\right) = 0.8664$

$\therefore P\left(0 \leq Z \leq \dfrac{0.5}{\dfrac{3}{\sqrt{n}}}\right) = 0.4332$

이때 $P(0 \leq \overline{X} \leq 1.5) = 0.4332$이므로

$\dfrac{0.5}{\dfrac{3}{\sqrt{n}}} = 1.5, \quad 1 = 3 \cdot \dfrac{3}{\sqrt{n}}, \quad \sqrt{n} = 9$

$\therefore n = 81$

정답 ③

잎 6-7

풀이 학생들의 통학 시간은 정규분포 $N(50, \sigma^2)$을 따르므로 표본의 크기가 16인 표본평균 $\overline{X}$는 정규분포 $N\left(50, \dfrac{\sigma^2}{16}\right)$, 즉 $N\left(50, \left(\dfrac{\sigma}{4}\right)^2\right)$을 따른다.

$P(50 \leq \overline{X} \leq 56)$

$= P\left(\dfrac{50-50}{\dfrac{\sigma}{4}} \leq Z \leq \dfrac{56-50}{\dfrac{\sigma}{4}}\right)$

$= P\left(0 \leq Z \leq \dfrac{24}{\sigma}\right) = 0.4332$

이때 $P(0 \leq Z \leq 1.5) = 0.4332$이므로

$\dfrac{24}{\sigma} = 1.5, \quad \dfrac{3}{2}\sigma = 24 \quad \therefore \sigma = 16$

정답 16

잎 6-8

풀이 제품의 길이 X는 정규분포 $N(m, 4^2)$을 따르므로 표본의 크기가 16인 표본평균 $\overline{X}$는 정규분포 $N\left(m, \dfrac{4^2}{16}\right)$, 즉 $N(m, 1^2)$을 따른다.

$P(m \leq X \leq a)$

$= P\left(\dfrac{m-m}{4} \leq Z \leq \dfrac{a-m}{4}\right)$

$= P\left(0 \leq Z \leq \dfrac{a-m}{4}\right) = 0.3413$

이때 $P(0 \leq X \leq 1) = 0.3413$이므로

$\dfrac{a-m}{4} = 1 \quad \therefore a = m+4 \cdots \text{㉠}$

$P(\overline{X} \geq a-2)$

$= P(\overline{X} \geq m+2) \; (\because \text{㉠})$

$= P\left(Z \geq \dfrac{(m+2)-m}{1}\right)$

$= P(Z \geq 2)$

$= 0.5 - P(0 \leq Z \leq 2)$

$= 0.5 - 0.4772$

$= 0.0228$

정답 ①

잎 6-9

풀이 ㄱ. $P(|Z| > c) = 0.06$

$P(Z < -c) + P(Z > c) = 0.06$

$2P(Z > c) = 0.06$

$\therefore P(Z > c) = 0.03 \cdots \text{㉠}$

즉 $P(Z > a) = 0.05$이면

$a < c$ (참)

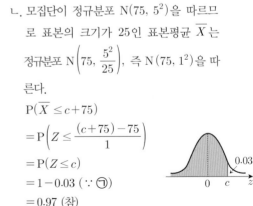

ㄴ. 모집단이 정규분포 $N(75, 5^2)$을 따르므로 표본의 크기가 25인 표본평균 $\overline{X}$는 정규분포 $N\left(75, \dfrac{5^2}{25}\right)$, 즉 $N(75, 1^2)$을 따른다.

$P(\overline{X} \leq c+75)$

$= P\left(Z \leq \dfrac{(c+75)-75}{1}\right)$

$= P(Z \leq c)$

$= 1 - 0.03 \; (\because \text{㉠})$

$= 0.97$ (참)

ㄷ. $P(\overline{X} > b)$

$= P\left(Z > \dfrac{b-75}{1}\right)$

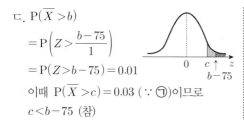

$= P(Z > b-75) = 0.01$

이때 $P(\overline{X} > c) = 0.03$ ($\because$ ㉠)이므로

$c < b-75$ (참)

> 정답 ㄱ. 참 ㄴ. 참 ㄷ. 참

• 잎 6-10

풀이 표본의 크기가 $n = 100$, 표본평균이 $\overline{x} = 245$ 이고, n은 충분히 크므로 모표준편차 σ 대신 표본표준편차 20을 이용한다.

모평균 m의 신뢰도 95 %의 신뢰구간은

$245 - 1.96 \cdot \dfrac{20}{\sqrt{100}} \le m \le 245 + 1.96 \cdot \dfrac{20}{\sqrt{100}}$

$\therefore 241.08 \le m \le 248.92$

따라서 위의 식을 만족하는 정수는

242, 243, 244, 245, 246, 247, 248이므로

$248 - 241 = 7$개다.

> 정답 ③

• 잎 6-11

풀이 모표준편차가 σ, 표본의 크기가 n일 때 모평균 m의 신뢰도 95 %의 신뢰구간은

$\overline{x} - 1.96 \cdot \dfrac{\sigma}{\sqrt{n}} \le m \le \overline{x} + 1.96 \cdot \dfrac{\sigma}{\sqrt{n}}$

이때 주어진 신뢰구간이

$100.4 \le m \le 139.6$이므로

$\overline{x} - 1.96 \cdot \dfrac{\sigma}{\sqrt{n}} = 100.4 \cdots$ ㉠

$\overline{x} + 1.96 \cdot \dfrac{\sigma}{\sqrt{n}} = 139.6 \cdots$ ㉡

㉠, ㉡을 연립하여 풀면

$\overline{x} = 120$, $\dfrac{\sigma}{\sqrt{n}} = 10$

모평균 m의 신뢰도 99 %의 신뢰구간은

$120 - 2.58 \cdot 10 \le m \le 120 + 2.58 \cdot 10$

$\therefore 94.2 \le m \le 145.8$

따라서 위의 식을 만족하는 자연수는

$95, 96, 97, \cdots, 145$이므로

$145 - 94 = 51$개다.

> 정답 51

• 잎 6-12

풀이 표본의 크기가 n, 표본평균이 $\overline{x} = 20$이고, n이 충분히 크면 모표준편차 σ 대신 표본표준편차 5를 이용한다.

모평균 m의 신뢰도 95 %의 신뢰구간은

$20 - 1.96 \cdot \dfrac{5}{\sqrt{n}} \le m \le 20 + 1.96 \cdot \dfrac{5}{\sqrt{n}}$

이때 주어진 신뢰구간이

$19.02 \le m \le a$이므로

$20 - 1.96 \cdot \dfrac{5}{\sqrt{n}} = 19.02 \cdots$ ㉠

$20 + 1.96 \cdot \dfrac{5}{\sqrt{n}} = a \cdots$ ㉡

㉠에서 $0.98 = 1.96 \cdot \dfrac{5}{\sqrt{n}}$ $\therefore n = 100$

㉡에 $n = 100$을 대입하면

$a = 20 + 1.96 \cdot \dfrac{5}{\sqrt{100}}$

$\therefore a = 20.98$

$\therefore n + a = 100 + 20.98 = 120.98$

참고 $n \ge 30$인 조건이 문제에 덧붙여져야 위의 풀이가 맞다. ($\because$ p.176 핵심)

⇨ 요즘 문제는 이런 실수를 하지 않는다.

> 정답 ④

• 잎 6-13

풀이 ㄱ. 모집단이 정규분포 $N(m, \sigma^2)$을 따르면 표본평균 $\overline{X}$는 정규분포 $N\left(m, \dfrac{\sigma^2}{n}\right)$을 따르므로 표본평균 $\overline{X}$의 분산은 표본의 크기에 반비례한다. (참)

ㄴ. 동일한 표본을 사용할 때 신뢰도 99％인 신뢰구간은

$$\overline{x} - 2.58 \cdot \frac{\sigma}{\sqrt{n}} \leq m \leq \overline{x} + 2.58 \cdot \frac{\sigma}{\sqrt{n}}$$

동일한 표본을 사용할 때 신뢰도 95％인 신뢰구간은

$$\overline{x} - 1.96 \cdot \frac{\sigma}{\sqrt{n}} \leq m \leq \overline{x} + 1.96 \cdot \frac{\sigma}{\sqrt{n}}$$

따라서 신뢰도 99％인 신뢰구간은 신뢰도 95％인 신뢰구간을 포함한다. (참)

ㄷ. 신뢰구간의 길이는

$2k \dfrac{\sigma}{\sqrt{n}}$ (k는 신뢰상수)이므로 n의 값이 작을수록 신뢰구간이 길어진다. (거짓)

정답 ㄱ. 참 ㄴ. 참 ㄷ. 거짓

《《빠른 정답 체크》》

CHAPTER 본문 p.11

1 순열과 조합 (1)

[줄기 1-1] 1) 12   2) 6   3) 12   4) 12

[줄기 1-2] 96

[줄기 1-3] 96

[줄기 1-4] 1) 30   2) 180   3) 30   4) 2

[줄기 2-1] 1) 125   2) 50   3) 32

[줄기 2-2] 1) 36   2) 18

[줄기 2-3] 1) 8   2) 9

[줄기 2-4] 127

[줄기 2-5] 30

[줄기 2-6] 36

[줄기 2-7] 36

[줄기 3-1] 1) 38   2) 10   3) 22

[줄기 3-2] 540

[줄기 3-3] 300

[줄기 3-4] 180

[줄기 3-5] 560

[줄기 3-6] 20

[줄기 3-7] 400

[줄기 3-8] 1) 111   2) 108

● 잎 1-1 ⑤

● 잎 1-2 22

● 잎 1-3 8

● 잎 1-4 136

● 잎 1-5 90

● 잎 1-6 600

● 잎 1-7 17

● 잎 1-8 ①

● 잎 1-9 ①

● 잎 1-10 34

● 잎 1-11 ②

● 잎 1-12 ③

● 잎 1-13 90

● 잎 1-14 51

● 잎 1-15 ④

● 잎 1-16 ②

● 잎 1-17 90

● 잎 1-18 19

● 잎 1-19 ①

● 잎 1-20 ③

● 잎 1-21 ②

● 잎 1-22 ②

● 잎 1-23 ③

● 잎 1-24 1680

CHAPTER 1 순열과 조합 (2)

본문 p.39

[줄기 4-1] 1) 10626　　2) 220　　3) 64

[줄기 4-2] 1) 60　　2) 315　　3) 30

[줄기 4-3] 1) 36　　2) 165　　3) 84

[줄기 4-4] 100

[줄기 4-5] 1) 286　　2) 84

[줄기 4-6] 15

[줄기 4-7] 120

[줄기 4-8] 56

[줄기 4-9] 105

[줄기 4-10] 120

[줄기 4-11] 21

[줄기 4-12] 18

● 잎 1-1 126

● 잎 1-2 15

● 잎 1-3 220

● 잎 1-4 35

● 잎 1-5 171

● 잎 1-6 21

● 잎 1-7 270

● 잎 1-8 210

- **잎 1-9**   12

- **잎 1-10**   ⑤

- **잎 1-11**   130

- **잎 1-12**   455

- **잎 1-13**   28

- **잎 1-14**   ②

- **잎 1-15**   ④

- **잎 1-16**   1) 60   2) 15   3) 7

CHAPTER 2 이항정리   본문 p.51

줄기 1-1 $-\dfrac{1}{4}$

줄기 1-2 $243x^{10},\ 7560x^4y^6$

줄기 1-3   84

줄기 1-4   2

줄기 1-5   216

줄기 1-6 $m=2$ 또는 $m=4$

줄기 2-1 2^{16}

줄기 2-2   10

줄기 2-3   1) $5^{20}-1$ 2) 22

줄기 2-4 $a=6,\ b=1$

줄기 2-5   화요일

줄기 2-6 $20x^2-40x+21$

줄기 2-7 $_{201}\mathrm{C}_{100}$

줄기 2-8   1) ①   2) ④

줄기 2-9   70

줄기 2-10   10

- **잎 2-1**   84

- **잎 2-2**   12

- **잎 2-3**   ⑤

- **잎 2-4**   102

- **잎 2-5**   ⑤

- **잎 2-6**   ②

- **잎 2-7**   682

- **잎 2-8**   1) 32   2) 0   3) 2^{50} 4) 2^{10}

- **잎 2-9**   11

- **잎 2-10**   ④

- **잎 2-11**   455

CHAPTER 3 확률의 뜻과 활용   본문 p.67

줄기 1-1   64

줄기 1-2   4

줄기 2-1 $\dfrac{5}{9}$

[줄기 2-2] $\dfrac{17}{36}$

[줄기 2-3] $\dfrac{1}{3}$

[줄기 2-4] $\dfrac{1}{5}$

[줄기 2-5] $\dfrac{1}{10}$

[줄기 2-6] $\dfrac{17}{48}$

[줄기 2-7] $\dfrac{1}{10}$

[줄기 2-8] 1) $\dfrac{1}{2}$ 2) $\dfrac{1}{4}$

[줄기 2-9] $\dfrac{1}{7}$

[줄기 2-10] $\dfrac{1}{5}$

[줄기 2-11] $\dfrac{3}{32}$

[줄기 2-12] $\dfrac{12}{25}$

[줄기 2-13] $\dfrac{1}{3}$

[줄기 2-14] $\dfrac{4}{7}$

[줄기 2-15] $\dfrac{1}{28}$

[줄기 2-16] $\dfrac{2}{9}$

[줄기 2-17] $\dfrac{1}{18}$

[줄기 2-18] $\dfrac{16}{35}$

[줄기 2-19] $\dfrac{15}{28}$

[줄기 2-20] 4

[줄기 2-21] $\dfrac{3}{7}$

[줄기 2-22] $\dfrac{1}{4}$

[줄기 2-23] $\dfrac{4}{45}$

[줄기 2-24] 1) $\dfrac{5}{54}$ 2) $\dfrac{7}{27}$ 3) $\dfrac{7}{27}$

[줄기 2-25] 1) 4 2) 4

[줄기 2-26] 1) $\dfrac{34307}{100000}$ 2) $\dfrac{24748}{89247}$ 3) $\dfrac{34307}{78438}$

[줄기 2-27] $\dfrac{1}{2}$

[줄기 2-28] $\dfrac{3}{4}$

[줄기 3-1] $\dfrac{4}{15}$

[줄기 3-2] $\dfrac{1}{5}$

[줄기 3-3] $\dfrac{1}{20}$

[줄기 3-4] $\dfrac{7}{36}$

[줄기 3-5] $\dfrac{4}{9}$

[줄기 3-6] $\dfrac{1}{2}$

[줄기 3-7] $\dfrac{5}{8}$

[줄기 3-8] $\dfrac{13}{20}$

[줄기 3-9] $\dfrac{11}{21}$

[줄기 3-10] $\dfrac{3}{5}$

[줄기 3-11] 4

[줄기 3-12] $\dfrac{7}{8}$

[줄기 3-13] $\dfrac{19}{27}$

[줄기 3-14] $\dfrac{71}{91}$

[줄기 3-15] $\dfrac{11}{12}$

[줄기 3-16] $\dfrac{41}{44}$

[줄기 3-17] $\dfrac{23}{30}$

• 잎 3-1   1) ①   2) 15   3) $\dfrac{2}{7}$

• 잎 3-2   1) ⑤   2) ⑤   3) ②

• 잎 3-3   ④

• 잎 3-4   ③

• 잎 3-5   ①

• 잎 3-6   ③

• 잎 3-7   ④

• 잎 3-8   1) $\dfrac{1}{3}$ 2) $\dfrac{1}{3} + \dfrac{\sqrt{3}}{2\pi}$

• 잎 3-9   20

• 잎 3-10   44

• 잎 3-11   ②

• 잎 3-12   23

• 잎 3-13   ③

• 잎 3-14   ⑤

• 잎 3-15   ③

• 잎 3-16   ②

• 잎 3-17   ③

• 잎 3-18   ①

• 잎 3-19   ②

• 잎 3-20   43

• 잎 3-21   ③

• 잎 3-22   ④

• 잎 3-23   ④

CHAPTER
4 조건부확률
본문 p.99

[줄기 1-1] $\dfrac{4}{9}$

[줄기 1-2] $\dfrac{1}{7}$

[줄기 1-3] $\dfrac{1}{2}$

[줄기 1-4] $\dfrac{2}{3}$

[줄기 1-5] $\dfrac{3}{4}$

[줄기 1-6] $\dfrac{22}{105}$

[줄기 1-7] $\dfrac{1}{6}$

[줄기 1-8] 0.46

[줄기 1-9] $\dfrac{53}{140}$

[줄기 1-10] $\dfrac{5}{7}$

[줄기 1-11] ⑤

[줄기 2-1] 독립

[줄기 2-2] ㄱ. 참   ㄴ. 참   ㄷ. 참

[줄기 2-3] ⑤

[줄기 2-4] $\dfrac{1}{2}$

[줄기 2-5] 0.48

[줄기 3-1] 1) $\dfrac{48}{3125}$ 2) $\dfrac{2048}{3125}$ 3) $\dfrac{624}{625}$

[줄기 3-2] $\dfrac{160}{729}$

[줄기 3-3] $\dfrac{9}{32}$

[줄기 3-4] 1) $\dfrac{40}{243}$ 2) $\dfrac{20}{243}$

[줄기 3-5] $\dfrac{40}{81}$

• 잎 4-1 ④

• 잎 4-2 ④

• 잎 4-3 ②

• 잎 4-4 ③

• 잎 4-5 ②

• 잎 4-6 ⑤

• 잎 4-7 ③

• 잎 4-8 ②

• 잎 4-9 ⑤

• 잎 4-10 ①

• 잎 4-11 ⑤

• 잎 4-12 ④

• 잎 4-13 ⑤

• 잎 4-14 ④

• 잎 4-15 ④

• 잎 4-16 ③

• 잎 4-17 ①

• 잎 4-18 ㄱ. 참   ㄴ. 참   ㄷ. 참

• 잎 4-19 ㄱ. 거짓   ㄴ. 거짓   ㄷ. 참

• 잎 4-20 ①

• 잎 4-21 ㄱ. 거짓   ㄴ. 참   ㄷ. 거짓

• 잎 4-22 ㄱ. 참   ㄴ. 참   ㄷ. 거짓

• 잎 4-23 ①

• 잎 4-24 ④

• 잎 4-25 ①

• 잎 4-26 ③

• 잎 4-27 ①

CHAPTER

5 확률분포(1)

본문 p.123

[줄기 1-1] 1) $\dfrac{11}{10}$ 2) $\dfrac{1}{3}$

[줄기 1-2] $a = \dfrac{1}{8}$, $b = \dfrac{3}{8}$

[줄기 1-3] $\dfrac{6}{7}$

[줄기 1-4] 1) $\mathrm{P}(X=x) = \dfrac{{}_3\mathrm{C}_x \cdot {}_2\mathrm{C}_{3-x}}{{}_5\mathrm{C}_3}$ $(x=1,\ 2,\ 3)$

2)

X	1	2	3	합계
$\mathrm{P}(X=x)$	$\dfrac{3}{10}$	$\dfrac{6}{10}$	$\dfrac{1}{10}$	1

3) $\dfrac{2}{5}$

[줄기 1-5] $\dfrac{1}{2}$

[줄기 2-1] $\dfrac{\sqrt{2}}{2}$

[줄기 2-2] $a=\dfrac{1}{10}$, $b=\dfrac{6}{10}$, $c=\dfrac{3}{10}$

[줄기 2-3] $\dfrac{\sqrt{3}}{2}$

[줄기 2-4] 1) $\dfrac{2}{3}$ 2) $\dfrac{\sqrt{41}}{9}$

[줄기 2-5] 67

[줄기 2-6] 100원

[줄기 2-7] 6

[줄기 2-8] $E(Z)=0$, $V(Z)=1$, $\sigma(Z)=1$

[줄기 2-9] $\sqrt{14}$

[줄기 2-10] $E(Y)=\dfrac{4}{3}$, $V(Y)=\dfrac{80}{9}$, $\sigma(Y)=\dfrac{4\sqrt{5}}{3}$

[줄기 2-11] $\dfrac{2}{3}$

[줄기 2-12] $\dfrac{1}{3}$

[줄기 2-13] ②

[줄기 3-1] 1) $B\left(6, \dfrac{1}{3}\right)$ 2) 풀이 참조 3) $\dfrac{460}{729}$

[줄기 3-2] $\dfrac{4}{5}$

[줄기 3-3] $30.9A$

[줄기 3-4] 1) $n=32$, $p=\dfrac{1}{4}$

2) $E(X)=\dfrac{5}{2}$, $\sigma(X)=\dfrac{\sqrt{5}}{2}$

[줄기 3-5] 1) $E(X)=16$, $V(X)=12$, $\sigma(X)=2\sqrt{3}$

2) $E(X)=32$, $V(X)=\dfrac{32}{5}$, $\sigma(X)=\dfrac{4\sqrt{10}}{5}$

[줄기 3-6] 19

[줄기 3-7] $E(X)=40$, $\sigma(X)=\sqrt{38}$

[줄기 3-8] 330

[줄기 3-9] $k=3$, $n=200$

[줄기 3-10] 30

[줄기 3-11] 3

● 잎 5-1 ③

● 잎 5-2 ①

● 잎 5-3 ③

● 잎 5-4 ①

● 잎 5-5 ④

● 잎 5-6 105

● 잎 5-7 ②

● 잎 5-8 ①

● 잎 5-9 ④

● 잎 5-10 ⑤

● 잎 5-11 ①

● 잎 5-12 ①

● 잎 5-13 50

● 잎 5-14 ④

● 잎 5-15 47

● 잎 5-16 ③

본문 p.147

CHAPTER 5 확률분포 (2)

[줄기 4-1] $\dfrac{3}{4}$

[줄기 4-2] $\dfrac{8}{9}$

[줄기 5-1] 19

[줄기 5-2] 1) 105   2) 105

[줄기 5-3] $\dfrac{23}{2}$

[줄기 5-4] 0.4772

[줄기 5-5] 0.6826

[줄기 5-6] 1) 0.9104   2) 0.4772

[줄기 5-7] 0.2984

[줄기 5-8] 6

[줄기 5-9] 100

[줄기 5-10] 1) 58%   2) 5명   3) 5명

[줄기 5-11] 67.8점

[줄기 5-12] 1) 260점   2) 63.6점

[줄기 5-13] 67kg

[줄기 6-1] 0.9772

[줄기 6-2] 1) 0.8413   2) 0.0228

[줄기 6-3] 96

• [잎 5-1] 20

• [잎 5-2] ②

• [잎 5-3] ③

• [잎 5-4] ④

• [잎 5-5] ②

• [잎 5-6] ①

• [잎 5-7] 10

• [잎 5-8] ㄱ. 참 ㄴ. 거짓 ㄷ. 참

• [잎 5-9] ①

• [잎 5-10] ㄱ. 거짓 ㄴ. 참 ㄷ. 참

• [잎 5-11] ⑤

• [잎 5-12] ④

• [잎 5-13] ③

• [잎 5-14] ③

• [잎 5-15] ⑤

• [잎 5-16] 12

• [잎 5-17] ⑤

• [잎 5-18] 1) 0.9772   2) ④

• [잎 5-19] ㄱ. 참 ㄴ. 거짓 ㄷ. 참

• [잎 5-20] ②

6 통계적 추정

본문 p.167

[줄기 2-1] 1) $E(\overline{X}) = \dfrac{6}{5}$, $V(\overline{X}) = \dfrac{14}{125}$ 2) 9

[줄기 2-2] 1) 0.1587   2) 100.6

[줄기 2-3] 126

[줄기 2-4] 9

[줄기 3-1] 400

[줄기 3-2] 1.29

[줄기 3-3] 86

[줄기 3-4] 81

● 잎 6-1 ①

● 잎 6-2 ④

● 잎 6-3 23

● 잎 6-4 ㄱ. 참   ㄴ. 참   ㄷ. 참

● 잎 6-5 ②

● 잎 6-6 ③

● 잎 6-7 16

● 잎 6-8 ①

● 잎 6-9 ㄱ. 참   ㄴ. 참   ㄷ. 참

● 잎 6-10 ③

● 잎 6-11 51

● 잎 6-12 ④

● 잎 6-13 ㄱ. 참   ㄴ. 참   ㄷ. 거짓

보다 빨리
보다 쉽게
보다 완벽하게

수학의 모든 것을 이 한 권에
여러분의 수학 고민을 단박에
해결해 드립니다.

수고zero – 확률과 통계

2판 1쇄 발행 2023년 3월 21일

지은이 정재우
감 수 서동범

저작권자 정재우

편집 문서아 **마케팅·지원** 이진선

펴낸곳 (주)하움출판사 **펴낸이** 문현광

이메일 haum1000@naver.com **홈페이지** haum.kr
블로그 blog.naver.com/haum1000 **인스타그램** @haum1007

ISBN 979-11-6440-312-7 (53410)

좋은 책을 만들겠습니다.
하움출판사는 독자 여러분의 의견에 항상 귀 기울이고 있습니다.